2차 실기 작업형

eer Interior Architecture

실내건축 산업기사 실기

작업형

전명숙 · 김태민 지음

BM (주)도서출판 성안당

저자소개

전명숙
- 현, NONOS DESIGN 대표
- 연성대학교 실내건축과 겸임교수 역임
- 현대건축디자인학원 부원장 역임
- 중앙대학교 건설대학원 실내건축학과 공학석사
- 국가기술자격증 실내건축기사 & 산업기사 강의경력 20여 년
- **저서**
  실내건축기능사 실기(성안당, 2024)
  실내건축산업기사 필기(성안당, 2021)
  실내건축산업기사 시공실무(성안당, 2024)
  실내건축기사 시공실무(성안당, 2024)
  실내건축기사 작업형 실기(성안당, 2023)

김태민
- 현, HnC건설연구소 친환경계획부 소장
- 현, 대림대학교 건축학부 실내디자인과 시공코스 겸임교수
- 중앙대학교 건설대학원 실내건축학과 공학석사
- 국가기술자격증 실내건축기사, 국가공인 민간자격증 실내디자이너 강의경력 10여 년
- **저서**
  실내건축기능사 실기(성안당, 2024)
  실내건축산업기사 필기(성안당, 2021)
  실내건축산업기사 시공실무(성안당, 2024)
  실내건축기사 시공실무(성안당, 2024)
  실내건축기사 작업형 실기(성안당, 2023)

실내건축산업기사 실기 작업형

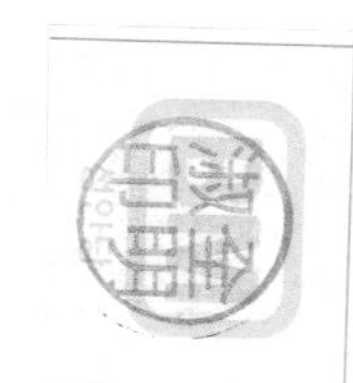

2011. 3. 2. 초 판 1쇄 발행
2015. 10. 12. 개정증보 1판 1쇄 발행
2024. 4. 17. 개정증보 6판 1쇄 발행

지은이 | 전명숙, 김태민
펴낸이 | 이종춘
펴낸곳 | BM ㈜도서출판 성안당
주소 | 04032 서울시 마포구 양화로 127 첨단빌딩 3층(출판기획 R&D 센터)
10881 경기도 파주시 문발로 112 파주 출판 문화도시(제작 및 물류)
전화 | 02) 3142-0036
031) 950-6300
팩스 | 031) 955-0510
등록 | 1973. 2. 1. 제406-2005-000046호
출판사 홈페이지 | **www.cyber.co.kr**
ISBN | 978-89-315-1119-2 (13540)
정가 | 35,000원

이 책을 만든 사람들
기획 | 최옥현
진행 | 이희영
교정·교열 | 문 황
전산편집 | 이다혜
표지 디자인 | 박원석
홍보 | 김계향, 유미나, 정단비, 김주승
국제부 | 이선민, 조혜란
마케팅 | 구본철, 차정욱, 오영일, 나진호, 강호묵
마케팅 지원 | 장상범
제작 | 김유석

■ 도서 A/S 안내

성안당에서 발행하는 모든 도서는 저자와 출판사, 그리고 독자가 함께 만들어 나갑니다.
좋은 책을 펴내기 위해 많은 노력을 기울이고 있습니다. 혹시라도 내용상의 오류나 오탈자 등이 발견되면 **"좋은 책은 나라의 보배"**로서 우리 모두가 함께 만들어 간다는 마음으로 연락주시기 바랍니다. 수정 보완하여 더 나은 책이 되도록 최선을 다하겠습니다.
성안당은 늘 독자 여러분들의 소중한 의견을 기다리고 있습니다. 좋은 의견을 보내주시는 분께는 성안당 쇼핑몰의 포인트(3,000포인트)를 적립해 드립니다.
잘못 만들어진 책이나 부록 등이 파손된 경우에는 교환해 드립니다.

머리말

실내디자인이란 인간이 활동하는 공간 내부를 그 쓰임에 맞게 "보다 편리하고 기능적이며 아름답게", 즉 공간의 환경적, 심리적, 미학적인 구성으로 사용자가 원하는 환경을 제공하는 것을 말한다.

과거 실내디자인은 건축물의 구조물과 분리하여 실내를 단순히 치장한다는 의미로만 적용되었으나, 국민소득이 향상되고 삶의 질에 대한 중요성이 부각되면서 실내디자인에 대한 관심이 높아지고 있다. 친환경 생활공간에 대한 수요가 증가하고, 생활공간에서의 기능성과 예술성이 강조되면서 주거공간 및 상업공간에만 치중되었던 과거와는 달리 인간이 사용하는 모든 공간으로 확대되어 향후 실내디자이너의 역할은 꾸준히 증가할 것으로 보인다.

이러한 실내디자이너로 성공하기 위해서는 실내공간의 구성요소, 건축법규, 설비, 재료 및 마감 등을 이해하고 이를 공간에 적용하여야 하며, 인간의 삶의 질을 향상시키기 위해 건강과 안전, 그리고 쾌적한 환경 제공을 고려한 계획이 요구되며, 더 나아가 현 시대의 디자인트렌드를 이해하고 이를 반영하여 아름다움을 추구하는 등 다양한 전문지식이 요구된다.

본서는 꼭 실내건축산업기사를 준비하기 위한 수험서라기보다는 실내디자이너가 되기 위한 기초단계의 과정이라 볼 수 있다. 실내디자인에 초기 설계과정에 있어서 기본적으로 알아야 할 실내구성요소 등을 이해하고, 수(手)제도를 통하여 기초지식을 자기화하는 단계를 거쳐 평면, 입면, 단면, 천장, 투시도를 직접 작도해 봄으로써 기획 및 기본설계의 자질을 배양할 수 있다. 또한 실내건축자격증 문제도면을 기준으로 각 공간별 기초계획을 해설하여 수록하였으며, 최근 트렌드가 반영된 완성 참고도면으로 이해도를 높였다.

본 저자는 다년간의 강의경험과 실무를 바탕으로 실내건축자격증의 합격선을 제시함은 물론, 실내건축 전공자 및 비전공자 모두에게 많은 도움이 되어 실내디자이너가 되는 밑거름이 되길 바란다.

이 책이 나오기까지 많은 조언과 가르침을 주신 AURA 실내건축 김태원 대표님과 몽당연필 임양수 대표님, 또한 실내디자인의 지표를 제시하여 주신 박인학 교수님과 HnC건설연구소 조승연 대표님께 감사를 드린다. 마지막으로 지난 10여 년간 꾸준히 성안당과 인연이 되어 개정판이 나올 수 있게 도와주신 관계자분들께 진심으로 감사드린다.

저자 **전 명 숙**

1. 시험개요

실내공간은 기능적 조건뿐만 아니라 인간의 예술적, 정서적 욕구의 만족까지 추구해야 하는 것으로 실내공간을 계획하는 실내건축분야는 환경에 대한 이해와 건축적 이해를 바탕으로 기능적이고 합리적인 계획, 시공 등의 업무를 수행할 수 있는 지식과 기술이 요구된다. 이에 따라 실내건축분야에서 필요로 하는 인력을 양성하고자 한다.

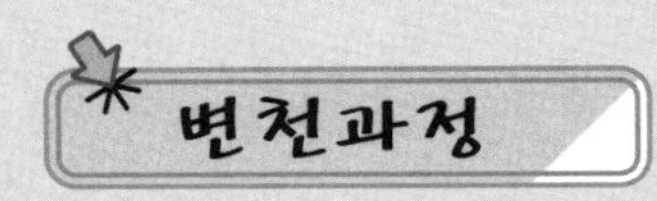

1991년 의장기사 2급으로 신설되어 1999년 5월 실내건축산업기사로 개정

건축공간을 기능적, 미적으로 계획하기 위하여 현장분석자료 및 기본개념을 가지고 공간의 기능에 맞게 면적을 배분하여 공간을 계획 및 구성하며, 이러한 구성개념의 표현을 위하여 개념도, 평면도, 천장도, 입면도, 상세도, 투시도 및 재료마감표를 작성, 설계가 완료된 도면을 제작하고 현장의 시공을 관리하는 직무수행

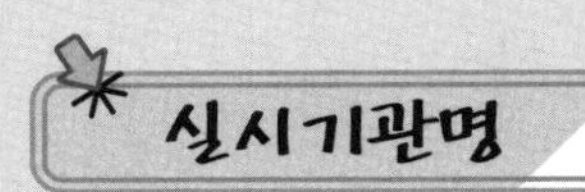

한국산업인력공단

http://www.q-net.or.kr

(1) 건축설계사무실, 건설회사, 인테리어사업부, 인테리어전문업체, 백화점, 방송국, 모델하우스 전문시공업체, 디스플레이 전문업체 등에 취업할 수 있으며, 본인이 직접 개업하거나 프리랜서로 활동이 가능하다.

(2) 실내건축산업기사의 인력수요는 증가할 전망이다. 의장공사협의회의 자료를 보면 1999년 1월 면허업체는 1,813개사, 1997년 기성실적이 2조 3,753억 6,700만원에 이르며, 2000년 이후 실내건축시장은 국내경제의 회복에 따른 수요증대와 ASEM정상회의(2000)에 따른 회의장 및 부속시설, 영종도 신공항건설(2000), 부산아시안게임 관련공사(2002), 월드컵(2002) 주경기장과 부대시설공사 등 대규모 국가단위행사 또는 국책사업 등에 의해 새로운 도약기를 맞았다. 이밖에도 실내건축은 창의적인 능력과 경험을 토대로 하는 지식산업의 하나로 상당한 부가가치를 창출할 수 있으며, 실내공간의 용도가 전문적이면서도 특별한 기능이 요구되는 상업공간, 주거공간, 전시공간, 사무공간, 의료공간, 예식공간, 교육공간, 스포츠·레저공간, 호텔, 테마파크 등 업무영역의 확대로 실내건축산업기사의 인력수요는 증가할 전망이다. 또한 경쟁도 심화되어 고도의 전문지식습득 및 서비스정신, 일에 대한 정열은 필수적이다.

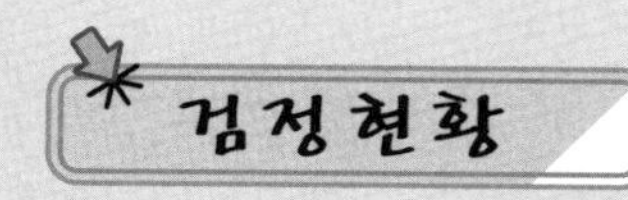

검정현황

연도	필기			실기		
	응시인원	합격인원	합격률(%)	응시인원	합격인원	합격률(%)
2023	2,069	672	32.5	590	280	47.5
2022	2,004	617	30.8	651	393	60.4
2021	2,261	1,107	49.0	1,013	674	66.5
2020	2,038	995	48.8	880	450	51.5
2019	2,244	1,034	46.1	947	594	62.7
2018	2,220	820	36.9	886	521	58.8
2017	2,196	950	43.3	809	463	57.2
2016	2,079	768	36.9	793	335	42.2
2015	1,956	808	41.3	783	311	39.7
2014	2,298	746	32.5	727	427	58.7
2013	2,253	874	38.8	785	465	59.2
2012	2,791	787	28.2	754	302	40.1
2011	2,697	840	31.1	859	416	48.4
2010	3,135	1,018	32.5	1,314	357	27.2
2009	3,596	1,352	37.6	1,421	456	32.1
2008	4,023	1,469	36.5	1,639	416	25.4
2007	4,453	1,666	37.4	1,886	570	30.2
2006	6,864	2,714	39.5	2,372	896	37.8
2005	6,351	1,604	25.3	1,710	682	39.9
2004	5,731	1,975	34.5	2,099	823	39.2
2003	6,130	2,365	38.6	2,081	606	29.1
2002	6,698	2,481	37.0	2,459	422	17.2
2001	5,839	2,252	38.6	2,255	432	19.2
1992~2000	57,736	15,980	27.7	21,138	5,856	27.7
소 계	139,662	45,894	32.9	50,851	17,147	33.7

응시자격

다음 각 호의 어느 하나에 해당하는 사람

(1) 기능사 등급 이상의 자격을 취득한 후 응시하려는 종목이 속하는 동일 및 유사 직무분야에 1년 이상 실무에 종사한 사람
(2) 응시하려는 종목이 속하는 동일 및 유사 직무분야의 다른 종목의 산업기사등급 이상의 자격을 취득한 사람
(3) 관련 학과의 2년제 또는 3년제 전문대학 졸업자 등 또는 그 졸업예정자
(4) 관련 학과의 대학 졸업자 등 또는 그 졸업예정자
(5) 동일 및 유사 직무분야의 산업기사수준의 기술훈련과정 이수자 또는 그 이수예정자
(6) 응시하려는 종목이 속하는 동일 및 유사 직무분야에서 2년 이상 실무에 종사한 사람
(7) 고용노동부령으로 정하는 기능경기대회 입상자
(8) 외국에서 동일한 종목에 해당하는 자격을 취득한 사람

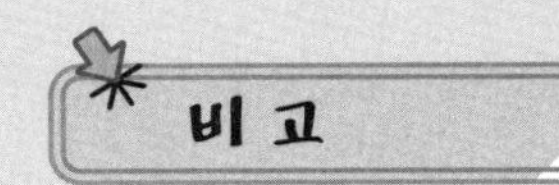

(1) **"졸업자 등"**이란 「초·중등교육법」 및 「고등교육법」에 따른 학교를 졸업한 사람 및 이와 같은 수준 이상의 학력이 있다고 인정되는 사람을 말한다. 다만, 대학(산업대학 등 수업연한이 4년 이상인 학교를 포함한다. 이하 "대학 등"이라 한다) 및 대학원을 수료한 사람으로서 관련학위를 취득하지 못한 사람은 "대학 졸업자 등"으로 보고, 대학 등의 전 과정의 2분의 1 이상을 마친 사람은 "2년제 전문대학 졸업자 등"으로 본다.

(2) **"졸업예정자"**란 국가기술자격검정의 필기시험일(필기시험이 없거나 면제되는 경우에는 실기시험의 수험원서접수마감일을 말한다. 이하 같다) 현재 「초·중등교육법」 및 「고등교육법」에 따라 정해진 학년 중 최종학년에 재학 중인 사람을 말한다. 다만, 「학점인정 등에 관한 법률」 제7조에 따라 106학점 이상을 인정받은 사람(「학점인정 등에 관한 법률」에 따라 인정받은 학점 중 「고등교육법」 제2조 제1호부터 제6호까지의 규정에 따른 대학 재학 중 취득한 학점을 전환하여 인정받은 학점 외의 학점이 18학점 이상 포함되어야 한다)는 대학 졸업예정자로 보고, 81학점 이상을 인정받은 사람은 3년제 대학 졸업예정자로 보며, 41학점 이상을 인정받은 사람은 2년제 대학 졸업예정자로 본다.

(3) 「고등교육법」 제50조의2에 따른 전공심화과정의 학사학위를 취득한 사람은 대학 졸업자로, 그 졸업예정자는 대학 졸업예정자로 본다.

(4) **"이수자"**란 기사 또는 산업기사수준의 기술훈련과정을 마친 사람을 말한다.

(5) **"이수예정자"**란 국가기술자격검정의 필기시험일 또는 최초 시험일 현재 기사 또는 산업기사수준의 기술훈련과정에서 각 과정의 2분의 1을 초과하여 교육훈련을 받고 있는 사람을 말한다.

2. 시험정보

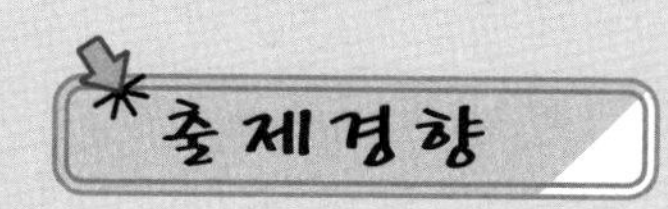

건축 실내의 설계에 있어 각종 유형의 실내디자인을 계획하고 실무도면을 작성하기 위한 개념도, 평면도, 천장도, 입면도, 상세도, 투시도 등의 작성능력을 평가

취득방법

(1) 시행처 : 한국산업인력공단

(2) 관련학과 : 전문대학 이상의 건축설계, 건축장식, 실내건축 관련학과

(3) 시험과목

1) 필기
① 실내디자인계획
② 실내디자인 시공 및 재료
③ 실내디자인환경

2) 실기 : 실내디자인실무

(4) 검정방법

1) 필기 : 객관식 4지 택일형 과목당 20문항(과목당 30분)
2) 실기 : 복합형[필답형(1시간, 40점)+작업형(5시간 정도, 60점)]

(5) 합격기준

1) 필기 : 100점을 만점으로 하여 과목당 40점 이상, 전 과목 평균 60점 이상
2) 실기 : 100점을 만점으로 하여 60점 이상

3. 출제기준

직무분야	건설	중직무분야	건축	자격 종목	실내건축산업기사

○ 직무내용 : 기능적, 미적요소를 고려하여 건축 실내공간을 계획하고, 제반 설계도서를 작성하며, 완료된 설계도서에 따라 시공 및 공정관리를 수행하는 직무이다.

○ 수행준거 :
1. 실내공간 관계법령 및 관련 자료에 대한 조사를 통해 전반적인 프로젝트의 성격을 규정할 수 있는 분석결과를 도출할 수 있다.
2. 실내공간계획을 토대로 설계개념에 부합하는 재료의 특성을 고려하고, 실내공간의 용도와 시공에 필요한 마감재료를 선별할 수 있다.
3. 실내공간계획을 토대로 설계개념에 부합하는 조형성, 사용자의 특성을 고려하고, 실내공간의 통합적 균형을 이루도록 색채계획을 수립할 수 있다.
4. 실내공간의 용도와 사용자의 행태적, 심리적 특성, 시공성, 기능성, 조형성 등을 고려하고 가구안전기준을 적용한 가구계획을 수립할 수 있다.
5. 실내공간의 용도와 사용자의 행태적, 심리적 특성, 시공성 등을 고려하고, 전기안전기준을 적용한 조명계획을 수립하고 전기설비 및 조명분야와 공간계획안 구체화를 협의할 수 있다.
6. 실내디자인 공간계획을 토대로 실내공간의 용도와 사용자의 특성, 시공성 등을 고려한 전기, 기계, 소방설비분야의 적용계획을 수행하여 협의할 수 있다.
7. 공간의 성격 및 특징을 분석하여 공간콘셉트를 설정하며 동선 및 조닝 등 실내공간을 계획하고 기본계획을 수립하며 도면을 작성할 수 있다.
8. 설계업무를 수행함에 있어 구상하거나 구체화한 결과물을 수작업과 컴퓨터를 이용하여 2D와 3D, 모형 등으로 제작하여 구현할 수 있다.

실기검정방법	복합형	시험시간	6시간 정도(필답형 : 1시간, 작업형 : 5시간 정도)

실기과목명	주요 항목	세부항목	세세항목
실내디자인 실무	(1) 실내디자인 자료조사 분석	1) 실내공간 자료조사 하기	① 해당 공간과 주변의 인문적 환경, 자연적 환경, 물리적 환경을 조사할 수 있다. ② 해당 공간을 현장 조사할 수 있다. ③ 해당 프로젝트에 적용할 수 있는 유사사례를 조사할 수 있다. ④ 사용자의 요구조건 충족을 위해 전반적 이론과 구체적 아이디어를 수집할 수 있다.
		2) 관계법령 분석하기	① 프로젝트와 관련된 법규를 조사할 수 있다. ② 프로젝트 관련 인허가담당부서 · 유관기관을 파악할 수 있다. ③ 관련 법규를 근거로 인허가절차, 기간, 협의조건을 분석할 수 있다.
		3) 관련 자료 분석하기	① 발주자 요구사항을 근거로 프로젝트의 취지, 목적, 성격, 기능, 용도, 업무범위를 분석할 수 있다. ② 기초조사를 통해 실제 사용자를 위한 결과물의 내용, 소요업무, 소요기간, 업무 세부내용의 요구수준을 분석할 수 있다. ③ 사용자 경험과 행동에 영향을 미치는 요소를 파악하여 공간개발전략으로 적용할 수 있다. ④ 수집된 정보를 기반으로 기본방향을 도출할 수 있다.
	(2) 실내디자인 마감계획	1) 마감재 조사 · 분석	① 실내디자인 공간계획을 토대로 각 공간에 적용할 마감재를 조사할 수 있다. ② 실내공간의 용도에 맞는 사용자의 특성, 시공성, 경제성, 안정성을 고려한 마감재를 조사할 수 있다. ③ 설계개념에 따른 공간별 마감재목록을 작성할 수 있다.

실기과목명	주요 항목	세부항목	세세항목
실내디자인 실무	(2) 실내디자인 마감계획	2) 마감재 적용 검토	① 공간계획에 따라 조사분석된 마감재를 적용, 검토할 수 있다. ② 용도, 특성에 따른 마감재 적용을 검토할 수 있다. ③ 마감재의 법적, 안전성에 따른 기준을 검토할 수 있다. ④ 가공에 따른 시공의 실행방안을 검토할 수 있다.
		3) 마감계획	① 디자인개념에 적용한 마감계획을 구체화할 수 있다. ② 법적, 안전기준에 따른 세밀한 마감계획리스트를 작성할 수 있다. ③ 시공이 가능한 구체적인 마감 적용 설계도면을 작성할 수 있다. ④ 특성을 고려한 마감재보드를 작성할 수 있다.
	(3) 실내디자인 색채계획	1) 색채구상	① 실내디자인 공간계획을 토대로 각 공간에 적용할 색채를 조사할 수 있다. ② 실내공간의 용도와 연출에 맞는 사용자의 특성, 시공성, 경제성, 안정성을 고려한 색채를 조사할 수 있다. ③ 설계개념에 따른 공간별 적용할 색채를 조사할 수 있다.
		2) 색채 적용 검토	① 조사·분석된 색채계획을 적용 검토할 수 있다. ② 실내공간의 용도와 사용자의 요구와 특성을 고려한 색채계획의 이미지를 도출하여 검토할 수 있다. ③ 도출된 배색이미지를 색채계획으로 구체화하여 검토할 수 있다. ④ 시공상의 안전 및 법적기준에 적합한 색채 적용을 검토할 수 있다.
		3) 색채계획	① 공간계획에 따라 조사·분석된 색채를 적용, 계획할 수 있다. ② 용도, 특성에 따른 색채 적용을 계획할 수 있다. ③ 색채개념을 구현할 수 있는 계획을 할 수 있다. ④ 선정된 색채이미지와 구체화를 위한 구성계획을 할 수 있다.
	(4) 실내디자인 가구계획	1) 가구자료 조사	① 실내디자인 공간계획을 토대로 공간에 적용할 가구를 조사할 수 있다. ② 실내공간의 용도와 사용자의 행태적, 심리적 특성, 시공성, 경제성 등을 고려한 가구를 조사할 수 있다. ③ 실내공간에 배치할 가구의 안전기준을 조사할 수 있다. ④ 실내디자인 프로젝트에 적용할 가구의 조사결과를 정리할 수 있다.
		2) 가구 적용 검토	① 조사·분석된 가구를 실내공간계획에 적용 검토할 수 있다. ② 실내공간의 용도와 사용자의 행태적, 심리적 특성, 시공성 등을 고려한 가구 적용을 검토할 수 있다. ③ 안전기준에 적합한 가구 적용을 검토할 수 있다.
		3) 가구계획	① 실내공간계획 내용을 토대로 주거, 업무, 상업시설 등 공간별 통합적이고 구체적인 가구계획을 할 수 있다. ② 주거, 업무, 상업시설 등 공간별 가구계획에 따른 내용을 도면으로 작성할 수 있다. ③ 실내공간의 용도와 사용자의 행태적, 심리적 특성, 시공성 등을 고려한 가구계획을 할 수 있다. ④ 안전기준을 검토하고 적용할 수 있다.
	(5) 실내디자인 조명계획	1) 실내조명 자료조사	① 실내디자인 공간계획을 토대로 공간에 적용할 조명방법 및 기구를 조사할 수 있다. ② 실내공간의 용도와 사용자의 행태적, 심리적 특성, 시공성, 경제성 등을 고려한 조명방법 및 기구를 조사할 수 있다. ③ 조명의 전기안전기준을 조사할 수 있다. ④ 프로젝트에 적용할 조명의 조사결과를 정리할 수 있다.

실기과목명	주요 항목	세부항목	세세항목
실내디자인 실무	(5) 실내디자인 조명계획	2) 실내조명 적용 검토	① 조사된 조명을 공간계획에 적용 검토할 수 있다. ② 실내공간의 용도와 사용자의 행태적, 심리적 특성, 시공성 등을 고려한 조명 적용을 검토할 수 있다. ③ 전기안전기준에 적합한 조명 적용을 검토할 수 있다.
		3) 실내조명 계획	① 실내디자인 공간계획내용을 토대로 주거, 업무, 상업, 문화, 의료, 교육, 전시, 종교시설 등 공간별 통합적이고 구체적인 조명계획을 할 수 있다. ② 주거, 업무, 상업, 문화, 의료, 교육, 전시, 종교시설 등 공간별 조명계획에 따른 내용을 도면으로 작성할 수 있다. ③ 실내공간의 용도와 사용자의 행태적, 심리적 특성, 시공성 등을 고려한 조명계획을 할 수 있다. ④ 안전기준을 검토하고 적용할 수 있다.
	(6) 실내디자인 설비계획	1) 설비조사·분석	① 실내디자인 공간계획을 토대로 공간에 적용할 전기, 기계, 소방설비 관련 자료를 조사 및 분석할 수 있다. ② 실내공간의 용도와 사용자의 행태적, 심리적 특성, 시공성, 경제성 등을 고려한 전기, 기계, 소방설비를 조사 및 분석할 수 있다. ③ 전기, 기계, 소방설비의 안전기준을 조사 및 분석할 수 있다.
		2) 설비 적용 검토	① 실내공간의 용도와 사용자의 행태적, 심리적 특성과 시공성 등을 고려한 설비를 검토할 수 있다. ② 전기, 기계, 소방설비 안전기준에 적합한 설비 적용을 검토할 수 있다. ③ 공간계획내용을 토대로 주거, 업무, 상업시설 등에 적합한 전기, 기계, 소방설비를 검토할 수 있다. ④ 공간별 요구되는 전기, 기계, 소방설비계획에 따른 내용을 도면으로 작성할 수 있다.
		3) 설비계획	① 공간계획내용을 토대로 주거, 업무, 상업시설 등 공간별 통합적이고 구체적인 설비계획을 할 수 있다. ② 주거, 업무, 상업시설 등 공간별 설비계획에 따른 내용을 도면으로 작성할 수 있다. ③ 실내공간의 용도, 사용자의 특성, 시공성 등을 고려한 설비계획을 할 수 있다. ④ 검토한 안전기준을 적용할 수 있다.
	(7) 실내디자인 기본계획	1) 공간 기본구상	① 공간프로그램을 바탕으로 주거공간, 업무공간, 상업공간 등의 특징을 파악할 수 있다. ② 설정된 공간콘셉트를 바탕으로 동선, 조닝 등 기본적 공간구상을 할 수 있다. ③ 설정된 공간에 대한 마감재 및 색채, 조명, 가구, 장비계획 등 통합적 공간 기본구상을 할 수 있다.
		2) 공간 기본계획	① 공간 기본구상을 바탕으로 주거공간, 업무공간, 상업공간 등 구체적인 실내공간을 계획할 수 있다. ② 실내공간계획을 바탕으로 주거공간, 업무공간, 상업공간 등 공간별 마감재 및 색채계획을 할 수 있다. ③ 실내공간계획을 바탕으로 주거공간, 업무공간, 상업공간 등 공간별 조명, 가구, 장비계획을 할 수 있다. ④ 주거공간, 업무공간, 상업공간 등 공간별 등 공간별 계획에 따른 기본설계도면을 작성할 수 있다.

실기과목명	주요 항목	세부항목	세세항목
실내디자인 실무	(7) 실내디자인 기본계획	3) 기본설계 도면 작성	① 공간별 기본계획을 바탕으로 평면도, 입면도, 천정도 등 기본도면을 작성할 수 있다. ② 공간별 기본계획을 바탕으로 마감재 및 색채계획 설계도서를 작성할 수 있다. ③ 각 도면을 제작한 후 설계도면집을 작성할 수 있다.
	(8) 실내건축 설계 시각화작업	1) 2D표현	① 설계목표와 의도를 이해할 수 있다. ② 설계단계별 도면을 이해할 수 있다. ③ 계획안을 2D로 표현할 수 있다.
		2) 3D표현	① 설계목표와 의도를 이해할 수 있다. ② 설계단계별 도면을 이해할 수 있다. ③ 도면을 바탕으로 3D작업을 할 수 있다. ④ 3D프로그램을 활용하여 동영상으로 표현할 수 있다.
		3) 모형 제작	① 계획안을 바탕으로 모형을 제작할 수 있다. ② 마감재료특성을 모형에 반영할 수 있다. ③ 모형재료의 특성을 파악하여 적용할 수 있다. ④ 모형 제작을 위한 공구를 활용할 수 있다.

4. 자격취득자에 대한 법령상 우대현황

- 건설기술진흥법 시행령 제4조 건설기술자의 범위(건설기술자의 범위)
- 경찰공무원임용령 시행규칙 제34조 응시자격 등의 기준(경력경쟁채용 등의 자격)
- 공무원수당 등에 관한 규정 제14조 특수 업무수당(특수 업무수당 지급)
- 공무원임용시험령 제27조 경력경쟁채용시험 등의 응시자격 등(경력경쟁채용시험 등의 응시), 제31조 자격증 소지자 등에 대한 채용시험의 특전(6급 이하 공무원채용시험 가산대상자격증)
- 공연법 시행령 제10조의4 무대예술전문인 자격검정의 응시기준(무대예술전문인 자격검정의 등급별 응시기준)
- 공직자윤리법 시행령 제34조 취업승인(관할 공직자윤리위원회가 취업승인을 하는 경우)
- 공직자윤리법의 시행에 관한 대법원규칙 제37조 취업승인신청(퇴직공직자의 취업승인요건)
- 공직자윤리법의 시행에 관한 헌법재판소규칙 제20조 취업승인(퇴직공직자의 취업승인요건)
- 교육감 소속 지방공무원 평정규칙 제23조 자격증 등의 가점(5급 이하 공무원, 연구사 및 지도사 관련 가점사항)
- 국가공무원법 제36조의2 채용시험의 가점(공무원채용시험 응시가점)
- 국가과학기술 경쟁력 강화를 위한 이공계지원특별법 시행령 제2조 이공계인력의 범위 등(이공계지원특별법 해당자격), 제20조 연구기획평가사의 자격시험(연구기획평가사 자격시험 일부 면제자격)
- 국외유학에 관한 규정 제5조 자비유학자격(자비유학자격)
- 군인사법 시행령 제44조 전역보류(전역보류자격)
- 근로자직업능력개발법 시행령 제28조 직업능력개발훈련교사의 자격취득(직업능력개발훈련교사의 자격)
- 기술사법 시행령 제19조 합동기술사사무소의 등록기준 등(합동사무소 구성원요건)
- 기술사법 제6조 기술사사무소의 개설등록 등(합동사무소 개설 시 요건)
- 다중이용업소의 안전관리에 관한 특별법 시행령 제14조 화재위험평가대행자의 등록신청 등(화재위험평가대행자가 갖추어야 할 인력기준)
- 독학에 의한 학위취득에 관한 법률 시행규칙 제4조 국가기술자격취득자에 대한 시험면제범위 등(같은 분야 응시자에 대해 교양과정 인정시험, 전공기초과정 인정시험 및 전공심화과정 인정시험 면제)
- 문화산업진흥 기본법 시행령 제26조 기업부설창작연구소 등의 인력 · 시설 등의 기준(기업부설창작연구소의 창작전담요원 인력기준)
- 법원 공무원규칙 제19조 경력경쟁채용시험 등의 응시요건 등(경력경쟁시험의 응시요건)
- 선거관리위원회 공무원규칙 제29조 전직시험의 면제(전직시험의 면제), 제83조 응시에 필요한 자격증(채용, 전직시험의 응시에 필요한 자격증구분)
- 선거관리위원회 공무원평정규칙 제23조 자격증의 가점(자격증 소지자에 대한 가점평정)
- 소방공무원임용령 시행규칙 제23조 응시자격 등의 기준(특별채용시험에 응시할 수 있는 자), 제24조 채용시험의 특전(소방간부후보생 선발시험과 소방사 · 지방소방사의 공개경쟁채용시험에 있어서의 자격증가점비율)
- 소재 · 부품전문기업 등의 육성에 관한 특별조치법 시행령 제14조 소재 · 부품기술개발전문기업의 지원기준 등(소재 · 부품기술개발전문기업의 기술개발전담요원)
- 수도법 시행규칙 제12조 수도시설관리자의 자격(수도시설관리자의 자격)
- 에너지이용합리화법 시행령 제30조 에너지절약전문기업의 등록 등(에너지절약전문기업 등록 시 보유하여야 하는 기술인력), 제39조 진단기관의 지정기준(진단기관이 보유하여야 하는 기술인력)
- 연구직 및 지도직 공무원의 임용 등에 관한 규정 제7조의2 경력경쟁채용시험 등의 응시자격(경력경쟁채용시험 등의 응시자격), 제12조 전직시험의 면제(전직시험이 전직임용이 가능한 요건), 제26조의2 채용시험의 특전(연구사 및 지도사공무원 채용시험 시 가점)
- 중소기업인력지원특별법 제28조 근로자의 창업지원 등(해당직종과 관련 분야에서 신기술에 기반한 창업의 경우 지원)
- 중소기업제품 구매촉진 및 판로지원에 관한 법률 시행규칙 제12조 시험연구원의 지정 등(시험연구원의 지정기준)
- 중소기업진흥에 관한 법률 제48조 1차 시험의 면제(지도사의 1차 시험면제)
- 중소기업창업지원법 시행령 제6조 창업보육센터사업자의 지원(창업보육센터사업자의 전문인력기준), 제20조 중소기업상담회사의 등록요건(중소기업상담회사가 보유하여야 하는 전문인력기준)
- 지방공무원임용령 제55조의3 자격증소지자에 대한 신규임용시험의 특전(6급 이하 공무원 신규임용 시 필기시험 점수가산)
- 헌법재판소 공무원규칙 제21조 전직시험의 면제(전직시험의 면제)

5. 수검자 유의사항

(1) 지급된 켄트지는 받침용으로 사용한다.

(2) 명기되지 않은 조건은 각종 규정, 건축구조, 건축제도 통칙을 준수한다.

(3) 도면에 사용하는 용어는 국문, 영문을 혼용해도 된다.

(4) 실내투시도의 채색작업은 반드시 해야 하며 채색도구를 사용해야 한다.

(5) 지급된 재료 이외의 재료를 사용할 수 없으며, 수검 중 재료교환을 일체 허용하지 않는다.

(6) 타인과 잡담을 하거나 타인의 수검사항을 볼 경우는 부정행위로 처리한다.

(7) 다음과 같은 경우는 오작 및 미완성으로 채점대상에서 제외한다.
  ① 요구한 내용의 전 도면을 완성시키지 못한 경우
  ② 각 부분이 미흡하여 시공 또는 제작을 할 수 없는 경우
  ③ 구조적 또는 기능적으로 사용이 불가능한 경우
  ④ 주어진 조건을 지키지 않고 작도하는 경우

(8) 각각의 도면명은 아래와 같이 도면의 중앙 하단에 기입하고 일체의 다른 표기를 해서는 안 된다.

예 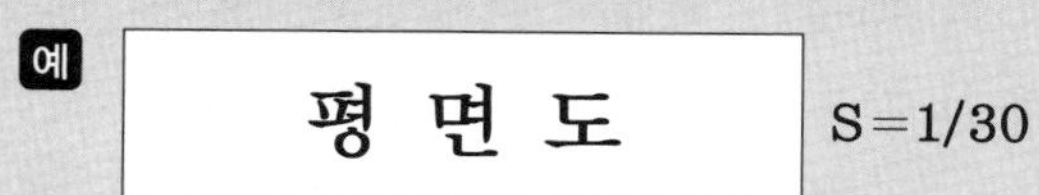

S=1/30

(9) 수검번호, 성명은 도면 좌측 상단에 아래와 같이 작도하여 매 장마다 기입한다.

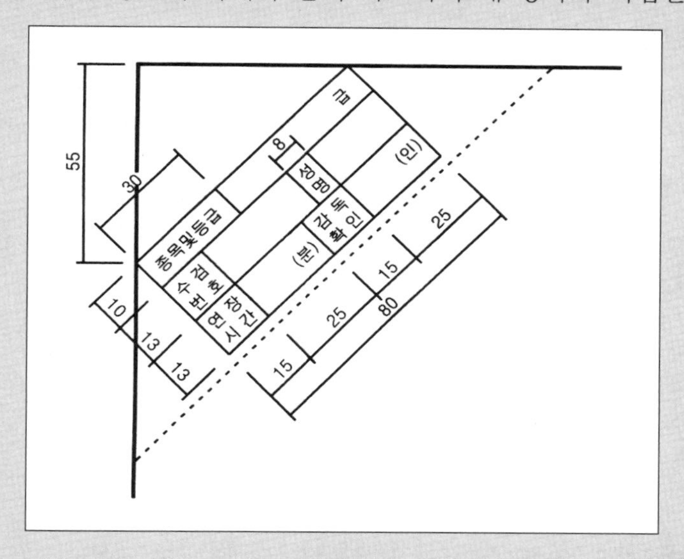

(10) 준비물
제도판, 마카, 스케일자, 삼각자, 컴퍼스, 각종 템플릿, 볼펜, 사인펜, 연필, 지우개, 지우개판, 지우개 털이, T자, 색연필, 점심식사

(11) 지급재료목록

일련번호	재료명	규 격	단 위	수 량	비 고
1	백색 켄트지($18g/m^2$)	전지	장	1	–
2	트레이싱지($80g/m^2$)	A2(420×594)	절	4	–

6. 평가기준

첫째 문제의 요구조건 및 요구사항, 요구도면의 파악

문제의 요구조건 및 요구사항, 요구도면에 맞추어 도면을 작도한다.
문제조건의 파악은 무엇보다도 중요하다. 왜냐하면 감점의 요소가 크기 때문이다. 대부분의 학생들 중 정말 작도를 할 줄 몰라서 못하는 경우는 드물다. 대개 문제에서 요구하는 사항들을 실수로 누락시키거나 오작하는 경우가 많다. 문제에 주어진 것조차 제대로 파악하지 못하고 오작하는 실수를 범하지 않기를 바란다.
먼저 주어진 벽체와 개구부의 조건을 파악해야 한다. 주어진 평면의 면적은 벽체에서 단 100mm의 오차가 생기더라도 평가 시 확연히 드러난다. 왜냐하면 당일 시험 본 학생들의 도면이 모두 같은 면적으로 작도되었기 때문이다. 따라서 문제에서 요구하는 벽체, 개구부, 가구 및 집기도면의 스케일, 입면도의 방향 등의 조건파악이 무엇보다도 중요하다.
도면 작도 시 기호들은 빠뜨리기 쉬우므로 제출할 때 빠진 것들이 없나 반드시 확인해야 한다. 예를 들어, 도면명 옆에 기입하는 도면의 스케일이라든지, 평면도에서 입면도방향 표시나 단면 표시 등은 반드시 한번 더 확인해 보기를 바란다.
문제를 받고 적어도 3번 이상은 밑줄을 치면서 읽고, 특히 과년도 문제가 나왔을 때는 이미 작도해 본 도면이라는 기쁨에 문제를 제대로 읽지 못해 실수하는 경우가 종종 있다. 실수하지 않도록 특히 주의하자.

둘째 시간 내 완성

도면은 주어진 시간 내에 완성해야 한다. 주어진 시간은 총 5시간 30분이며, 시험 당일 시험감독관의 지시에 따라 제출한다. 시간 내에 완성하지 못하면 채점대상에서 제외되므로 실습과정에서부터 각 도면의 소요시간을 계산하고 꼼꼼히 시간체크하여 연습하도록 한다.

셋째 선과 글씨

선과 글씨는 제도의 기본이다.
선의 굵기와 용도에 맞는 선의 표현, 글씨의 통일성, 다른 사람들도 읽기 쉬운 정확한 글씨 등은 도면을 한눈에 들어오게 하여 짜임새 있는 도면이 된다. 그러나 선의 용도에 맞는 굵기와 그 굵기에 대한 적절한 표현이 미흡한 도면은 한눈에 들어오지도 않을 뿐더러 도면이 뿌옇게 보이거나 시커멓게 보인다.
보통 한 회 시험에 400명 이상의 학생들이 응시하고 그 중 30% 정도가 합격한다. 1인당 시험지(트레이싱지) 3장에 도면을 작도하므로 응시인원이 400명씩 3장을 작도한다고 하면 채점자는 1,000여 장이 넘는 시험지를 채점해야 한다. 채점자가 1,000여 장이나 되는 도면을 한꺼번에 다 들여다 볼 수는 없다.
그래서 채점자는 수험생들이 작도한 도면을 바닥에 쭉 펼쳐놓고 지나가면서 눈에 잘 띄는 도면을 선택한다. 눈에 띄는 도면이란 결국 선과 글씨가 명확한 도면을 말한다. 도면을 볼 줄 아는 사람이라면 지나가면서도 도면의 선의 상태 정도는 쉽게 파악할 수 있다.
선은 공간의 계획에 우선되지 않는다. 아무리 시간 내에 도면을 완성하고 공간의 계획이 좋다하더라도 선과 글씨의 표현이 적절하지 못하면 도면 자체를 평가하기 힘들다.

넷째 공간의 계획

주어진 공간에 대해서는 주어진 요구조건에 맞추어 계획한다.
계획은 법규처럼 정해진 것은 아니다. 그러나 일반적인 상식과 공간의 비례, 가구 및 집기 등의 비례 등에 크게 어색하지 않아야 한다. 계획에는 큰 감점의 요소가 없다. 단지 이상적인 계획을 찾을 뿐이다.
공간을 계획할 때는 각종 규정, 건축구조, 건축제도의 통칙을 준수하여야 한다.

다섯째 도면의 배치와 청결

지급된 제도용지에 사방 1cm의 테두리선을 만들고 작도하고자 하는 도면을 제도용지의 중앙에 맞춰 작도한다. 도면이 한쪽으로 치우치거나 균형이 맞지 않으면 감점대상이 된다.
도면의 청결 또한 중요하다. 도면이 파손되지 않게 조심해서 작도하며, 파손될 경우에는 투명테이프로 뒷면에 잘 붙여준다.
도면을 제출할 때에는 지저분한 곳을 잘 지워서 청결하게 하여 제출한다.

7. 채점기준 시 세부사항

기 준	감 점	세부사항
도면의 미관, 도면의 배치	−10	(1) 도면이 한쪽으로 치우치거나 중심에 들어오지 않을 때 (−2) (2) 테두리선을 작도하지 않고 임의로 작도했을 때 (−2) (3) 도면의 훼손 정도가 심하고 청결하지 못할 때 (−5) (4) 손때가 눈에 보이게 묻어있을 경우 1개소당 (−1)
각종 선의 작도와 구분	−10	(1) 선의 굵기와 용도에 맞는 선의 표현이 미숙할 때 (−5) (2) 선과 선이 만나는 부분이 교차 ±1 이상이 되는 곳 1개소마다 (−1) (3) 치수선 및 인출선의 각도 및 구도가 미숙할 때 (−2) (4) 중심선의 표시가 1개소 누락 혹은 1점 쇄선이 아닐 경우 (−2)
평면도	−38	(1) 크기 및 간격이 일정치 못할 경우 (−1) (2) 꼭 필요한 곳, 설명이 필요한 곳에 문자나 숫자가 누락 (−2) (3) 재료의 표현이 누락되거나 표현이 미흡할 경우 (−2) (4) 출입구 부분 ENT 표시 누락 (−2) (5) 입면도, 단면도방향 표시 누락 (−5) (6) 개구부(창·문)의 작도 시 밑틀의 유무와 선의 종류, 구조적, 표현이 미흡할 경우 (−5) (7) 요구된 가구 및 집기에서 누락될 경우 개당 (−3)[주요 가구일 시 (−5)] (8) 계획상으로 미흡할 경우 (−5) (9) 요구된 문제의 벽체 및 개구부의 위치나 크기가 틀릴 경우 (−5) (10) 공간에서 가구 및 집기 등의 비례가 맞지 않을 경우 (−3) (11) 디자인콘셉트 누락 (−5)
입면도	−5	(1) 벽면에 대한 재료표현 누락 (−3) (2) 가구 및 집기 등의 높이가 터무니없을 경우 (−2)
천장도	−23	(1) 범례기입 누락 (−5) (2) 공간 내에 조명의 배치가 일정하지 않을 경우 (−3) (3) 공간 내에 조명의 계획이 미흡한 경우 (−5) (4) 일정간격의 조명치수 미기입 (−2) (5) 소방, 설비기구의 누락 (각 −2) (6) 커튼박스 누락 (−3) (7) 욕실, 발코니 등의 천장재료 누락 (−3)
투시도	−16	(1) 투시보조선 누락 (−5) (2) 가구 및 집기 등의 공간상 비례 (−3) (3) 도면이 썰렁할 경우 (−3) (4) 표현의 미숙(모든 물체들이 각이 져 있을 경우) (−2) (5) 개구부(특히 창호)의 누락 (−3)
투시도 컬러링	−4	(1) 색이 너무 튈 경우(야광색, 원색 사용) (−2) (2) 마카 사용 시 얼룩이 많이 질 경우 (−2)
기 타	−38	(1) 도면명 미기입 (−5) (2) 스케일 미기입(특히 투시도 S=N.S) (−3) (3) 요구된 도면 미작도 (−20) (4) 요구된 스케일과 틀리게 작도할 경우 (−10)

8. 실내건축산업기사 작업형 실무도면 과년도 문제 출제분석

▮실내건축산업기사 작업형 실무도면 과년도 문제 출제빈도(1992~2023)▮

연번	과년도 문제	출제횟수	연번	과년도 문제	출제횟수
1	자녀방	3회	12	안경점	4회
2	부부침실	1회	13	이동통신매장	6회
3	독신자아파트 Ⅰ, Ⅱ	6회	14	아이스크림전문점	8회
4	재택근무자를 위한 원룸	2회	15	대형 할인마트 내 커피숍, 북카페, 도심 내 커피숍 Ⅰ, Ⅱ, 도심지 사거리에 위치한 커피숍, 베이커리카페	13회
5	호텔 트윈베드룸	4회	16	아동복매장 Ⅰ, Ⅱ	8회
6	보석점	3회	17	빌딩 내 벤처기업사무실	1회
7	구두 및 패션액세서리점	1회	18	헤어숍 Ⅰ, Ⅱ	5회
8	스포츠의류매장	5회	19	통신기기매장	2회
9	패스트푸드점 Ⅰ, Ⅱ	10회	20	약국	2회
10	유스호스텔	2회	21	패션숍	2회
11	오피스텔 Ⅰ, Ⅱ, Ⅲ	11회	22	네일아트숍	1회

▮실내건축산업기사 작업형 실무도면 과년도 문제 공간유형별 출제빈도(2012~2023)▮

연번	공간 유형		출제횟수	과년도 문제
1	주거공간		23회	부부침실, 자녀방, 독신자아파트, 오피스텔, 주거형 오피스텔, 재택근무자를 위한 원룸
2	숙박시설공간		6회	호텔 트윈베드룸, 유스호스텔
3	상업공간	대면판매공간	17회	보석점, 안경점, 이동통신매장, 약국
		측면판매공간	16회	구두 및 패션액세서리점, 아동복매장, 스포츠의류매장, 패션숍
		서비스판매공간	37회	아이스크림전문점, 대형 할인마트매장 내 커피숍, 도심 내 커피숍, 북카페, 베이커리카페, 패스트푸드점, 헤어숍, 네일아트숍
4	업무공간		1회	빌딩 내 벤처기업사무실

▌실내건축산업기사 회차별 과년도 문제(2000~2023)▐

회차	시험일	출제문제	공간범위	회차	시험일	출제문제	공간범위
27회	00.04.23	독신자아파트	주거	64회	12.04.22	이동통신매장 Ⅰ	상업
28회	00.06.25	아동복매장 Ⅰ	상업	65회	12.07.07	아이스크림전문점	상업
29회	00.09.03	스포츠의류매장	상업	66회	12.10.13	안경점	상업
30회	00.11.12	유스호스텔	상업	67회	13.04.20	북카페	상업
31회	01.04.22	아이스크림전문점	상업	68회	13.07.13	도심 내 커피전문숍 Ⅰ	상업
32회	01.07.15	아동복매장 Ⅰ	상업	69회	13.10.05	오피스텔 Ⅲ	주거
33회	01.11.04	오피스텔 Ⅰ	주거	70회	14.04.19	헤어숍 Ⅰ	상업
34회	02.04.21	패스트푸드점 Ⅰ	상업	71회	14.07.06	통신기기매장 Ⅱ	상업
35회	02.07.07	이동통신매장 Ⅰ	상업	72회	14.10.05	패스트푸드점 Ⅱ	상업
36회	02.09.29	오피스텔 Ⅰ	주거	73회	15.04.18	도심지 사거리에 위치한 커피숍	상업
37회	03.04.27	주거형 오피스텔 Ⅱ	주거	74회	15.07.12	아이스크림전문점	상업
38회	03.07.13	아이스크림전문점	상업	75회	15.10.04	대형 할인마트매장 내 커피숍	상업
39회	03.10.25	아동복매장 Ⅰ	상업	76회	16.04.17	안경점	상업
40회	04.04.25	대형 할인마트매장 내 커피숍	상업	77회	16.06.25	아동복매장 Ⅰ	상업
41회	04.07.04	이동통신매장 Ⅰ	상업	78회	16.10.08	아이스크림전문점	상업
42회	04.10.31	아동복매장 Ⅱ	상업	79회	17.04.16	약국	상업
43회	05.05.01	오피스텔 Ⅰ	주거	80회	17.06.25	헤어숍 Ⅰ	상업
44회	05.07.10	빌딩 내 벤처기업사무실	상업	81회	17.10.12	아동복매장 Ⅰ	상업
45회	05.10.23	패스트푸드점 Ⅰ	상업	82회	18.04.21	도심지 사거리에 위치한 커피숍	상업
46회	06.04.23	아동복매장 Ⅰ	상업	83회	18.07.01	헤어숍 Ⅱ	상업
47회	06.07.09	이동통신매장 Ⅰ	상업	84회	18.10.06	패션숍	상업
48회	06.09.16	대형 할인마트매장 내 커피숍	상업	85회	19.04.13	안경점	상업
49회	07.04.22	오피스텔 Ⅰ	주거	86회	19.06.29	오피스텔 Ⅲ	주거
50회	07.07.08	아이스크림전문점	상업	87회	19.10.12	패스트푸드점 Ⅱ	상업
51회	07.10.07	패스트푸드점 Ⅰ	상업	88회	20.05.24	헤어숍 Ⅰ	상업
52회	08.04.20	이동통신매장 Ⅰ	상업	89회	20.07.26	패션숍	상업
53회	08.07.12	대형 할인마트매장 내 커피숍	상업	90회	20.10.18	통신기기판매점 Ⅱ	상업
54회	08.09.27	아동복매장 Ⅰ	상업	91회	20.11.29	도심 내 커피숍 Ⅱ	상업
55회	09.04.18	오피스텔 Ⅰ	주거	92회	21.04.24	도심 내 커피숍 Ⅰ	상업
56회	09.07.05	아이스크림전문점	상업	93회	21.07.10	안경점	상업
57회	09.09.13	주거형 오피스텔 Ⅱ	주거	94회	21.10.16	북카페	상업
58회	10.04.18	이동통신매장 Ⅰ	상업	95회	22.05.07	네일아트숍	상업
59회	10.07.04	대형 할인마트매장 내 커피숍	상업	96회	22.07.05	헤어숍 Ⅱ	상업
60회	10.09.10	아동복매장 Ⅰ	상업	97회	22.10.16	베이커리카페	상업
61회	11.05.01	아이스크림전문점	상업	98회	23.04.22	약국	상업
62회	11.07.23	주거형 오피스텔 Ⅱ	주거	99회	23.07.23	패스트푸드점 Ⅱ	상업
63회	11.10.15	유스호스텔	상업	100회	23.10.07	재택근무 오피스텔 Ⅲ	주거

목 차

Chapter 01 설계의 기본

Chapter 02 설계의 기초

Chapter 03 기초도면 작도법

Chapter 04 과년도 문제와 해설

Chapter 05 과년도 문제 해답도면

실내건축디자인 실무

작업형 실기

Chapter 01 설계의 기본

제 1 장 설계의 기본

01 제도용구와 그 사용법

1. 제도판

제도판이란 설계를 할 수 있는 작업대를 말한다. I자와 삼각자를 이용하여 수평과 수직을 제도하기 편하도록 한 작업대이다. 제도판의 크기는 450mm×600mm×20mm, 600mm×900mm×30mm, 750mm×1,050mm×30mm, 900mm×1,200mm×30mm 등이 있다. I자 사용 휴대용 제도판은 600mm×900mm×30mm를 사용한다.

[휴대용 I자 제도판]

2. 삼각자

삼각자는 45°인 등각삼각형과 30°, 60°인 직각삼각형의 자가 한 쌍으로 되어 있는 것과 각도를 자유자재로 조정할 수 있는 물매자가 있다. 시험에 쓰이는 삼각자는 물매자보다는 45°인 등각삼각형과 30°, 60°인 직각삼각형의 자가 한 쌍으로 되어있는 것을 사용하며, 45°자가 450mm인 것을 사용한다. 삼각자에 굳이 치수가 매겨진 것을 구입할 필요는 없고, 삼각자 사이드 끝면에 약간의 홈이 파여 있는지 확인하고 구입한다.

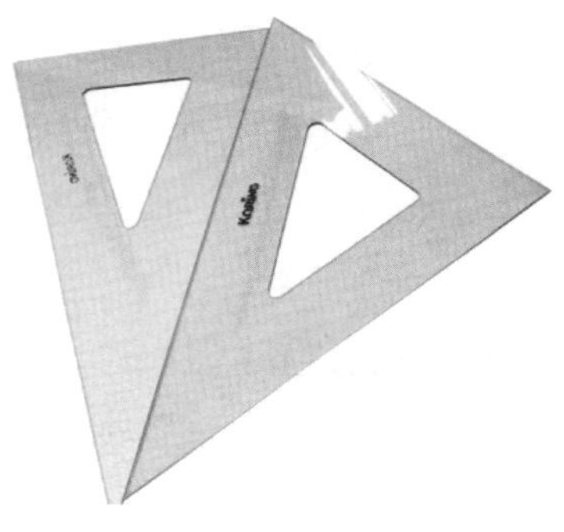

[삼각자]

3. 스케일자

삼각축척자라고도 한다. 삼각 삼면에 1/100, 1/200, 1/300, 1/400, 1/500, 1/600의 축척이 매겨져 있어 실공간의 치수를 도면의 비례, 비율에 맞게 축소・확대하여 작도할 때 사용한다. 보통 시험에는 1/30, 1/50을 사용한다.

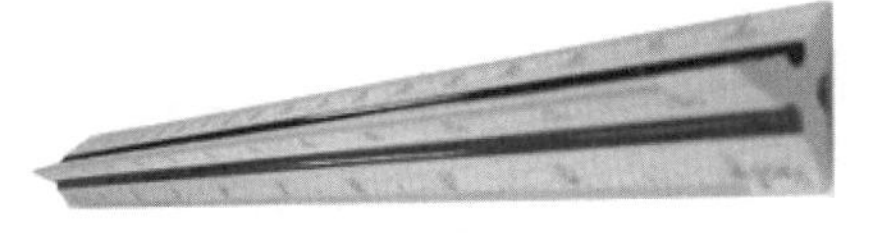

[스케일자]

4. 각종 템플릿

원과 타원, 사각, 삼각을 그릴 수 있는 템플릿이 있고, 화장실 가구와 설비 등을 그릴 수 있는 위생템플릿, 컴퍼스로 그리기 어려운 자유곡선 등을 그릴 수 있는 운영자 등이 있다. 원형 템플릿은 작은 것 NO. 1~40, 큰 것 NO. 40~90으로 구입하며, 큰 것 NO. 40~90에서는 문짝을 작도할 때 NO. 55나 NO. 60이 필요하다.

[각종 템플릿]

5. 제도용 샤프

샤프는 제도용 샤프와 제도용 샤프심을 사용한다. 우리가 일반적으로 시험에서 사용하고 있는 샤프심은 0.5굵기의 HB이다. 0.9, 0.7굵기의 샤프는 단면선, 굵은 선을 그을 때 사용되며, 0.5굵기의 샤프는 가구나 입면, 치수 등에 사용된다. 0.3굵기의 샤프는 마감 및 재료 등을 표현할 때 사용하기도 하나, 0.5굵기의 HB로도 굵은 선, 중간선, 가는 선을 표현할 수 있다.

[제도용 샤프]

6. 지우개, 지우개판

일반 문구점에서 판매되는 제도용 지우개는 너무 딱딱해서 지울 때 얼룩이 많이 진다. 반대로 미술용 지우개는 너무 물러서 지우개 가루가 많이 나오는 단점이 있다. 따라서 너무 무르거나 딱딱한 지우개는 피한다. 지우개판은 스테인리스재질로 되어 있어 부분적으로 지울 때 사용한다.

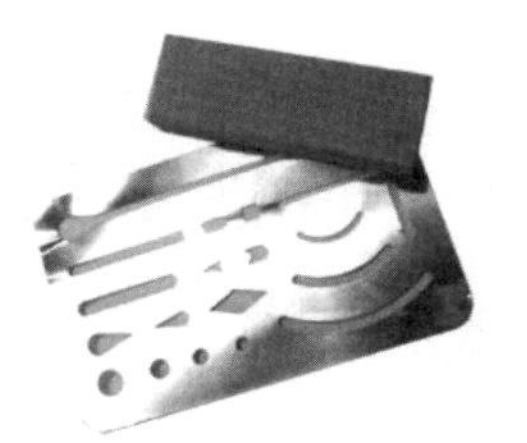
[지우개, 지우개판]

7. 제도용 브러시

연필 가루, 지우개 가루 등을 손으로 털면 도면이 지저분해지므로 제도용 브러시를 사용하여 청결을 유지한다.

[제도용 브러시]

8. 마스킹테이프

종이테이프로 두께가 굵은 것과 얇은 것이 있는데, 얇은 것은 접착력이 떨어지므로 굵은 것으로 구입한다.

[마스킹테이프]

9. 도면걸이

제도용지나 도면, 자 등을 걸어놓아 작도한 도면을 보기가 용이하고, 자를 이용하기도 편리하다. 제도대에 부착하여 사용한다.

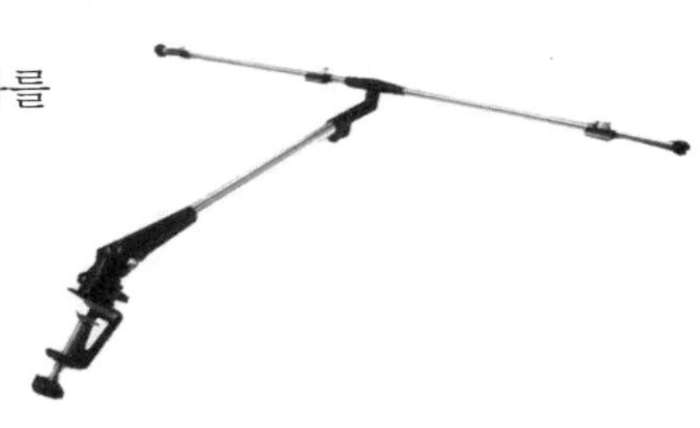
[도면걸이]

10. 제도용지

치 수		A0	A1	A2	A3	A4	A5	A6
$a \times b$		841×1,189	594×841	420×594	297×420	210×297	148×210	105×148
c (최소)		10	10	10	5	5	5	5
d(최소)	철하지 않을 때	10	10	10	5	5	5	5
	철할 때	25	25	25	25	25	25	25

시험에는 백색 켄트지(18g/m^2, 전지) 1장과 트레이싱지(80g/m^2), A2(420×594)용지 총 3장이 지급된다.

11. 그 외

컴퍼스, 도면보관통, 플러스펜, 마카 등이 있다.

▶ 마카 : 제3장 기초도면 작도법 07. 투시도 컬러링법 P.123~124 참조

02 선

1. 선의 의미

도면에 있어서 선은 가장 중요한 부분 중에 하나이다. 실질적인 도면 작도 시 도면의 계획성을 더 우선으로 두어야 함은 분명하지만 계획성이라는 것은 기본적으로 선과 글씨가 어느 정도 잡혀있는 경우 요구되는 도면의 조건임을 명심해야 한다. 선은 도면을 이해하는데 매우 중요한 부분을 차지하므로 선의 굵기와 형태, 용도에 따라 정확한 곳에 정확한 선을 사용할 줄 알아야 한다.

2. 선의 종류와 용도

명 칭	종 류	용 도	표현방법
실선	굵은 선	벽체 및 개구부 절단단면, 글씨BOX, 도면BOX	――――――
	중간선	가구의 입면선, 벽체 해치, 글씨 등	――――――
	가는 선	마감재료 및 마감선	――――――
허선	쇄선	벽체 중심선	—·—·—·—·—·—
	파선	보이지 않는 부분에 대한 표현	- - - - - - - -

Tip 선의 사용 예

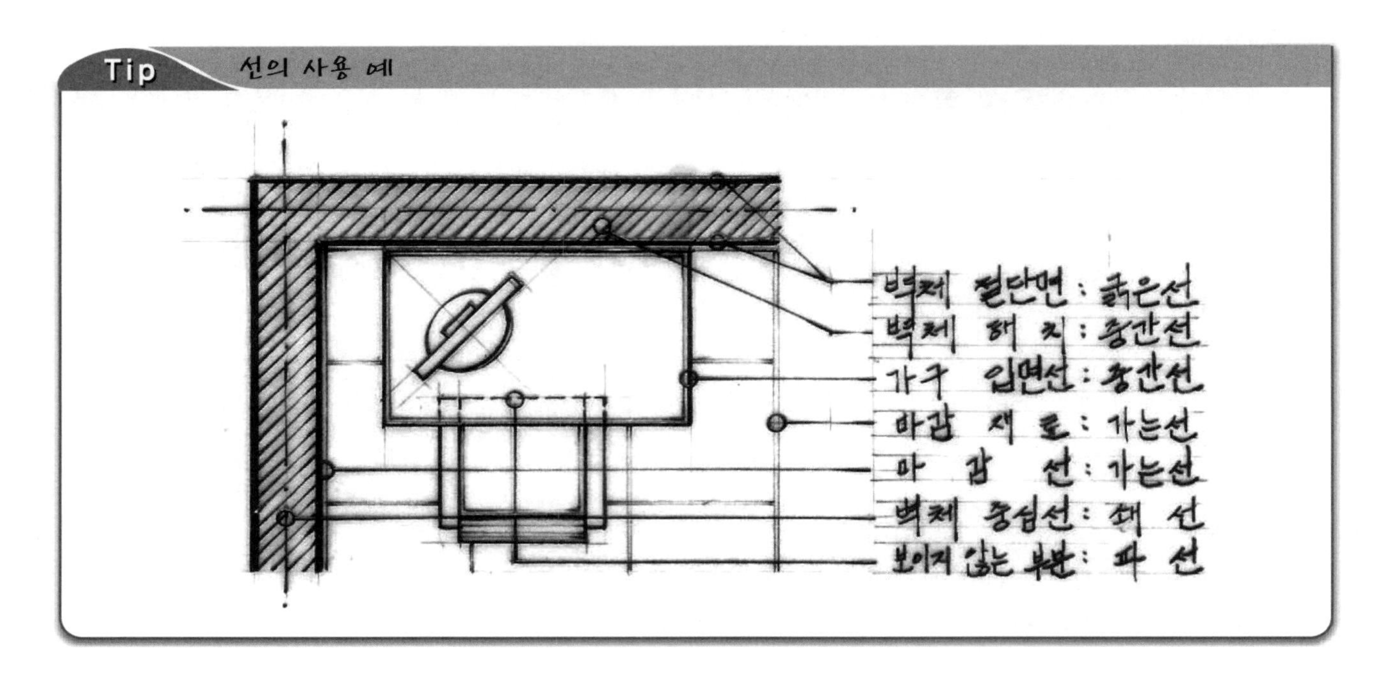

3. 도면 작도 시 사용되는 선의 종류

종 류	용 도	표현방법
굵은 선	벽체 및 개구부 절단단면, 글씨BOX, 도면BOX	
중간선	가구의 윤곽BOX선, 글씨, 조명 및 설비표현	
중간선 테크닉	벽체 해치, 벽체 중심선, 가구표현, 기타 쇄선	
가는 선 테크닉	마감선, 마감표현선, 가구표현	

4. 선 긋는 방법

(1) 선의 굵기와 용도에 맞는 정확한 선을 사용한다.

(2) 75° 정도로 샤프를 잡고 선 긋는 방향으로 샤프를 돌리면서 긋는다.

샤프를 돌리면서 긋는 이유는 일정굵기의 선을 사용하고 선의 퍼짐을 방지하기 위함이다.

(3) 모든 선은 항상 처음과 끝을 확실하게 긋는다. 날아가는 선이 없어야 함을 명심한다.

(○) (×)

(4) 선의 교차부는 ±1 이상의 교차 및 끊어짐이 생길 시 각 개소당 1점의 감점을 받는다.

1점의 감점보다는 그러한 선처리가 많아질수록 도면의 완성도가 떨어짐을 명심한다.

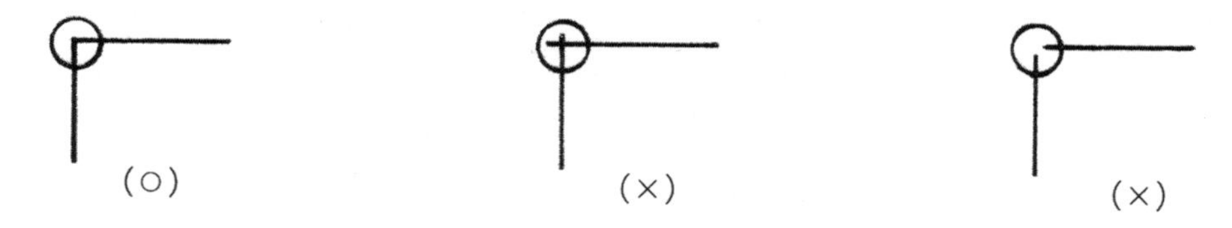

5. 선 긋기의 순서와 방향

(1) 수평선 긋기

① 선이 위, 아래로 흔들리지 않게 평행하게 긋는다.

② 좌에서 우로, 위에서 아래방향으로 긋는다.

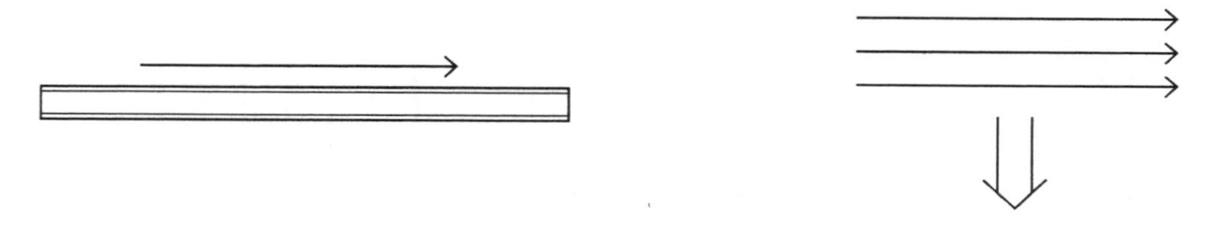

(2) 수직선 긋기

수직선을 그을 때는 몸을 오른쪽으로 돌려서 삼각자와 나의 몸이 수평을 이루게 하여 긋는다. 삼각자의 상부 부분은 힘을 받지 못하는 부분이므로 선을 그을 때 선이 틀어지기 쉽다. 그러므로 삼각자의 힘을 받는 부분까지 삼각자를 올려서 긋는다. 아래에서 위로, 좌에서 우방향으로 긋는다.

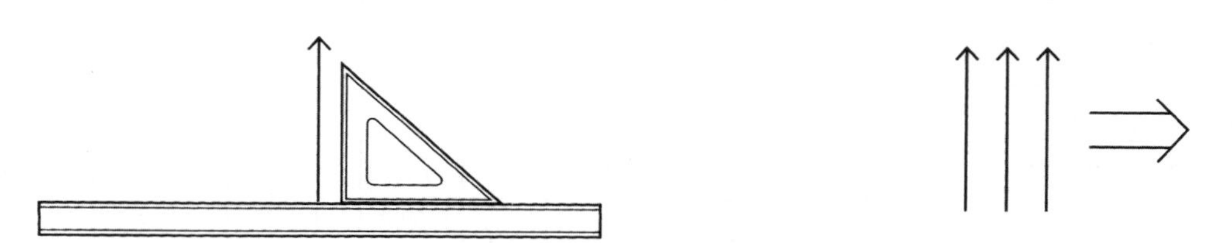

(3) 사선 긋기

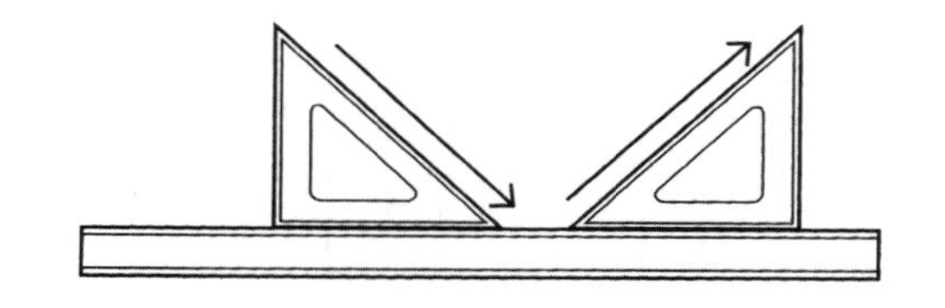

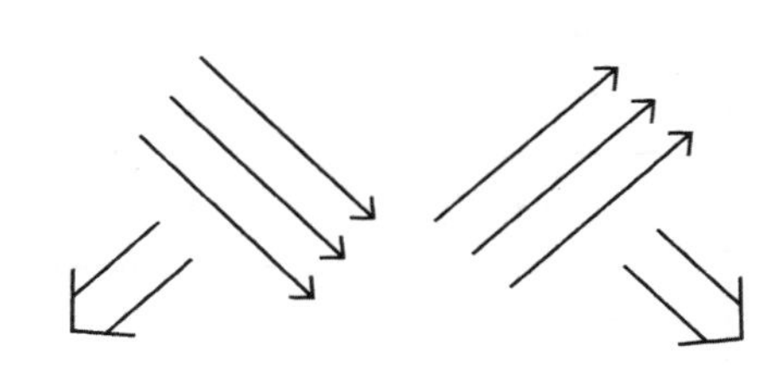

6. 선의 굵기 및 종류

(1) 굵은 선

① 굵은 선은 굵기만 굵다고 해서 굵은 선이 되는 것은 아니다. 굵은 선은 굵기와 선명도를 가지고 있어야 한다. 굵은 선의 굵기와 선명도는 샤프를 돌리면서 여러 번 긋는다.

② 벽체와 개구부의 틀, 도면의 박스 등을 그을 때 사용한다.

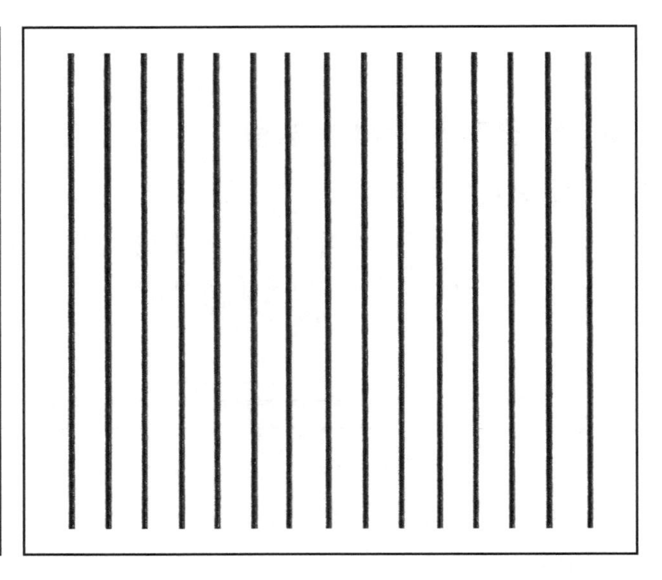

(2) 중간선

중간선은 딱 한 번만 힘을 주어 긋는다.

(3) 중간선 테크닉

선에는 명목상 굵은 선, 중간선, 가는 선 등이 있다. 여기서 중간선 테크닉은 처음에 중간선 정도의 힘을 주었다가 중간에 약간 힘을 빼고 마무리로 중간선에 힘을 다시 주는 선이다. 다시 말해, 중간선 테크닉이란 중간선 박스 안에 또다시 중간선으로 작도할 부분을 박스 중간선보다 약간 다운시켜 긋는 선을 뜻한다. 예를 들어, TV테이블의 경우 테이블 중간선, 테이블 위의 TV도 중간선이다. 이때 테이블박스는 중간선, 그 박스 안의 TV는 중간선 테크닉으로 다운시켜 작도한다. 쇄선이나 치수선도 중간선 테크닉으로 작도한다.

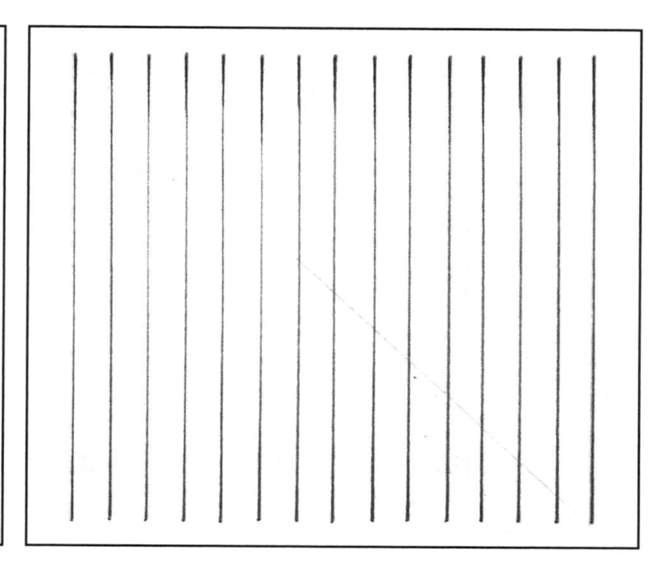

(4) 가는 선 테크닉

가는 선은 마감재료나 가구를 표현할 때 쓰인다. 이렇게 가는 선으로 작도해야 할 부분을 가는 선 테크닉으로 작도한다. 가는 선 테크닉도 중간선 테크닉과 마찬가지로 힘을 주었다가 풀어주었다가 다시 힘을 주어 마무리 짓는 선이다. 이런 테크닉선은 도면의 효과상 쓰는 선으로, 평면적인 도면보다 입체감 있는 도면을 작도하기 위해 쓰인다.

(5) 원, 프리핸드

원이나 프리핸드는 강약을 조절하여 표현한다.

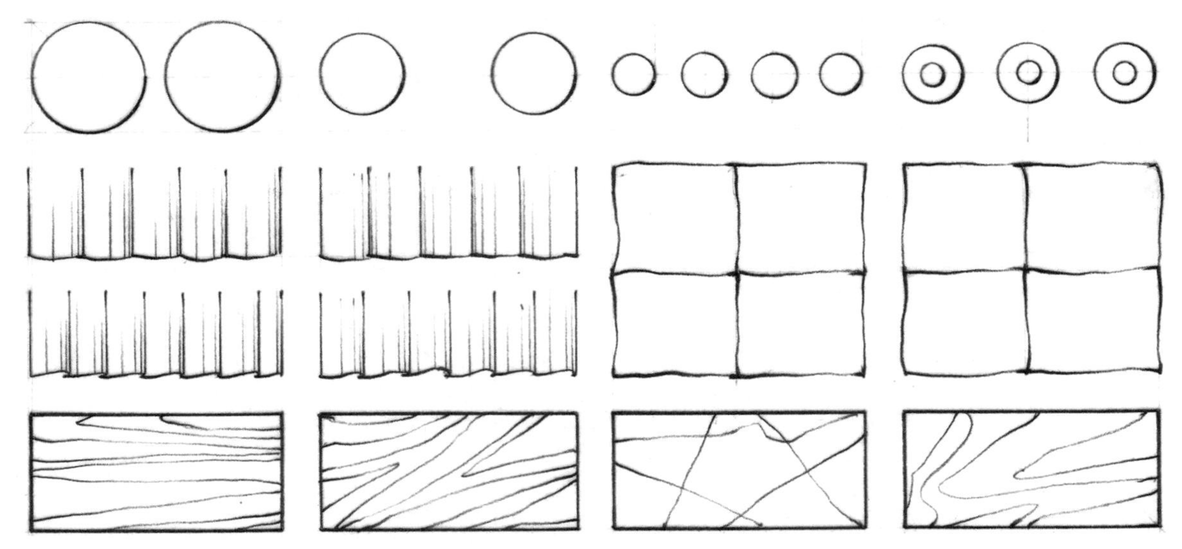

[원 · 프리핸드의 강약조절 표현]

7. 선에 대한 연습을 하기 전 종이 붙이는 법

(1) 켄트지 붙이는 법

켄트지는 기본 2장을 붙인다. 1장만 붙여 작도하면 바닥이 딱딱해서 선이 잘 나오지 않고, 3장을 붙이면 바닥이 푹신해서 트레이싱지가 잘 찢어진다. 따라서 켄트지는 기본 2장이 가장 적당하다.

(2) 트레이싱지 붙이는 법

트레이싱지는 I자를 맨 밑으로 내린 상태에서 그 라인에 트레이싱지를 붙이면 I자를 올리고 내릴 때 트레이싱지가 걸려서 잘 찢어지므로 I자 선 1cm 밑에 붙인다. 이때 트레이싱지의 수평을 맞출 수가 없으므로 다음과 같이 하여 트레이싱지를 붙인다.

① I자를 맨 밑으로 내린 후 가로선을 긋는다.

② I자를 올려서 ⓐ번 가로선을 그은 1cm 밑에 가로선을 긋는다.

③ ⓑ번 가로선에 맞춰 트레이싱지를 붙인다.

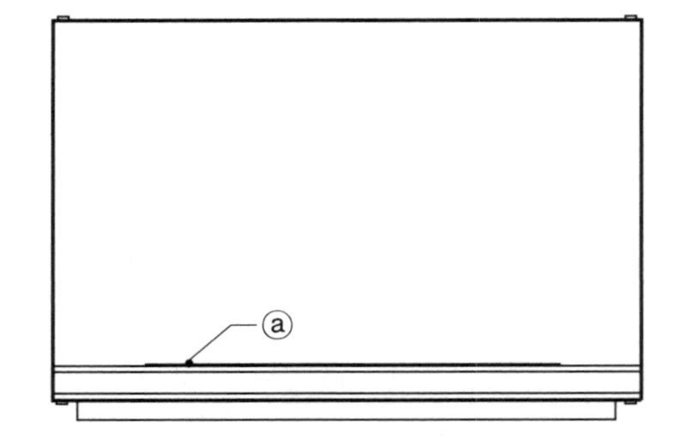

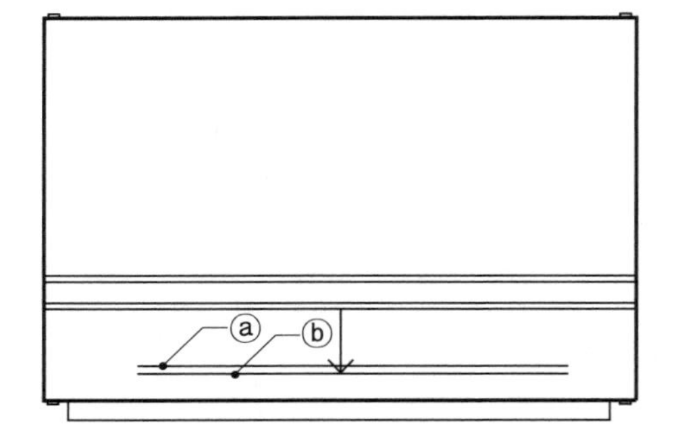

(3) 트레이싱지의 센터 나누는 법

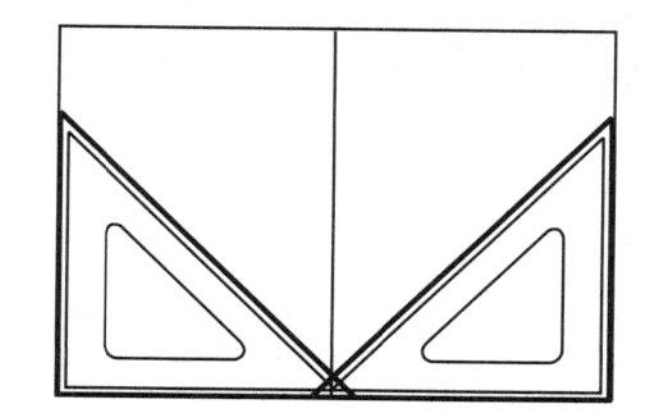

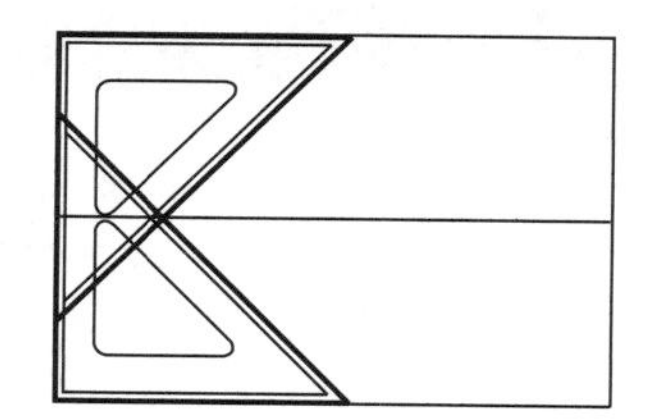

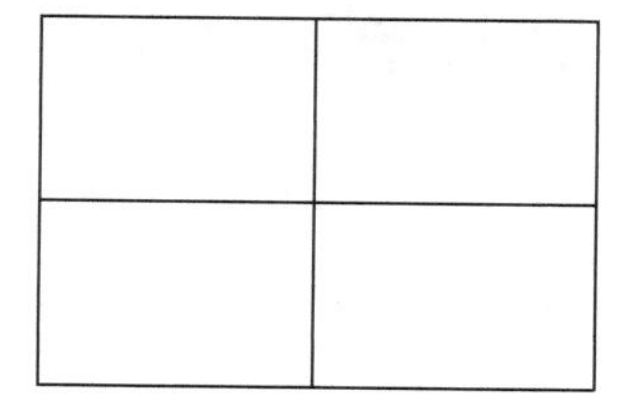

03 글씨

1. 도면 내 문자기입

(1) 제도글씨는 "쓴다"라는 의미보다는 "그린다"는 의미로 해석할 수 있다. 도면 내의 문자는 한 획 한 획 또박또박 쓰며, 다른 사람들이 알아볼 수 있도록 쉽고 명료해야 한다.

(2) 도면 내의 문자는 대략적인 크기는 있으나 도면에 비례하여 크기는 조절가능하다.

도면명 > 실명 > 소실명 > 가구, 집기, 재료, 조명, 설비 등

(3) 도면 내의 문자는 국문과 영문 혼용이 가능하다. 도면명은 꼭 한글로 기입하고, 영문기입 시에는 항상 대문자로 기입한다.

(4) 문자기입 시 샤프심은 단단한 H보다 HB나 B를 사용하는 것이 기입 시나 문자수정 시 쉽다.

(5) 보조선 2~3줄을 긋고 문자를 기입한다.

(6) 모든 문자는 도면을 보는 방향(가로방향)으로 기입한다. 가구 안쪽에 기입이 어려운 경우에는 바깥쪽에 기입하며, 이때 인출선을 이용한다.

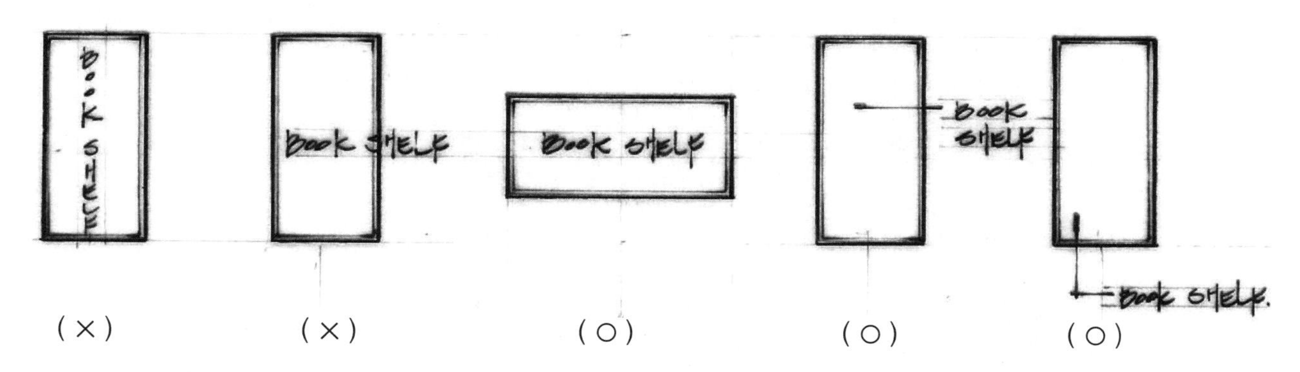

2. 도면 내 문자의 종류

구 분	실 례	크 기
도면명	평면도, 내부입면도, 단면도, 단면상세도, 천장도, 투시도, 투상도 등	10~15mm
실명	문제의 타이틀명 : 자녀방, 부부침실, 원룸, 호텔 객실, 커피숍, 패스트푸드점, 약국 등	5~7mm
소실명	주실 내의 소실 : 거실, 주방, 서재, 욕실, 발코니, 화장실, 카운터, 피팅룸, 창고, 쇼윈도 등	3~5mm
재료 및 집기명	바닥 : 지정 고급 장판지 마감, 벽 : 지정 고급 실크 마감, 천장 : 지정 수성페인트 마감 우드플로어링, 카펫, 벽지, 비닐시트, 침대, 화장대, 옷장, 테이블, 책상, 의자 등	3~5mm
숫자	1,200, 2,450, 470, 1,900, 200, 19,020, 11,550, 7,200	3~5mm
영문	TV, PC, A/C BOX, SIDE TABLE, R.E.F, TEA TABLE, SHOW WINDOW, SHOW CASE 등	–

3. 문자연습요령

세로획은 자를 이용하고, 가로획은 프리핸드로 글씨를 완성한다.

(1) 국문연습요령

① 글씨연습의 가장 중요한 포인트는 본인에게 맞는 글씨를 찾아 꾸준한 연습을 통해 깔끔한 글씨를 구사하는 것이다.

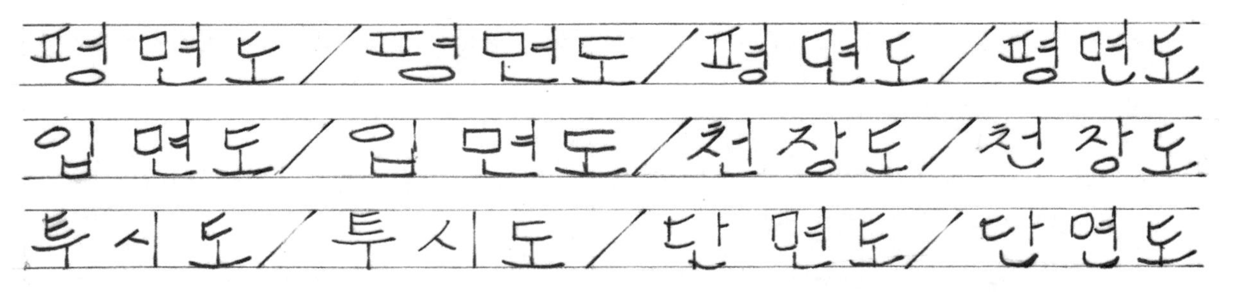

② 한 획 한 획 또박또박 명료하게 기입한다.

③ 문자의 전반적인 형태는 삼각형 구도로 쓰는 것이 보기에 좋다.

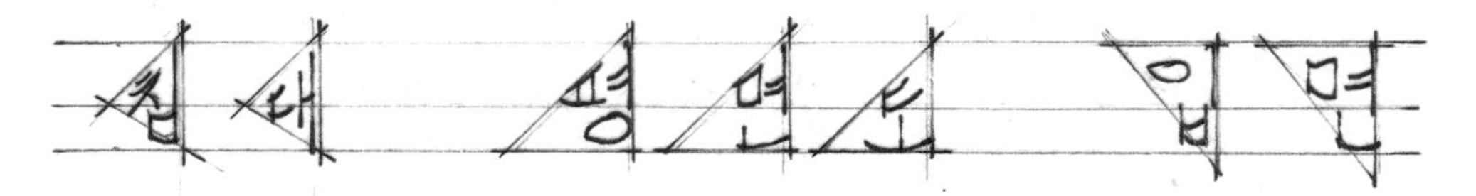

④ 가로획은 수평으로 긋는 것보다 어느 정도의 방향성을 주는 것이 더 보기 좋다.

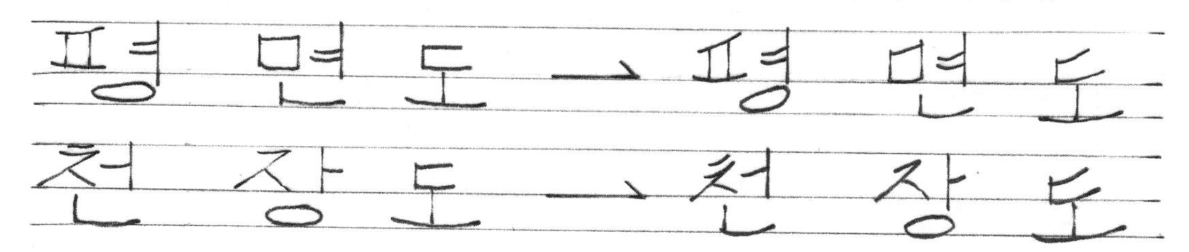

⑤ 어느 정도의 테크닉적인 획을 가미하면 보다 나은 문자가 될 수 있다.

(2) 영문연습요령

① 여러 가지의 글씨타입 중 본인에게 맞는 글씨타입을 구사한다.

TYPE1 : ABCDEFGHIJKLMNOPQRSTUVWXYZ
TYPE2 : ABCDEFGHIJKLMNOPQRSTUVWXYZ
TYPE3 : ABCDEFGHIJKLMNOPQRSTUVWXYZ

② 부분적으로 문자가 보조선을 넘어가도 무방하며 문자에 테크닉적인 부분을 가미하면 더 나은 글씨를 구사할 수 있다.

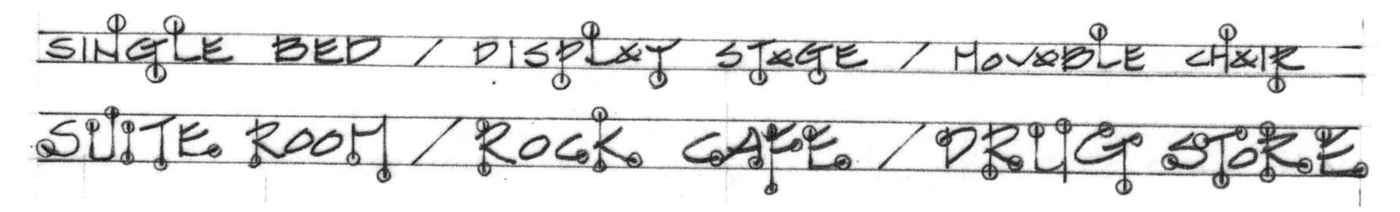

(3) 숫자연습요령

① 글씨타입

TYPE1 : 1.2.3.4.5.6.7.8.9.0
TYPE2 : 1.2.3.4.5.6.7.8.9.0

② 1,000단위마다 ‘,’를 찍는다.

4. 문자연습

◉ 글씨 연습

1. 도 면 명

평면도 / 평면도 / 평면도

입면도 / 천장도 / 투시도 / 단면도

2. 실 명

- 기사 실명 : 스위트룸 SUITE ROOM / 원룸 ONE ROOM / 약국 DRUG STORE / 패션샵 FASHION SHOP / 커피샵 COFFEE SHOP / 락 카페 ROCK CAFE / 인테리어 사무실 INTERIOR STUDIO / 빌딩 내 업무공간 사장실 & 비서실 / 컴퓨터 회사 안내홀 / 전시장 내 홍보용 부스 / P.C 방 / CD & VIDEO SHOP / 치과 DENTAL CLINIC / 귀금속 전시 판매장 / 화장품점 / TAKE OUT COFFEE & CAKE

- 산업기사 실명 : 자녀방 / 부부침실 / 독신자 A.P.T / 재택근무자를 위한 ONE ROOM SYSTEM / 호텔 트윈 베드룸 HOTEL TWIN BED ROOM / 보석점 JEWEL SHOP /

구두 및 악세서리점 / 스포츠 의류매장 SPORTS WEAR SHOP / 아동복 의류매장 / 패스트 푸드점 FAST FOOD RESTAURANT / 아이스크림점 ICE CREAM STORE / 오피스텔 OFFISTEL / 유스 호스텔 YOUTH HOSTEL 이동통신매장 / 대형 할인매장 내 커피숍 /

3. 소실명

●주거공간 : 침실 BED ROOM / 거실 LIVING ROOM / 주방 KITCHEN / 식당 LIVING ROOM / 욕실 BATH ROOM / 현관 ENTRY / 다용도실 UTILITY ROOM / 발코니 BALCONY /

●상업공간: 화장실 TOILET / 쇼윈도우 SHOW WINDOW / 피팅룸 FITTING ROOM / 창고 STORAGE / 리셉션공간 RECEPTION AREA / 종업원실 STAFF ROOM / 대기공간 WAITING AREA / 휴게실 REST AREA / 파우더룸 POWDER ROOM / 홀 HALL / 스테이지 STAGE /

4. 가구 및 집기

●주거공간 : 침대 SINGLE BED, SEMI DOUBLE BED, DOUBLE BED, KING BED / 옷장 DRESSING CHEST / 화장대 DRESSING TABLE / 스툴 STOOL / 거울 MIRROR / 책상 DESK / 바퀴달린 움직이는 의자 MOVABLE CHAIR / 책꽂이 BOOK SHELF CHEST / 나이트 테이블 NIGHT TABLE / 사이드 테이블 SIDE TABLE / 소파세트 SOFA SET / 싱크세트 SINK SET / 찬장 CUPBOARD / 냉장고 R.E.F / 식탁 DINING TABLE /

신발장 SHOES BOX / 세탁기 WASHING MACHINE / 다리미대 IRON TABLE / 에어컨 AIR CONDITION / 심플한 의자 EASY CHAIR SET / 차마시는 테이블 TEA TABLE / 벽에 붙는 장식용 테이블 CONSOLE / 샤워부스 SHOWER BOOTH / 컴퓨터 COMPUTER (P.C) / T.V 장식장 T.V DECORATION FURNITURE / 화분 박스 PLANT BOX /

- 상업공간 : 계산 카운터 CASHIER COUNTER / 행거 HANGER / 쇼케이스 SHOW CASE / 마네킨 MANNEQUIN / 디스플레이 스테이지 DISPLAY STAGE / 디스플레이 테이블 DISPLAY TABLE / 선반 SHELF / 이미지 보드 IMAGE BOARD / 어항 AQUARIUM / 수하물대 BAGGAGE ROCK / 반납구 DUST BOX / 전화부스 TELEPHONE BOOTH / T.V MONITOR / 냉온풍기 A/H BOX / 잡지대 MAGAZINE / 서랍장 DRAWER / 오디오 AUDIO / 제도판 DRAWING TABLE / 파일 박스 FILE BOX / 멀티비전 MULTIVISION / 장식을 위해 벽 일부를 파서 만든 부분 ALCOVE DISPLAY /

5. 조명 및 설비

- 조 명 : 직부등 CEILING LIGHT / 매입등 DOWN LIGHT / 펜던트 PENDANT / 벽등 BRACKET / 형광등 FLUORESCENT LIGHT (F.L) / 스포트 라이트 SPOT LIGHT / 샹들리에 CHANDELIER / 팬라이트 FANLIGHT / 센서등 SENSOR LIGHT / 방습등 DAMPPROOF LIGHT / 네온등 NEON LIGHT / ROTATE MIRROR BALL / 싸이키 조명 /
- 소방설비 : 비상등 EXIT LIGHT / 감지기 FIRE SENSOR / 스프링클러 SPRINKLER / 환기구 VENTILATOR / 점검구 ACCESS DOOR /

6. 재료 및 기타

- 마감 재료 : 장판지 VINYL SHEET / 합성수지 계열의 타일 P.V.C TILE . DECO TILE

P-TILE. DELUEX TILE. CUSHION MAT. ASTILE / 우드플로링 WOOD FLOORING / 카펫 CARPET / 러그 RUG / 매트 MAT / 대리석 MARBLE / 자기질 타일 CERAMIC TILE, MOSIC TILE, CLINKER TILE / 벽지 WALL PAPER / 락카 LACQUER(LACQ') / 수성페인트 WATER PAINT / 비닐 페인트 VINYL PAINT / 유성페인트 OIL PAINT / 졸라톤 스프레이 ZOLATON SPRAY / 회벽 / 징크리판벽 / 천 FABRIC / 텍스 TEX / 플라스틱 보드 PLASTIC BOARD / 천장지 CEILING PAPER /

● 기타 재료 : 우드몰딩 WOOD MOULDING / 걸레받이 BASE BOARD / 커튼박스 CURTAIN BOX / 블라인드 BLIND / 버티칼 VERTICAL / 논슬립 NON SLIP 스틸 STEEL / 강화유리 TEMPERED GLASS / 유리블럭 GLASS BLOCK / 고정창 FIXED GLASS / 접문 FOLDING DOOR / 접이식 칸막이 CROSS WALL / 나왕 LAUAN / 각재목 BATTEN / 무늬목 WOOD GRAIN. SKIN WOOD 합판 PLY WOOD (P.W) / 석고보드 GYPSUM BOARD (G.B) / 금속 METAL / 투명유리 CLEAR GLASS / 칼라유리 COLOR GLASS / 불투명유리 FROST GLASS / 기둥 COLUMN / 아크릴 ACRYL / 블록 BLOCK / 판 BOARD / 벽돌 BRICK / 청동 BRONZE / 인조대리석 CORIAN / 포마이카 FORMICA / 집성목재 M.D.F / 무늬목종류 OAK, MAPLE. ROSE. MAHOGANY. 흑단

4. 도면내에 사용되는 용구 해석

● 문자약자 : F.F - FLOOR FINISH (바닥마감) / W.F - WALL FINISH (벽마감) / C.F - CEILING FINISH (천장 마감) / APP - APPOINMENT (지정) / FIN. - FINISH (마감) / THK - THICKNESS (두께) / C.H - CEILING HIGH (천장고) / F.L - FLOOR LEVEL (바닥 단계) / G.B - 석고보드 / P.W - 합판 /

● 용구해석 : F.F : APP VINYL SHEET FIN. - 바닥마감 : 지정 장판지 마감.
FLOOR : 500×500 APP DECO TILE FIN. - 바닥 : 500×500 지정 데코타일 마감.

- W.F : APP WALL PAPER FIN. - 벽마감 : 지정 벽지 마감.
- WALL : APP COLOR LACQ FIN. ON THK 9 G.B 2PLY - 벽 : 두께 9 석고보드 2장 위 지정 컬러 락카 마감.
- W.F : APP THK 20MM MARBLE FIN. - 벽 마감 : 지정 두께 20MM 대리석 마감.
- C.F : APP CEILING PAPER FIN. - 천장마감 : 지정 천장지 마감.
- CEILING : APP ZOLATON SPRAY FIN. ON THK 9. G.B 2PLY - 천 장 : 두께 9 석고보드 2장 위 지정 졸라톤 스프레이 마감.
- F.F : APP POLISHED TILE FIN. ON THK 30 MORTAR 바닥마감 : 두께 30 모르타르 위 지정 폴리싱 타일 마감.
- MOULDING : APP WOOD GRAIN FIN. ON THK 5 M.D.F - 몰 딩 : 두께 5 집성목재 위 지정 무늬목 마감.
- WOOD MOULDING : APP CLEAR LACQ FIN. ON THK 7 OAK WOOD 우드 몰 딩 : 두께 7 참나무 위 지정 투명락카 마감.
- BASE BOARD : APP OIL PAINT FIN. ON THK 6 P.W - 걸레받이 : 두께 6 합판 위 지정 유성페인트 마감.
- THK 12 TEMPERED FIN. - 두께 12 강화유리 마감.
- APP SHEET PAPER FIN. ON THK 5 CLEAR GLASS 두께 5 투명 유리 위 지정 시트지 마감.

A B C D E F G H I J K L M N O P Q R S T U V W X Y Z

A B C D E F G H I J K L M N O P Q R S T U V W X Y Z

A B C D E F G H I J K L M N O P Q R S T U V W X Y Z

1 2 3 4 5 6 7 8 9 0 1 2 3 4 5

7.200 , 3.600 , 7.200 , 3.150 , 800 , 9.600

04 도면 내 설계약어 및 용어

1. 도면 내의 설계약어

용 어	해 설	용 어	해 설
ARCH.(ARCHITECTURAL)	건축의	BLDG.(BUILDING)	빌딩
CONST.(CONSTRUCTION)	건설	STRL.(STRUCTURAL)	구조의
COL.(COLUMN)	기둥	ELVT.(ELEVATOR)	엘리베이터
E.P.S.(ELECTRIC POWER SHAFT)	전기설비덕트공간	E.N.T(ENTANCE)	출입구, 현관
A.D.(AIR DUCT SHAFT)	에어덕트샤프트	P.S.(PIPE SHAFT(SPACE))	설비파이프공간
APP′(APPOINTED)	지정한	FIN.(FINISH)	마감
@(AT)	일정한 간격표시	L(LENGTH)/H(HEIGHT)	길이/높이
R(RADIUS)	반지름	DIA(DIAMETER), ϕ	지름
THK(THICKNESS)/#	두께/굵기	D(DEPTH)	깊이
EA(EACH)	수량의 표시	C.L(CENTER LINE)	중심선
DWG(DRAWING)	도면, 그림	DET.(DETAIL)	상세
REV.(REVSION)	수정, 변경	REF.(REFERENCE)	참조
EQ(EQUAL)/VAR.(VARIABLE)	동일치수/변화치수	CONT.(CONTINUOUS)	계속되는, 연속적인
G.L(GROUND LAVEL)	지반	VIF(VERIFY IN FIELD)	현장치수
C.L(CEILING LINE)	천장기준선	F.L(FLOOR LINE)	바닥기준선
DN(DOWN)/UP	내림/오름	C.H(CEILING HEIGHT)	천장고
FL(FLUORESCENT LAMP)	형광등	W(WOOD)/□	목재/테두리(각재)
CONC(CONCRETE)	콘크리트	WD(WOOD DOOR)	목재도어
AL(ALUMINUM)	알루미늄	PL(PLY WOOD)	합판
W.P(WATER PAINT)	수성페인트	S(STEEL)	스틸(강)
LACQ′(LACQUER)	래커	O.P(OIL PAINT)	유성페인트
DR(DOOR)	문	SD(STEEL DOOR)	철제도어
FSD(FIRE STEEL DOOR)	방화문	SSD(STAINLESS STEEL DOOR)	스테인리스스틸도어
SST(STAINLESS STEEL)	스테인리스스틸	SUS(STEEL USE STAINLESS)	일본공업규격인 JIS에서 규정한 스테인리스스틸

2. 도면명

용 어	해 설	용 어	해 설
DRAWING & SPECIFICATION	설계도서(도면+서류)	DRAWING	도면
STRUCTURAL DRAWING	구조도	SPECIFICATION	시방서
SITE PLANNING	대지계획도	DRAWING FOR DRAFT	계획도면
WORKING DRAWINGS, GENERAL DRAWING	실시설계도	MASTER PLAN GENERAL DRAWING	기본설계도
BASEMENT FLOOR PLAN	지하층 평면도	ROOF FLOOR PLAN	지붕 평면도
FLOOR PLAN	평면도	…TH FLOOR PLAN (1-ST, 2-ND, 3-RD, …TH)	~층 평면도
TOP VIEW	평면도(가구도면에서)	FRONT VIEW	정면도
REAR VIEW	배면도	SIDE VIEW	측면도
ELEVATION	입면도	DETAIL DRAWING	상세도
DEVELOPMENT	전개도	PERSPECTIVE	투시도
CEILING PLAN	천장도	AXONOMETRIC	투영도
SECTION	단면도	BIRD EYE VIEW	조감도

3. 점포명 & 실명

용 어	해 설	용 어	해 설
BAGGAGE STORE	가방판매점	STADIUM	경기장
WORK ROOM	작업실	VERANDA	베란다
KITCHENETTE	간이부엌	VILLA	별장
AUDITORIUM	강당	HOSPITAL	병원
GUEST ROOM	객실	JEWEL SHOP	보석점
STAIR HALL	계단실	CORRIDOR	복도
AIRPORT	공항	KITCHEN	부엌
ADMINISTRATIVE ROOM	관리실	SECRET ROOM	비서실
CLASS ROOM	교실	BAKERY	빵집
CHURCH	교회	OFFICE ROOM	사무실
THEATER	극장	TEMPLE	사찰
UTILITY ROOM	다용도실	PRESIDENT ROOM	사장실
DINING KITCHEN	다이닝키친	MOUNTAIN VILLA	산장
WAITING ROOM	대기실	LIBRARY	도서관
GALLERY	갤러리	LOUNGE	라운지
DRESSING ROOM	탈의실	LOCKER ROOM	로커룸
LIVING ROOM	거실	RESTAURANT	레스토랑
POLICE STATION	경찰서	RESIDENTIAL HOTEL	레지덴셜호텔

용 어	해 설	용 어	해 설
LOBBY	로비	AQUARIUM	수족관
LIVING DINING	리빙다이닝	SUPER MARKET	슈퍼마켓
RESORT HOTEL	리조트호텔	CITY HALL	시청
LINEN ROOM	리넨룸	DINING ROOM	식당
STAGE	무대	ARCADE	아케이드
ART GALLERY	미술관	ATELIER	아틀리에
MUSEUM	박물관	OPTICAL STORE	안경점
BALCONY	발코니	INFORMATION HALL	안내홀
BROADCASTING STATION	방송국	DRUG STORE	약국
DEPARTMENT STORE	백화점	FASHION SHOP	여성의류매장
POST OFFICE	우체국	MOVIE HOUSE CINEMA	영화관
YOUTH HOSTEL	유스호스텔	TRAVEL AGENCY	여행사
KINDERGARTEN	유치원	WEDDING SHOP	예식장
JAPANESE RESTAURANT	일식집	BATH ROOM	욕실
BANK	은행	BED ROOM	침실
RECEPTION ROOM	응접실	CAFE	카페
ELECTRICAL ROOM	전기실	COMMERCIAL HOTEL	커머셜호텔
SHOW ROOM	전시실	COFFEE SHOP	커피숍
PARKING LOT	주차장	TERRACE	테라스
RESIDENCE	주택	TWINBED ROOM	트윈베드룸
BASEMENT	지하실	POWDER ROOM	파우더룸
ASSEMBLY ROOM	집회실	FASTFOOD STORE	패스트푸드점
STORAGE	창고	PENT HOUSE	펜트하우스
GYMNASIUM	체육관	FITTING ROOM	피팅룸
ATTIC	다락방	TOILET	화장실
STUDY ROOM	서재	ENTRANCE	현관
LAUNDRY	세탁실	HOTEL	호텔
FIRE STATION	소방서	REST ROOM	휴게실
SHOW WINDOW	쇼윈도	CONFERENCE ROOM	회의실

4. 가구명 & 집기명

용 어	해 설	용 어	해 설
DRESSING TABLE	화장대	SHELF	선반
STOVE	난로	LAVATORY	세면기
REFRIGERATOR	냉장고	WASHING MACHINE	세탁기
NIGHT TABLE	나이트테이블	CHEST	수납가구
HIGH BACK CHAIR	등받이가 높은 의자	BAGGAGE RACK	수화물대
SETTEE	등받이와 팔걸이가 있는 2인용 긴 의자	SHOW CASE	쇼케이스
DISPLAY STAGE	디스플레이스테이지	SOFA	소파
LOCKER	로커	STOOL	스툴
MANNEQUIN	마네킹	DINING TABLE	식탁
OTTOMAN	발을 올려놓는 작은 의자	SHOES BOX	신발장
BENCH	벤치	SINK	싱크대
FIRE PLACE	벽난로	INFORMATION DESK	안내데스크
CONSOLE	벽에 붙은 장식테이블	BOOK SHELF	책꽂이
GUIDE BOARD	안내판	SINGLE BED	침대(1인용)
LOUNG CHAIR	안락의자	DOUBLE BED	침대(2인용)
EASY CHAIR	안락의자(심플한 것)	SEMI DOUBLE BED	침대(2인용보다 폭이 적은 침대)
AIR CONDITION	에어컨	COUCH	침대의자
DRESSING CHEST	옷장	COUNTER	카운터
CHAIR	의자	COMPUTER(P.C)	컴퓨터
DISPLAY SHELF	전시선반	CUSHION	쿠션
DISPLAY TABLE	전시테이블	KING BED	킹베드
DISPLAY BOARD	전시판	HANGER	행거
BUTTERFLY TABLE	접는 식의 테이블	PLANT BOX	화분박스
SIDE TABLE	사이드테이블	DRESSING TABLE	화장대
SHOWER BOOTH	샤워부스	ROCKING CHAIR	흔들의자
DRAWER CHEST	서랍장	FIXTURE FURNITURE	붙박이가구

5. 재료명

용 어	해 설	용 어	해 설
BATTEN	각재	WOOD TEMBERVENETION	목재
STEEL	강	MOULDING	몰딩
TEMPERED GLASS	강화유리	WOOD GRAIN	무늬목
MIRROR	거울	VENETION BLIND	베니션블라인드
BASE BOARD	걸레받이	BRICK	벽돌
LIGHT WEIGHT PLYWOOD	경량합판	WALL PAPER	벽지
CURVED PLYWOOD	곡면합판	WALL PAINTING	벽화
METAL	금속	VINYL SHEET	비닐시트
LAUAN	나왕	WATER PAINT	수성페인트
MARBLE	대리석	STAINLESS	스테인리스
LACQUER	래커	CEMENT	시멘트
RUG	러그	ALUMINIUM	알루미늄
ROLL BLIND	롤블라인드	OIL PAINT	유성페인트
WOOD FLOORING	마루널	GLASS BLOCK	유리블록
MAHOGANY	마호가니	BRONZE	청동
MORTAR	모르타르	CARPET	카펫
MOSAIC TILE	모자이크타일	CONCRETE	콘크리트
TERRA-COTTA	테라코타	TEX	텍스
TAPESTRY	태피스트리	PLYWOOD	합판
ACOUSTIC MATERIAL	흡음재(텍스)	BRASS	황동
CLEAR GLASS	맑은 유리	ACRYL	아크릴
LINOLEUM	리놀륨	FABRIC	직물
MAPLE/OAK	단풍나무/참나무	M.D.F	중질섬유판
DRY WALL	건식벽	GYPSUM BOSRD	석고보드
CARRING CHANNEL	캐링채널	CEILING JOIST	반자틀
RUNNER	반자틀받이	STRAP	끈
HANGER BOLT	행거볼트	INSULATION	절연, 단열재

6. 개구부

용 어	해 설	용 어	해 설
OPENING	개구부	SLIDING DOOR	미닫이문
CLEARSTORY	높은 창, 채광창	ACCORDION DOOR	아코디언문
WOODEN DOOR	목재창	ALUMINUM WINDOW	알루미늄창
DOOR FRAME	문틀	AUTO DOOR	자동문
FIXED WINDOW	붙박이창	FOLDING DOOR	접문
EMERGENCY EXIT	비상문	FLUSH DOOR	플러시문
STAINED GLASS	스테인드글라스	REVOLVING DOOR	회전문
BAY WINDOW	돌출창	AWNING WINDOW	어닝창
CASEMENT WINDOW	여닫이창	FOLDING WINDOW	접이창

7. 조명기구 및 설비

용 어	해 설	용 어	해 설
FIRE SENSOR	감지기	INDUCTION LAMP	비상등
SPOT LIGHT	강조등	CHANDELIER	샹들리에
ARCHITECTURAL LIGHTING	건축화조명	SPRINKLER	스프링클러
NEON LAMP	네온등	SPEAKER	스피커
DUCT	덕트	ACCESS DOOR	점검구
DOWN LIGHT	매입등	CEILING LIGHT	직부등
PENDANT	매다는 등	FLUORESCENT LAMP	형광등
DAMPPROOF LAMP	방습등	VENTILATOR	환기구
BRACKET	벽등	HOOD	후드
CONCENT	콘센트	HALOGEN LAMP	할로겐등
INDIRECT LIGHTING	간접조명	COVE LIGHTING	코브조명

05 도면 내 표시기호

1. 단위

(1) 도면에서의 단위

mm단위를 사용하며, 도면 내에서는 단위를 쓰지 않고 생략한다.

1cm=10mm　　10cm=100mm　　100cm=1,000mm=1M

(2) 인치(INCH)

일반적으로 미국에서 주로 쓰이는 길이를 재는 단위로, 우리나라에서는 TV나 PC모니터의 대각선길이에 인치를 사용한다.

1in=2.54cm=25.4mm=0.0254M　　예 모니터 40인치 : 40in=1,016mm

2. 도면의 축척

도면에서 축척은 도면의 목적, 크기와 용지에 따라 달라진다. 일반적으로 평면도나 구조도 등은 1/10~1/5,000 등의 축척을 사용하고, 상세도의 경우 1/1~1/40 등의 축척을 사용하며, 투시도의 경우는 N.S(NONE SCALE)를 사용한다. 축척은 도면 매 장마다 기입한다.

Tip 스케일자 보는 법

스케일자의 단위는 M로 되어 있다. M단위에 1/100, 1/200, 1/300, 1/400, 1/500, 1/600의 축척이 매겨져 있다. 1/100일 때 스케일자에 매겨진 숫자 10, 20, 30은 10M, 20M, 30M라는 뜻이다. 만약 1/10 스케일을 써야 한다면 1/100 스케일의 10M, 20M, 30M에서 0을 떼어 1M, 2M, 3M로 사용하면 된다.

3. 출입구표시

평면도의 출입구 부분에 표시한다.

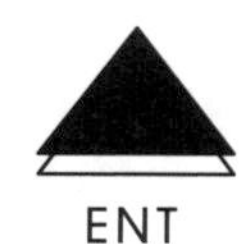

ENT

[출입구표시]

4. 입면도방향 표시기호, 단면도기호

입면도방향 표시기호와 단면도기호를 평면도에 표기한다. 입면도방향 표시기호는 평면도 내에 각각 4면을 표기하는 방법과 평면도가 복잡할 경우에는 2면 혹은 4면을 한 번에 표기하는 방법이 있다. 입면도방향 표시기호는 평면도의 중앙부 혹은 전달이 용이한 위치에 표기하며, 단면도기호는 보여주고자 하는 단면의 위치에 정확히 표기한다.

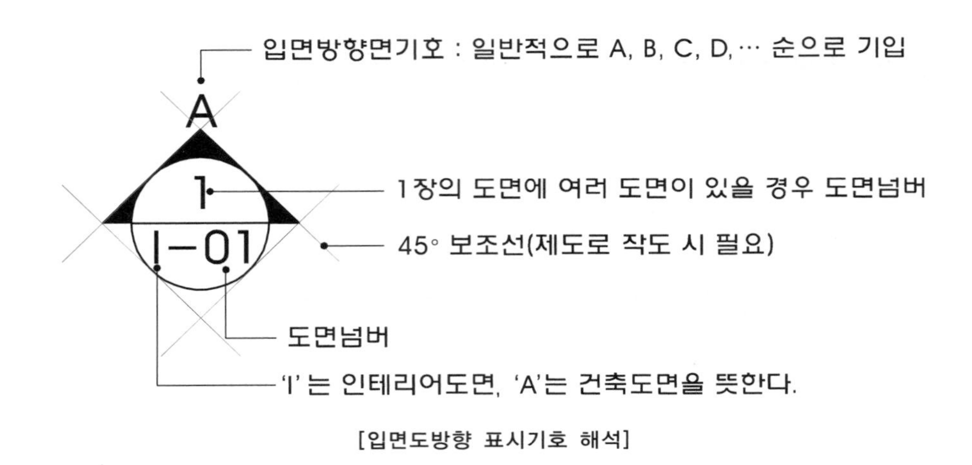

[입면도방향 표시기호 해석]

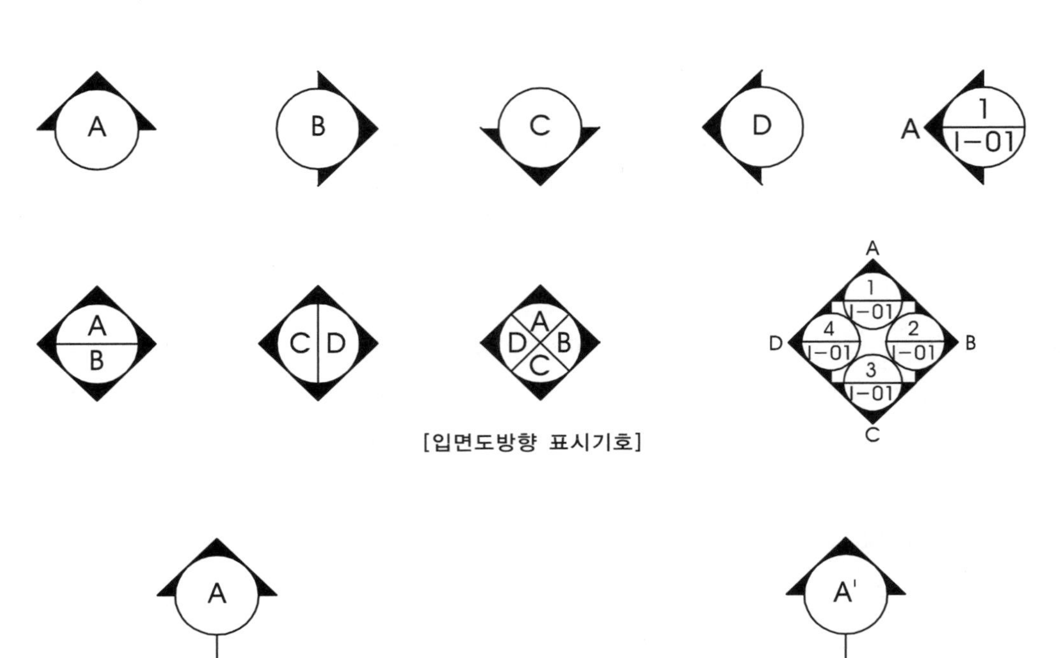

[입면도방향 표시기호]

[단면도방향 표시기호]

5. 인출선

도면 내의 치수나 가구, 재료 등을 설명하기 위해 쓰이며, 수평이나 수직으로 45°, 90°의 각도를 주어 중간선 테크닉의 선으로 사용하여 글씨기입방향으로 뽑는다. 가구 부분에서 한 번 더 찍어주며, 되도록 대각선 인출선은 사용하지 않는다(천장도 조명의 인출선은 예외).

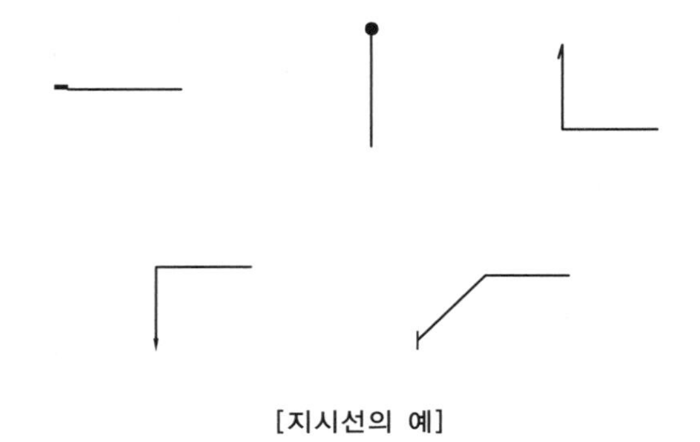

[지시선의 예]

6. 절단선

넓은 면의 재료를 표시하거나 넓은 면에서 반복적인 형태가 나올 때 일부만을 표현하기 위해 쓰인다.

▶ 7. 실내단 차이표시 도면 참조

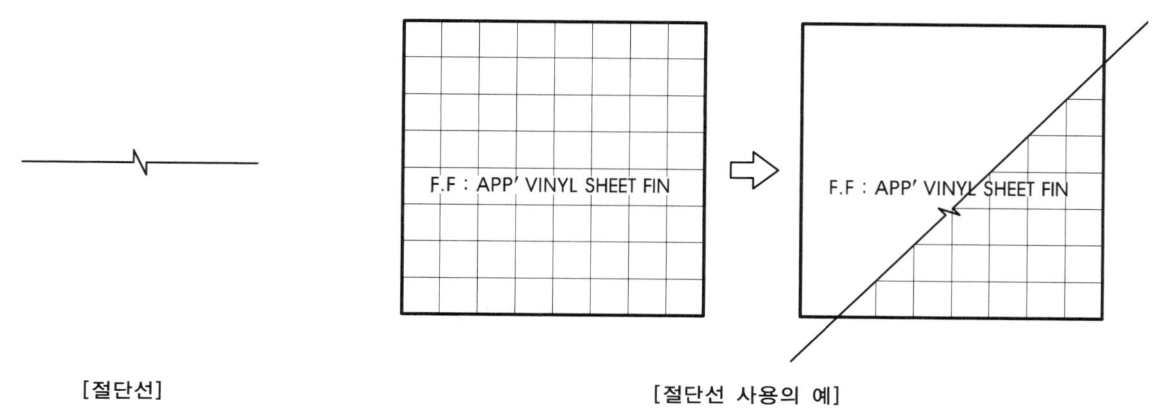

[절단선] [절단선 사용의 예]

7. 실내단 차이표시

우선 다음의 용어를 알아두자.

(1) **F.L(FLOOR LINE의 약자)** : 바닥선

(2) **C.L(CEILING LINE의 약자)** : 천장선

(3) **C.H(CEILING HEIGHT의 약자)** : 천장고(바닥에서 천장까지의 높이)

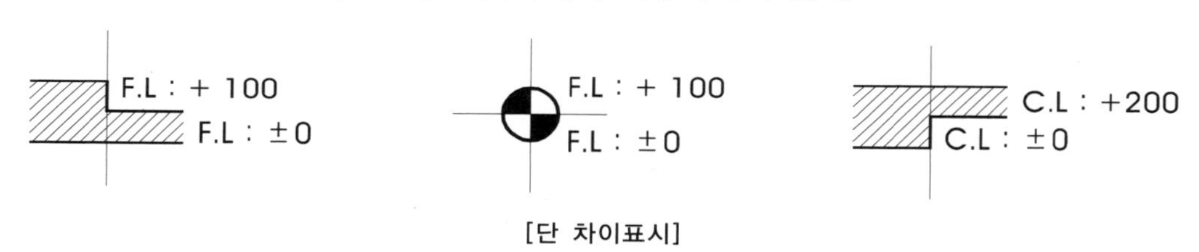

[단 차이표시]

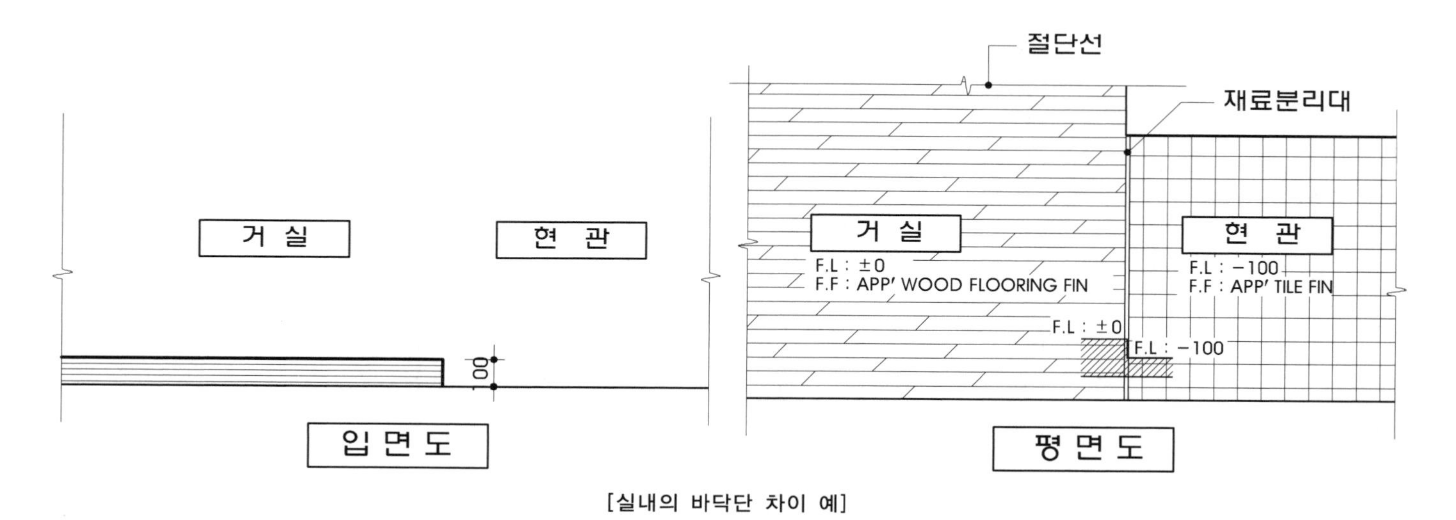

[실내의 바닥단 차이 예]

거실의 마감에서 기준바닥 F.L=±0으로 잡고 현관을 기준바닥선에서 단 차이 −100을 표현한 것이다.

8. 기타 도면 내 기호

(1) 방위표시

도면의 좌측 상단에 표시한다.

[방위표시]

(2) 입면꺾임기호

① 90° 꺾임 :

② 90° 이외의 꺾임 :

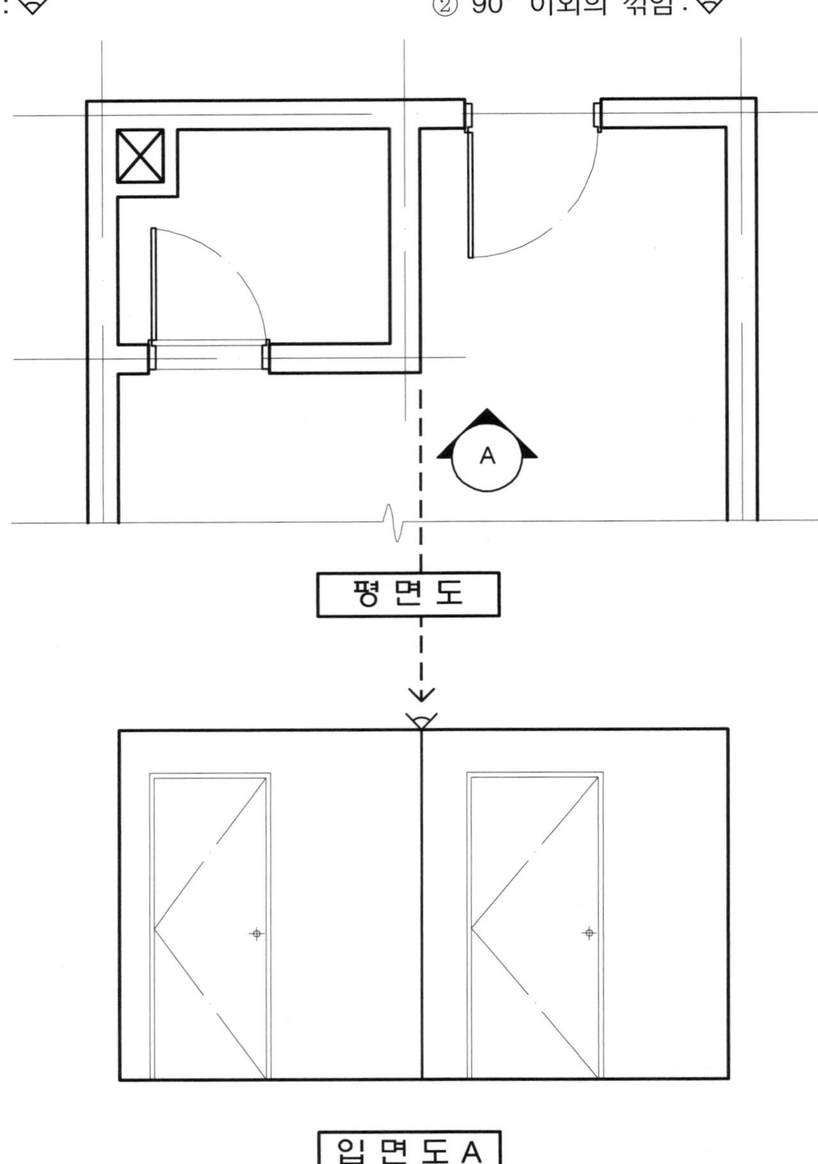

[입면꺾임기호의 예]

06 도면 내 치수기입

치수는 도면을 표현하는 중요한 기호이다. 치수는 도면 내에서 구조체, 개구부, 가구 등의 크기와 위치를 나타낸다. 치수의 단위는 길이의 치수인 mm단위로 기입하고 단위는 생략한다. 그 외에 치수를 보조하는 기호로는 각도는 °, 지름은 ϕ, 반지름은 R, 정사각형은 ㅁ, 두께의 표시는 T, 45°의 모따기의 깊이표시는 C 등으로 기입한다.

1. 치수의 형태

(1) 치수는 치수선과 치수보조선으로 구성되고 가는 실선을 사용한다.

(2) 치수선의 양 끝에는 화살표 혹은 사선, 도트(DOT)를 붙인다.

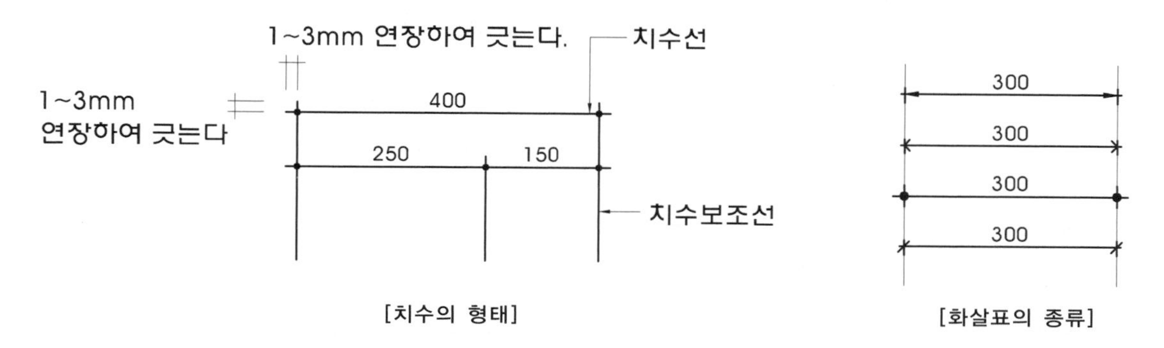

[치수의 형태] [화살표의 종류]

2. 치수기입법

(1) 가로치수(숫자)는 치수선의 위에, 세로치수는 치수선의 왼쪽에 기입한다.

(2) 치수(숫자)는 1,000단위마다 ','를 찍어준다.

(3) 치수선과 치수선의 간격은 대략 8~15mm 정도로 한다.

(4) 치수의 중복기입을 피한다.

3. 치수기입의 예

(1) 일반적인 치수기입 예

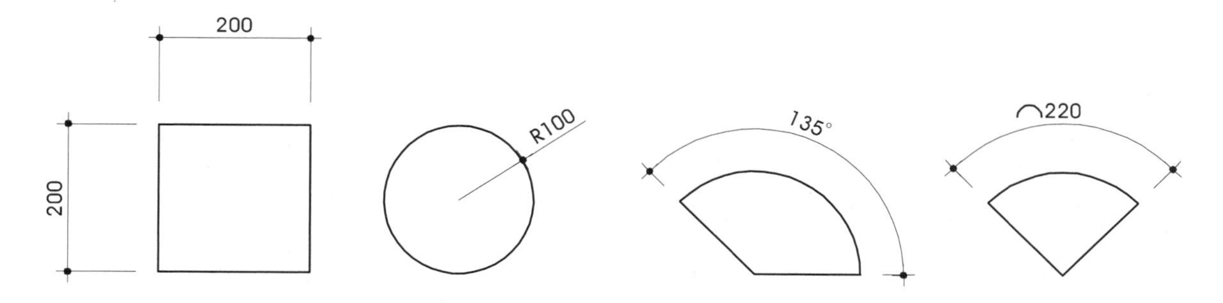

(2) 반복적인 치수기입 예

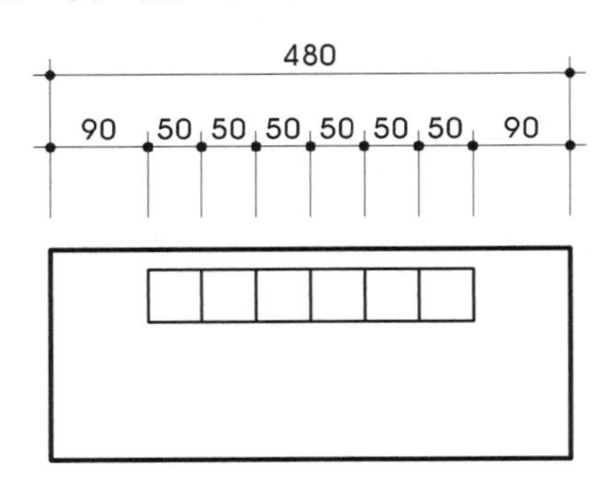

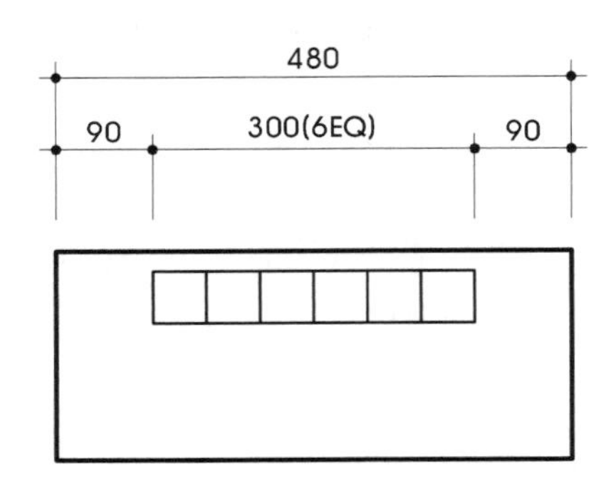

(3) 도형의 치수기입 예

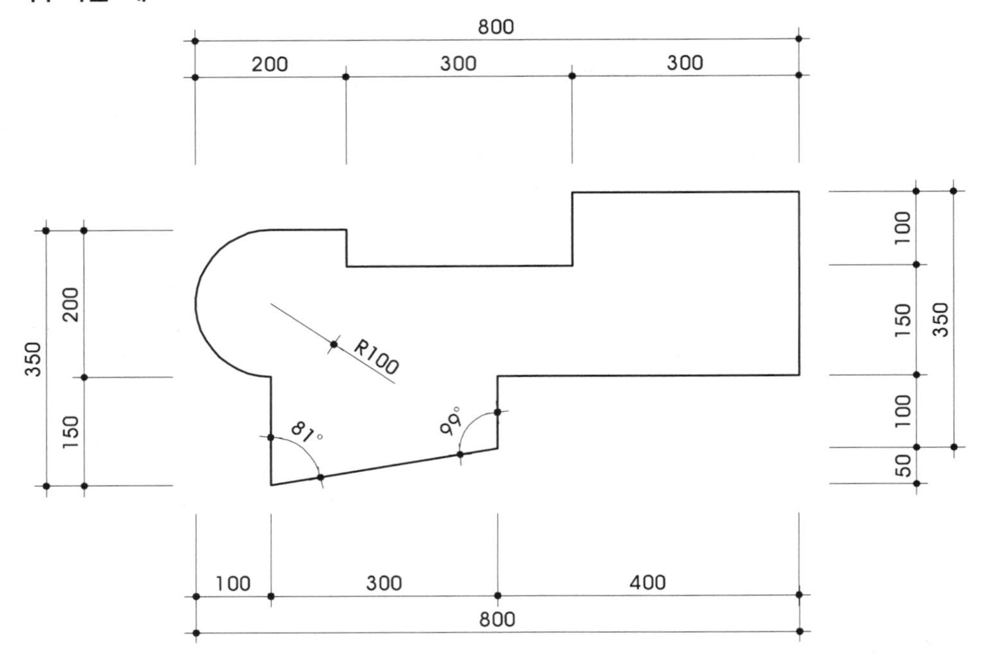

(4) 도면의 치수기입 예

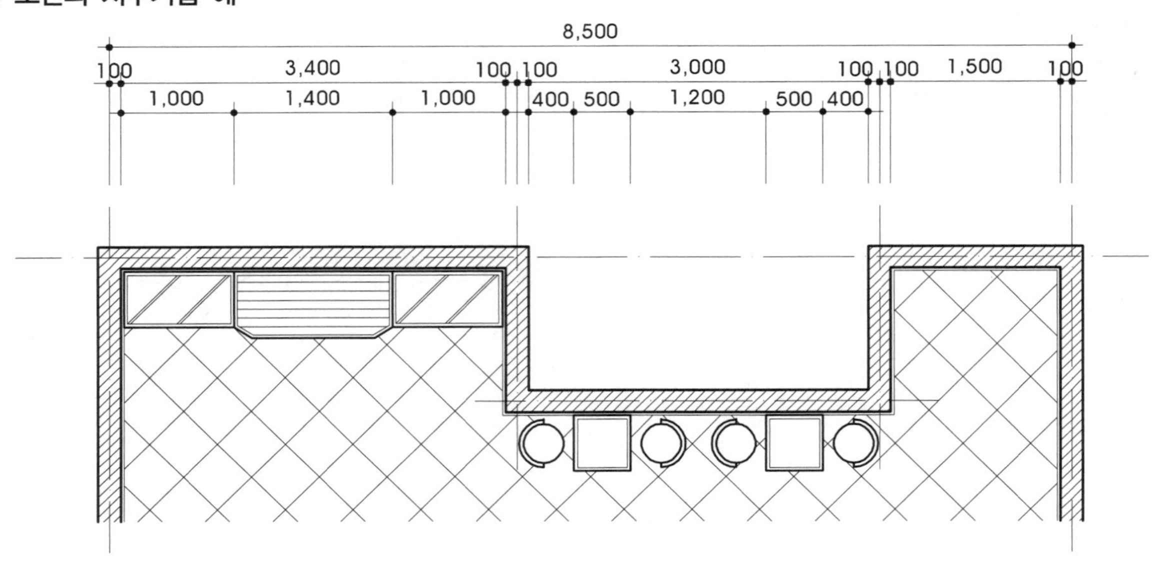

실내건축디자인 실무

작업형 실기

Chapter 02 설계의 기초

제2장 설계의 기초

01 벽체와 기둥의 해석

1. 벽체의 종류

벽체의 종류로는 구조적 기능을 가진 벽과 구조적 기능을 가지지 않은 벽으로 구분된다.

(1) 구조적 기능의 벽

건축물의 구조상 힘을 받는 벽이며 변경해서는 안 되는 벽체이다. 구조적 기능의 벽체는 내력벽과 전단벽이 있다.

① **내력벽** : 수직하중을 받는 벽

② **전단벽** : 수평하중을 받는 벽

(2) 구조적 기능을 가지지 않는 벽

건축물의 구조에 영향을 미치지 않아 변경이 가능한 벽체를 비내력벽이라고 한다. 벽체를 이루는 구성재로는 건식 칸막이벽 등이 있다.

2. 조적식 구조

(1) 벽돌, 콘크리트블록 등을 쌓아올려 벽체를 구성하는 구조를 말한다. 벽돌은 붉은 벽돌과 시멘트벽돌로 나뉘며, 붉은 벽돌은 치장쌓기용으로 주로 쓰이고, 시멘트벽돌은 칸막이벽 또는 내력벽으로 쓰인다. 벽돌의 치수는 190mm×90mm×57mm로, 벽돌의 길이 190mm를 앞으로 1.0B라 한다. 이때 B는 벽돌 BRICK의 약자이다.

벽체의 두께는 기본 0.5B 이상으로 하며, 실내건축 실기시험에 주어지는 기본외벽은 1.0B 이상으로 작도한다. 이때 1.0B 벽두께는 190mm이지만, 도면 작도 시에는 200mm로 작도한다.

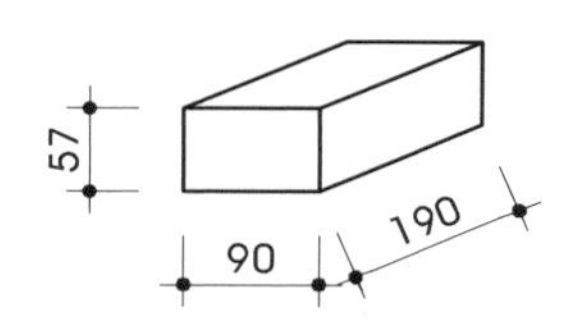

(단위 : mm)

구 분	0.5B	1.0B	1.5B	2.0B	2.5B	3.0B	3.5B	4.0B
두께	90	190	290	390	490	590	690	790
작도 시	100	200	300	400	500	600	700	800

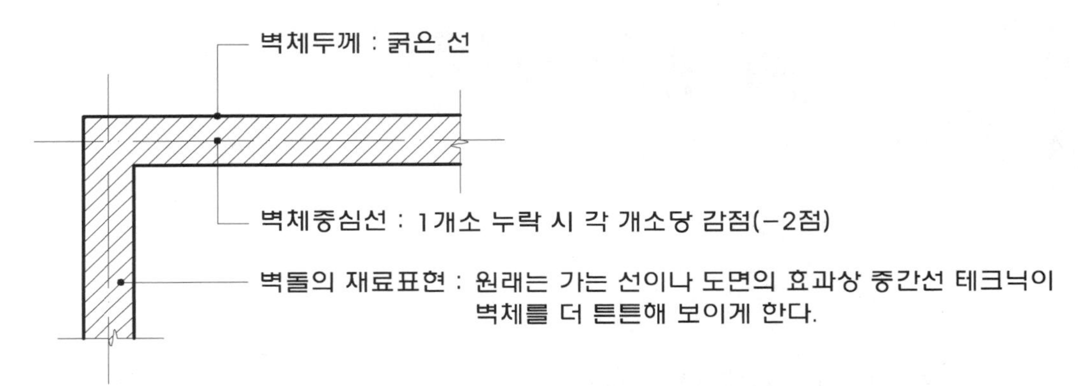

[1.0B 벽체의 평면상 표현]

(2) 공간벽구조

공간벽쌓기란 벽돌을 쌓을 때 벽돌과 벽돌 사이에 공간을 띄어 공간 내에 단열재를 시공, 실내의 방한, 방서, 방습, 결로방지 등을 목적으로 사용한 벽체이다. 공간을 띄우는 치수는 50~70mm이며, 작도 시에는 50mm로 작도한다. 공간벽의 종류에는 1.0B 공간벽과 1.5B 공간벽이 있으며, 실내건축 실기시험에서는 1.5B 공간벽체가 여러 번 출제된 바 있다.

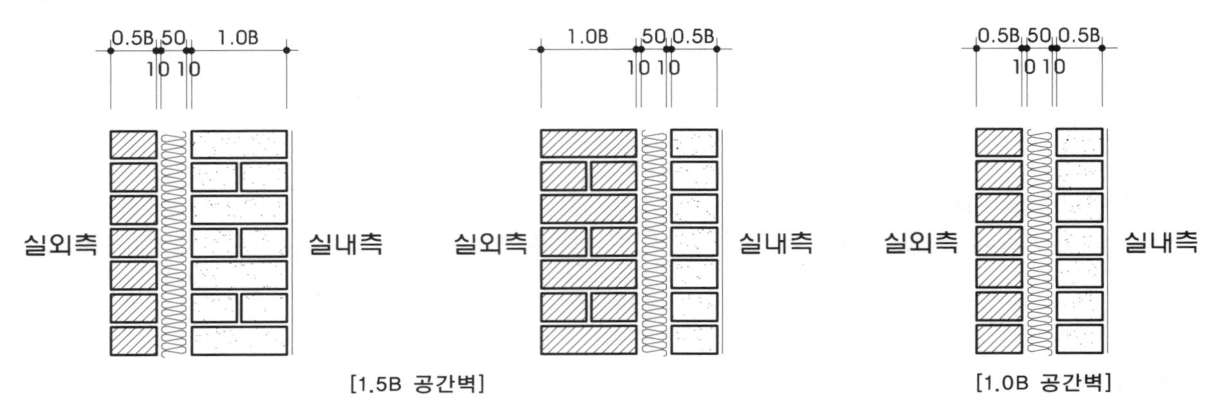

[1.5B 공간벽] [1.0B 공간벽]

1.5B 공간벽쌓기의 벽두께는 외단열 시 0.5B+50mm+1.0B, 중단열 시 0.5B+50mm+0.5B, 내단열 시 1.0B+50mm+0.5B로 작도하며, 외·내단열 시는 350mm 두께를 갖고, 중단열 시는 250mm의 벽두께를 갖는다. 일반적으로 외단열로 많이 시공한다.

외단열 1.5B 공간벽체가 산업기사에서는 자녀방, 재택근무자를 위한 원룸, 이동통신매장 등에 주어졌다.

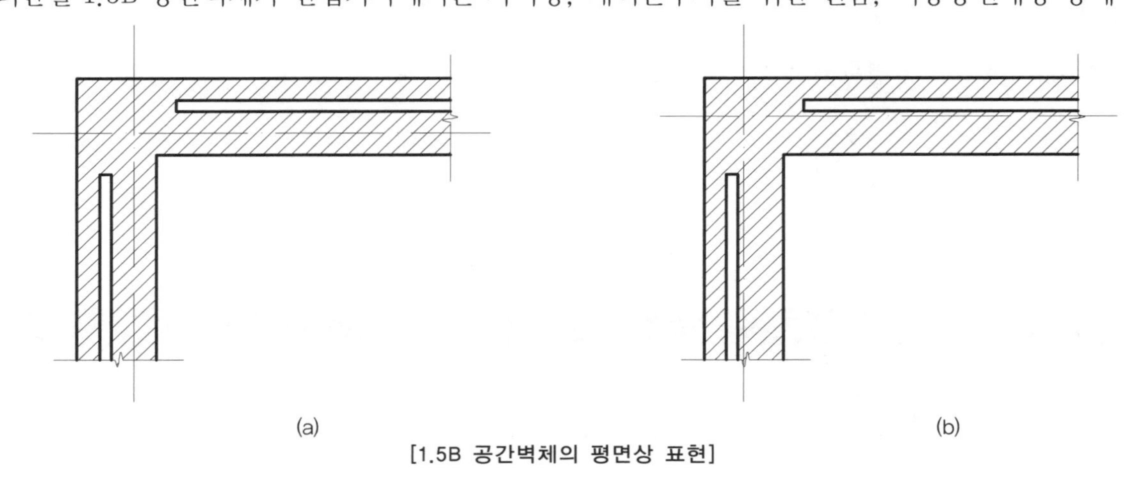

[1.5B 공간벽체의 평면상 표현]

위 (a)와 (b)는 똑같은 외단열 1.5B 공간벽체이지만 중심선의 위치가 다르다.
실내건축 실기시험에서 (a)의 1.5B 공간벽체는 과거 2000년 이전에 출제된 자녀방, 재택근무자를 위한 원룸, 커피숍 평면도에 출제되었으며, (b)의 1.5B 공간벽체는 2000년도 이후에 출제된 산업기사의 이동통신매장 평면도에 출제되었다. 과거 출제된 자녀방, 재택근무자를 위한 원룸, 커피숍이 재출제될 경우 벽체중심선의 위치가 (b)의 유형으로 수정이 되서 나올 수도 있으므로 시험문제를 받으면 꼭 중심선의 위치를 확인한다.

Tip 벽체중심선은 건축물의 바닥면적과 관계있다.

건축물의 바닥면적은 건축법 제73조 및 동법 시행령 제119조 제1항 제3호의 규정에 의하여 건축물의 각 층 또는 그 일부로서 벽 · 기둥 기타 이와 유사한 구획의 중심선으로 둘러싸인 부분의 수평투영면적으로 하고(다만, 제3호 각 목의 어느 하나에 해당하는 경우에는 각 목이 규정하는 바에 의함), 벽체의 중심선과 기둥의 중심을 연결한 선이 일치하지 아니하는 경우에는 그 중 바깥쪽에 위치한 것을 구획의 중심선으로 해야 할 것이며, 건축법 시행령 제119조 제1항 제3호 본문의 규정에 따라 바닥면적을 산정함에 있어 벽체의 중심선은 벽구조체와 기타 마감재 등을 포함한 벽체 전체의 중심선으로 해야 할 것이다. 따라서 벽체중심선의 위치는 바닥면적 산출에 영향을 주지 않는다면 건축법상에서는 외벽중심선을 어디로 잡든 중요하지 않다.

3. 철근콘크리트구조

철근콘크리트조는 철근과 콘크리트를 일체화시켜 내화, 내진, 내식, 내구성이 큰 구조로 고층 건물을 지을 수 있다. 벽두께는 200mm 이상으로 작도하며, 일반 조적식 구조와 같이 1.0B, 1.5B, … 개념으로 벽두께를 작도한다.
철근콘크리트조의 기둥을 작도 시 실내건축 실기시험에 주어지지 않는다면 장방형 기둥은 500~600mm, 원형 기둥은 ϕ600으로 작도한다. 도면상 철근콘크리트조의 표현방법은 중간선 테크닉으로 45° 방향으로 철근 세 줄을 긋고 콘크리트를 표현하면 된다.

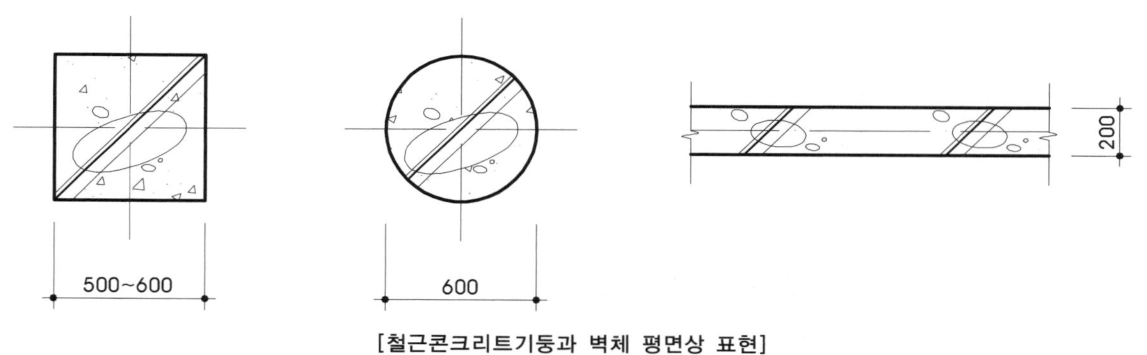

[철근콘크리트기둥과 벽체 평면상 표현]

4. 건식 칸막이벽

건식 칸막이벽은 합판, 석고보드, 유리, 큐비클, 질라이트, 래핑, 철판(SGP), 메탈스터드 등의 재료로 시공이 간편하고 비용이 경제적인 면에서 많이 쓰인다. 건축의 내력벽이 시공된 상태에서 사무실의 회의실, 중역실 등의 공간구획이나 숍의 피팅룸, 화장실 칸막이, 창고 등 굳이 벽돌로 시공할 필요가 없는 공간에 사용한다. 평면도상 재료표현은 없으며, 두께 50~100mm에 굵은 선으로 작도한다. 과거에는 목재구조틀로 주로 시공하였지만, 최근에는 스터드(경량 철골)+석고보드벽체로 시공한다.

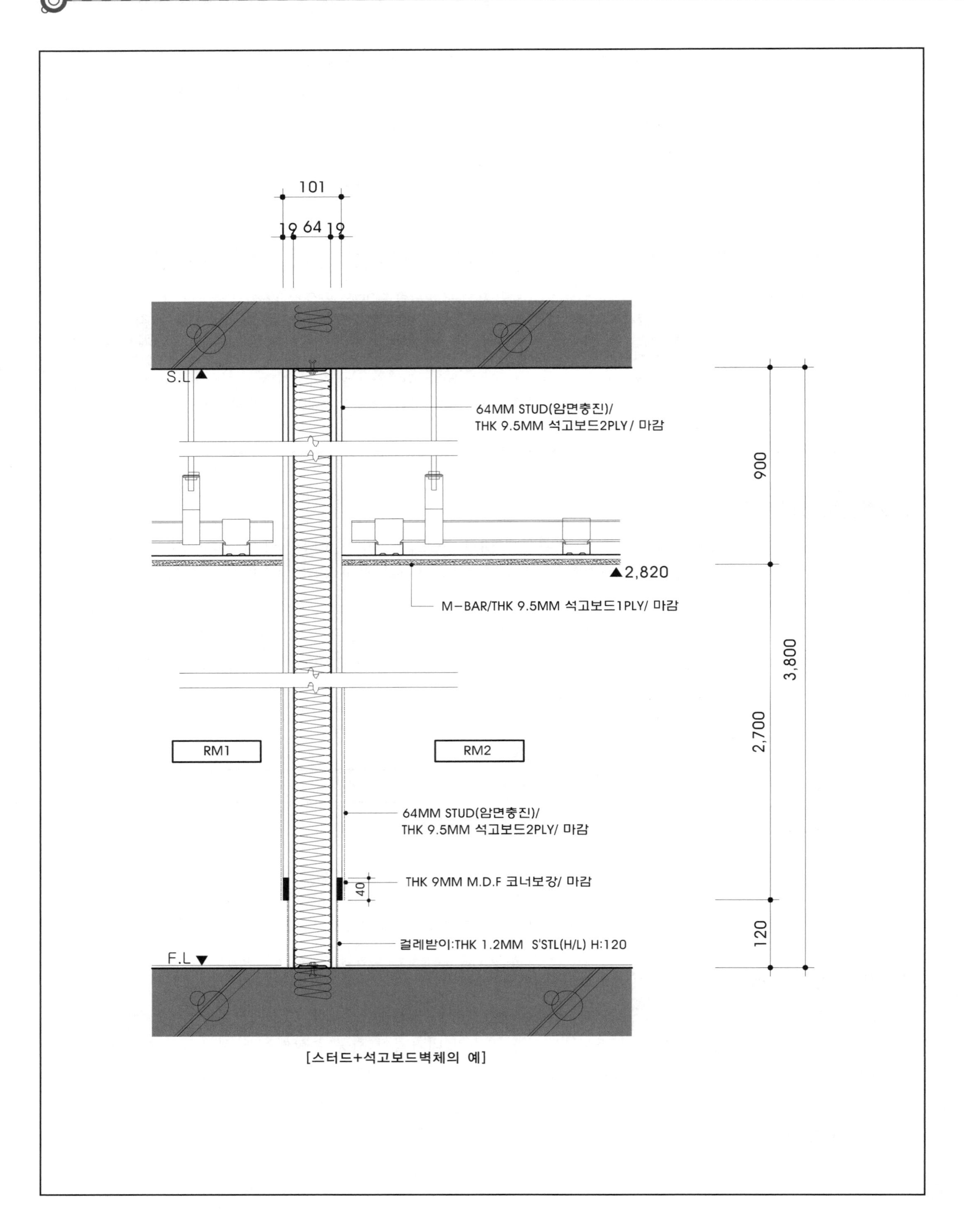

[스터드+석고보드벽체의 예]

5. 실내건축 실기시험에서 벽체의 응용

실내건축 실기시험에 다음과 같은 벽체가 문제로 주어졌다.

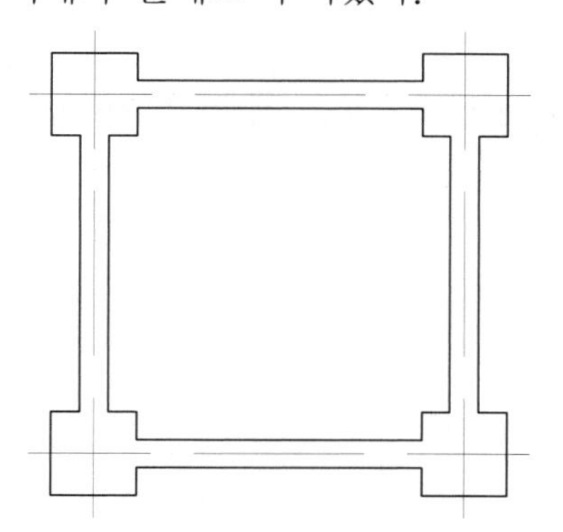

이때 문제에서 벽과 기둥에 대한 어떠한 조건도 주어지지 않았다면 기둥은 철근콘크리트 500~600mm로 작도하고, 벽체는 기본 200mm로 작도하며, 벽체에 대한 재료는 고층 건물인 경우 철근콘크리트구조로 선택하고, 저층 건물은 조적식 구조로 하는 것이 무방하다.

이때 문제에 주어진 외벽을 철근콘크리트로 선택하였다. 문제에 욕실과 창고를 계획하라는 조건이 있다. 문제에 주어진 벽체의 재료는 조적식으로 하든, 철근콘크리트로 하든 무관하다. 그러나 문제 외에 계획상 새로 만든 벽체는 꼭 조적식 내지는 경량 칸막이로 한다.

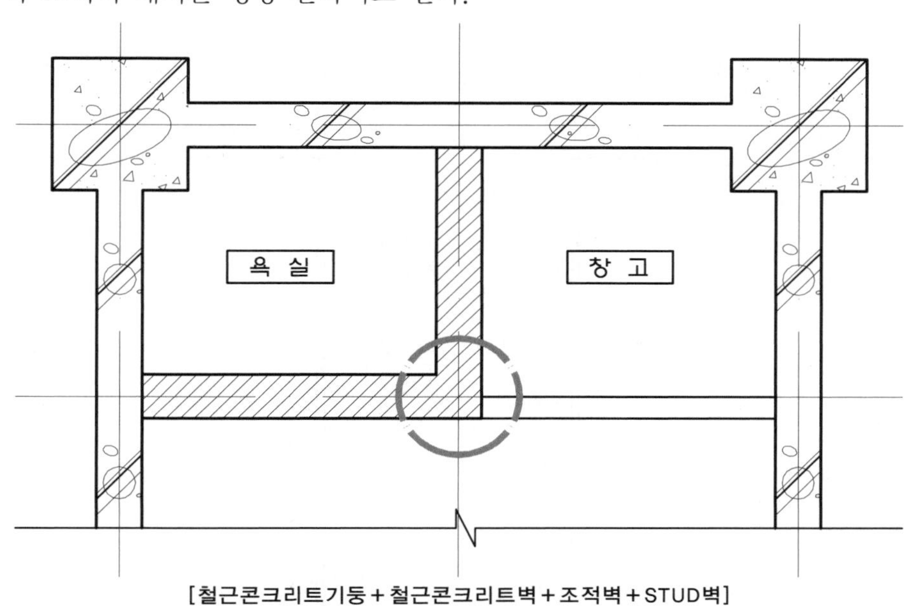

[철근콘크리트기둥+철근콘크리트벽+조적벽+STUD벽]

창고벽의 경우는 경량 칸막이 100mm 두께 벽체와 조적식 200mm, 조적식 100mm 모두 가능하다. 그러나 실무에서는 조적식 구조보다는 경량 칸막이로 시공한다.

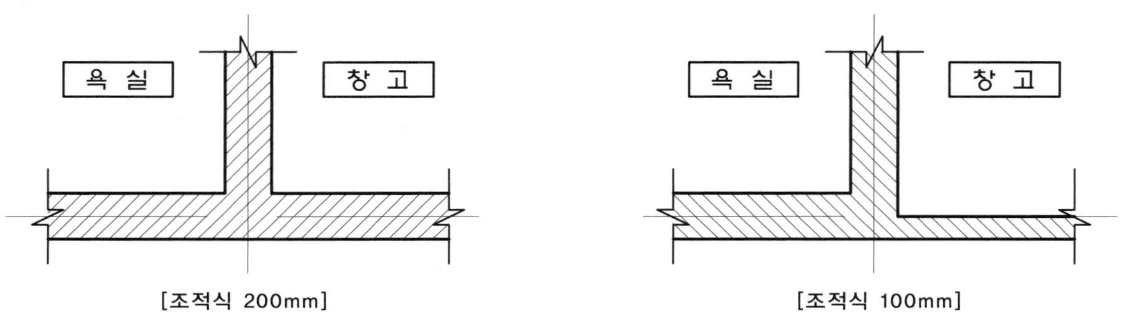

[조적식 200mm] [조적식 100mm]

02 개구부의 해석 및 설계기호

개구부란 창과 문, 뚫린 구멍 등을 총칭하는 말로, 창은 채광, 환기 등을 목적으로 사용하며, 문은 사람이나 물건들이 이동할 수 있는 통로를 말한다.

1. 문

(1) 문의 크기

① 외닫이문(가로×높이) : 900~1,000mm×1,900~2,100mm

② 쌍닫이문 : 1,800mm×2,100mm

③ 욕실문 : 700~800mm×1,900~2,100mm

④ 칸막이벽의 문(피팅룸, 화장실 칸막이) : 600mm 이상×1,700~2,100mm

(2) 문의 입면 작도법

문의 입면은 중간선으로 작도한다. 문선, 문틀을 먼저 작도하고, 문이 열리는 방향을 표시하는 쇄선을 긋는다.

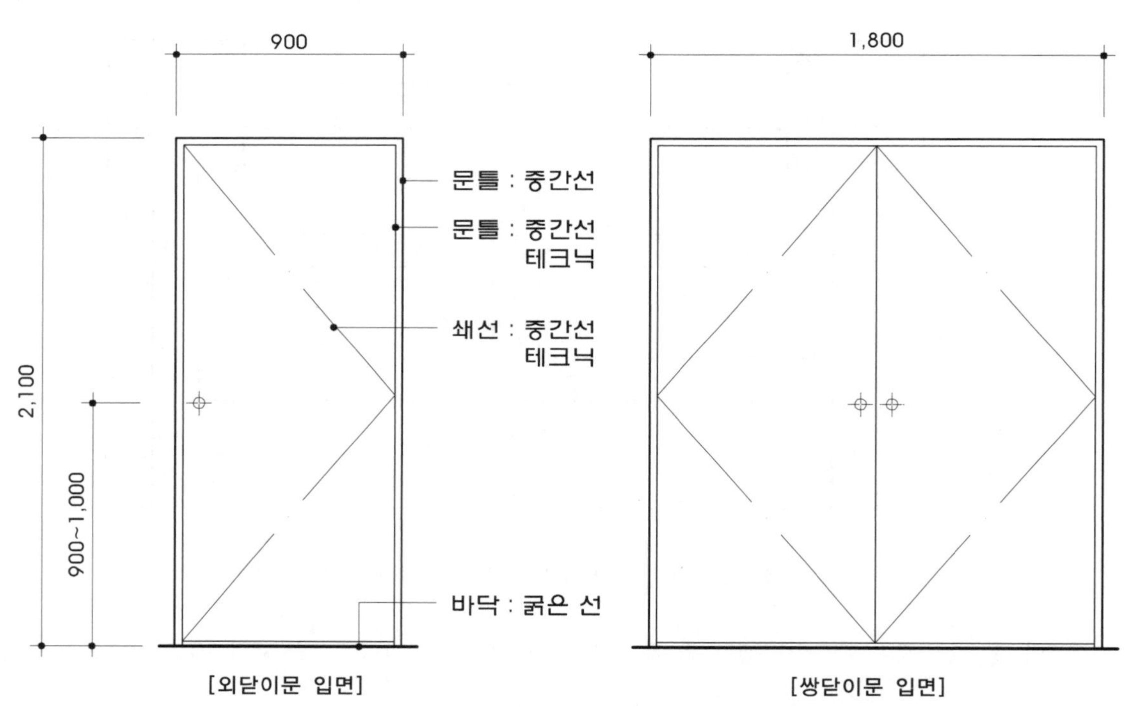

[외닫이문 입면] [쌍닫이문 입면]

(3) 외여닫이문의 평면 작도법

① 벽체와 틀의 단면(굵은 선)

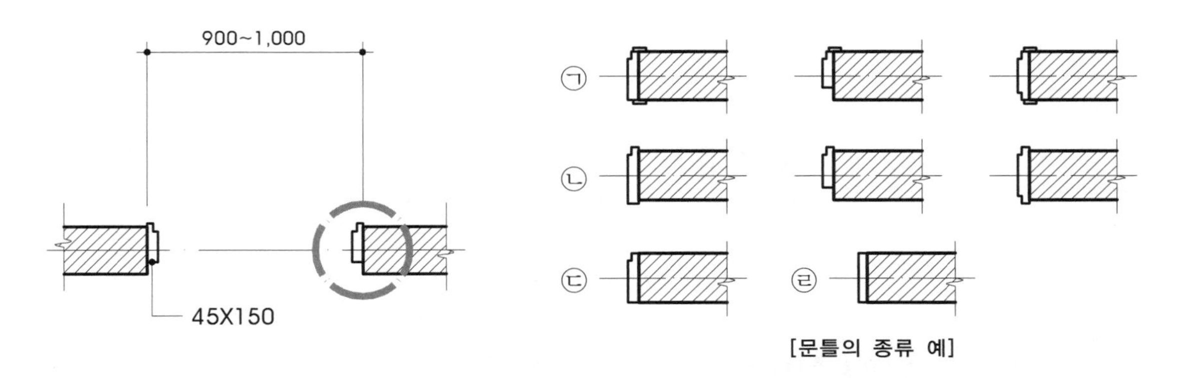

[문틀의 종류 예]

틀의 크기는 45mm×150mm이고, 작도 시에는 투박하지 않게 비례에 맞춰 임의로 작도한다. ㉠유형은 1/10스케일에서, 1/30, 1/50스케일에서는 ㉡과 ㉢의 유형으로 작도한다. ㉣의 유형은 칸막이문이나 자재문에 사용되고 실무에서 1/100스케일도면에 쓰인다.

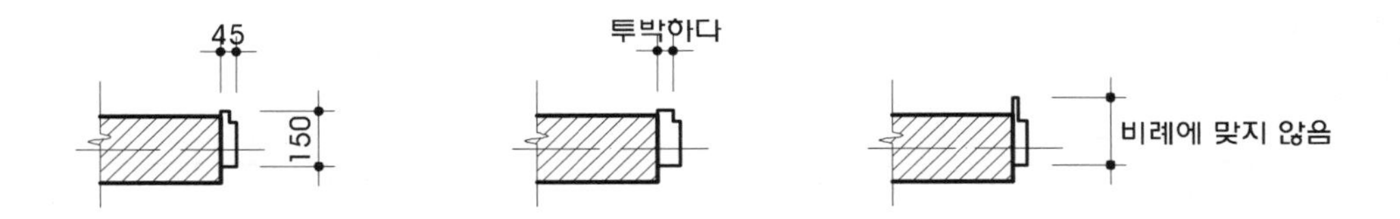

② 문틀에서 수직보조선을 긋는다.

③ 문은 열어놓은 채로 작도한다.
문은 문이 열리는 방향을 표시하기 위해서 원형 템플릿의 원에서 4등분을 나누는 선을 이용하여 1/4원을 쇄선으로 작도한다. 1/4원을 쇄선으로 작도하는 이유는 문의 개폐반경을 표시하기 위함이다.

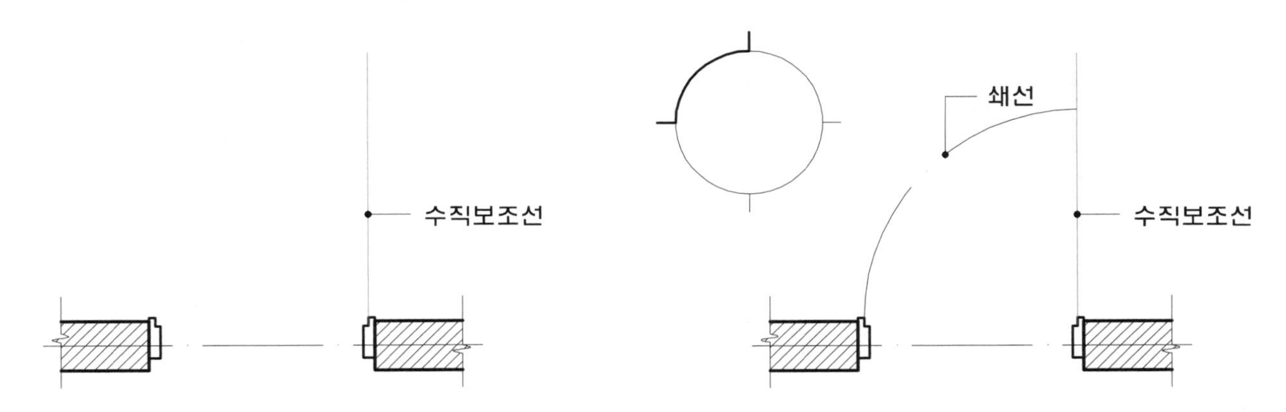

④ 1/4원까지 문두께를 굵은 선으로 작도한다.

⑤ 입면상 보이는 밑틀(문지방)을 작도한다.

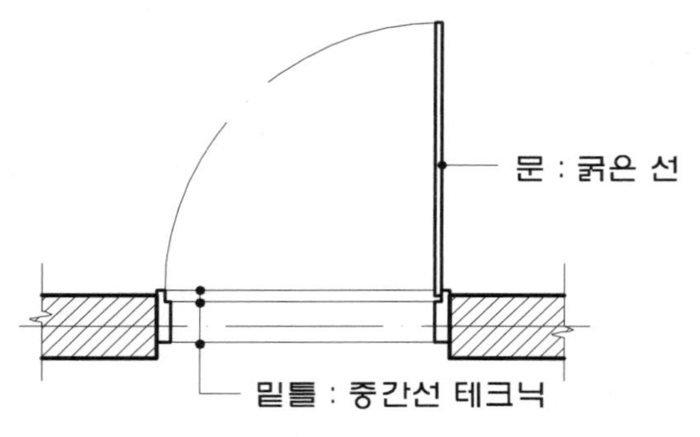

[외여닫이문의 평면]

Tip 밑틀(문지방)이 없는 경우

- 주출입구
- 현관문
- 회전문
- 자재문
- 칸막이벽의 문
- 병원
- 호텔 객실의 문

(4) 여러 가지 문

① OPEN

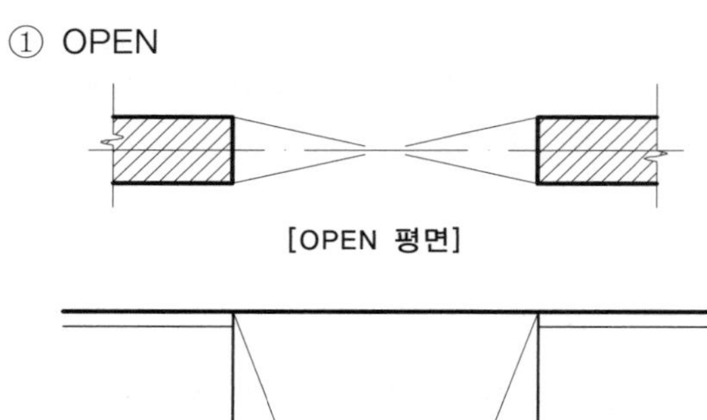

[OPEN 평면]

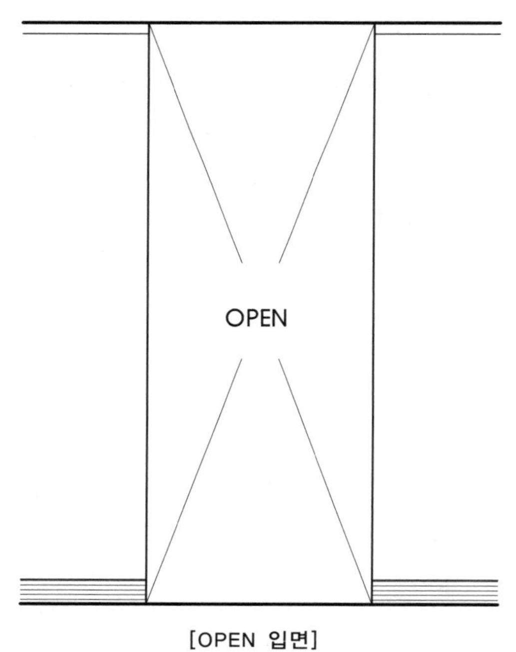

[OPEN 입면]

② ARCH

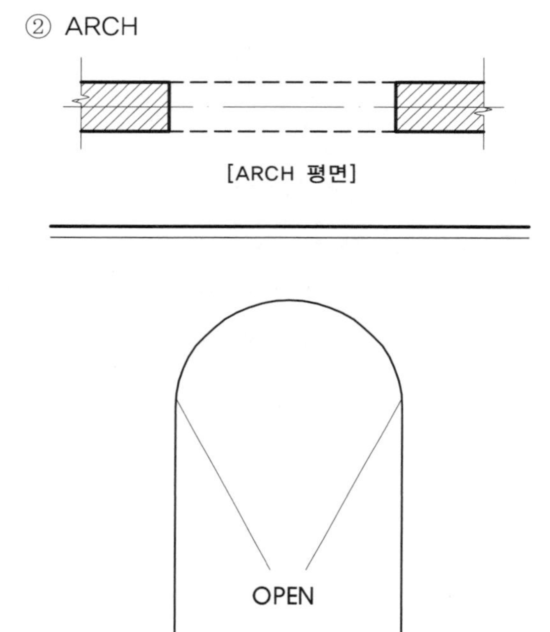

[ARCH 평면]

[ARCH 입면]

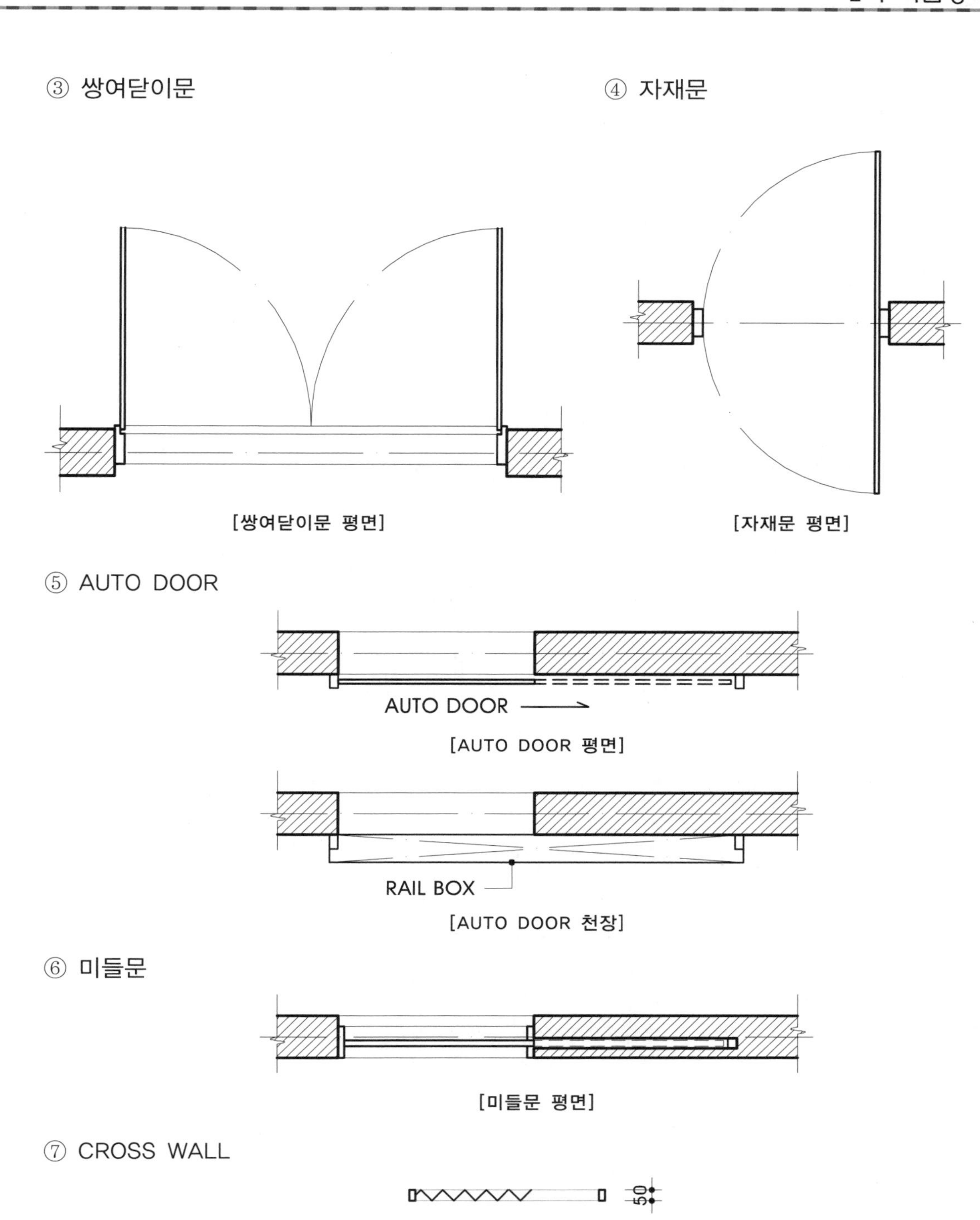

③ 쌍여닫이문

[쌍여닫이문 평면]

④ 자재문

[자재문 평면]

⑤ AUTO DOOR

[AUTO DOOR 평면]

[AUTO DOOR 천장]

⑥ 미들문

[미들문 평면]

⑦ CROSS WALL

[CROSS WALL 평면]

2. 창문

(1) 미서기 창문의 입면 작도법

① 창선, 창틀을 문짝과 마찬가지로 중간선과 중간선 테크닉으로 작도한다.

② 보조선 3줄을 긋는다.

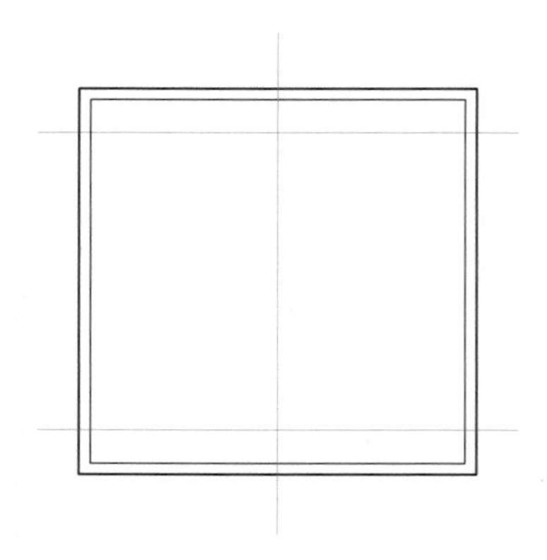

③ CENTER에서 좌, 우로 중간 중간 선틀을 작도한다.

④ 작도된 중간 선틀과 동일한 크기로 좌, 우측 선틀을 작도한다.

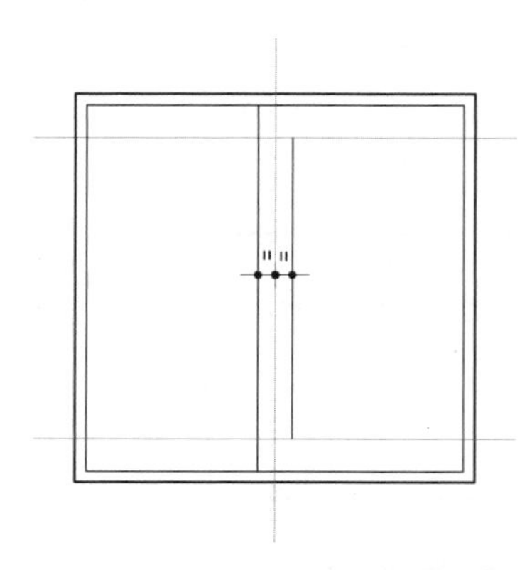

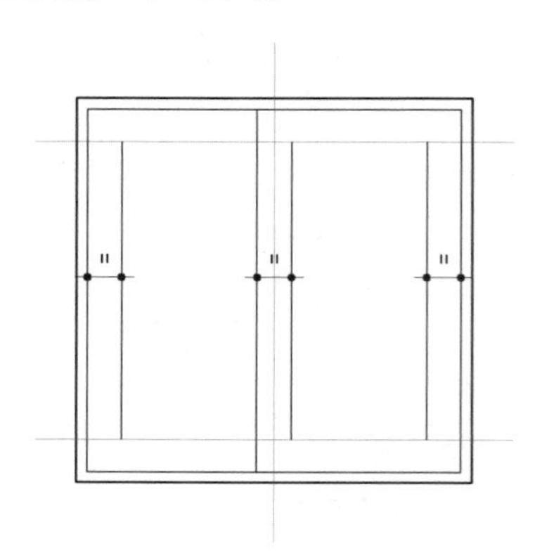

⑤ 윗틀과 밑틀을 작도하면 창문의 입면이 완성된다.
완성된 창문의 입면을 보면 오른쪽 창이 왼쪽 창의 위에 있다.

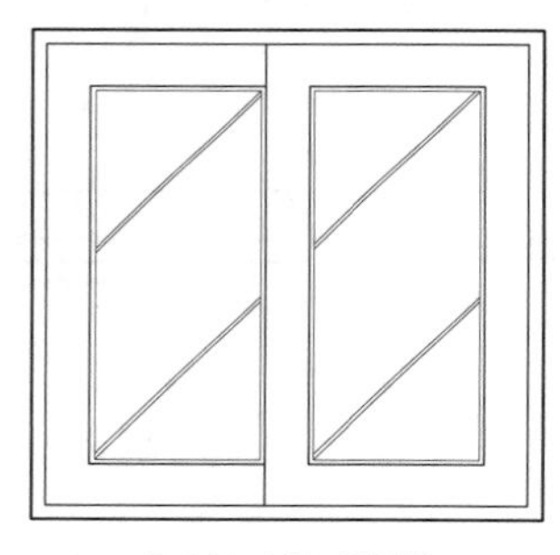

[미서기창 입면]

(2) 미서기 창문의 평면(단면) 작도법

① 벽체와 창틀의 단면, 창 밑틀의 입면을 작도한다.
문짝 작도 시에는 밑틀을 맨 마지막에 작도하지만, 창문 작도 시에는 밑틀을 처음에 하는 것이 작도하기가 쉽다.

② 창틀단면의 CENTER에서 굵은 선을 긋는다.

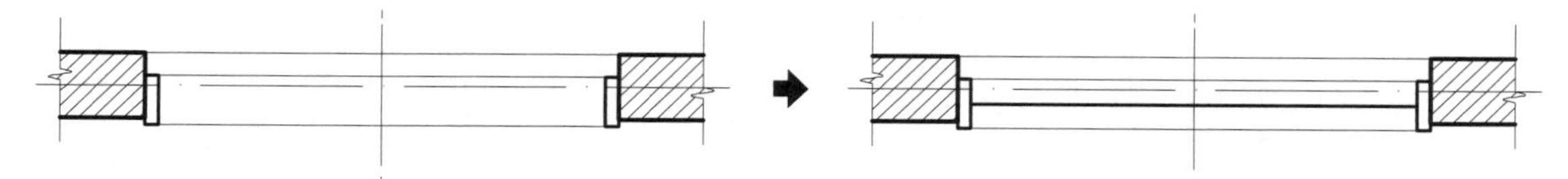

③ CENTER에서 굵은 선을 기준으로 왼쪽 위로 굵은 선, 오른쪽 아래로 굵은 선을 긋는다.

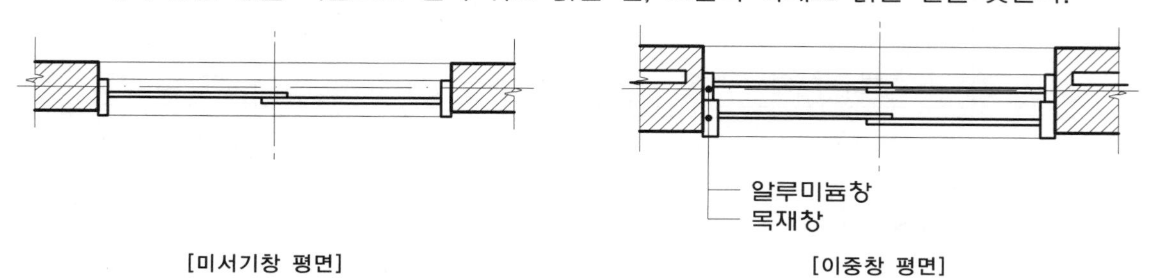

[미서기창 평면] [이중창 평면]

(3) 고정창

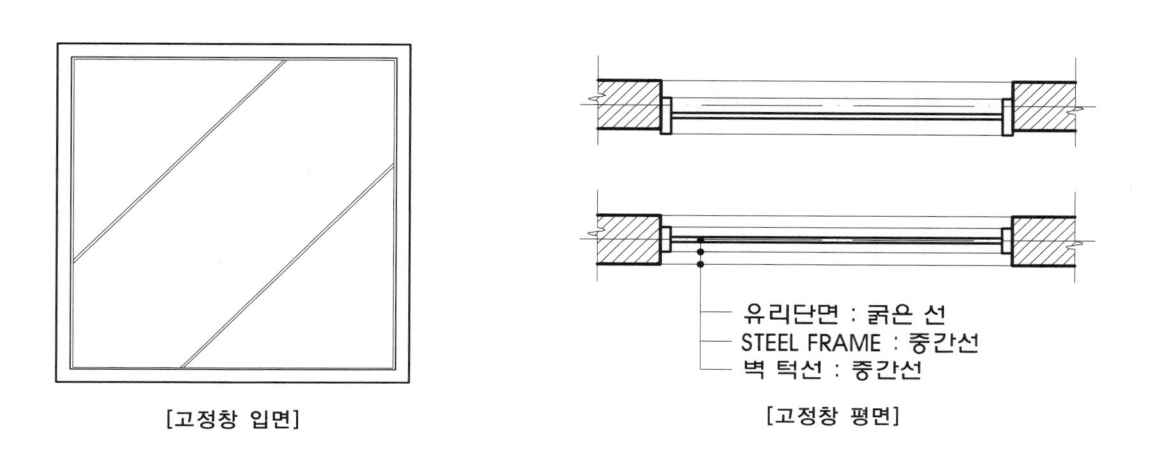

[고정창 입면] [고정창 평면]

> **Tip** **유리 1장이 3M가 넘지 않도록 작도한다.**
>
> 3M 크기의 유리 1장은 꽤 크다. 그 정도 크기의 유리는 특수 제작을 해야 하고 단가도 비싸다. 또한 운반이나 시공상 어렵기 때문에 유리 1장의 길이는 3M가 넘지 않도록 작도한다. 예를 들어, 문제에 주어진 유리길이가 5M라면 중간에 프레임을 넣어 유리가 3M가 넘지 않도록 나눠준다.

(4) 여러 가지 창

① 3짝 미서기창 ② 4짝 미서기창

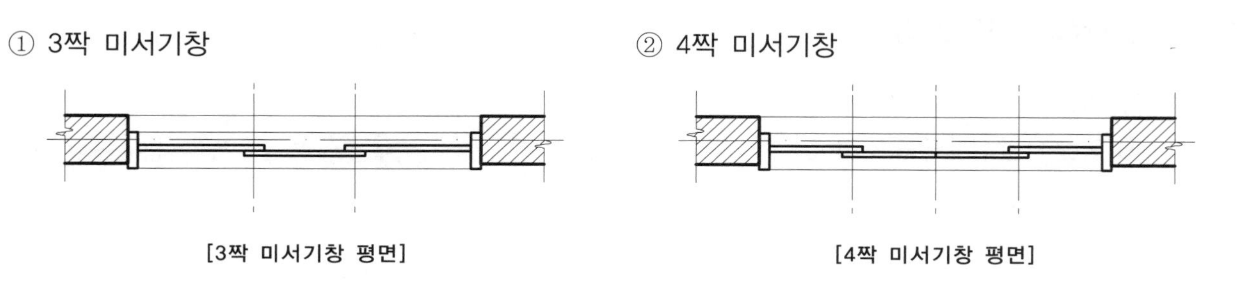

[3짝 미서기창 평면] [4짝 미서기창 평면]

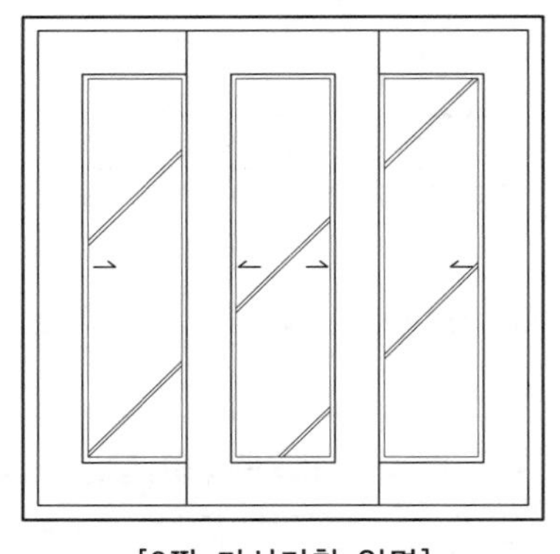
[3짝 미서기창 입면]

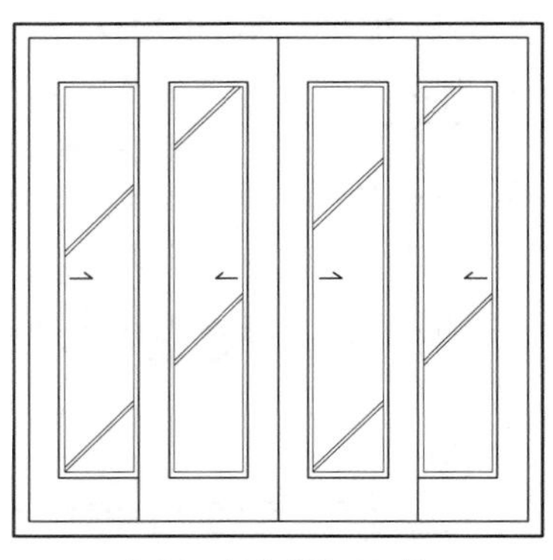
[4짝 미서기창 입면]

③ 고정창+미서기창

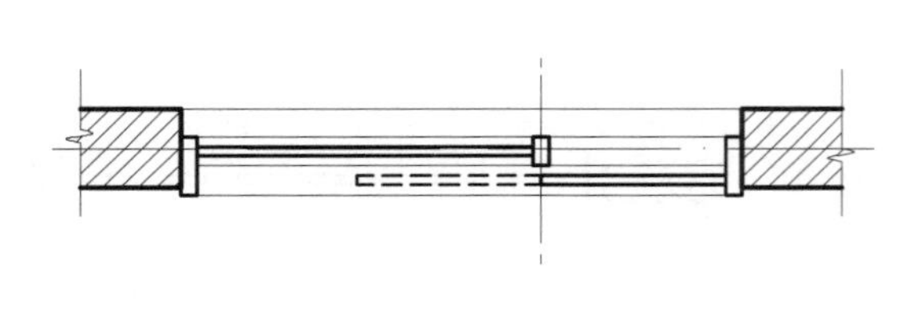
[고정창+미서기창 평면]

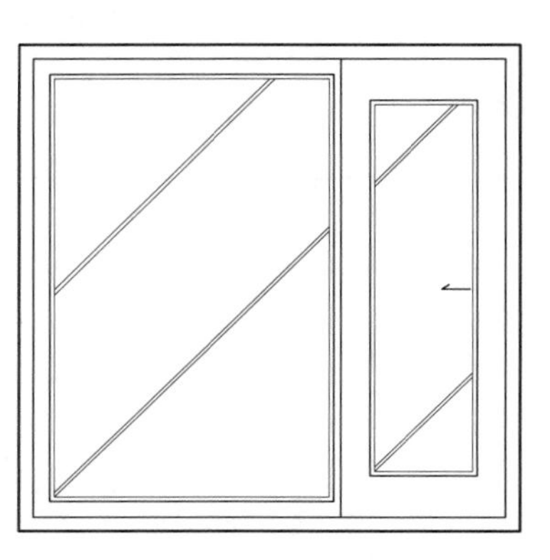
[고정창+미서기창 입면]

03 실내공간의 마감재료선택

실내공간의 마감재료는 평면도에는 바닥, 입면도에는 벽, 천장도에는 천장에 대한 마감재료를 도면 내에 기입하고 그에 대한 표현을 해야 한다. 각 도면에 각각의 마감재료를 기입하는 방법은 다음과 같다.

1. 마감재료의 기입방법

(1) 평면도

① 국문기입 : 바닥 – 지정 (　　　　　　) 마감

② 영문기입 : F.F – APP′ (　　　　　　) FIN

(2) 입면도

① 국문기입 : 벽 – 지정 (　　　　　　) 마감

② 영문기입 : W.F – APP′ (　　　　　　) FIN

Tip 마감재료에 쓰이는 용어

- F.F : FLOOR FINISH(바닥마감)의 약자
- W.F : WALL FINISH(벽마감)의 약자
- C.F : CEILING FINISH(천장마감)의 약자
- APP′ : APPOINTED의 약자
- FIN : FINISH의 약자

(3) 천장도

① 국문기입 : 천장 – 지정 (　　　　　　) 마감

② 영문기입 : C.F – APP′ (　　　　　　) FIN

* (　　　) 안에 마감하고자 하는 재료를 기입한다.

2. 바닥재

(1) 비닐시트류(VINYL SHEET)

합성수지계열의 바닥재로, 규격은 300×300, 450×450, 600×600이 있다. 시공방법은 바닥에 접착제를 바른 후 타일을 붙이는 공법으로, 물청소가 필요한 공간은 시공이 불가하다(욕실, 화장실, 발코니 등).

① 주거용 : 장판지, 우드륨, 모노륨, 리놀륨 등

② 상업용 : PVC TILE, DECO TILE, DELUEX TILE, WOOD TILE, CUSHION MAT, AS TILE 등

(2) 우드플로어링(WOOD FLOORING)

마루널의 종류에는 원목마루, 강화마루, 강마루, 온돌마루 등이 있다. 70(소폭), 120(중폭), 180(광폭)(mm)×600, 800, 900, 1,200, 1,400mm 규격에 두께 7.5, 8, 10, 12, 15mm 등이 있다.

(3) 카펫류(CARPET)

펠트(FELT : 양모 등에 열, 습기, 압력 등을 가해 만든 직물) 또는 직물제를 도안, 색상 등 디자인하여 주로 바닥에 까는 깔개를 총칭하며 롤카펫, 카펫타일로 구분한다.

■ 크기에 따른 구분

① 카펫(CARPET) : 실내 전체를 깔 때

② 러그(RUG) : 카펫을 일부만 깔 때

③ 매트(MATTE) : 소형의 한 장짜리 깔개(욕실 앞에)

(4) 대리석(MARBLE)

석회석이 지하에서 압력과 열을 받아 만들어진 변성암을 가공, 연마, 코팅한 것이다. 재질이 무르고 알칼리성으로, 산성에 약하지만 입자가 고르고 무늬가 아름답다. 건축내장재로 바닥이나 벽에 쓰인다.

Tip　인조대리석

돌가루에 시멘트, 칠감, 물을 섞어 반죽하여 굳혀 만든 돌로, 자연석에 비해 가공 및 보수유지가 좋아 많이 사용한다. 카운터 상판이나 싱크대 상판, 세면대, 욕조 등에 주로 많이 사용한다.

(5) 타일(TILE)

① 타일의 구분

구 분	자기질타일	도기질타일	폴리싱타일
소성온도	1,250~1,300℃	1,000~1,150℃	1,300℃ 이상
흡수율	1% 미만	10% 이상	0.3% 미만
강도	도기질보다 강하다.	-	매우 강하다.
사용용도	내부바닥타일, 외부타일	내부벽타일	-
컬러	뒷면의 색깔이 밤색계통의 어두운 색깔이다.	뒷면의 색깔이 밝다.	자연석에 가깝고 밝으며 광택이 있다.
무게에 의한 구분	무겁다.	가볍다.	무겁다.
두께에 의한 구분	두껍다.	얇다.	얇다.

② 규격

구 분	규 격
바닥타일	200×200, 300×300, 400×400, 450×450, 500×500 등
벽타일	200×200, 200×250, 200×300, 250×400 등
폴리싱타일	600×300, 500×500, 400×400, 800×800 등

3. 벽재

(1) 벽지류(WALL PAPER)

실크벽지, 천벽지, 발포형 벽지, PVC벽지, 갈포벽지 등이 있다.

(2) 페인트류(PAINT)

래커, 에멀션페인트, 바니시페인트, 수성페인트, 비닐페인트, 졸라톤스프레이 등이 있다.

(3) 회벽(PLASTERED WALL)

석회를 반죽하여 바른 벽으로 핸디코트라고도 한다. 시공이 간단하며 입체적인 굴곡 및 기하학적인 무늬를 만들 수 있다.

(4) 징두리판벽(DADO, LOWER PART WALL)

실내부의 벽 하단에서 높이 1~1.5m 정도로 널을 댄 벽이다.

4. 천장재

(1) 천장지류(CEILING PAPER)

실크벽지, 천벽지, 발포형 벽지, PVC벽지, 갈포벽지 등이 있다.

(2) 페인트류(PAINT)

래커, 에멀션페인트, 바니시페인트, 수성페인트, 비닐페인트, 졸라톤스프레이 등이 있다.

(3) 텍스류(TEX)

시멘트계 불연천장재로 종류로는 마이톤, 마이텍스, 아미텍스 등이 있으며, 일반적으로 업무용 사무실에 많이 쓰인다. 규격으로는 두께 6, 9, 12mm 등이 있고, 300mm×600mm, 300mm×1,210mm이며, 시공방법에 따라 M-BAR나사못공법, T-BAR공법, T&H-BAR공법 등이 있다.

(4) 방수형 천장재

습기가 많은 공간에 사용되는 천장마감재로 엑사패널(EXA PANEL), 플라스틱보드(PLASTIC BOARD) 등이 있다.

5. 기타 마감재료

(1) 유리(GLASS)

유리의 종류로는 보통 판유리, 무늬유리, 마판유리, 망입유리, 복층유리, 강화유리, 색유리, 스테인드글라스, 매직유리, 반사유리, 에칭유리, 자외선투과유리 및 자외선흡수유리, 곡면유리, 내열유리, 유리타일, 프리즘유리, 기포유리, 유리블록 등이 있고, 보통 건축, 인테리어자재로 주로 쓰이는 유리는 다음과 같다.

① 보통 판유리(STEEL GLASS, FLAT GLASS)

보통 판유리는 건축물 등의 창유리에 사용되는 판유리로서 두께 6mm 이상의 두꺼운 판유리를 후판유리라고 하고, 후판유리는 채광용보다는 실내차단용, 칸막이용, 스크린, 통유리문, 가구 및 특수 구조에 쓰이며, 일반적으로 목재창호용으로는 2~3mm의 두께를 쓴다. 규격은 최대 3m×10m의 규격까지 사용되며, 두께는 3, 5, 8, 10, 12, 15, 19mm가 생산된다.

② 강화유리(TEMPERED GLASS)

구조용 유리로 평면 및 곡면의 판유리로 약 600℃까지 가열한 후 냉각공기로 양면을 급랭강하하여 강도를 높인 안전유리의 일종으로 특수 유리이다. 두께는 보통 4, 5, 6, 8, 10, 12, 15mm의 7종이 있다. 국내에서 생산되고 있는 최대 크기는 두께 5mm인 경우 914mm×1,219mm, 두께 6mm인 경우 1,219mm×1,524mm, 두께 8mm인 경우 1,219mm×2,438mm, 두께 10~15mm인 경우 1,499mm×2,387mm이다.

③ 색유리(COLOR GLASS)

판유리에 착색제를 넣어 만든 유리로서 투명과 불투명이 있다. 광선의 일부를 조절투과시켜 눈부심을 없애주고 복사열을 흡수하여 냉난방비를 절감시켜주며, 가시광선을 적당히 투과시켜 아늑한 분위기 조성과 프라이버시를 보호해준다. 색유리는 황동색, 녹색, 청색, 회색 등으로 생산된다. 두께는 3, 4, 5, 6, 8, 10, 12mm 등이 있으며, 생산되는 최대 크기는 두께 3mm인 경우 1,828mm×3,048mm, 두께 4mm인 경우 3,048mm×4,572mm, 두께 10mm, 12mm인 경우 3,048mm×6,096mm가 있다. 빌딩의 창, 건물 로비 등의 차양효과를 요하는 곳, 기차, 자동차, 선박의 창, 테이블과 각종 유리가구, 실내칸막이, 햇빛조절 또는 프라이버시가 요구되는 곳에 적합하다.

④ 복층유리(PAIR GLASS)

복층유리는 2장 또는 3장의 유리를 일정한 간격을 두고 건조공기를 넣어 만든 판유리로서 이중유리 또는 겹유리라고도 한다. 복층유리의 특징은 일반 유리에 비해 단열성능, 방음효과가 크고 유리창표면의 결로현상이나 성에방지효과로도 우수하다.

⑤ 접합유리(LAMINATED GLASS)

2장 이상의 판유리 사이에 PVB(POLY VINYL BUTYRAL)포일(FOIL)이나 아크릴 등의 레진(RESIN)을 삽입하여 진공상태에서 판유리 사이에 있는 공기를 완전하게 제거한 후에 온도와 압력을 높여 완벽하게 밀착시킨 유리이다.

⑥ 백페인티드글라스(BACK PAINTED GLASS)

투명한 유리 뒷면에 특수 페인트를 입히고 열처리과정에서 색을 유리에 밀착시킨 것으로 포인트벽이나 도어, 싱크대도어, 가구 등의 마감, 화이트보드 대용, 외부간판 등 다양한 곳에 신개념 인테리어 자재로 최근에 많이 사용하고 있다. 메탈, 하이글로시, 대리석 등 재질과 다양한 디자인패턴이 가능하며, 일반적으로 두께 5mm를 사용하고 원판이 1,200mm×2,400mm, 1,200mm×3,000mm로 맞춤, 제작이 가능하다.

Tip 유리에 대한 재료명

입면도면에 유리(전면창)가 차지하는 면적이 클 때에는 유리에 대한 재료명을 기입한다.
- 국문기입 : 두께 10mm 강화유리 → 영문기입 : THK 10 TEMPERED GLASS
- 국문기입 : 두께 10mm 강화유리 위 지정시트지마감 → 영문기입 : THK 10 TEMPERED GLASS ON APP' SHEET PAPER FIN
- 국문기입 : 고정창 → 영문기입 : FIXED GLASS

(2) 인테리어필름(INTERIOR FILM)

일반적으로 인테리어필름, 데코필름, 시트 등으로 통용하여 불리나 필름의 두께, 시공방법 등에 따라 차이가 있다. 도배나 페인트 대용으로 가구리폼, 벽, 천장, 도어, 기둥, 몰딩, 엘리베이터, 섀시, 싱크대, ART WALL, 등박스, 신발장, 방화문 등의 마감에 쓰이는 재료로 수요가 해마다 늘어나고 있으며 인테리어를 하는 곳이면 어디에나 쓰인다. 또한 우드, 돌, 가죽, 메탈 등의 다양한 패턴을 가지고 있고, 직접 디자인하여 그래픽시트로도 사용된다. 바탕면처리 후 인테리어필름접착제인 프라이머(PVC용 접착제)를 바른 후 시공하며, 재시공 시 필름은 기존 제품 위에 또 다시 시공이 가능하다. 방염제품이다.

(3) 파벽돌

오래된 벽돌건축물을 허물 때 생긴 낡은 벽돌을 뜻하며, 시멘트 30%, 모래 30%, 화산석 등의 경량재 40%가량을 섞어 만든 타일형식의 벽돌모양을 낸 이미테이션벽돌이다. 모양은 벽돌 같지만 두께는 10~20mm 정도로 부피가 작고 가벼우며 시공이 간단하여 포인트벽면, 기둥, 외부벽면마감에 쓰인다.

(4) 패브릭(FABRIC)

주거공간의 벽 도배나 커튼, 식탁보 등에 사용하며, 강당이나 회의실 등의 판재에 부착하여 흡음용으로도 사용한다.

(5) 액세스플로어(ACCESS FLOOR)

이중바닥시스템으로 액세스플로어 또는 O.A플로어라고 한다. 기존 바닥 위에 공간을 띄어 그 공간 내에 케이블을 배치하고 필요에 따라 바닥을 개폐할 수 있게 하여 케이블의 재배치가 가능하므로 PC나 사무기기의 이동배치가 자유롭고 케이블을 보이지 않게 해주므로 미관상에도 좋다. 또한 케이블을 보호함으로써 케이블의 파손이나 누전으로 인한 화재의 위험으로부터 안전하게 해 준다. 액세스플로어와 O.A플로어는 용도상 거의 차이가 없으며, 규격에서 액세스플로어는 610mm×610mm, 두께 25~35mm,

O.A플로어는 500mm×50mm, 두께 22~25mm, 공간을 띄우는 높이는 100~600mm이다. 액세스플로어 위의 마감재로는 카펫타일, 디럭스타일 등으로 마감한다. 일반 사무실, 대형 전산실, 쇼룸, 회의실, 연구실 등에 사용한다.

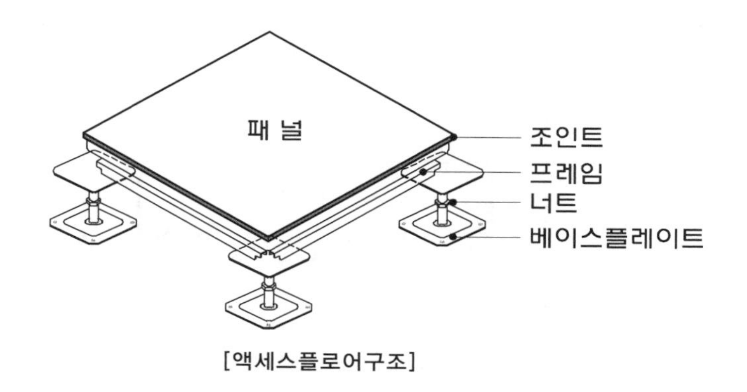

[액세스플로어구조]

(6) 걸레받이(BASE BOARD)

바닥과 벽이 맞닿는 부분을 미관상 깔끔하게 마감하기 위하여 설치하는 것으로 재료는 합판이나 MDF, SUS 등을 사용한다. 두께는 3~6mm, 높이는 50~120mm 정도로 한다. 기입방법은 그냥 걸레받이(BASE BOARD)로만 기입해도 되고, 재료와 같이 기입해도 된다.

① BASE BOARD : THK 5MM MDF ON APP′ COLOR LACQ′ FIN
② BASE BOARD : THK 9MM MDF ON APP′ WOOD SHEET FIN
③ BASE BOARD : SUS(H/L)(H : 100)

(7) 몰딩(MOULDING)

천장과 벽이 맞닿는 부분을 미관상 깔끔하게 마감하기 위하여 설치하는 것으로 재료는 합판이나 MDF 등을 사용한다. 걸레받이에 비해 다양한 모양들이 있으며, 몰딩에 의해 실내공간의 분위기가 좌우되기도 한다. 기입방법은 그냥 몰딩(MOULDING)으로만 기입해도 되고, 재료와 같이 기입해도 된다.

• MOULDING : THK 9MM MDF ON APP′ COLOR LACQ′ FIN

6. 공간별 마감재료

구 분		바 닥	벽	천 장
주거 공간	침실	비닐시트류, 우드플로어링, 카펫 혹은 러그 등	벽지류	벽지류(천장지)
	거실			
	주방		벽지류, 타일류(싱크대 부분)	
	욕실	자기질타일류	도기질타일류	방수형 천장재
	현관		벽지류	벽지류
	발코니		페인트류	페인트류
그 외의 공간		비닐시트류, 카펫, 우드플로어링, 타일류, 대리석 등	벽지류, 타일류, 페인트류	벽지류, 타일류, 페인트류, 텍스(업무공간)

7. 마감재료의 표현방법

실내마감재료는 가는 선 테크닉으로 작도한다. 아래 기입된 치수들은 작도 시의 치수일 뿐 실치수는 아니다.

(1) 비닐시트류, 카펫, 대리석, 타일 등의 표현

비닐시트류, 카펫, 대리석은 500mm각 이상으로, 타일은 100~300mm각 정도로 작도한다. 각이라는 것은 가로와 세로의 길이가 같다는 뜻이다.

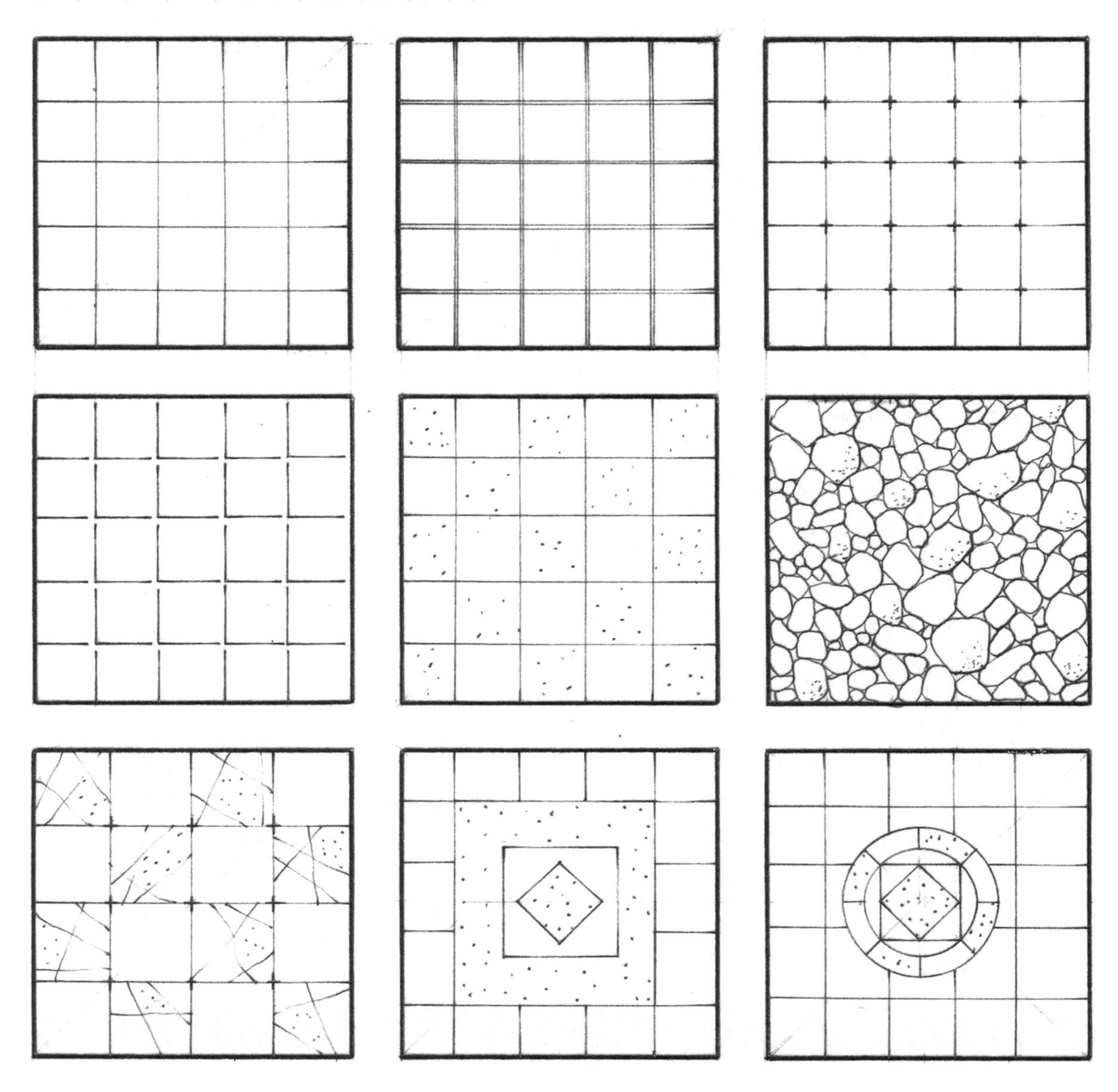

(2) 우드플로어링표현

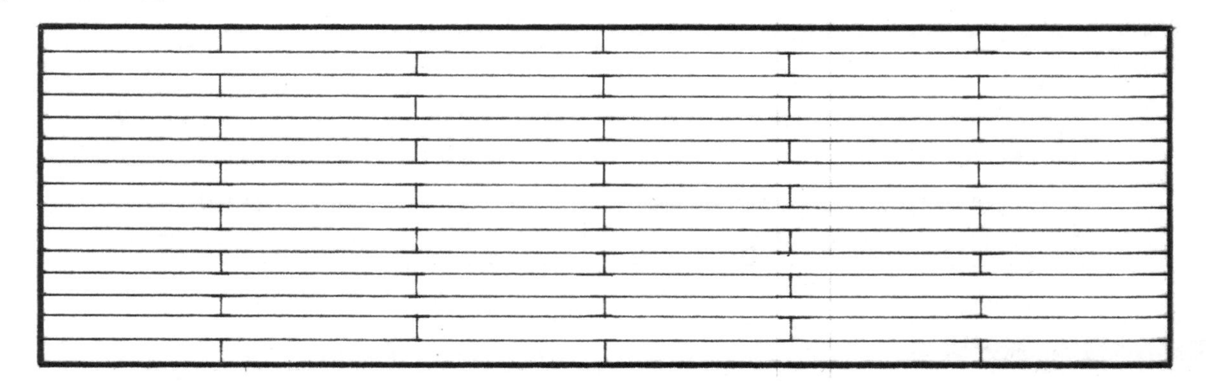

(3) 카펫이나 러그의 표현

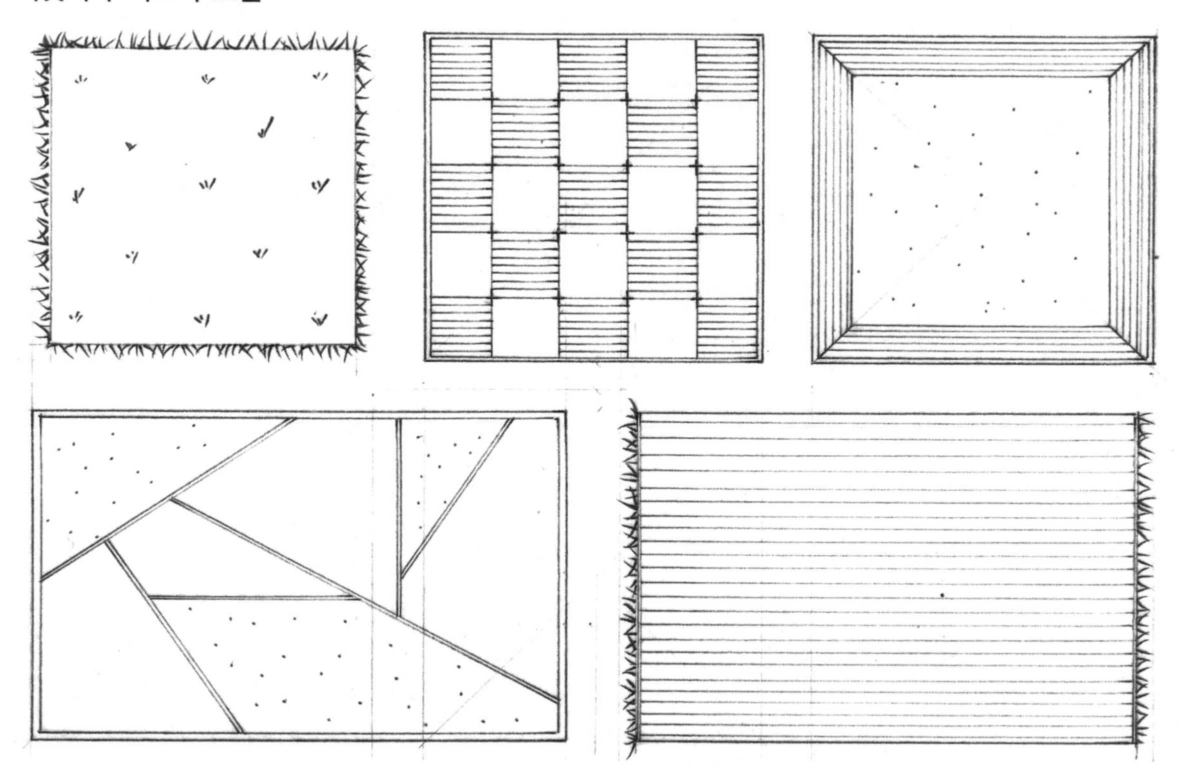

(4) 벽지나 천장지의 표현

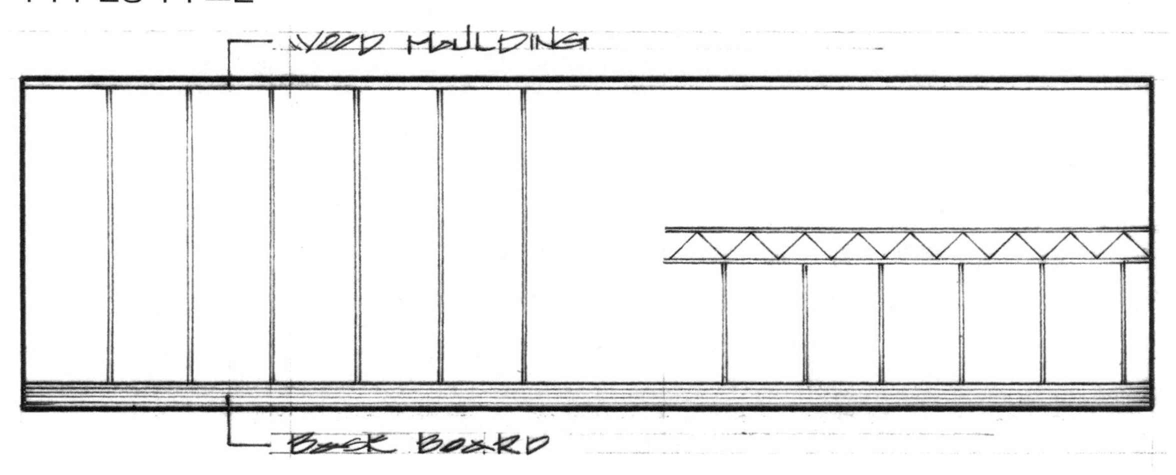

04 실내공간의 가구

1. 가구치수 잡는 요령

가구는 모두 나를 기준으로 사람의 신체를 이용하여 사용한다. 따라서 나의 신체를 기준으로 가구의 용도, 공간의 성격이나 크기 등을 잘 파악하고 다음의 가구치수 잡는 요령만 이해한다면 시험에 나오는 가구치수를 모두 외울 필요가 없다.

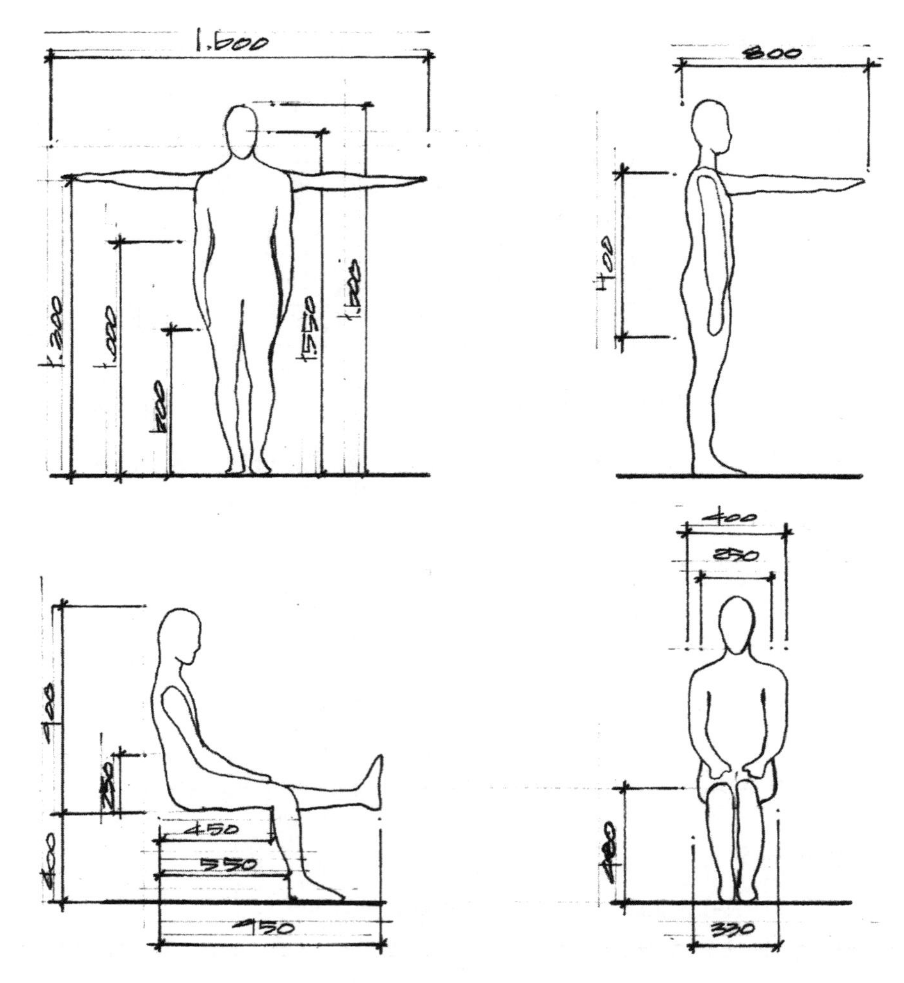

[신장 160cm의 평균인체치수]

이제 제도판을 보자.

일반적으로 시험에 사용하는 제도판의 크기는 900mm×600mm이다. 본인 앞에 놓여있는 제도판을 보라. 앞으로 내가 작도할 가구나 집기들의 크기가 이 제도판보다 큰지, 작은지만 확인하여 치수를 정한다. 본인의 손바닥 한 뼘의 길이나 300mm스케일자의 길이, 내 방의 문짝크기 정도는 항상 눈으로 익혀두자. 그러면 치수감각을 키우는데 도움이 많이 될 것이다.

가구는 가로(길이)×세로(깊이, 폭)×높이의 순으로 나타낸다.

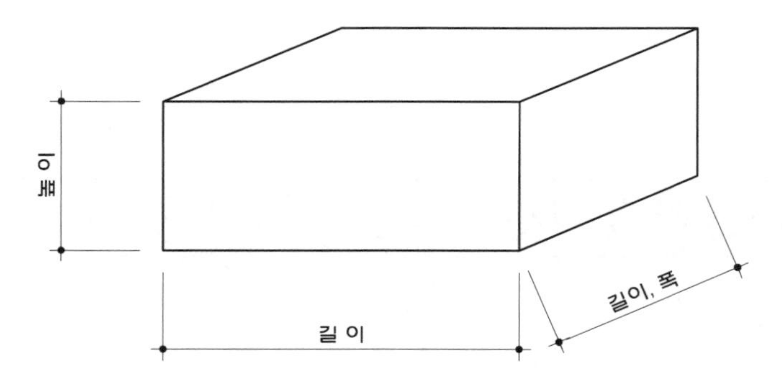

2. 가구의 길이

내 앞에 놓인 제도판의 길이는 900mm이다.

일반적으로 가구의 길이는 공간의 크기에 따라 변동이 가능하다. 예를 들어, 내 방의 책꽂이를 계획하는데 내 방의 크기가 크면 2,000mm의 책꽂이를 계획할 것이고, 내 방이 작으면 1,000mm 정도의 책꽂이를 계획할 것이다. 내 방의 책꽂이를 이 제도판의 길이 900mm보다 크게 할 것인지, 작게 할 것인지를 정하면 된다.

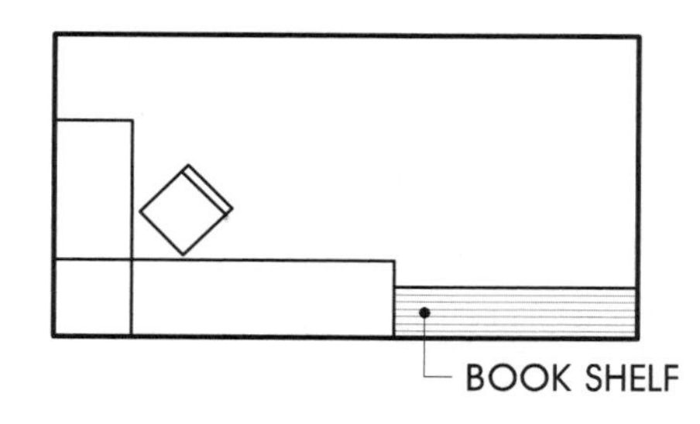

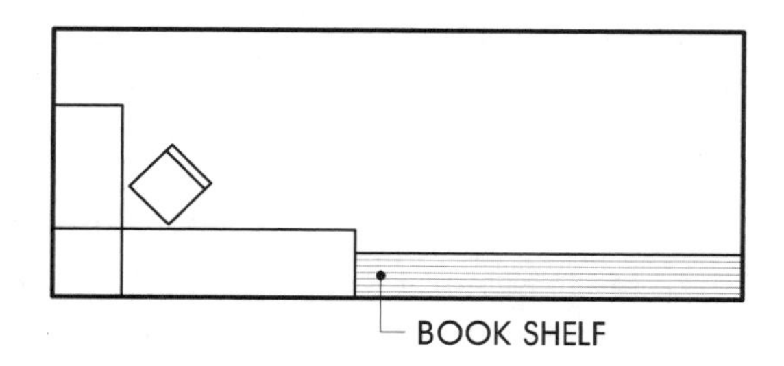

3. 가구의 폭(깊이)

가구의 폭은 어느 정도의 범위를 갖는다. 그것은 그 가구의 사용용도를 확인하면 쉽게 알 수 있다. 책을 꽂을 것인지, 신발을 수납할 것인지, 시계를 진열할 것인지에 따라 가구의 폭이 달라진다.

책을 꽂는 용도인 책꽂이의 경우 책의 크기가 보통 400mm를 넘지 않으므로 400mm 정도의 폭을 가지면 되고, 신발을 수납하는 신발장은 내 신발사이즈보다 약간 크면 될 것이고, 시계를 진열하는 진열장은 시계가 손바닥 안에 충분히 올라가므로 손바닥 정도의 폭만 가지면 된다.

보통 가구의 폭은 200~700mm 정도를 갖는다.

이제 제도판을 보고 확인해보자. 제도판의 폭(깊이)은 600mm이다. 900mm×600mm의 제도판을 내 방의 화장대로 두었다고 생각해보자. 어떠한가? 조금 큰가? 그러면 600mm의 폭에서 100~200mm를 줄이자. 어떠한가? 아직도 조금 큰가? 그러면 더 줄일 수도 있다. 그러나 600mm보다 크게 한다면 나의 손이 벽 끝에 닿지 않을 것이다. 600mm의 폭에 직접 책을 꽂아보자. 어떠한가? 제도판의 반 정도 밖에 닿지 않는가?

이번에는 옷장의 폭을 300mm로 작도했다고 가정하자. 그리고 제도판을 보고 확인해보자. 300mm의 폭은 제도판의 반 정도 폭밖에 가지지 못한다. 300mm가 옷장의 폭으로 적당한가?

어차피 시험은 이 제도판 위에서 치러진다. 내가 작도할 가구가 이 제도판보다 큰지, 작은지를 꼭 확인하자.

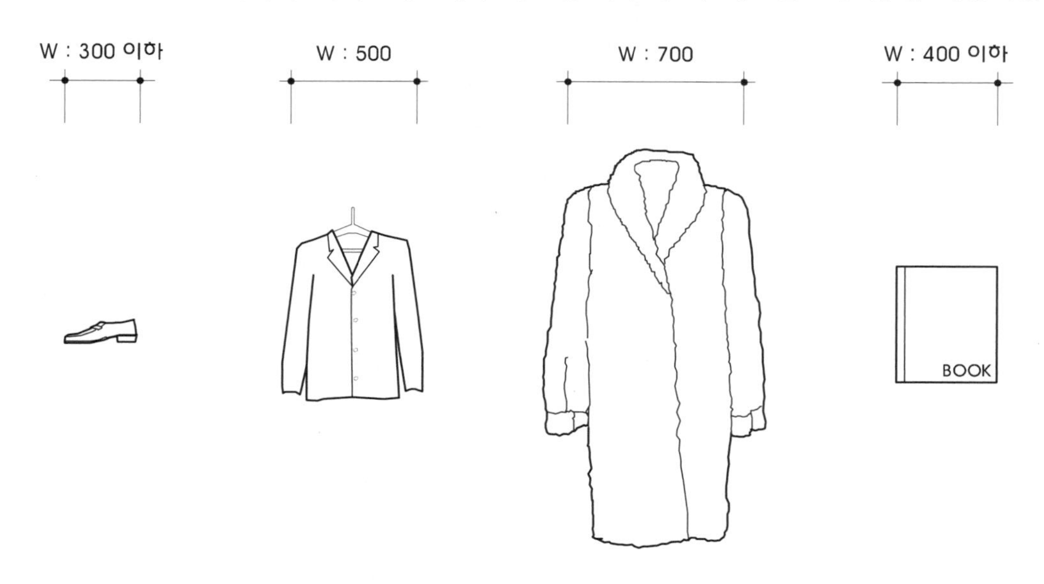

4. 가구의 높이

가구의 높이는 나의 눈높이를 기준으로, 또는 나의 키를 기준으로 나의 눈높이보다 낮은 가구는 어느 정도 치수를 알아두어야 한다. 나의 눈높이보다 큰 가구의 높이는 그다지 중요하지 않다.

눈높이보다 낮은 가구들은 내가 눕고, 앉고, 작업하고 직접 사용을 하기 때문에 눈높이보다 낮은 가구의 높이는 중요하다. 예를 들어, 침대의 높이는 눈높이보다 낮은 400~500mm이다. 그런데 침대의 높이를 700~800mm로 한다면 내가 쉽게 침대에 걸쳐 앉을 수 있을까? 내 눈높이를 기준으로 내 눈높이보다 낮은 옷장을 보았는가? 그런 경우는 거의 없을 것이다. 눈높이보다 높은 옷장의 높이는 1,800, 1,900, 2,000, … 천장까지 정해진 높이가 따로 없다.

책꽂이의 높이는 어떠한가? 책꽂이는 한 칸만 책을 꽂아도 책꽂이고, 3칸, 5칸, 10칸에 책을 꽂아도 책만 꽂으면 책꽂이가 된다. 책꽂이의 높이 역시 정해진 것이 없다.

침대 헤드나 화장대 거울 등의 높이도 정해진 바가 없으므로 굳이 외울 필요가 없다.

5. 가구의 두께

가구를 구성하는 판의 두께는 보통 3~30mm 정도를 쓴다. 물론 경우에 따라 디자인상의 이유 등으로 100mm 정도의 두께를 가질 수도 있지만, 그것은 두께라는 개념보다 그 부분의 높이라고 볼 수 있다.

작도 시에는 3~30mm 정도의 치수를 일일이 재어 작도할 수 없으므로 투박하지 않게만 작도해준다. 제도판의 판두께는 30mm이다. 30mm는 3cm이다. 우리가 일반적으로 3cm를 생각할 때 3cm의 두께는 그다지 두껍다고 생각하지 않을 것이다. 그러나 직접 확인을 해보면 상당한 두께감을 느낄 수 있다. 보통 일반 책상에 까는 판유리의 두께는 3mm 정도이며, 책상 상판의 두께는 18mm 정도, 책꽂이는 18mm, 문의 두께는 33mm 등을 쓴다.

6. 가구의 표현

(1) 주거공간의 가구

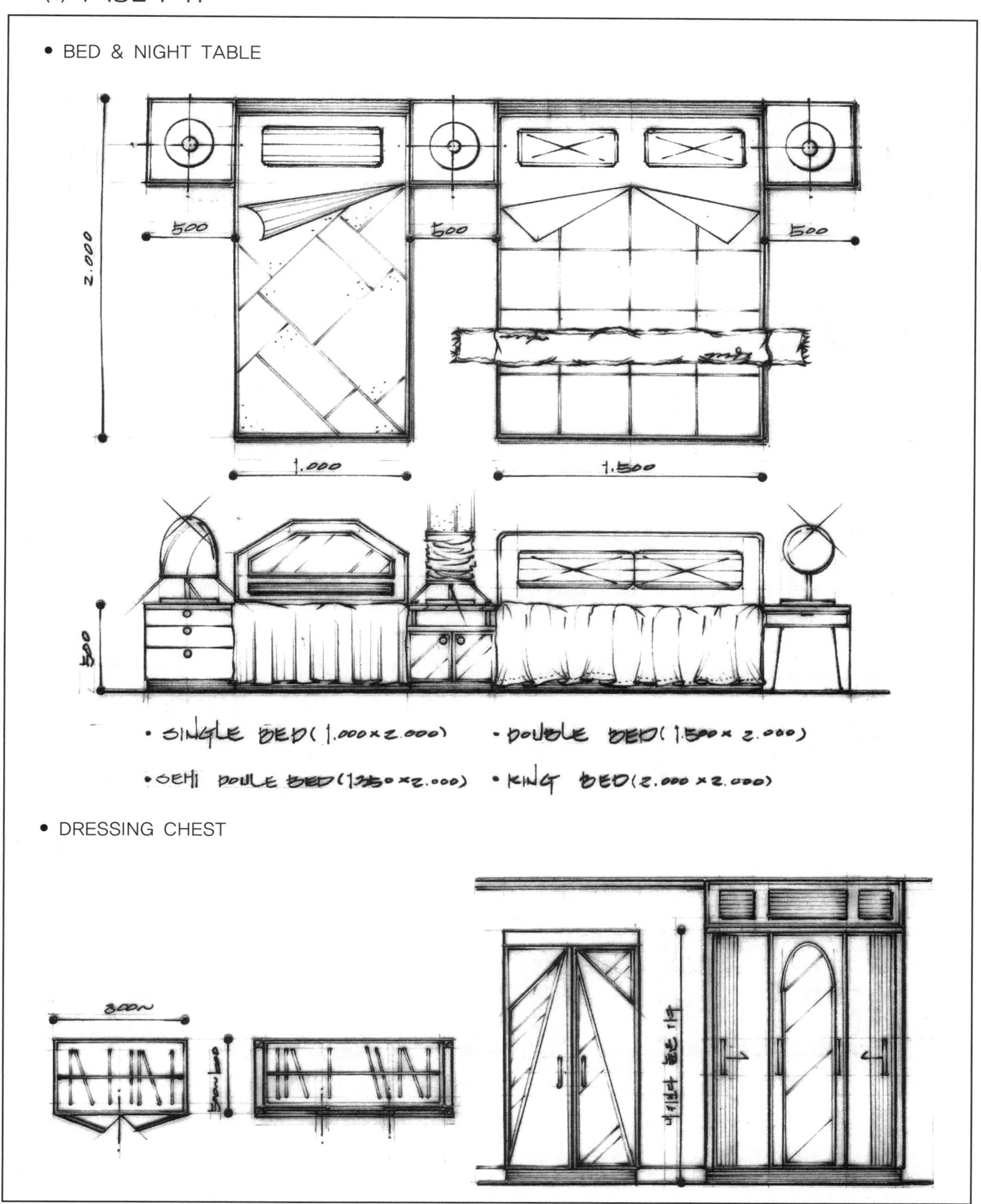

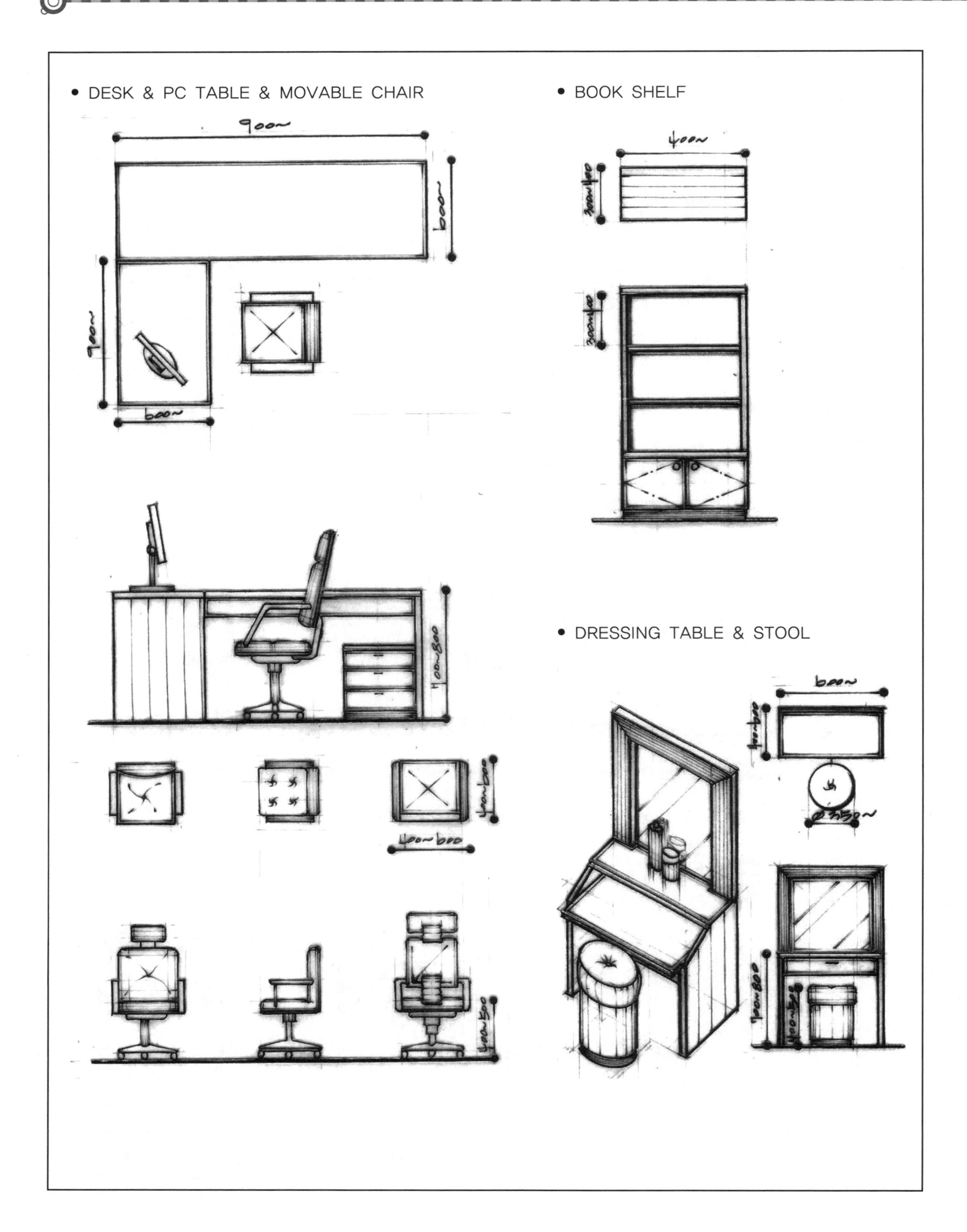

• DESK & PC TABLE & MOVABLE CHAIR
• BOOK SHELF
• DRESSING TABLE & STOOL

• SOFA SET

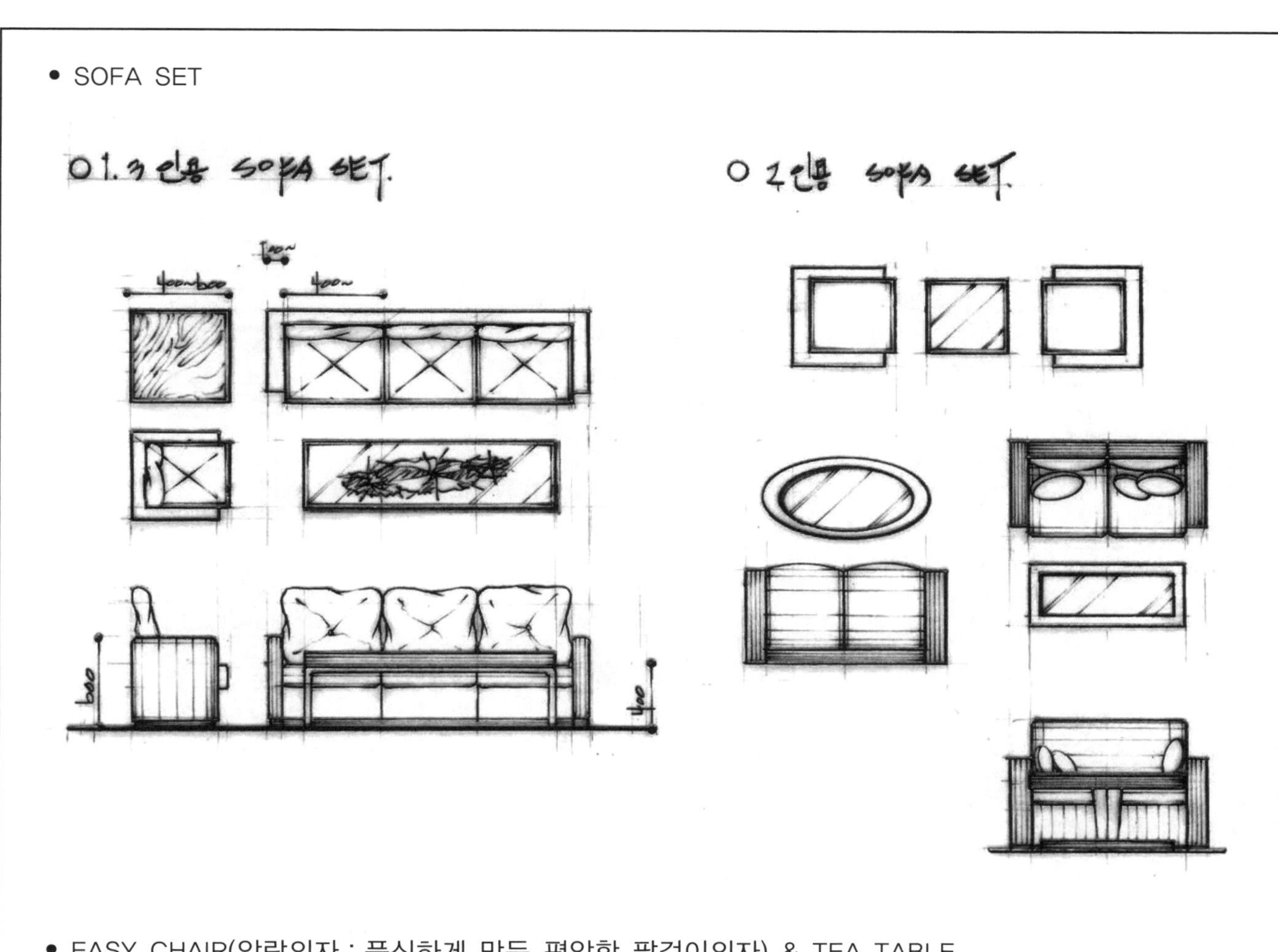

• EASY CHAIR(안락의자 : 푹신하게 만든 편안한 팔걸이의자) & TEA TABLE

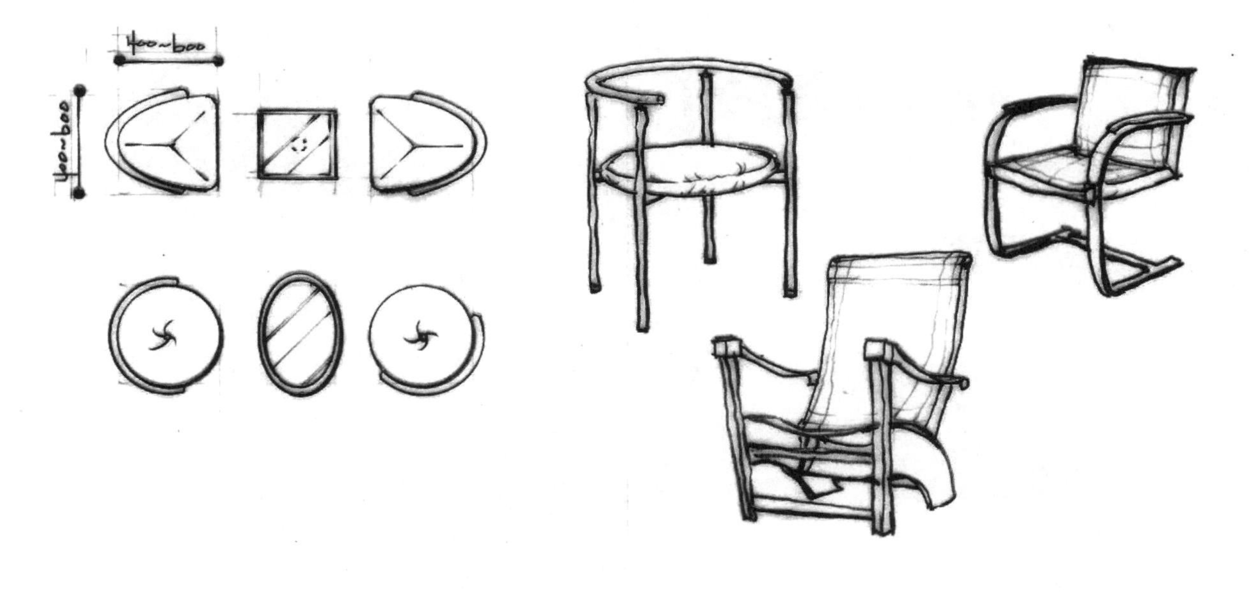

• 그 밖의 의자들

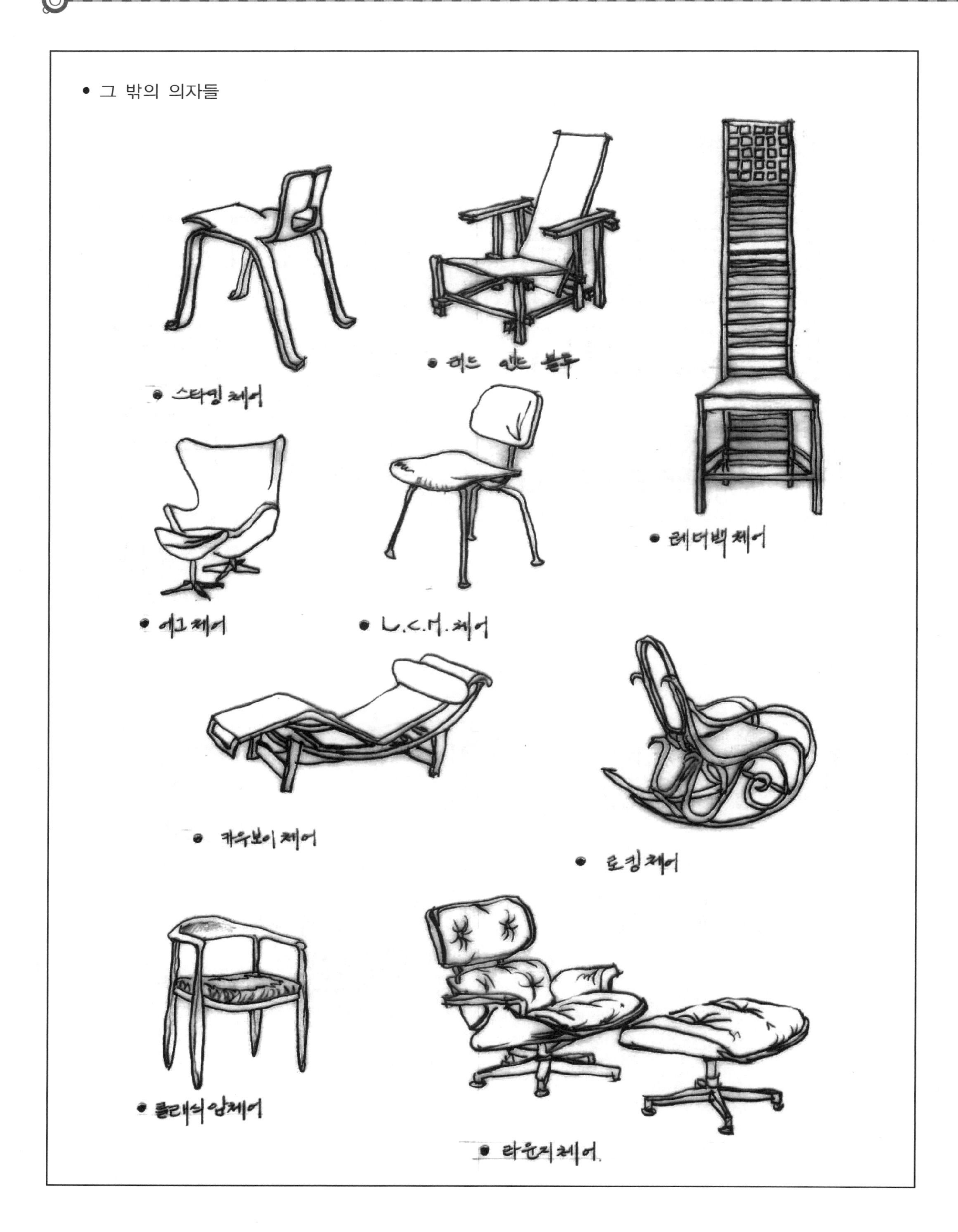

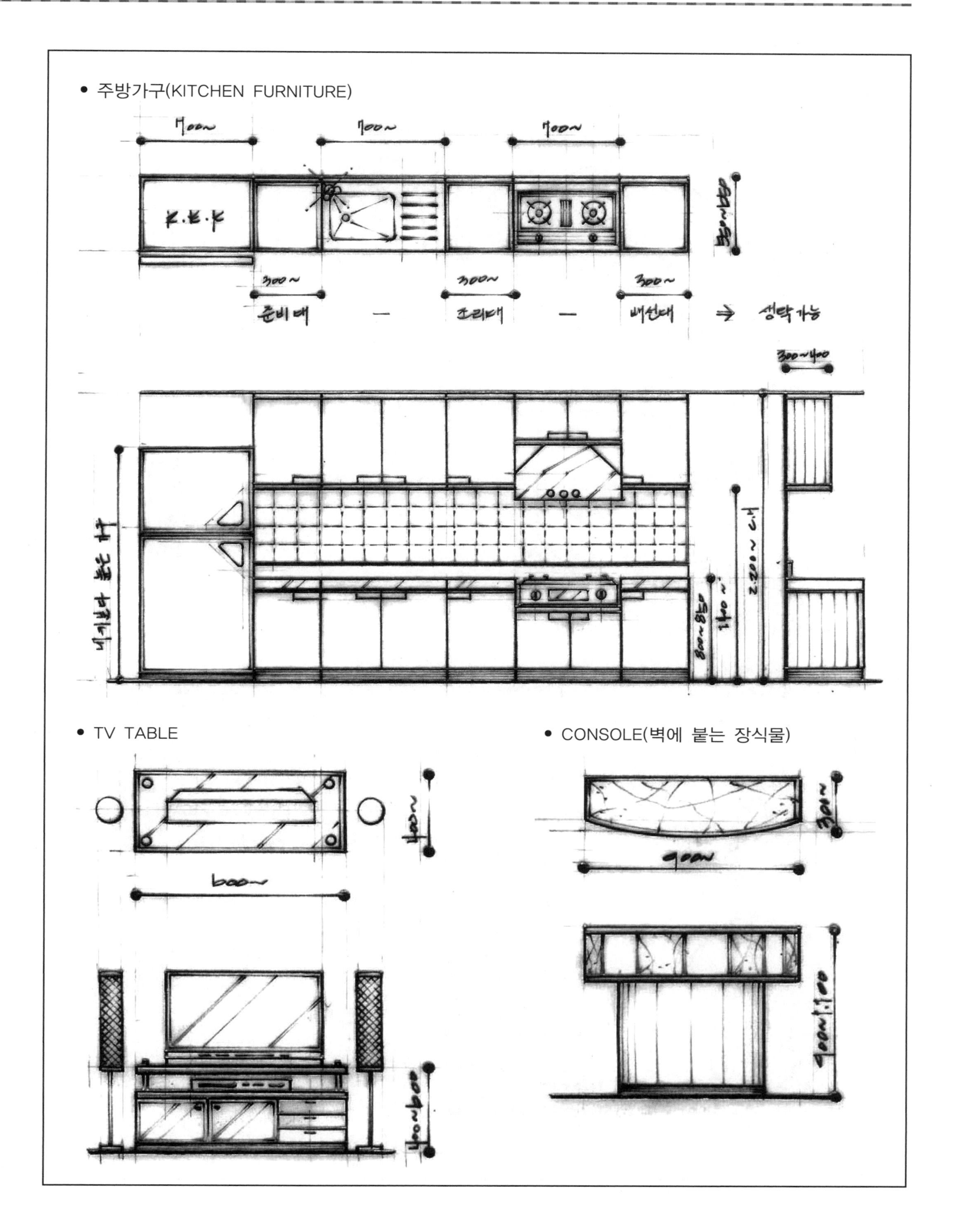
• 주방가구(KITCHEN FURNITURE)
700~
700~
700~
300~
300~
300~
준비대 — 조리대 — 배선대 → 생략 가능
300~400
800~850
2,200~ C.H
• TV TABLE
600~
400~600
• CONSOLE(벽에 붙는 장식물)
900~
300~
900~1,100

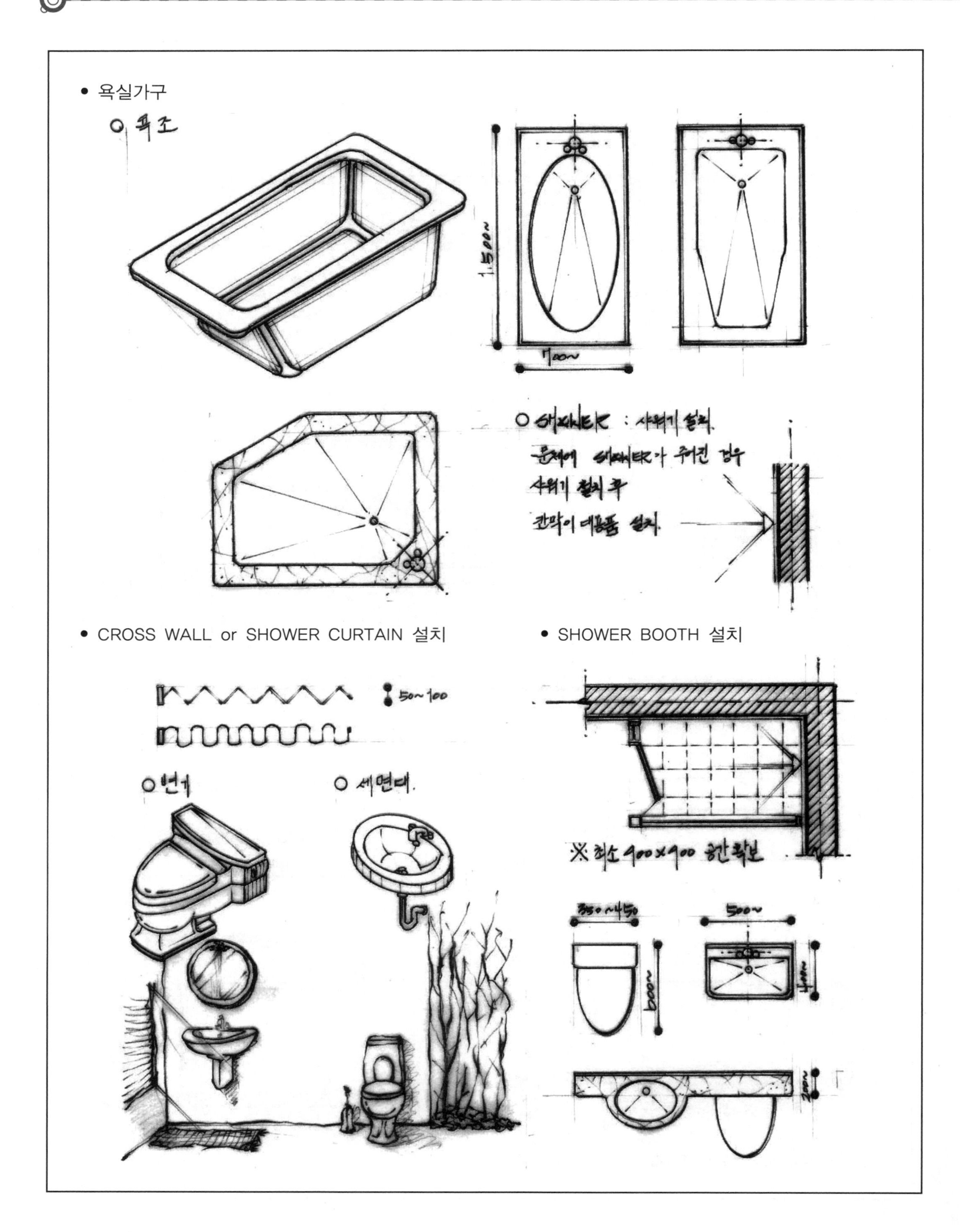

• 욕실가구
○ 욕조
1,500~
700~
○ SHOWER : 샤워기 설치.
문제에 SHOWER가 주어진 경우
샤워기 설치 후
칸막이 대용품 설치.
• CROSS WALL or SHOWER CURTAIN 설치
50~100
• SHOWER BOOTH 설치
※ 최소 900×900 공간확보
○ 변기
○ 세면대.
350~450
500~

(2) 상업공간의 가구

- COUNTER & IMAGE WALL

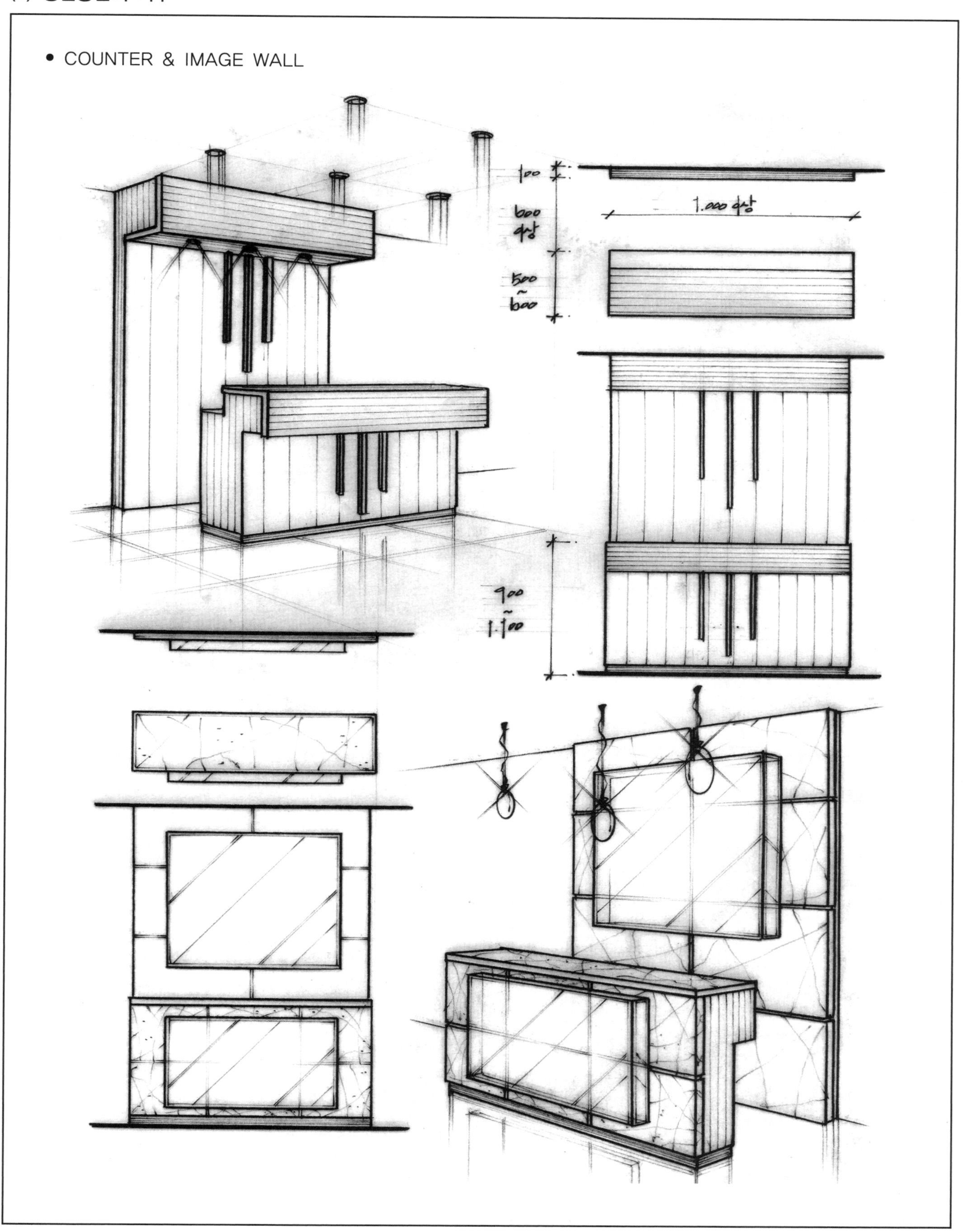

• CASHIER COUNTER

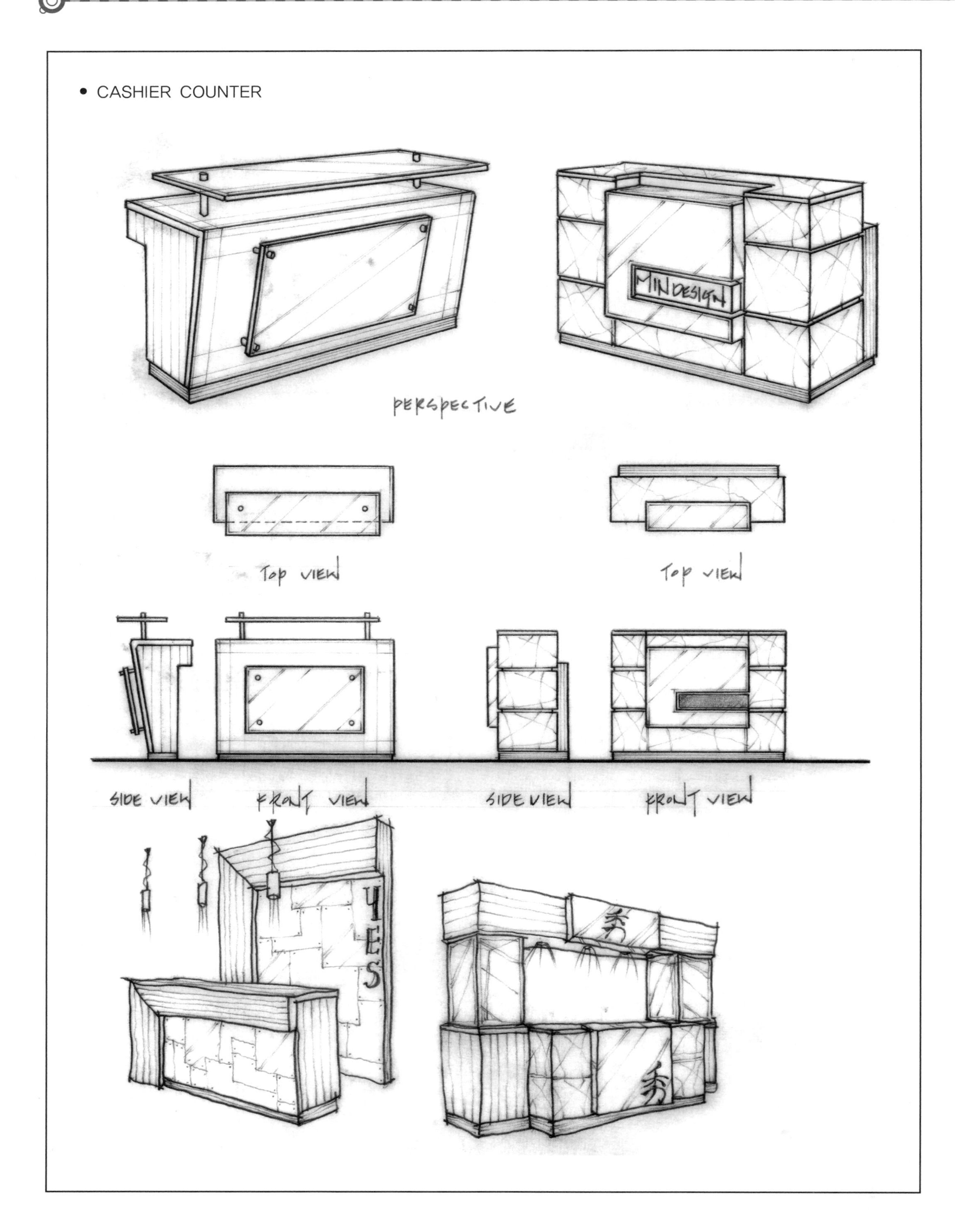

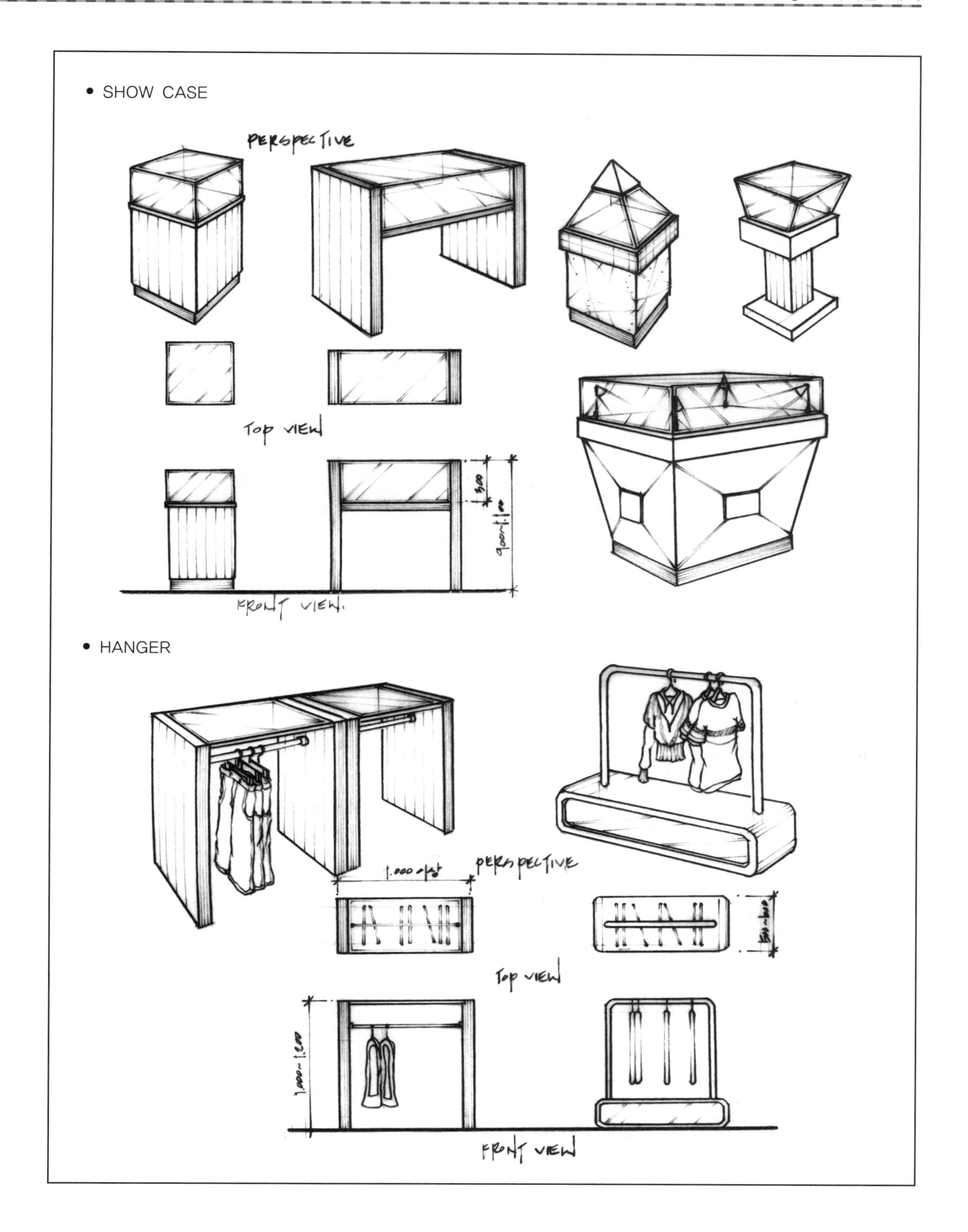
• SHOW CASE
PERSPECTIVE
TOP VIEW
300
FRONT VIEW
• HANGER
1,000 이상
PERSPECTIVE
TOP VIEW
1,000~1,200
FRONT VIEW

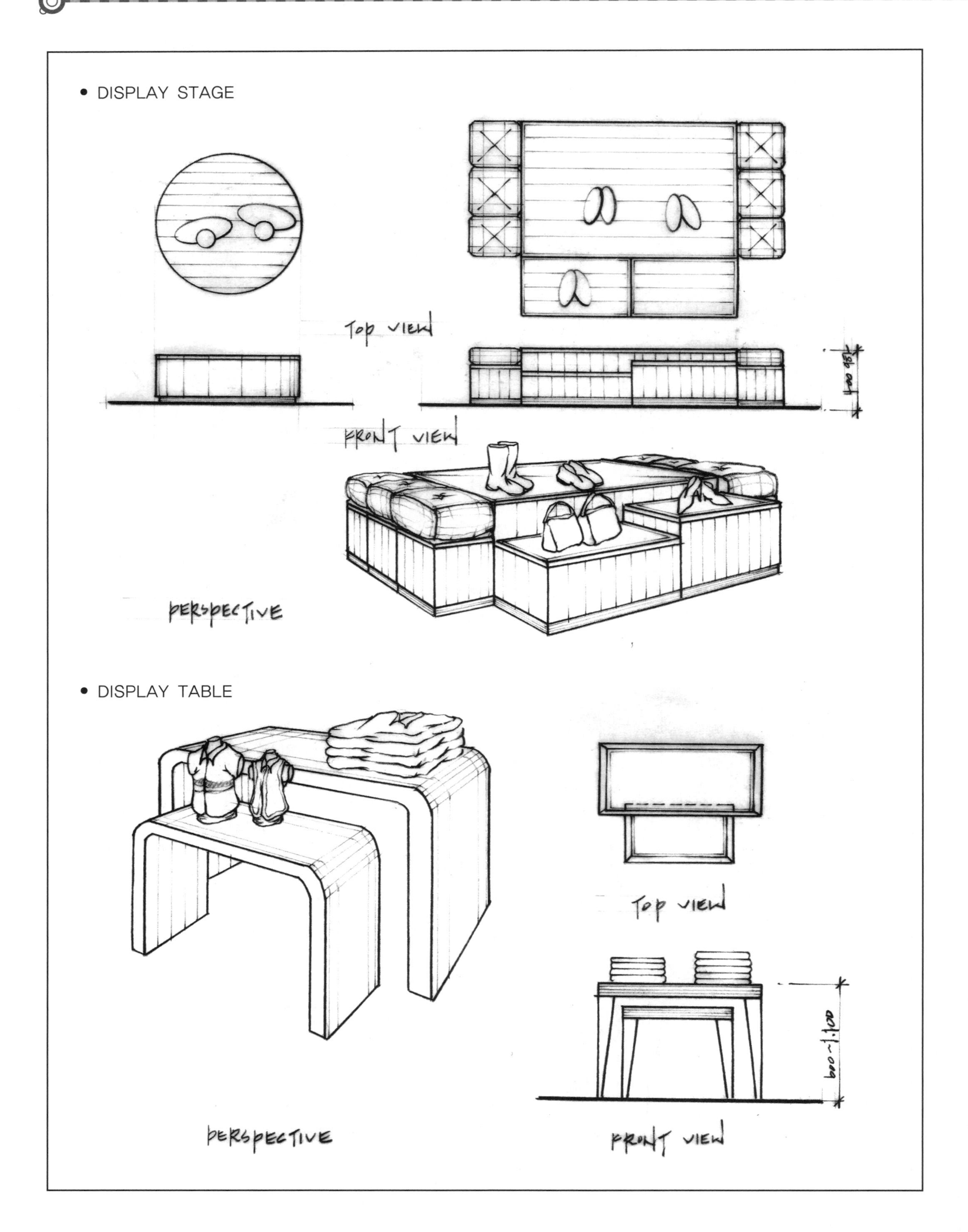
• DISPLAY STAGE
TOP VIEW
FRONT VIEW
400
PERSPECTIVE
• DISPLAY TABLE
TOP VIEW
600~1,100
PERSPECTIVE
FRONT VIEW

- DISPLAY SHELF

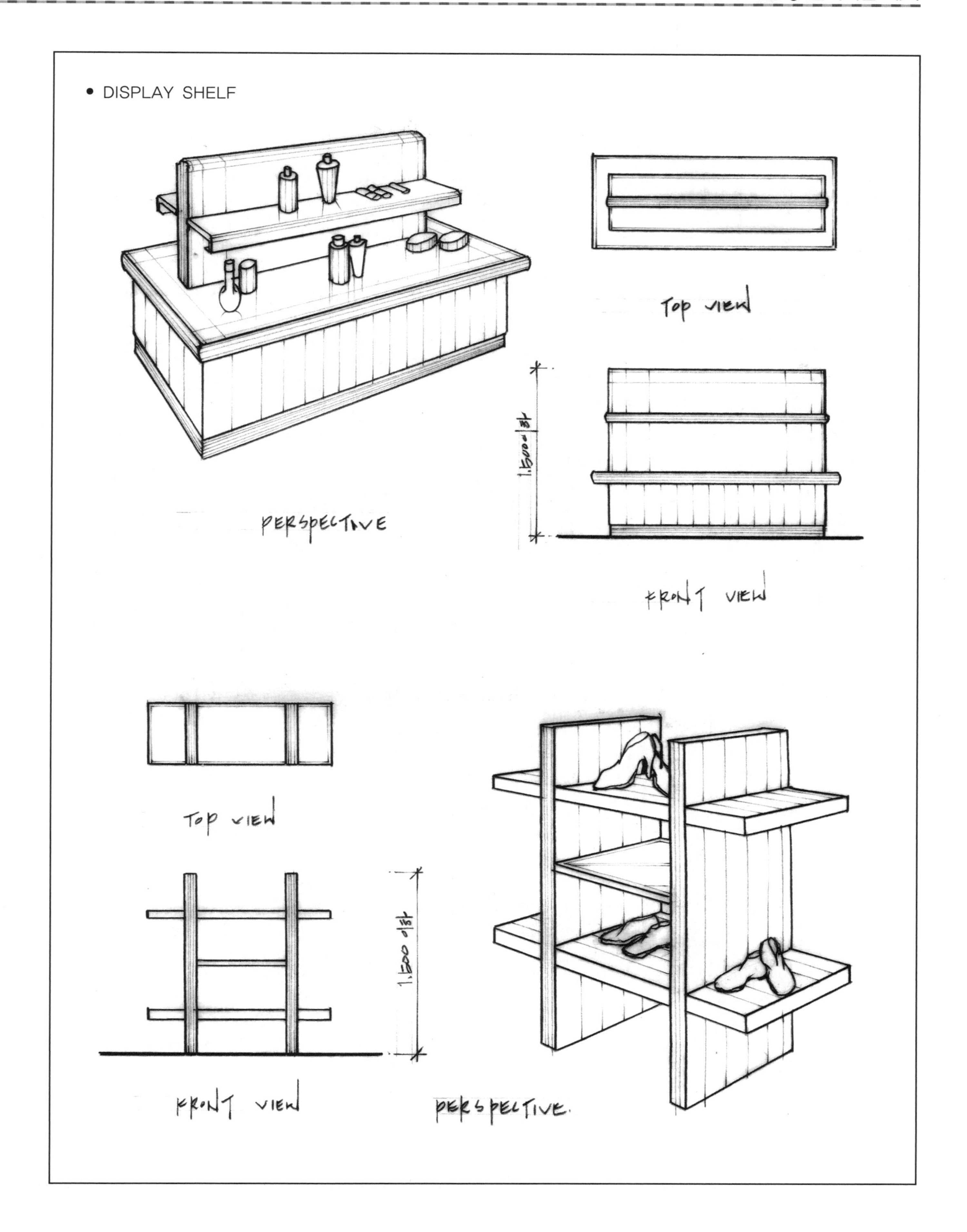

- SHELF

• 일체식 가구

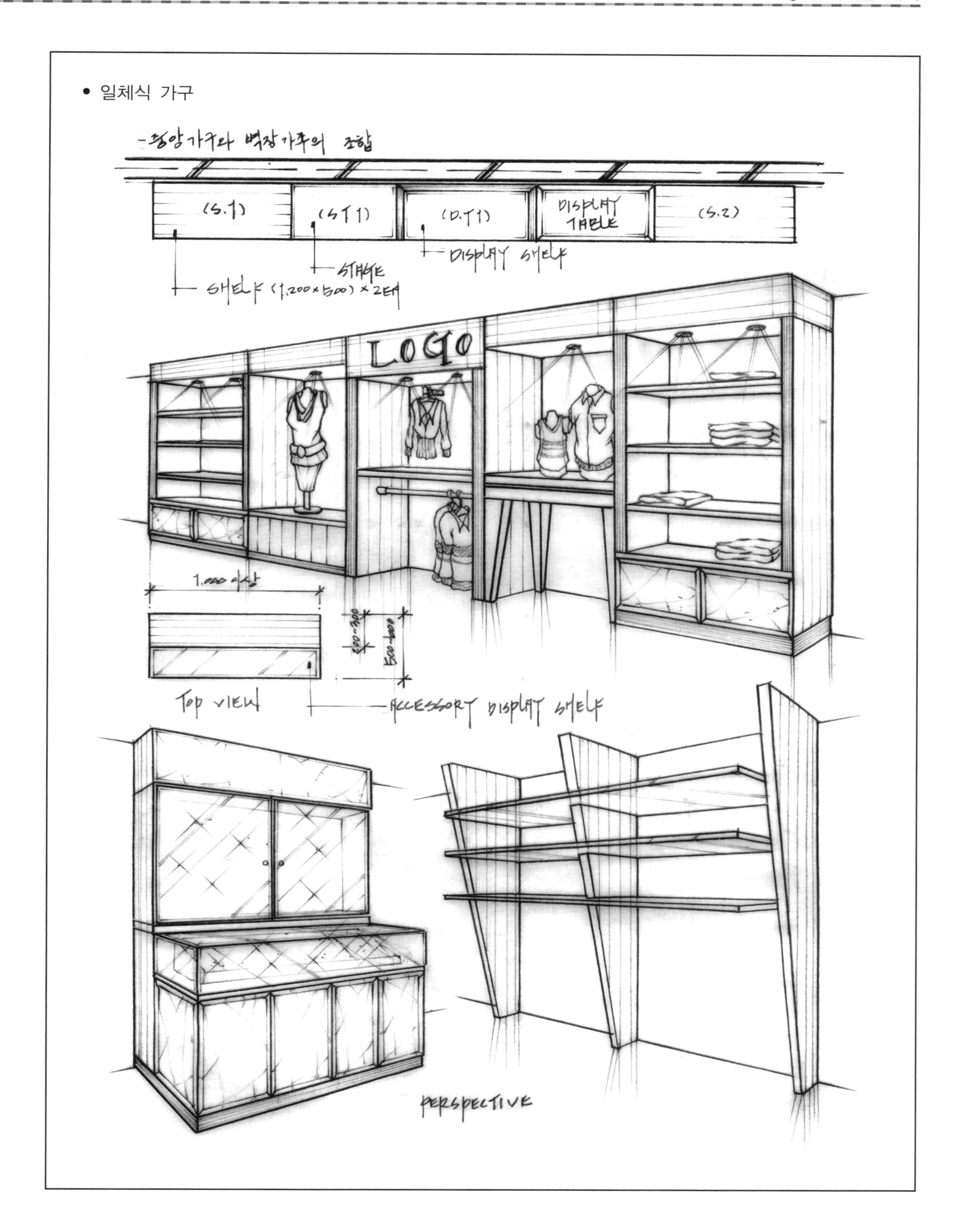
-중앙가구와 벽장가구의 조합
(S.1)
(ST1)
(D.T1)
DISPLAY TABLE
(S.2)
DISPLAY SHELF
STAGE
SHELF (1,200×500)×2EA
LOGO
1,000 이상
200~300
500~600
TOP VIEW
ACCESSORY DISPLAY SHELF
PERSPECTIVE

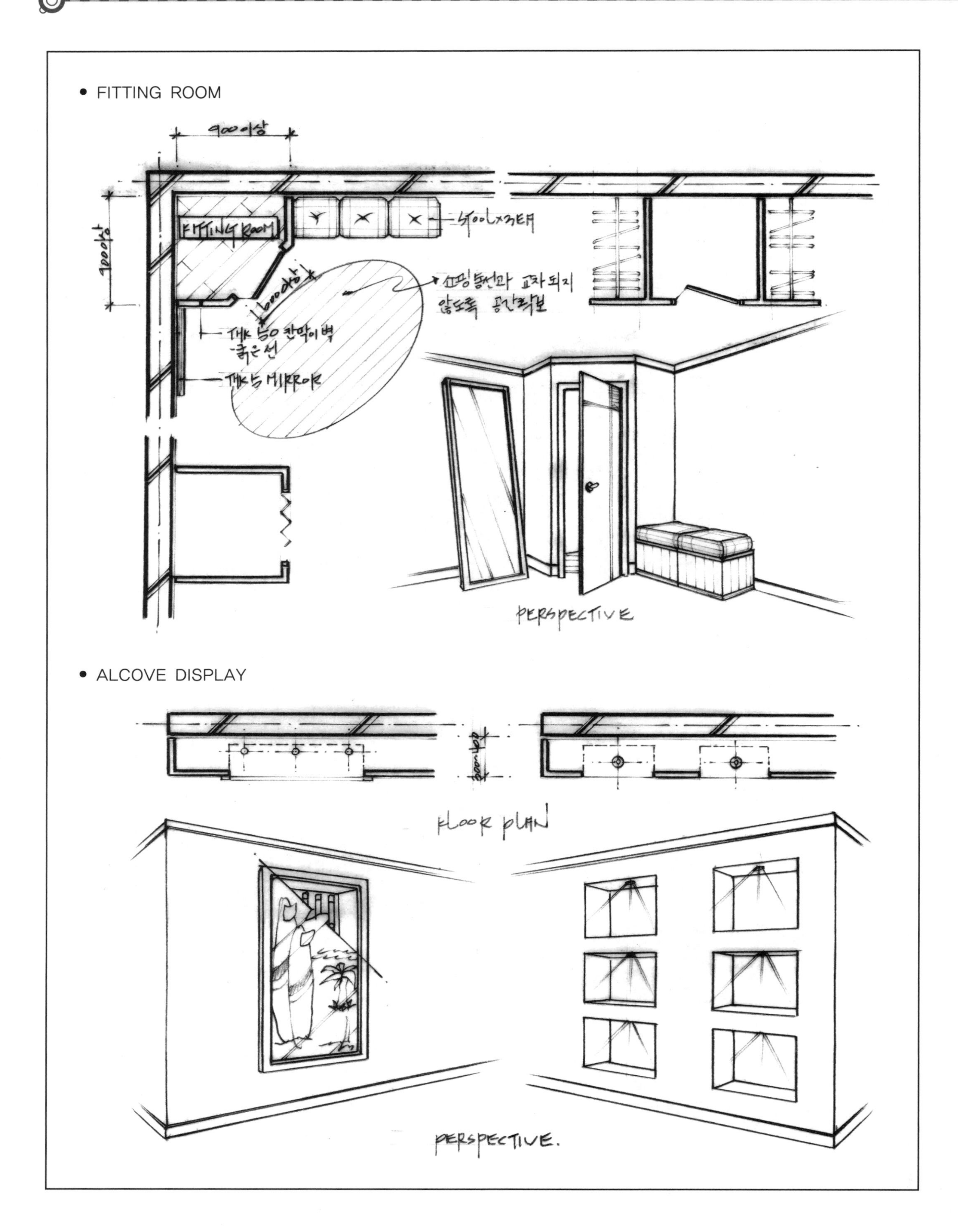
• FITTING ROOM
900이상
900이상
FITTING ROOM
STOOL×3EA
600이상
쇼핑동선과 교차되지 않도록 공간확보
THK 50 칸막이벽 굵은선
THK5 MIRROR
PERSPECTIVE
• ALCOVE DISPLAY
FLOOR PLAN
PERSPECTIVE.

- SHOW WINDOW

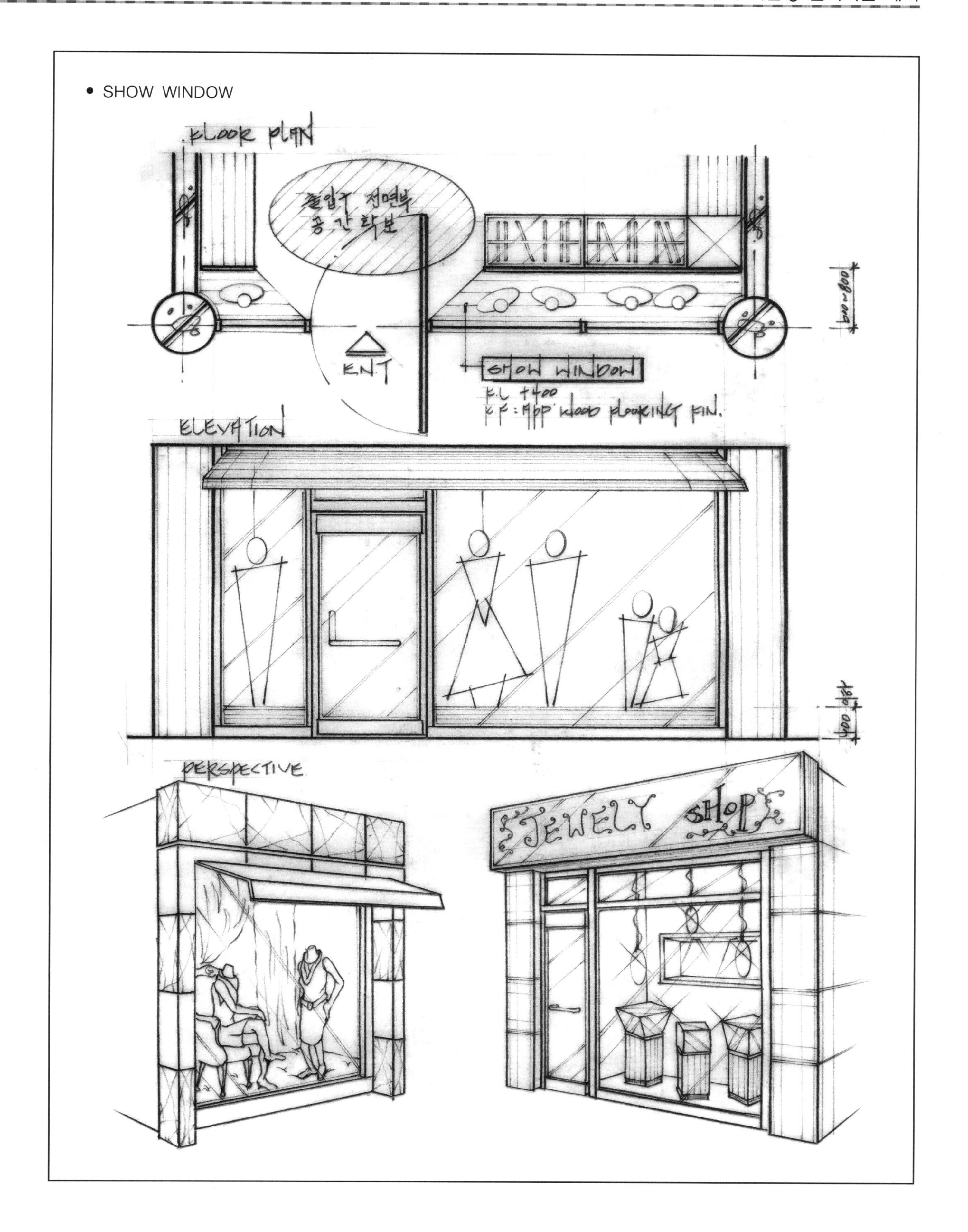
FLOOR PLAN
출입구 전면부
공간 확보
ENT
SHOW WINDOW
ELEVATION
PERSPECTIVE
JEWELY SHOP

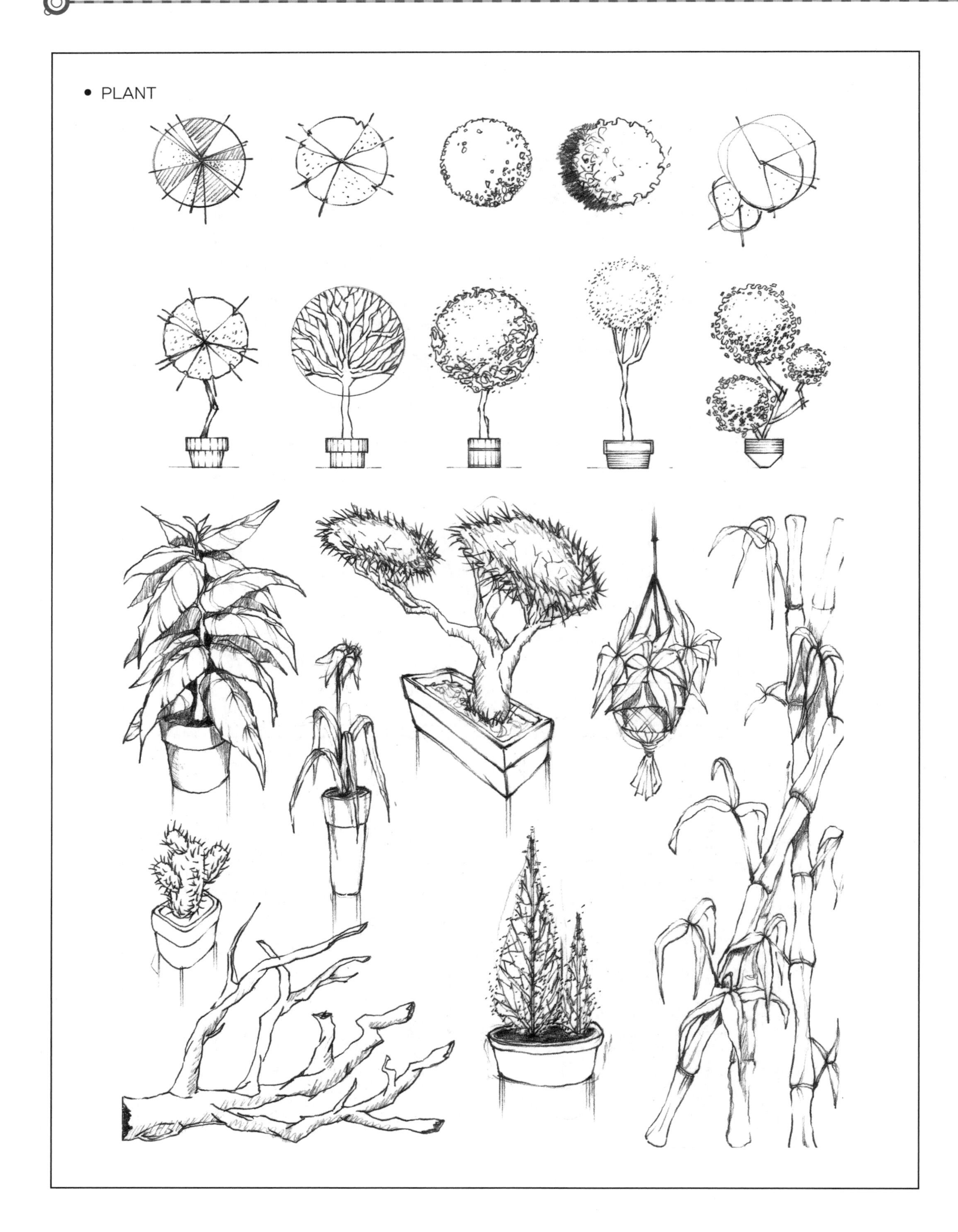
• PLANT

• 사람

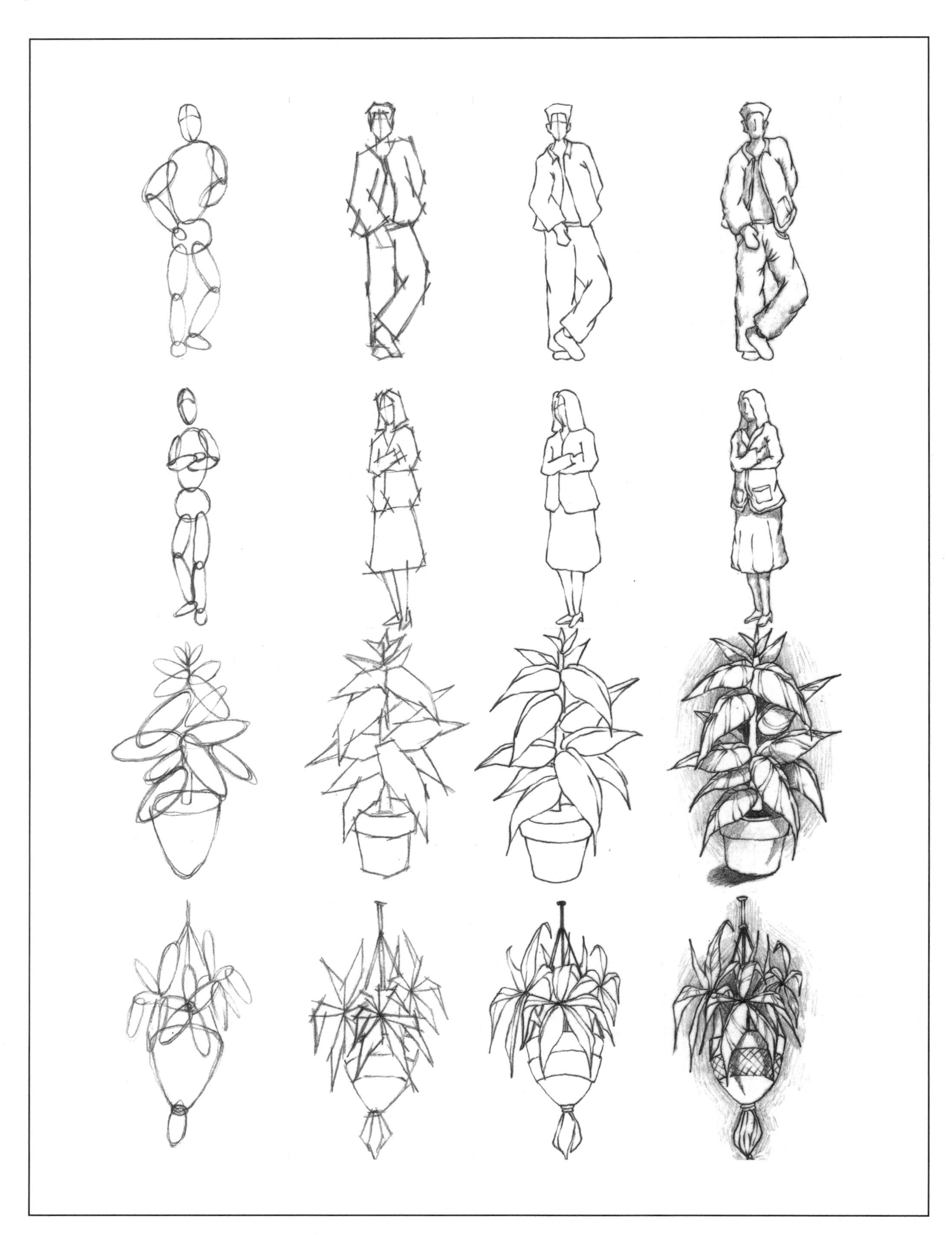

실내건축디자인 실무

작업형 실기

기초도면 작도법

기초도면 작도법

01 평면도를 작도하기 전

1. 문제를 파악한다.

문제에서 요구하는 사항 및 조건을 파악한다. 문제에 주어진 요구사항 및 조건에서의 오작이나 누락으로 인한 감점은 매우 크다.

C.H가 주어졌는지의 여부, 주어진 가구들의 조건, 개구부의 조건, 입면도방향이나 도면의 스케일 등은 수험생들이 누락시키거나 오작하는 경우가 많다. 따라서 시험장에서 문제를 처음 받았을 때 문제를 3번 이상 밑줄을 치면서 확인해야 한다.

평면도에서 입면도, 천장도, 투시도 작도법까지는 아래 실내건축산업기사 과년도 문제 〈자녀방〉을 예로 들어 설명하겠다.

실내건축산업기사 디자인 실기 과년도 문제

시행일 : '95.05.07, '97.06.30, '98.07.06

작품명 : 자녀방	표준시간 : 5시간 30분

1 요구사항

문제도면은 주택의 여중생 방이다.
다음 요구조건에 맞게 요구도면을 작도하시오.

2 요구조건

1. 설계면적 : 4,500mm×4,500mm×2,700mm(H)
2. 창호 : 1,200mm×1,400mm(H)
3. 문 : 900mm×2,100mm(H)
4. 공간구성
   - 싱글침대 1개, 옷장 2개, 책상 1개, 의자 1개, 책꽂이 2개, 컴퓨터테이블 1개, 학습용 TV & VTR 등
   - 그 외의 가구 및 집기는 수검자가 임의로 더 넣어도 좋다.

3 요구도면

1. 평면도(가구 및 바닥마감재 표기) : 1/30 SCALE
   (평면도 우측 하단에 설계자가 의도한 DESIGN CONCEPT를 180자 내외로 적으시오.)
2. 내부입면도 2면(벽면재료 표기) : 1/30 SCALE
3. 천장도(설비 및 조명기구 배치, 마감재 표기) : 1/30 SCALE
4. 실내투시도(반드시 채색작업 포함) : NONE SCALE
   (투시도는 계획의 포인트가 좋은 지점에서 1소점 혹은 2소점 투시도법으로 작도하되, 작도과정의 투시보조선을 반드시 남길 것)

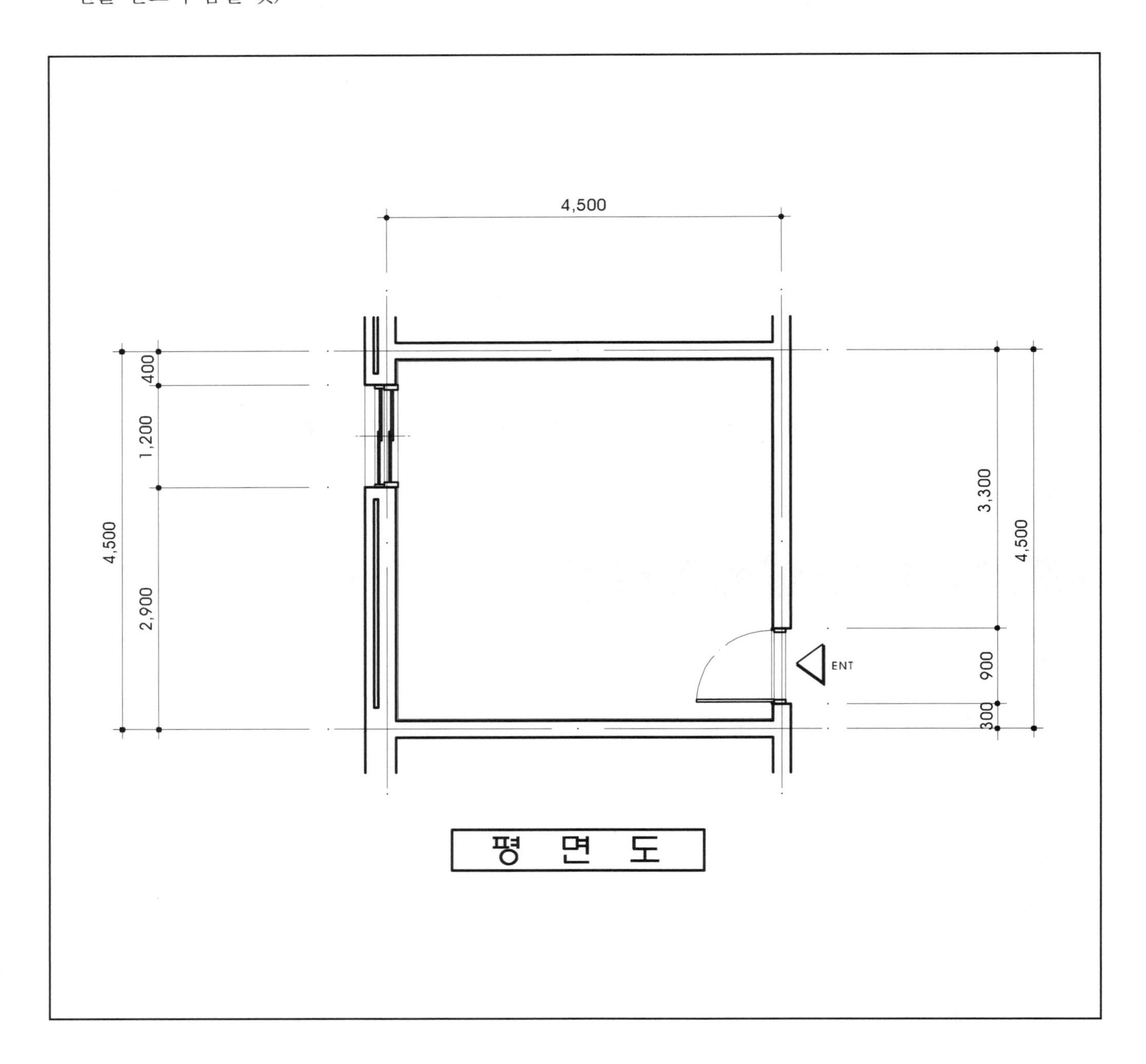

평면도를 작도하기 전에 우선 '자녀방'에 대한 문제를 파악한다.

(1) 문제의 C.H는 2,700mm이다.

C.H는 천장고이며, 천장고는 바닥부터 천장까지의 높이를 말한다.

> **Tip** 문제에 C.H가 주어지지 않았을 경우
>
> - 주거공간, 호텔 객실 : 2,200~2,500mm 이내로 작도한다.
> - 상업공간 : 2,500~3,000mm 이내로 작도한다.

(2) 창호의 높이는 1,200mm×1,400mm이다.

일반적으로 바닥부터 창문까지의 높이를 900~1,100mm로 하고 창문의 높이를 올린다.

(3) 공간구성의 가구 중 '옷장 2개, 책꽂이 2개'라는 개수에 유의하도록 한다.

(4) 벽체를 작도한다.

벽체는 1.0B, 1.5B 공간벽쌓기로 각각 200mm, 350mm로 작도하며, 특히 1.5B 공간벽쌓기의 중심선의 위치를 꼭 확인한다.

2. 문제파악이 끝나면 계획을 한다.

(1) 계획에는 정답이 없다. 정답이 없다는 것은 그 공간에 맞는 이상적인 계획을 하면 된다는 것이다.

계획에는 큰 감점요소가 없으므로 계획에 많은 시간투자를 하지 않는다.

(2) 문제 프린트 자체 도면에 대략의 그리드를 친다.

대략의 그리드를 치는 이유는 공간의 비례에 맞는 계획을 하기 위함이다.

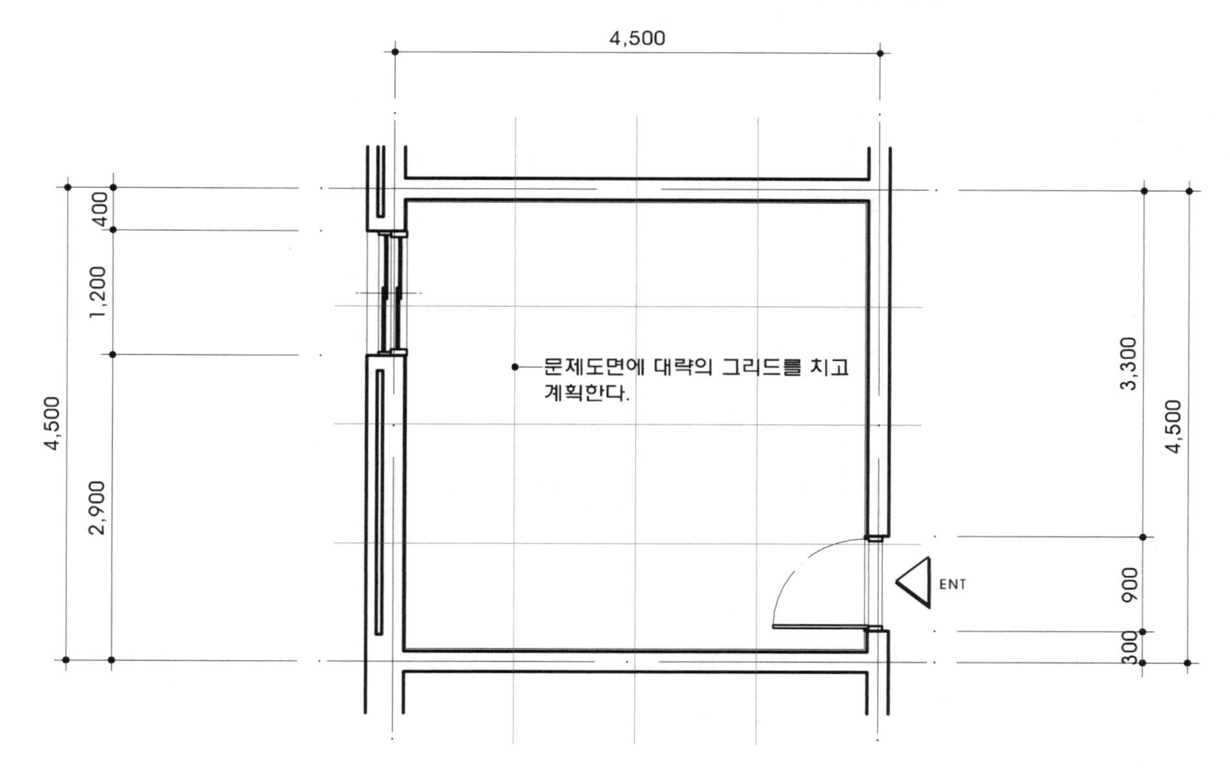

(3) 먼저 침대의 위치를 정한다.

침대배치 시 침대의 측면은 외벽을 피하고, 침대의 머리맡은 창 밑을 피하여 계획한다. 본 문제에서 침대배치에 관한 계획은 6개 이상의 계획에서 이상적인 계획을 찾으면 된다. ①~⑥의 침대배치유형 중 ①~④의 유형이 적당하다. ⑤, ⑥의 유형은 출입구에서 바로 보이는 위치이므로 피하는 것이 좋다.

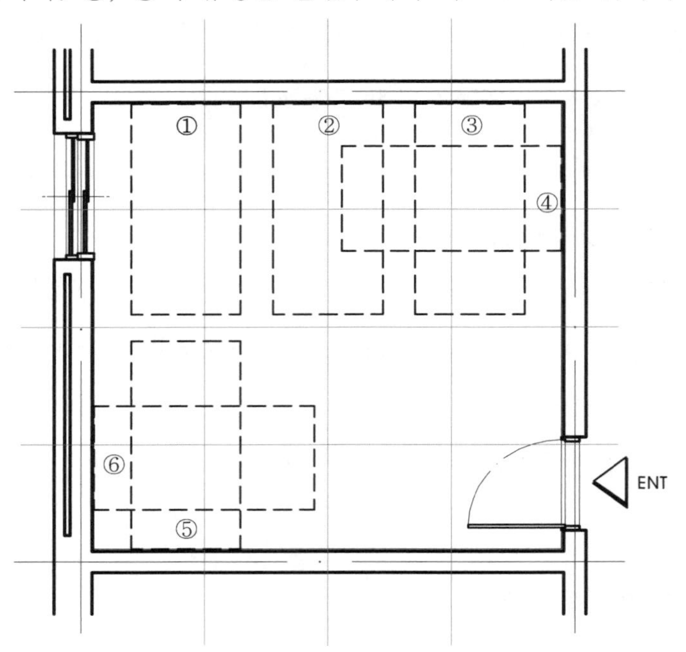

(4) 침대의 위치가 결정되면 나머지 가구의 위치를 정한다.

침대를 ③의 위치에 두고 책상의 위치와 옷장의 위치를 결정해보자.

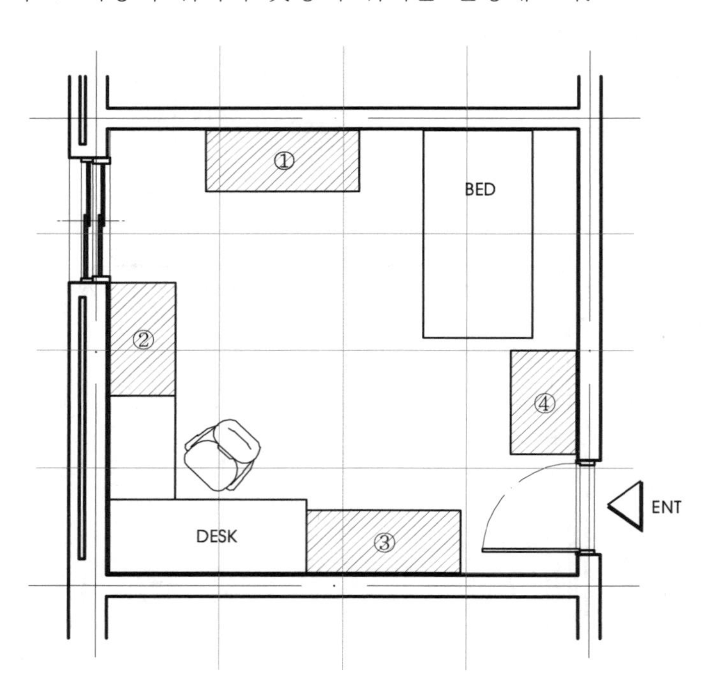

옷장의 위치가 ①~④까지 나온다. ①~④ 중 본인은 어디에 옷장의 위치를 계획할 것인지 생각해본다. ①~④ 중 시험에서 '어느 곳이 (+)이고, 어느 곳이 (−)이다'라는 위치는 없다.

현재 옷장의 위치가 마땅치 않으면 바로 전에 계획한 책상의 위치를 바꿔보자.

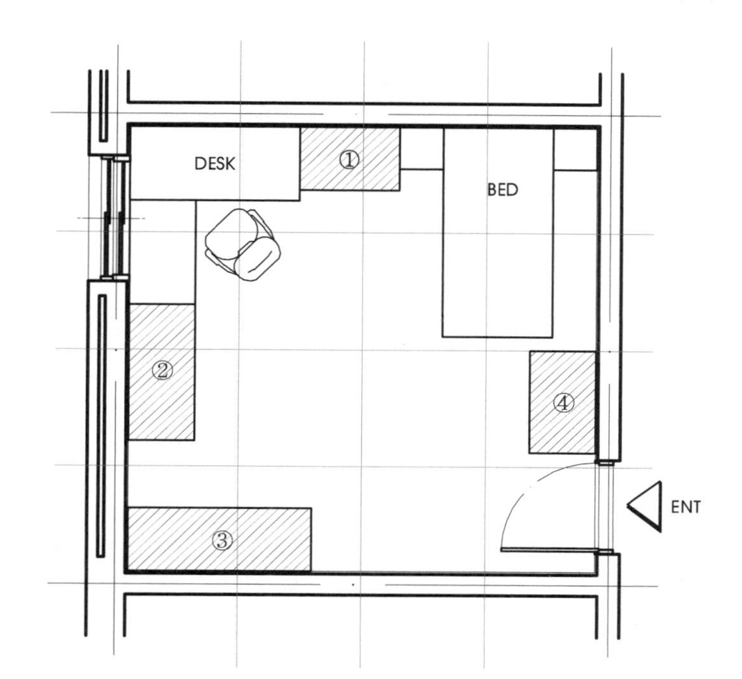

그럼 ①~④의 옷장의 위치가 다시 생긴다. 어떠한가? 그전의 위치보다는 고르기가 조금 쉬워졌을 것이다. 대부분의 학생들은 ② 혹은 ③의 위치를 선택할 것이다. 저자는 ②의 위치에 책꽂이를 계획할 것을 생각해 ③의 위치로 옷장의 위치를 결정하였다.

(5) 계획은 정해진 틀이 없으며, 이상적인 계획을 하고 계획이 끝났으면 작도에 들어간다.

02 평면도 작도법

1. 평면도

평면도는 바닥에서 1.5m 정도에서 공간을 수평으로 절단하여 위에서 아래를 내려다보고 작도한 도면이다. 평면도는 도면 중에서 가장 기본이 되는 도면으로 건물 내의 공간배치 및 조닝계획, 실내의 가구배치, 동선, 바닥마감재 등을 표현한다.

2. 평면도 작도법

(1) 트레이싱지의 중심을 잡아 평면도가 중앙에 오도록 작도한다.

(2) 벽체를 작도하기 위해 벽체중심선을 보조선으로 긋는다.

(3) 개구부의 위치를 정하고 벽체를 긋는다.

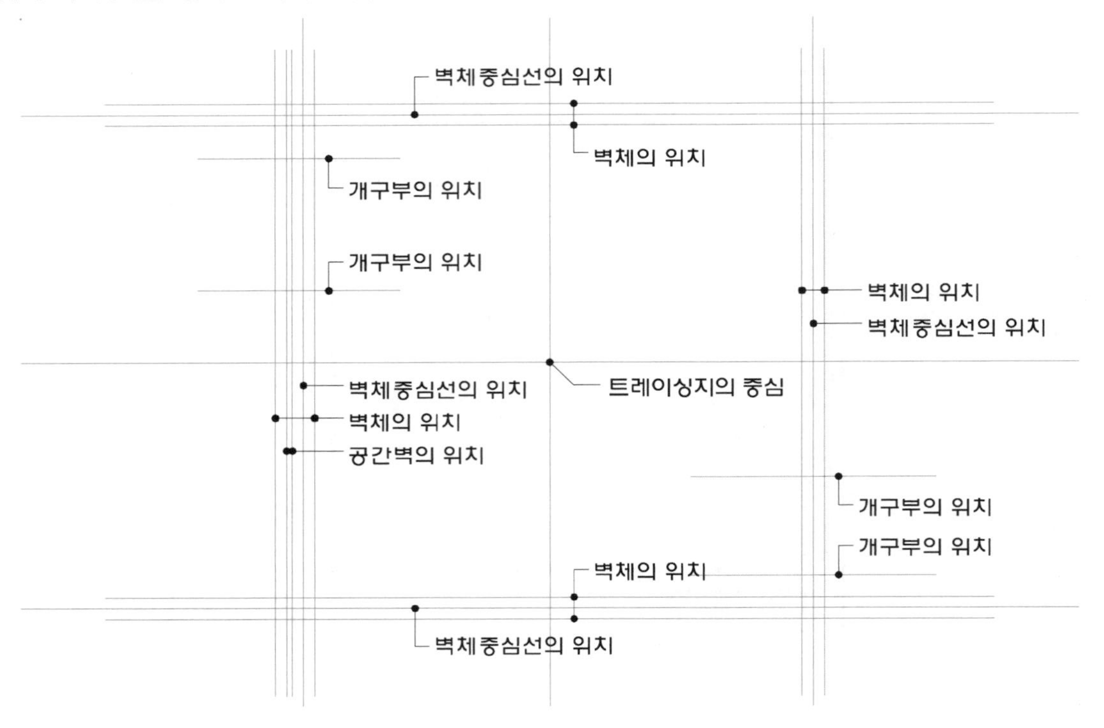

(4) 개구부를 작도한다.

(5) 벽체마감선을 가는 선으로 개구부의 위치에서 끊어주고 사방벽을 다 돌려준다.

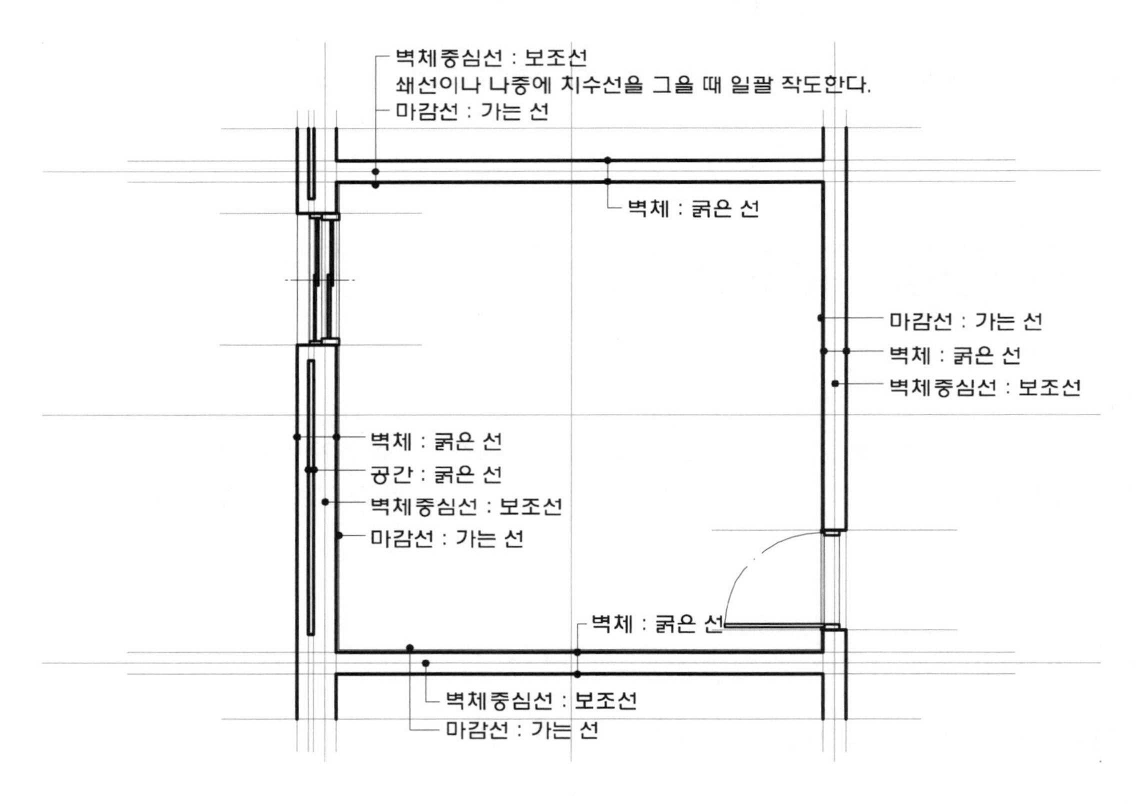

(6) 실내가구와 기타 집기들을 작도한다.

이미 계획된 것을 작도해주면 된다. 실내의 가구와 집기의 치수는 정확하지 않아도 되나 인체의 동작범위를 기준으로 보편적인 크기와 공간의 비례에 맞게 작도하면 된다. 특히, 가구와 기타 집기들은 작도 시 특징을 잘 살려 표현해주어야 한다. 평면도 작도 시 가구선은 마감선과 겹쳐진다. 따라서 가구가 계획된 부분은 중간선이, 가구가 계획되지 않은 부분은 마감선이 살아있다.

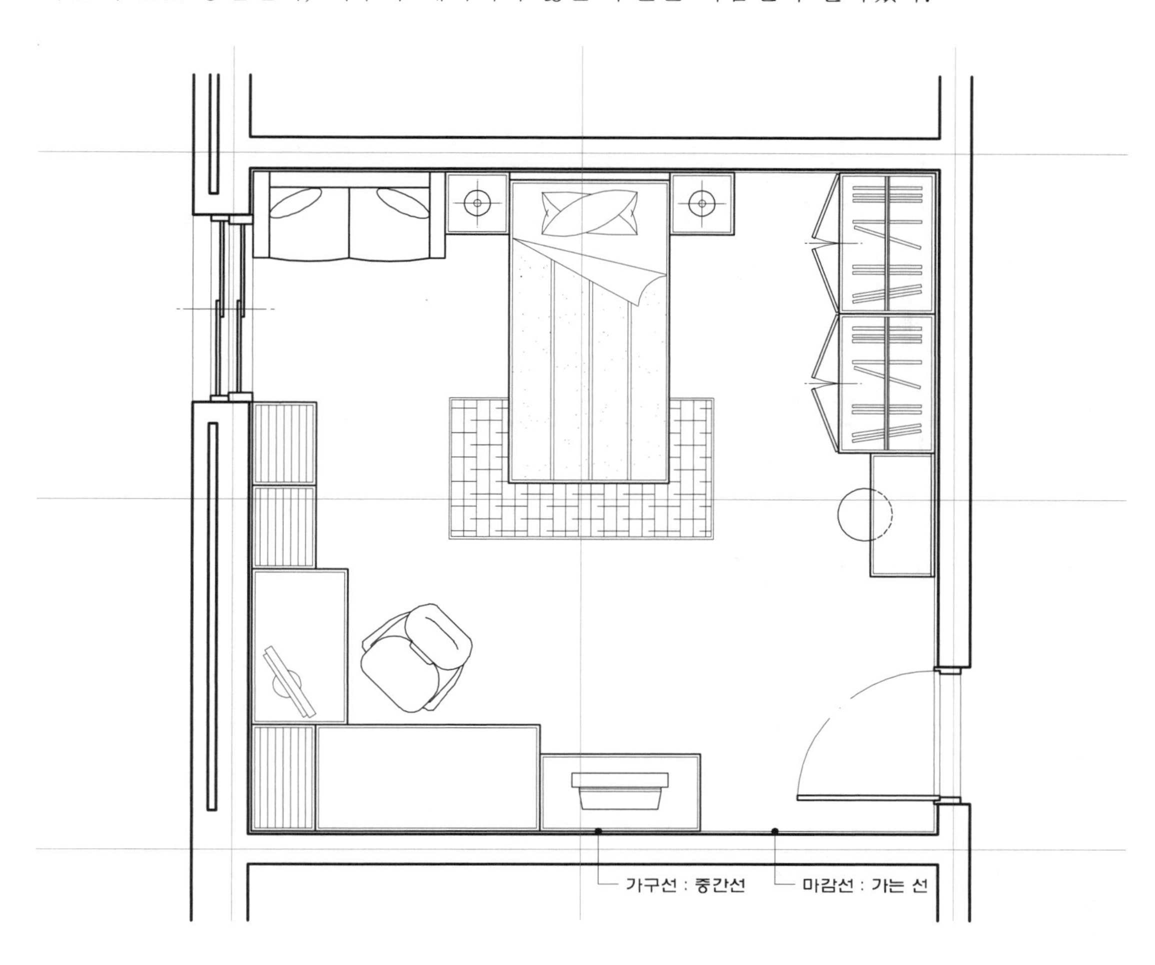

(7) 문자를 기입하고 각종 기호를 넣는다.

① 중앙부의 잘 보이는 위치 또는 도면의 비어있는 위치에 실명과 F.L, F.F를 기입한다.
실명의 박스는 굵은 선으로 작도하고, 실명 외에 소실명과 F.L, F.F도 기입한다.

② 기타 문자를 기입한다.
문자기입은 설명이 꼭 필요한 가구나 집기・재료에 하고, 도면의 효과상 비어있는 부분을 찾아 문자로 채워준다.

③ 입면도, 단면도방향 표시를 한다.
단면도방향 표시는 문제에 주어진 그대로 하고, 입면도방향 표시는 문제에 주어져 있는지 먼저 확인한다.

▶ 제1장 설계의 기본 05. 도면 내의 표시기호 P.25~26 참조

㉠ 위치 : 도면의 중앙부 또는 비어있는 위치
㉡ 크기 : 도면에 비례
㉢ 선 : 굵은 선

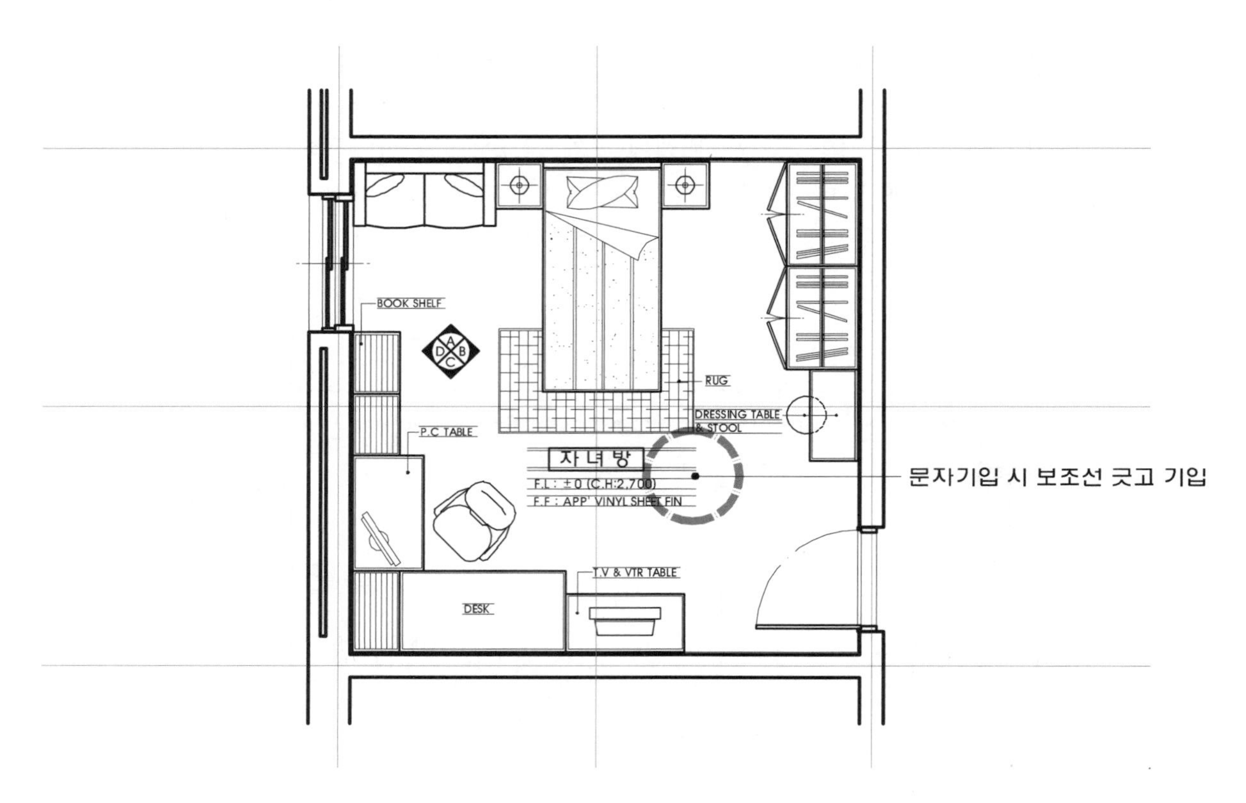

(8) 바닥마감재료의 표현과 벽체 해치

① 바닥마감재는 가구와 문자, 개구부를 피해서 도면의 효과상 전체깔기를 한다.

㉠ 전체깔기

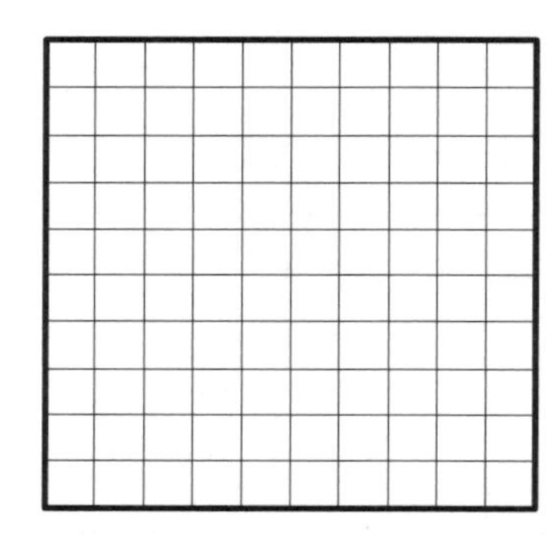

㉡ 상부깔기보다 하부깔기가 안정적이다.

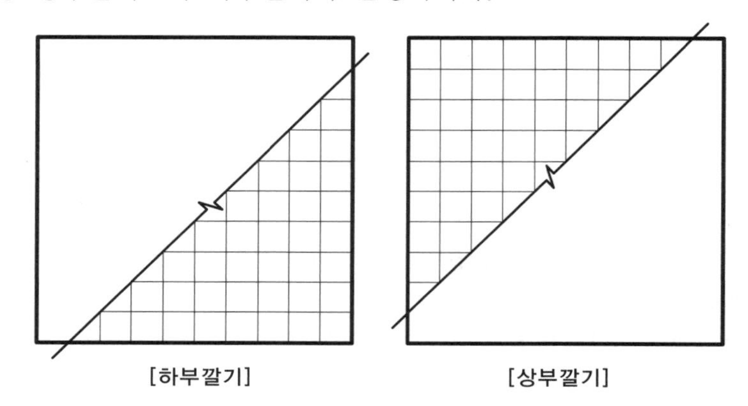

[하부깔기] [상부깔기]

㉢ 큰 도면일 때 사용한다.

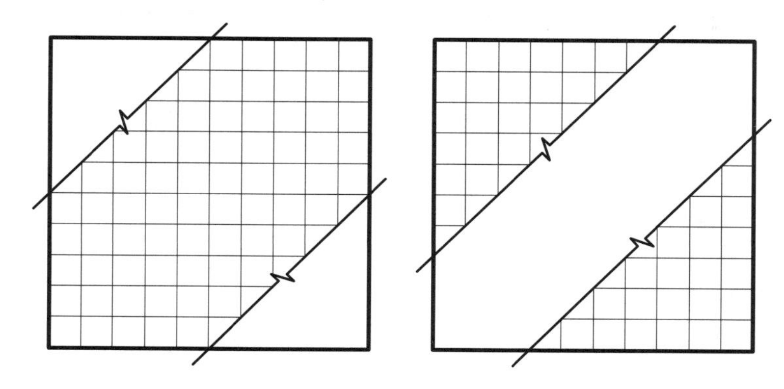

② **벽체 해치는 전체해치와 부분해치가 있다.**

조적식 구조에서 전체해치를 하면 시간이 많이 걸리고 도면도 지저분해질 수 있으므로 조적식 구조의 전체해치는 권해주고 싶지 않다. 수험생 10명 중 3명 정도는 전체해치를 하고 있으나 부분적으로 넣는 해치보다는 효과적이다. 단, 철근콘크리트의 경우는 전체해치한다.

조적식 구조의 부분해치는 재료가 시작되는 부분과 모퉁이 부분, 다른 재료와 만나는 부분 등을 덩어리감 있게 해치한다.

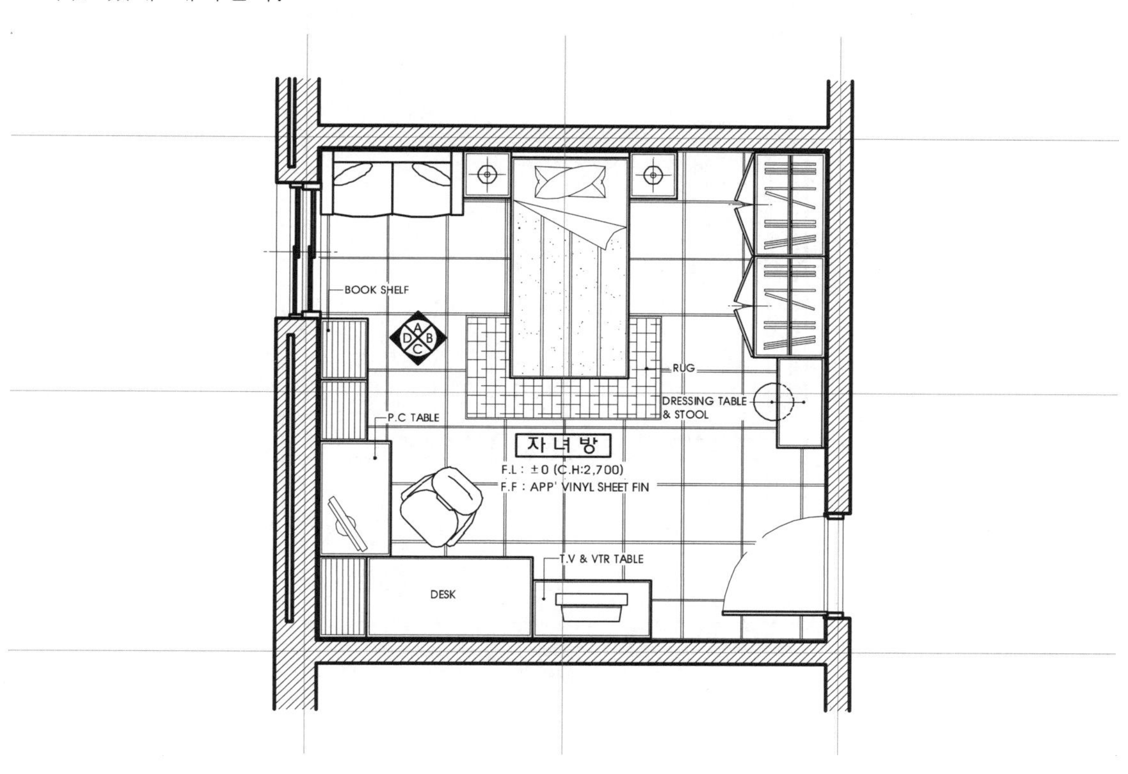

(9) 치수를 기입한다.

평면도의 치수는 기본 3면 2줄로 한다. 문제도면에서 좌측과 우측의 치수는 구조체에 의한 기본치수가 부분치수와 전체치수로 나누어 2줄이 나와 있다. 상부치수의 경우 전체치수만 나와 있으므로 치수선을 2줄로 만들어주기 위해서는 가구 중에서 치수를 뽑아준다. 이때 보조선으로 남아있는 벽체중심선도 쇄선으로 그어준다.

① I자로 가로치수선을 먼저 긋는다.

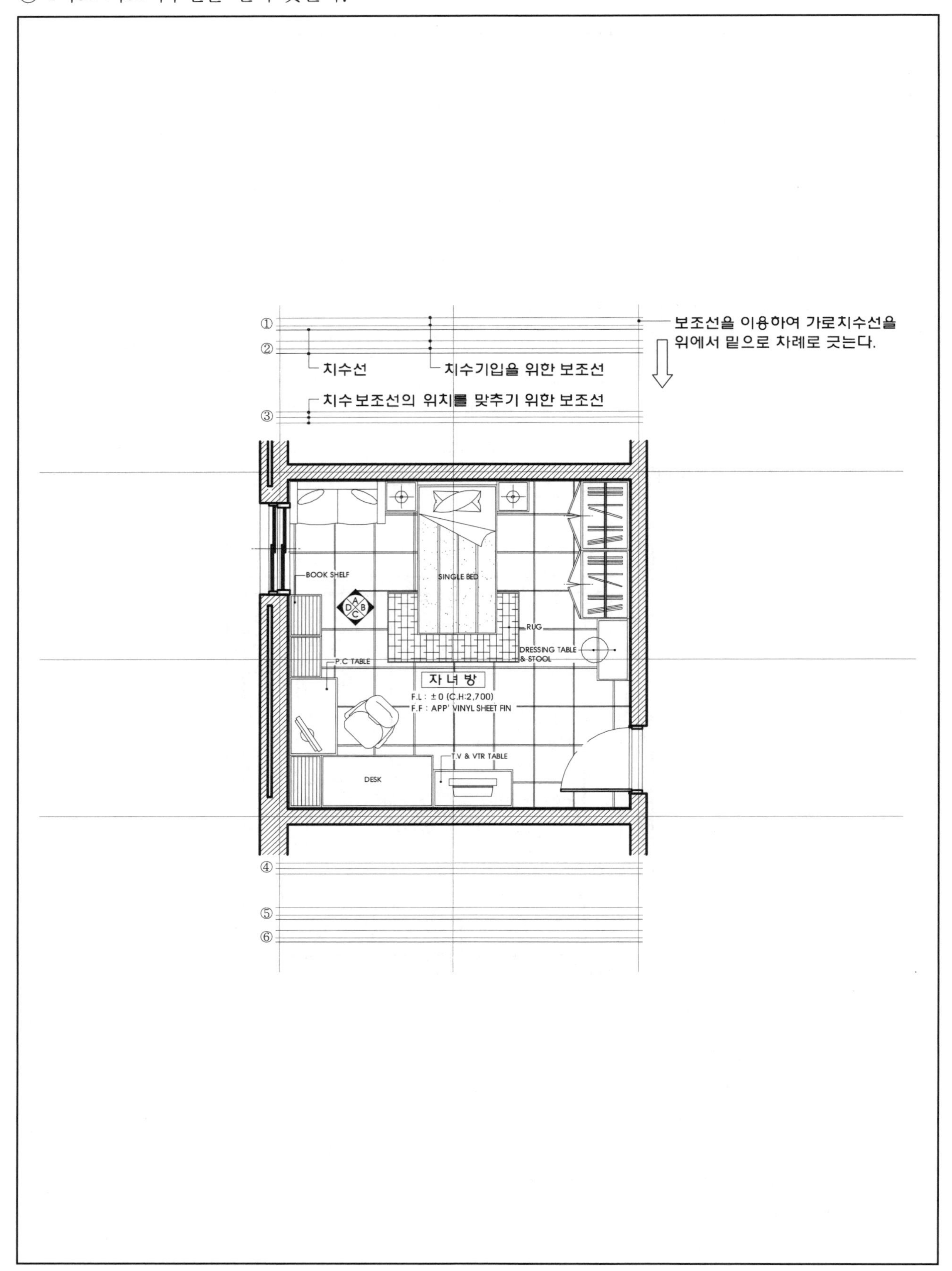

② 삼각자를 이용해 세로치수선과 중심선을 긋는다.

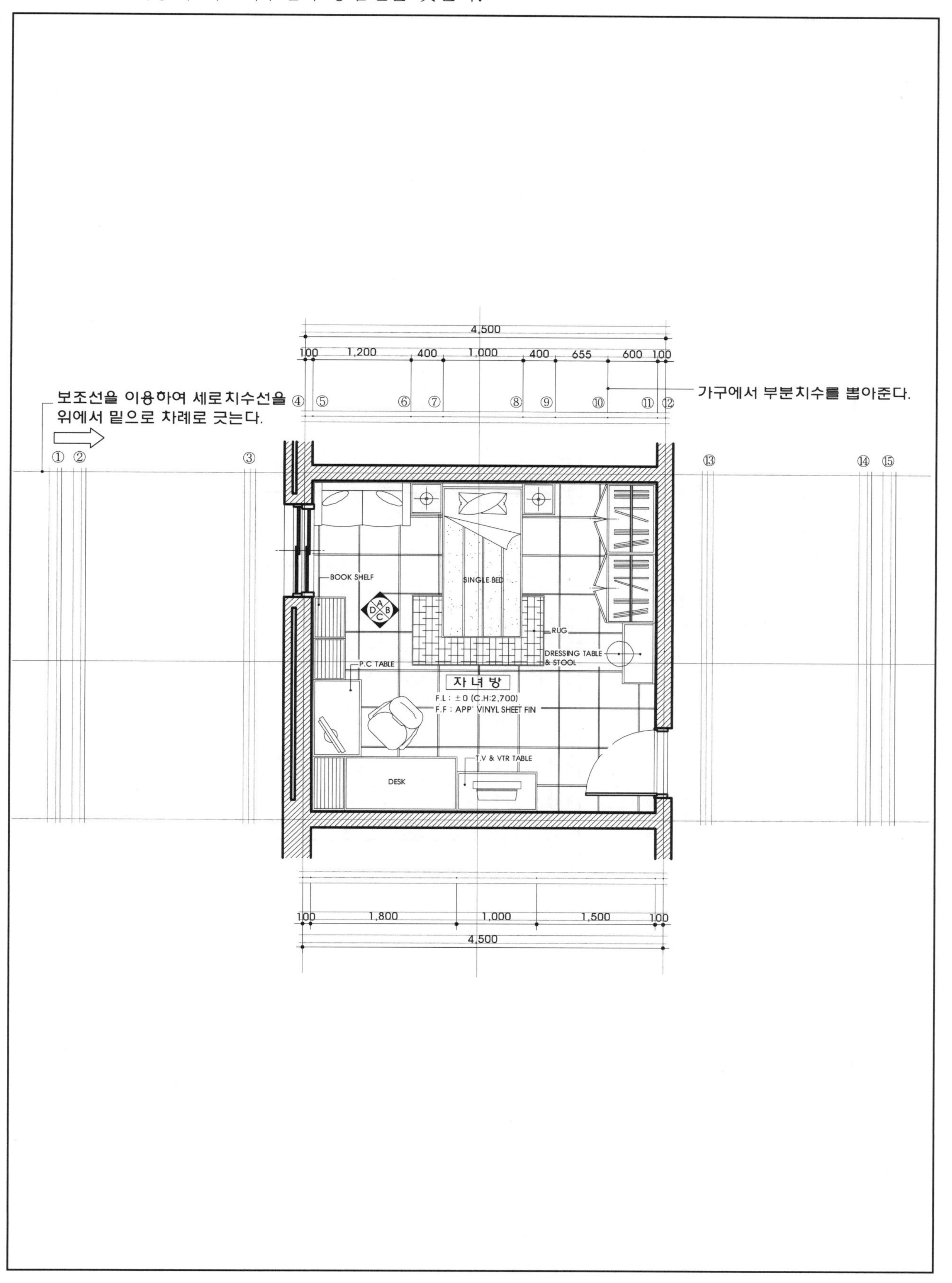

③ 가로치수선과 중심선을 정리한다.

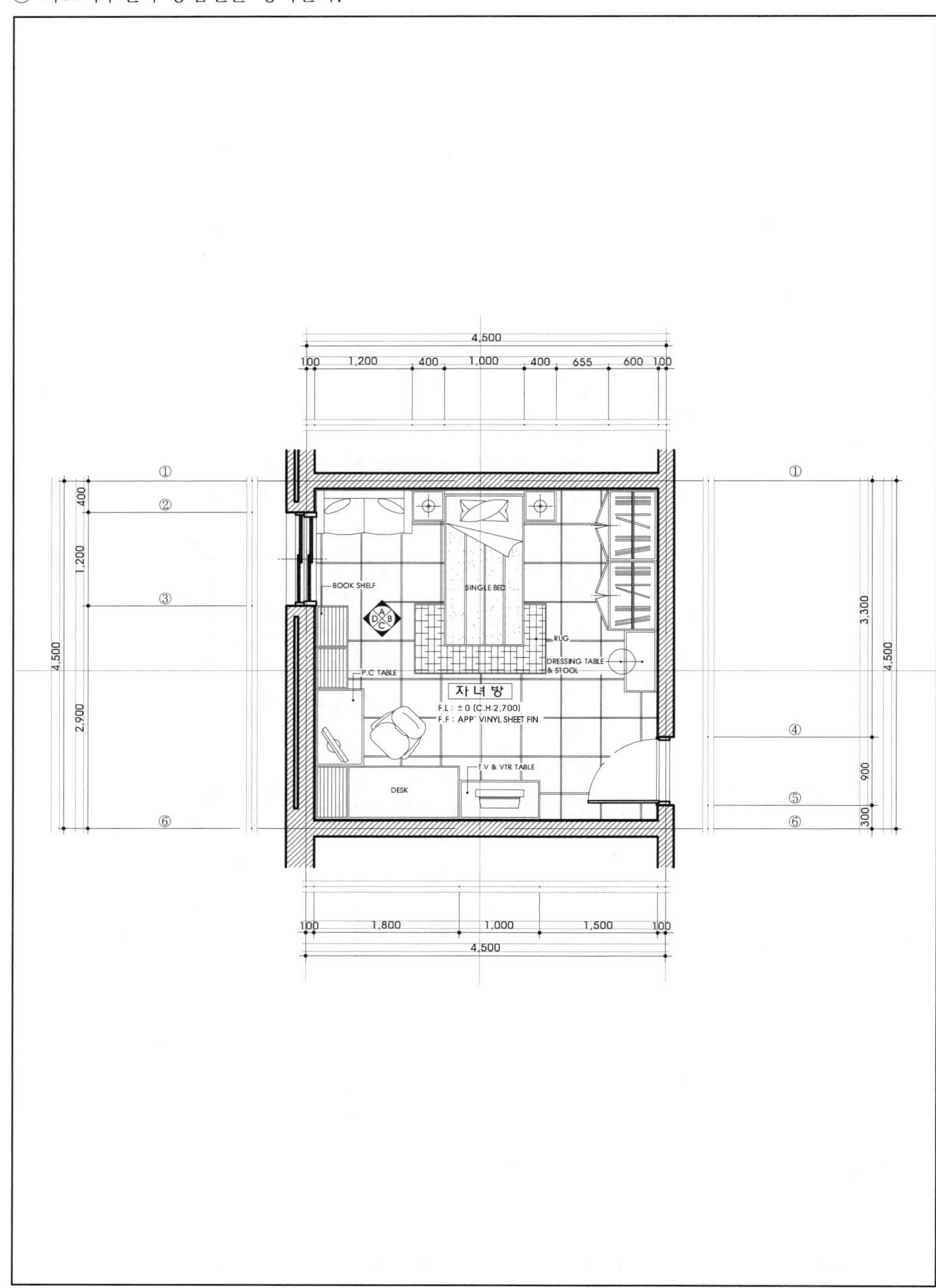

(10) 도면명, 스케일을 기입하고 평면도 작도를 마친다.

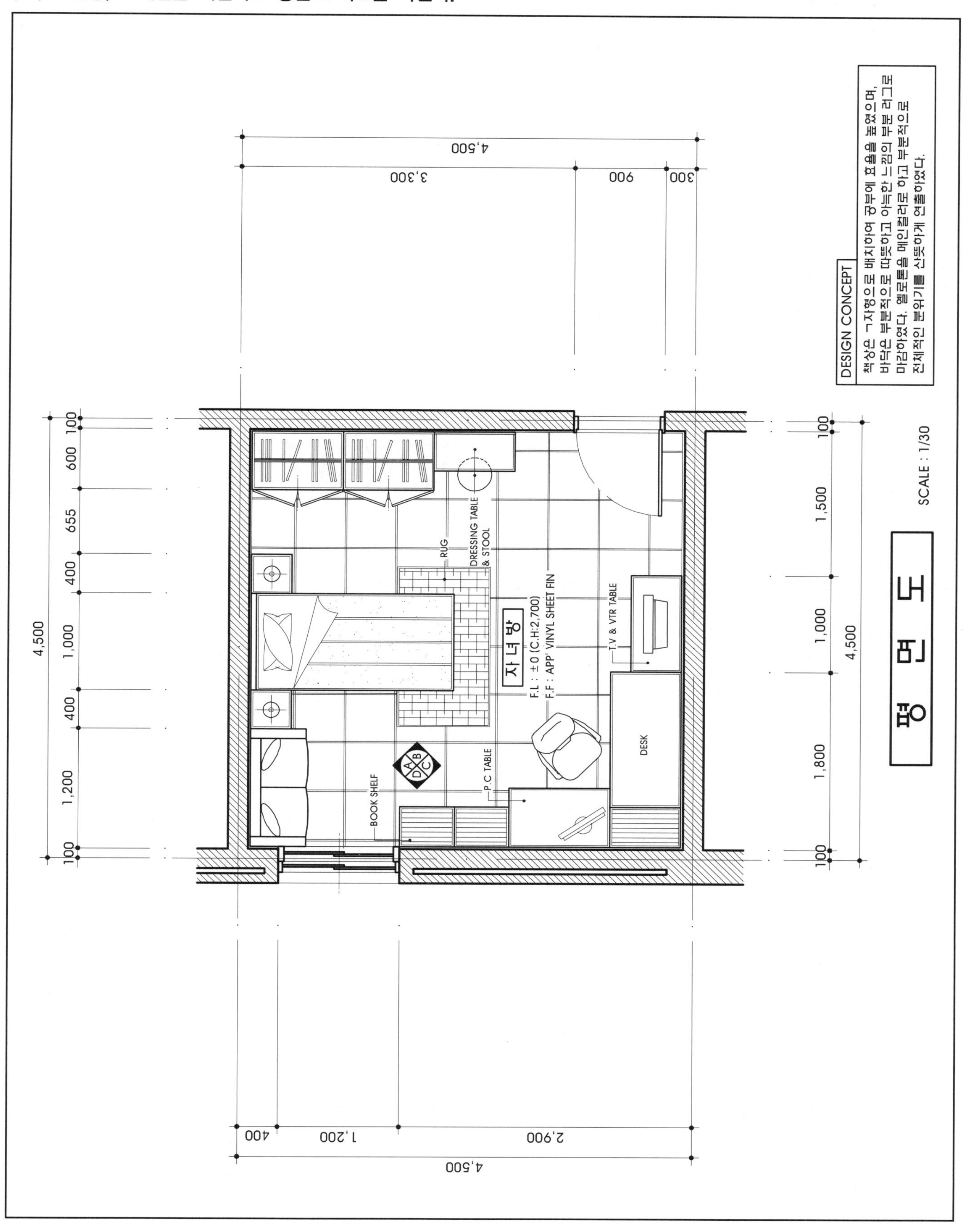

3. 디자인콘셉트

디자인콘셉트는 평면도 우측 하단부에 180자 내외로 적는다.

(1) 평면도 작도 후 디자인콘셉트를 적을 위치에 보조선을 그어놓고 모든 도면이 완성된 후 종료 약 5분 전에 평면도를 다시 붙인다.

(2) 본인이 계획 작도한 도면을 근거로 마감재료나 컬러, 계획의 포인트, 동선의 관계, 가구디자인, 조명계획 등을 서술하여 쓴다.

① 전체적인 분위기를 입각해서 기입한다.

예 따뜻하고 편안한 분위기를 연출하였다, 고급스러운 분위기를 연출하였다 등

② 마감재료 및 컬러에 관한 내용으로 기입한다.

예 따뜻한 분위기의 우드플로어링을 사용하였다, 바닥은 고급스러운 분위기 연출을 위해 대리석을 사용하였다 등

③ 동선의 관계에 대한 내용을 기입한다.

예 고객과 종업원의 동선은 최대한 교차되지 않도록 계획하였으며, 고객동선은 길게, 종업원동선은 최대한 짧게 계획하여 효과적인 공간을 연출하였다.

④ 가구디자인, 조명계획에 대한 내용을 기입한다.

예 공간을 효율적으로 사용하기 위해 시스템가구를 도입하였으며, 전체적으로 라이팅박스를 이용하여 연색성이 크고 효율적인 조명으로 전반조명을 사용하였다.

⑤ 공간에 대한 해석을 기입한다.

예 본 공간은 도로변에 위치한 패스트푸드점으로 고객의 동선이 짧은 만큼 카운터를 출입구 전면에 배치하였으며, 빠르게 이용하는 고객을 위해 카운터 앞부분에 BAR TABLE을 설치하였다.

⑥ 기타 등등

(3) 시간적인 여유가 있다면 평면도를 제대로 붙여 제도글씨로 기입하지만, 시간적인 여유가 없으면 평면도를 붙이지 말고 그냥 적되 남들이 읽을 수 있도록 글씨를 기입한다.

(4) 디자인콘셉트의 실례

① 주거공간

본 공간은 ONE SYSTEM의 독신자아파트공간으로 편안한 안식처의 느낌과 따뜻한 분위기의 콘셉트로 계획하였다. 따뜻하고 편안한 안식처 느낌을 위해 따뜻한 그레이톤의 바닥마감재와 그린계통의 벽지로 마감하였으며, 좁은 공간에서 효율적인 공간연출을 위해 가구의 배치와 동선을 고려하여 계획하였다. 출입구 앞에는 오픈장식장을 설치하여 개인의 프라이버시를 위해 공간적 분할을 하였고, 따뜻한 분위기의 샹들리에 설치로 공간효과를 극대화하였다.

② 상업공간

㉠ 측면판매공간 : 상업중심지역 1층에 위치한 패션숍으로 전면부에는 외부광고를 위해 SHOW WINDOW를 계획하였으며, 후반부에는 부대공간, 카운터와 창고, 리셉션공간을 계획하므로 종업원동선을 짧게 계획하였다. 또한 매장 중앙부는 행거의 분할배치로 고객동선을 길게 처리하여 판

매의욕을 높였다. 전체적으로 직선적이며 현대적인 기능미를 가미한 모던한 분위기 연출을 위해 브라운계통의 우드와 포인트인 보라색이 어울려 심플하면서도 개성을 느낄 수 있는 공간연출을 하였다.

㉡ 서비스공간 : 자연적인 분위기를 띤 커피숍으로 내추럴한 분위기 연출을 위해 천연소재인 돌, 통나무, 흙 등의 소재를 사용하였으며, 테이블 및 의자는 우드계통의 마감재를 사용하였다. 또한 자연적인 분위기를 위해 PLANT BOX의 오브제를 사용함으로써 내추럴한 분위기를 극대화하였다. 매장 중앙부 통로에는 투박하고 거친 수공예품의 소품을 이용하였으며, 벽에는 패브릭을 이용하여 편안하고 따뜻한 분위기를 연출하였고, 카운터는 매장 입구 근처에 계획하여 오픈카운터로 서비스에 지장이 없도록 계획하였다.

㉢ 대면판매공간 : 기존 약국의 화이트적인 분위기를 탈피하고 고객이 편안하게 이용할 수 있도록 녹색계통의 분위기를 통해 심리적으로 안정된 공간을 연출하였다. 대면판매의 특성에 따라 매장 전면부부터 후면부까지 카운터 및 쇼케이스를 이어 계획하였고, 카운터 한 부분에 오랜 시간을 머무르는 고객을 위해 STOOL를 계획하였다. 카운터의 천장면에는 캐노피를 형성하여 고객공간과 약사공간의 암시적 구분을 하였고, 캐노피에는 형광등을 매입, 그 외에는 다운라이트를 계획함으로 밝은 분위기를 연출하였다.

㉣ 의료시설(치과) : 고객이 치과에 대한 두려움을 최소화하기 위해 진료공간과 대기공간을 시각적으로 차단하였고, 마감재료 역시 긴장감을 감소시키기 위해 난색계열의 마감재로 처리하였으며, 안락한 분위기의 소파와 TV, 잡지대 등을 계획함으로써 고객의 편의를 제공하였다. 의사와 간호사의 동선과 고객의 동선은 분리하여 작업과 활동을 보장하였으며, 활동이 많은 간호사의 동선은 최대한 짧게 계획하였다. 누구나 느낄 수 있도록 깔끔하고 정돈된 분위기를 연출하였고, 두려움을 최소화하여 편안하게 이용할 수 있는 치과를 계획하였다.

03 내부입면도 작도법

1. 입면도

실내 벽면의 입면을 보이는 그대로 작도하는 것으로 전개도라고도 한다. 입면도에서는 실내의 벽면마감재료와 가구의 높이 등을 알 수 있다. 입면도를 작도할 때는 입면방향의 벽면에 붙어있는 가구나 벽 가까이에 있는 가구를 작도하며, 앞에 놓인 가구로 인해 뒤의 가구를 표현할 수 없을 때에는 앞의 가구를 생략하고 뒤의 가구를 표현해도 된다.

2. 입면도 작도법

(1) 작도하고자 하는 입면도방향의 벽체중심선을 보조선으로 긋는다.

벽체중심선을 긋는 이유는 실내 면의 벽면을 작도하기 위함이다.

(2) 벽면을 굵은 선으로 작도한다.

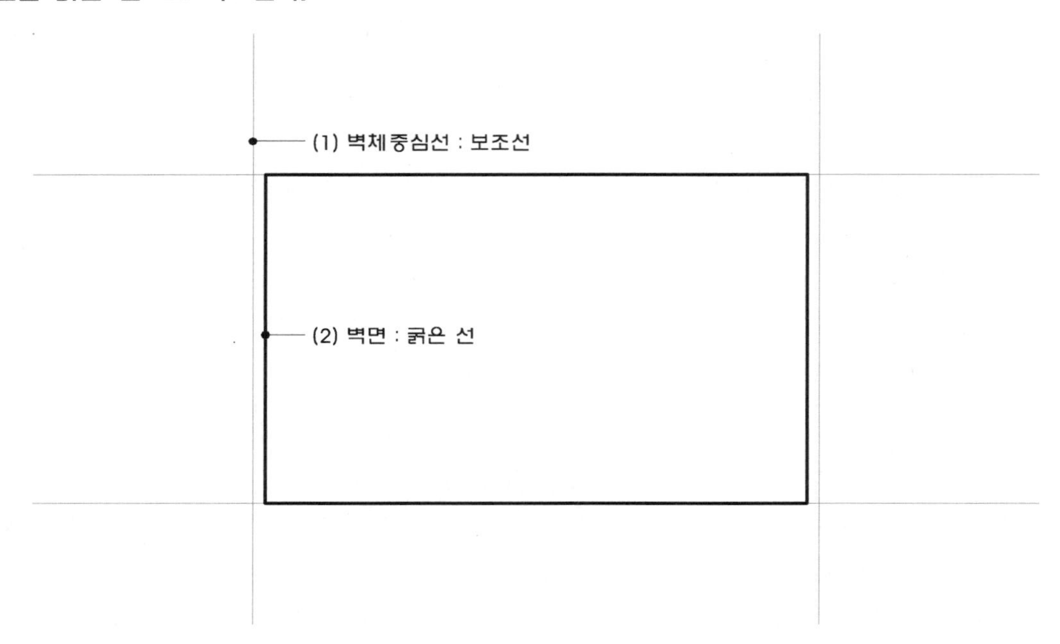

(3) 작도하고자 하는 입면도방향에 위치한 가구의 입면을 작도한다.

(4) 마무리로 몰딩이나 걸레받이 등을 표현한다.

(5) 벽면의 마감재료명과 기타 문자기입을 한다.

문자기입 시 가구명은 기입하지 않고, 실명은 평면도에만 기입한다.

(6) 벽면의 마감재료를 표현한다.

(7) 치수를 기입한다.

(8) 도면명, 도면의 스케일을 기입하고 입면도 작도를 마친다.

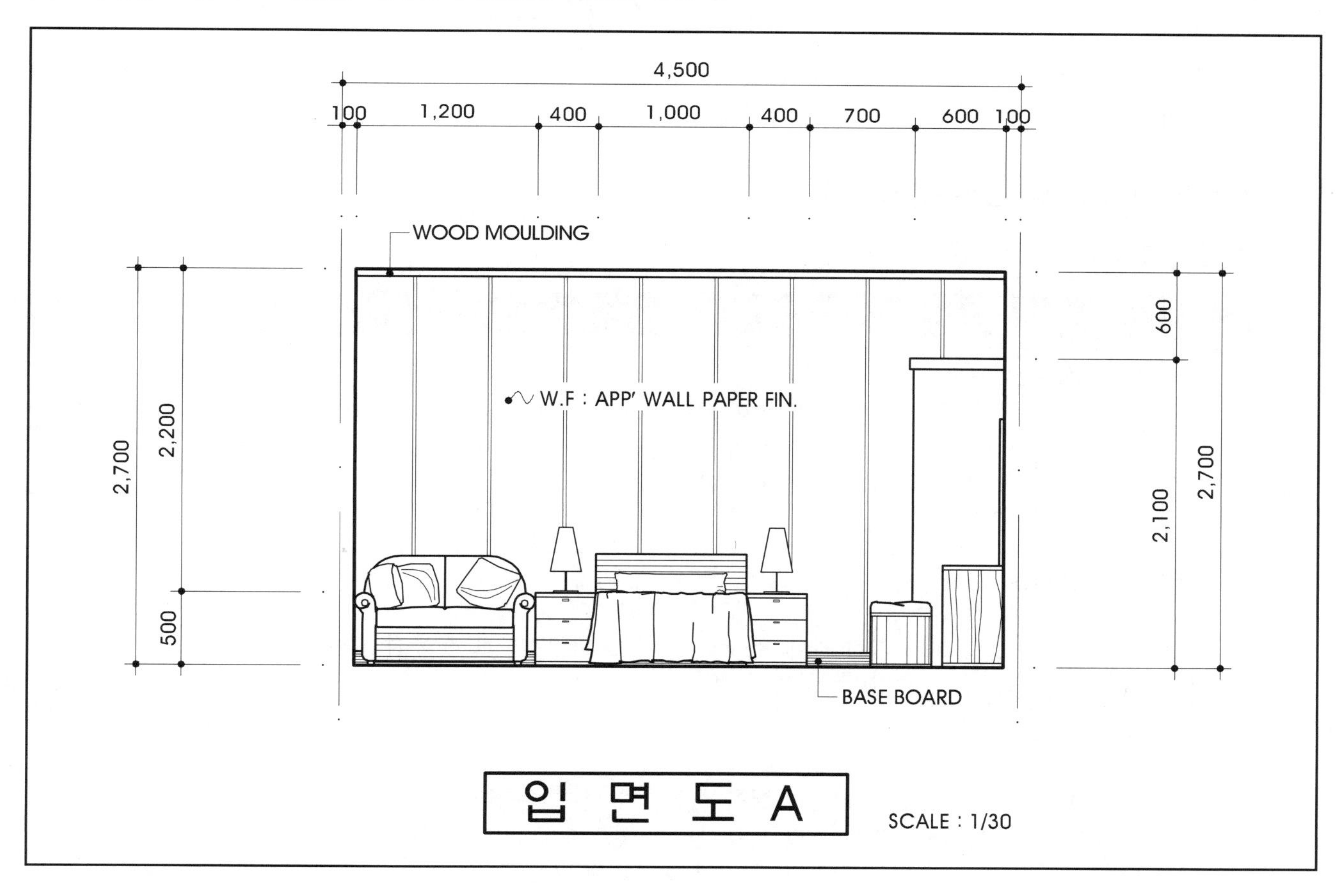

04 천장도 작도법

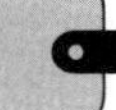

1. 천장도

실내공간의 천장면 바로 아래 30cm 정도에서 수평으로 절단하여 아래에서 천장면을 보고 작도하는 도면이다. 천장도에서는 실내조명기구의 종류와 배치, 소방설비기구 등이 표현된다. 천장도 작도에 들어가기 전에 먼저 광원의 종류와 조명기구의 종류 및 배치방법 등에 대해서 알아보자.

2. 광원의 종류

일반적으로 형광등, 할로겐등, LED 등이 많이 사용된다.

(1) 형광등

대체로 차가운 빛을 내는데 푸른빛에서 백색광까지 다양한 편이다. 전력소모가 비교적 경제적이고 수명도 길어서 가정용으로 많이 쓰이며, 작업공간이 되는 주방이나 서재, 작업실 등에 주로 쓰인다. 일반적으로 10~40W 중 20W와 40W를 사용하고, 길이는 20W는 600mm, 40W는 1,200mm이다.

(2) 할로겐등

색온도가 높아 물체의 색을 가장 자연스럽게 보이게 하는 장점이 있다. 전구 자체가 작고 설치가 간편하며 에너지효율이 높다. 고가임에도 불구하고 많이 사용한다. 20W, 50W, 65W 등이 있다.

(3) LED

소비전력에 비해 반영구적 수명을 갖고 소형, 경량이며 친환경적이다. 최근 가장 많이 사용되고 있는 광원이다.

3. 천장조명기구 및 소방설비기호

(1) 천장조명기구

조명기구	특 징	실 례
직부등(CEILING LIGHT)	천장면에 직접 부착하여 조명하는 방식으로 균일한 조명에 사용된다. 실의 중앙부에 전체 조명으로 쓰인다. 작도 시 크기는 실공간에 비례한다.	
샹들리에(CHANDELIER)	여러 개의 전구를 이용한 조명기구로 실용적이면서 장식성이 큰 조명기구이다.	
형광등 (FLUORESCENT LAMP)	주광색, 백색이며 휘도가 낮고 수명이 길다. 효율이 높고 연색성이 크므로 실의 전체조명 혹은 작업공간의 등으로 쓰인다. 10W는 길이 330mm, 20W는 길이 600mm, 32W와 36W는 길이 1,200mm이다.	

조명기구	특 징	실 례
매입등(DOWN LIGHT) 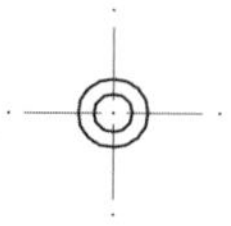	천장면에 매입하는 조명방식으로 일반적으로 상업공간에 많이 쓰인다. 등과 등 사이의 간격은 등의 중심에서 중심까지 1,000~1,500mm 정도로 한다. 이상적인 간격은 1,200mm이며 주거공간, 호텔 객실은 주등 외에 보조형태로 2~3개 정도로만 계획한다. 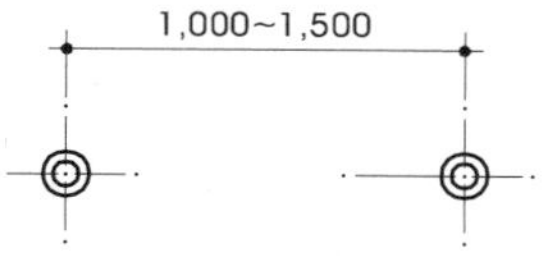 (1,000~1,500)	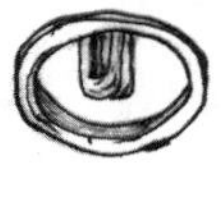
벽등(BRACKET)	벽면에 부착하여 장식적, 부분적으로 쓰이는 조명기구이다.	
펜던트(PENDANT) 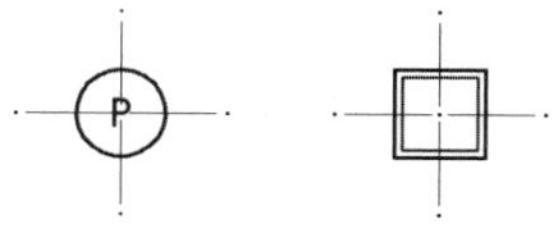	천장에서 얇은 봉이나 전선을 매입한 로프 등을 이용해 아래로 내려뜨린 조명방식으로 식탁이나 테이블 위에 국부적으로 쓰인다. 대부분 장식용으로 많이 쓰이며, 식탁과 등 사이의 간격은 600mm로 한다.	
센서등(SENSOR LIGHT) 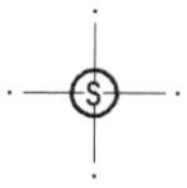	센서에 의해 작동되는 조명으로 오래 머무르지 않는 공간에 쓰인다.	
방습등(DAMPPROOF LIGHT) 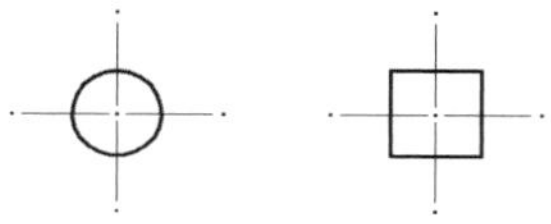	욕실의 직부형식의 조명으로 직부등과는 기호로 구분한다. 상업공간의 화장실은 매입등이 가능하다.	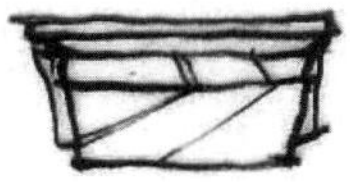
스포트라이트(SPOTLIGHT) 	강조의 효과를 주는 부분조명으로 상업공간의 패션숍이나 전시장 등에 쓰인다. ① 기구에 따라 빛이 나오는 방향이 다르다. ☞ 주의!! ② 벽면에 액자를 비출 때 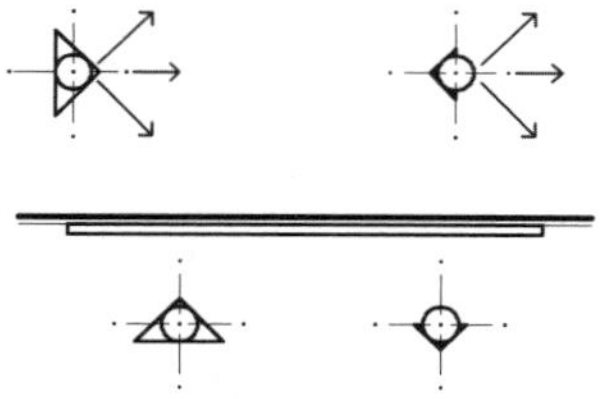	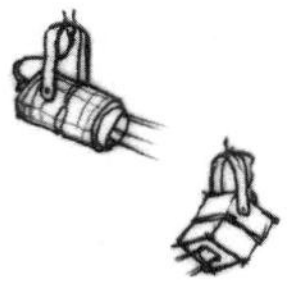
미러볼 (ROTARY MIRROR BALL) 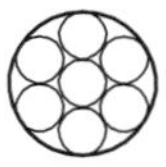	무대용 특수 조명으로, 흔히 노래방이나 록카페에서 볼 수 있다.	
사이키(PSYCHE) 	무대용 특수 조명으로, 흔히 노래방이나 록카페에서 볼 수 있다.	
네온등(NEON LIGHT)	직접조명방식보다는 공간의 분위기를 연출하는 간접조명방식으로 많이 쓰이며, 건축화조명방식에도 쓰인다. 범례기입 시 길이를 다 재서 M로 기입한다.	

(2) 소방설비

소방설비	특 징	실 례
비상등(EXIT LIGHT)	주거공간과 호텔 객실을 제외하고 모든 공간의 출입구 앞에 배치하는 유도등이다.	
감지기(FIRE SENSOR)	화재 시 연기나 불꽃 등을 감지하여 건물의 방재실에 알려주는 센서이다. 각 실에 하나씩 계획한다. 예를 들어, 노래방이나 비디오방에도 각 실에 하나씩 계획해야 한다. 단, 주택이나 물을 쓰는 공간은 예외이다.	
스프링클러(SPRINKLER)	화재 시 온도가 72° 이상 상승하면 자동살수가 되는 설비기구이다. 주거공간 외의 공간에 $10m^2$당 하나씩 계획한다. 단, 최근 소방법규에 따르면 11층 이상의 주거공간에도 스프링클러설비를 계획해야 한다고 규정되어 있다. 대략 3~3.5m마다 하나씩 계획한다. 그러나 주택이나 물을 쓰는 공간은 예외로 한다.	
환기구(VENTILATOR)	• 급기(DIFFUSER) : 외부에서 신선한 공기를 들여오는 장치 • 배기(AIR SUPPLY) : 안 좋은 공기를 내보내는 장치 크기 300mm 이내로 모퉁이에 계획한다. ① 일반 공간에 2개 이상(주거공간의 실내 제외)을 설치한다. ② 음식물을 쓰거나 환기를 요하는 공간(PC방 등)에는 4개 이상 계획하며 공간의 크기에 따라 4~5M마다 계획한다. ③ 주거공간에는 환기구 대신 주방에 HOOD를 설치한다. ④ 욕실, 화장실에 꼭 1개씩 계획(주거공간 포함)한다.	
점검구(ACCESS DOOR)	천장을 점검하는 개구부의 크기는 450mm×450mm 이상으로 잘 안 보이는 모퉁이에 계획한다. ① 일반 공간에 1개 이상(주거공간의 실내 제외)을 설치한다. ② 욕실, 화장실에 꼭 1개씩 계획(주거공간 포함)한다.	

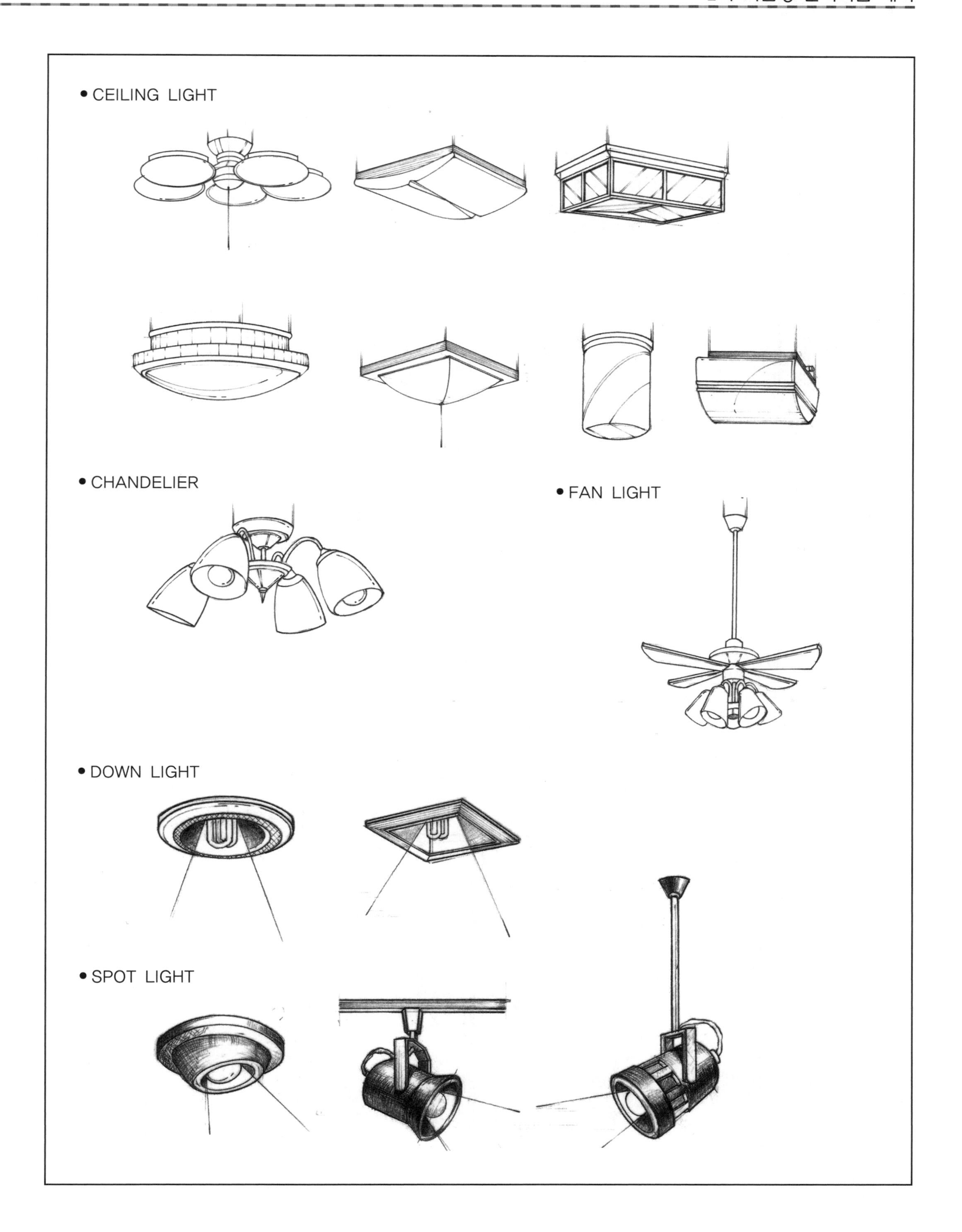
• CEILING LIGHT
• CHANDELIER
• FAN LIGHT
• DOWN LIGHT
• SPOT LIGHT

PENDANT
BRACKET
FLOOR STAND

4. 건축화조명

건축구조체인 천장이나 벽, 기둥 등에 광원을 설치하여 천장에 입체감을 주고, 직접조명보다는 간접조명을 이용하여 공간의 분위기를 나타내는 조명방법이다. 건축화조명 중 가장 흔히 볼 수 있는 형태는 스크린 내부에 형광램프 등을 설치한 지하철의 광고판이다. 광천장조명, 루버조명, 코브조명, 캐노피조명, 벽면을 이용한 코니스조명, 밸런스조명 등이 있다.

(1) 우물천장

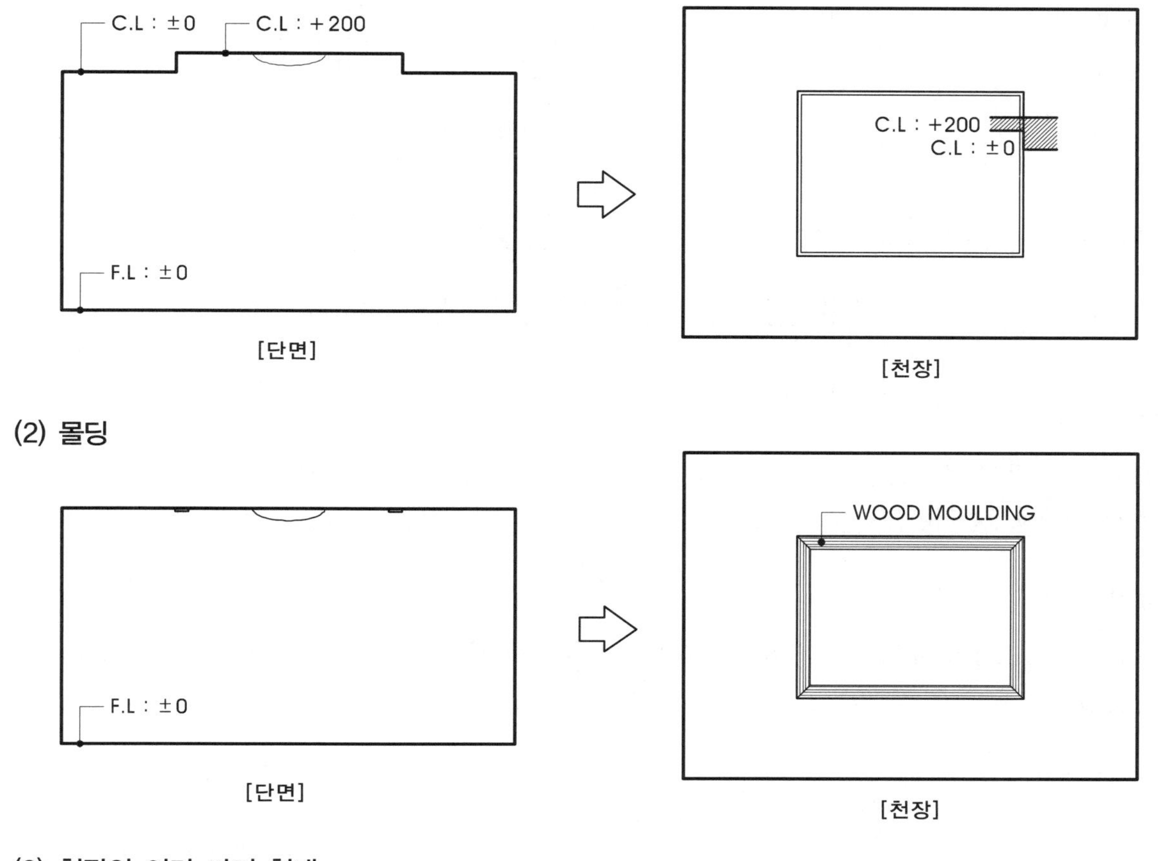

(3) 천장의 여러 가지 형태

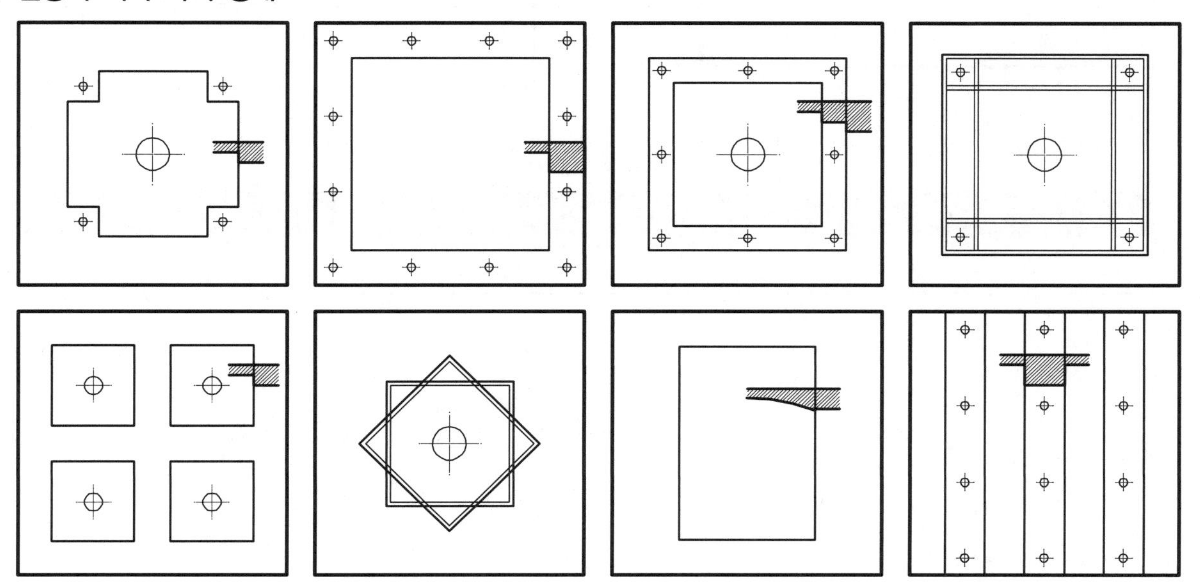

(4) 광천장

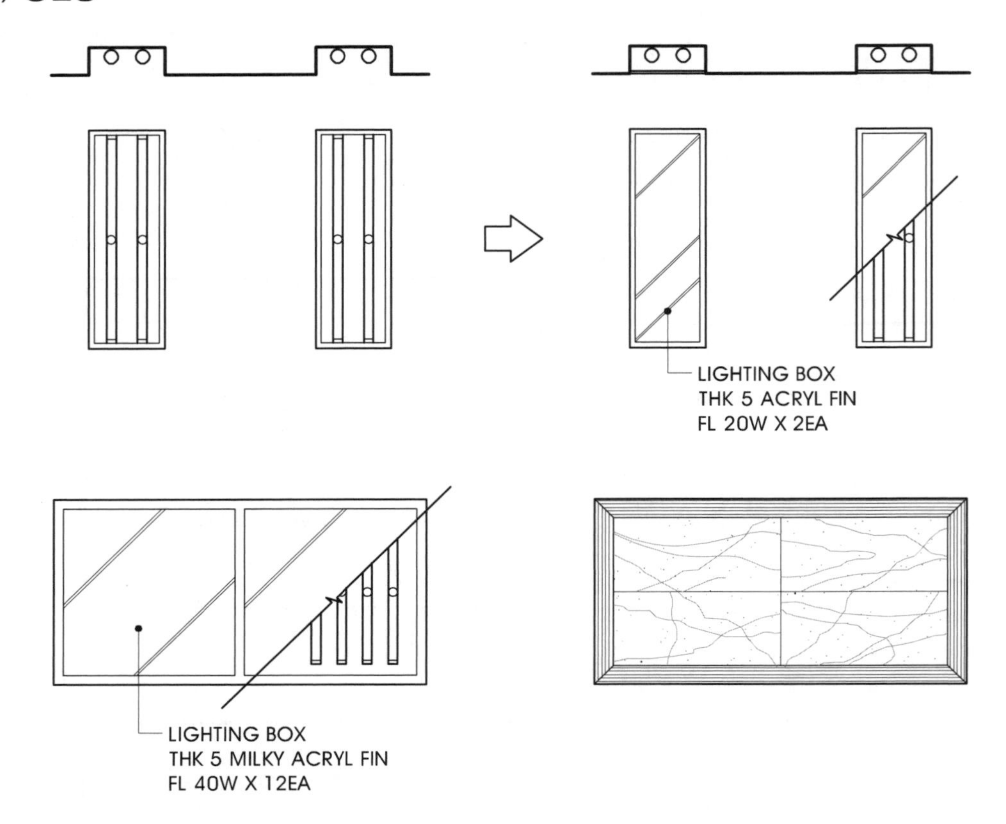

(5) 코브조명

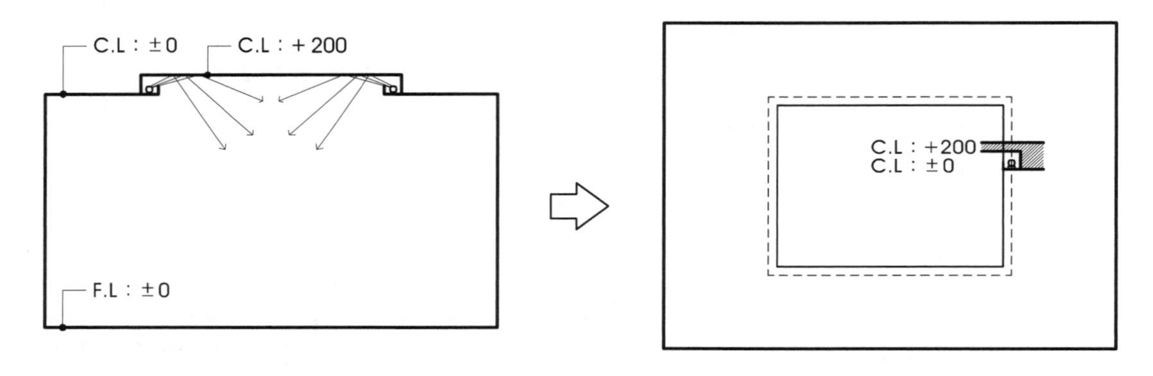

[범례기입 시]

TYPE	NAME	EA
— — — — —	NEON LIGHT	8M

5. 주거공간의 조명 예

(1) BED ROOM

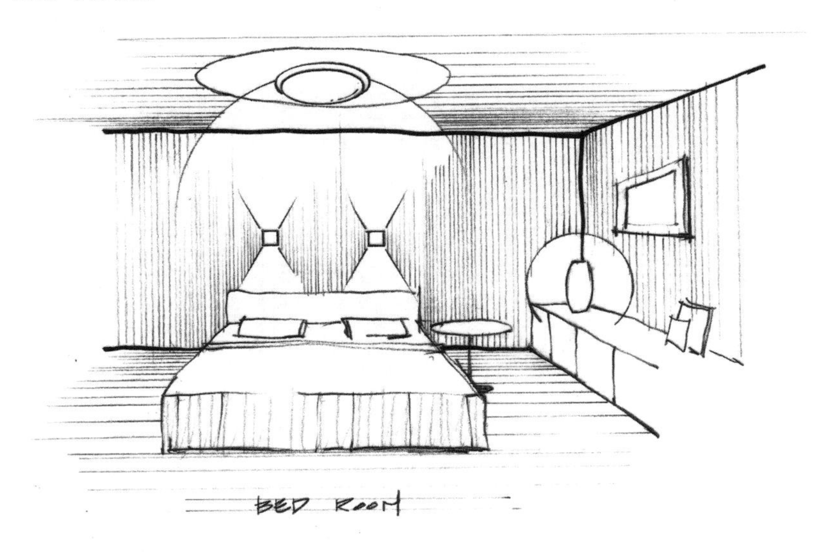

(2) WORK ROOM

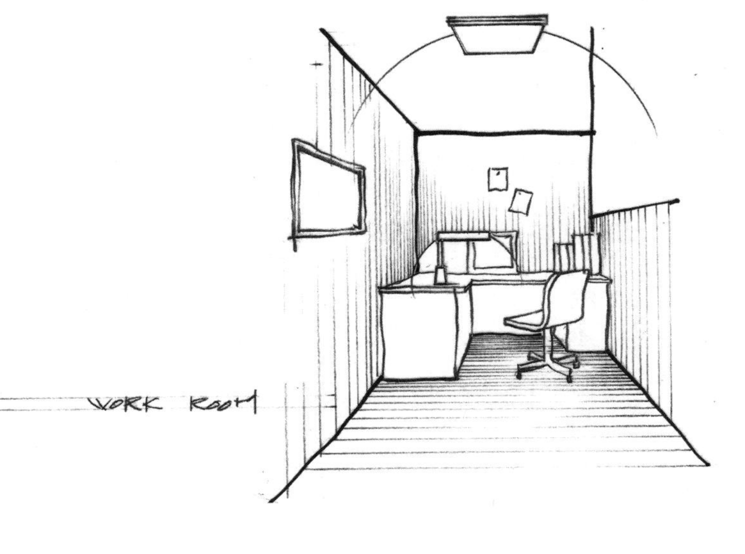

(3) LIVING ROOM

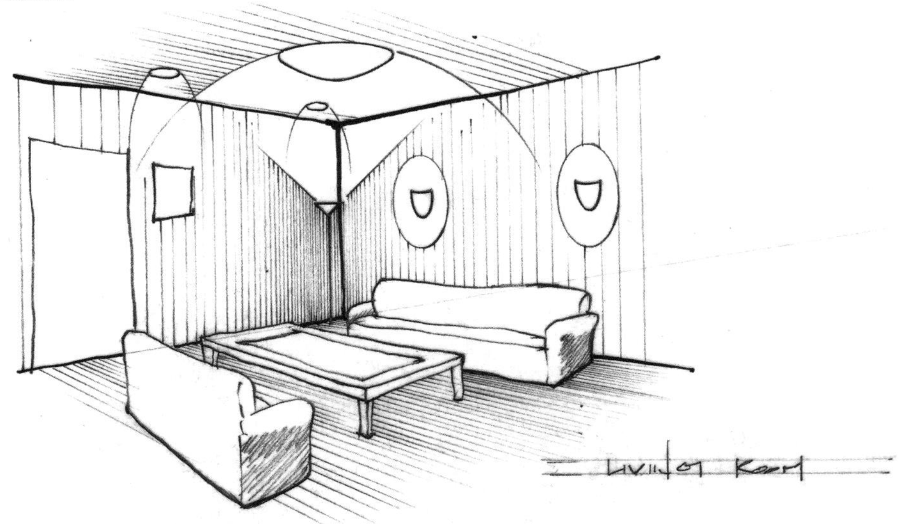

(4) KITCHEN

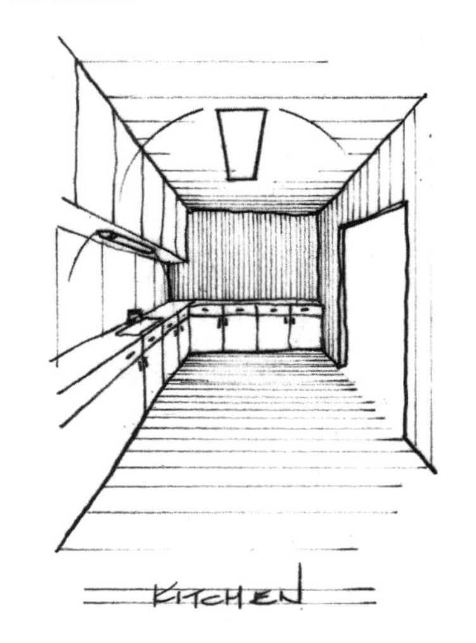

(5) DINING ROOM

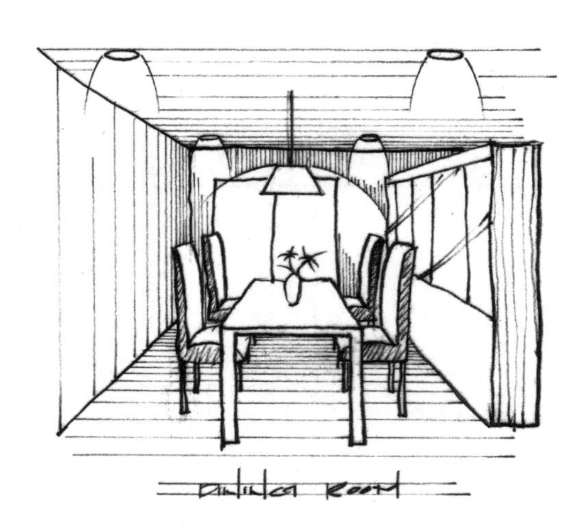

6. 천장도 작도법

천장도 작도는 평면도 작도법과 거의 동일하다. 다른 점은 평면도에서는 개구부를 작도하지만, 천장도에서는 개구부의 위치만 찍고 개구부는 작도하지 않는다. 또한 평면도의 가구 작도를 대신하여 천장도에서는 조명 및 설비를 작도한다.

(1) 벽체중심선을 보조선으로 긋는다.

(2) 개구부의 위치를 확인한 후 벽체를 작도한다.

(3) 개구부의 위치만 잡아준다.

천장도 작도 시 개구부의 모양은 작도하지 않고 개구부의 위치만 잡아주며 굵은 선과 중간선 모두 가능하다.

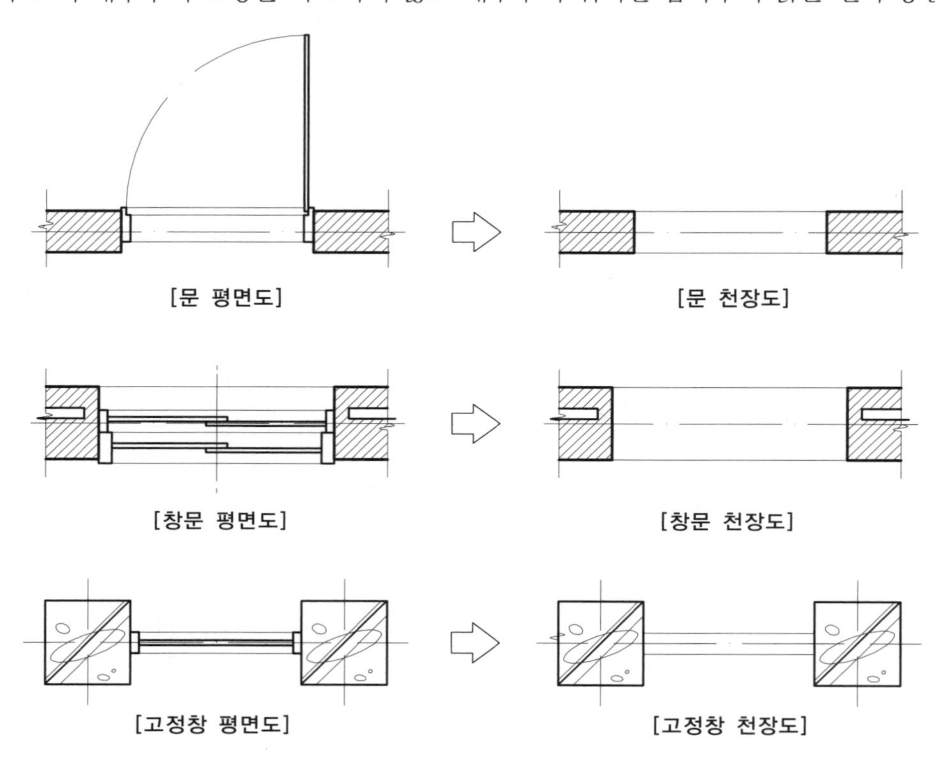

[문 평면도] [문 천장도]

[창문 평면도] [창문 천장도]

[고정창 평면도] [고정창 천장도]

(4) 벽체마감선은 가는 선으로 개구부의 위치에서 끊고 작도한다.

몰딩 작도 시에는 중간선 2줄로 사방벽을 다 작도한다. 천장도에서 몰딩은 생략 가능하다.

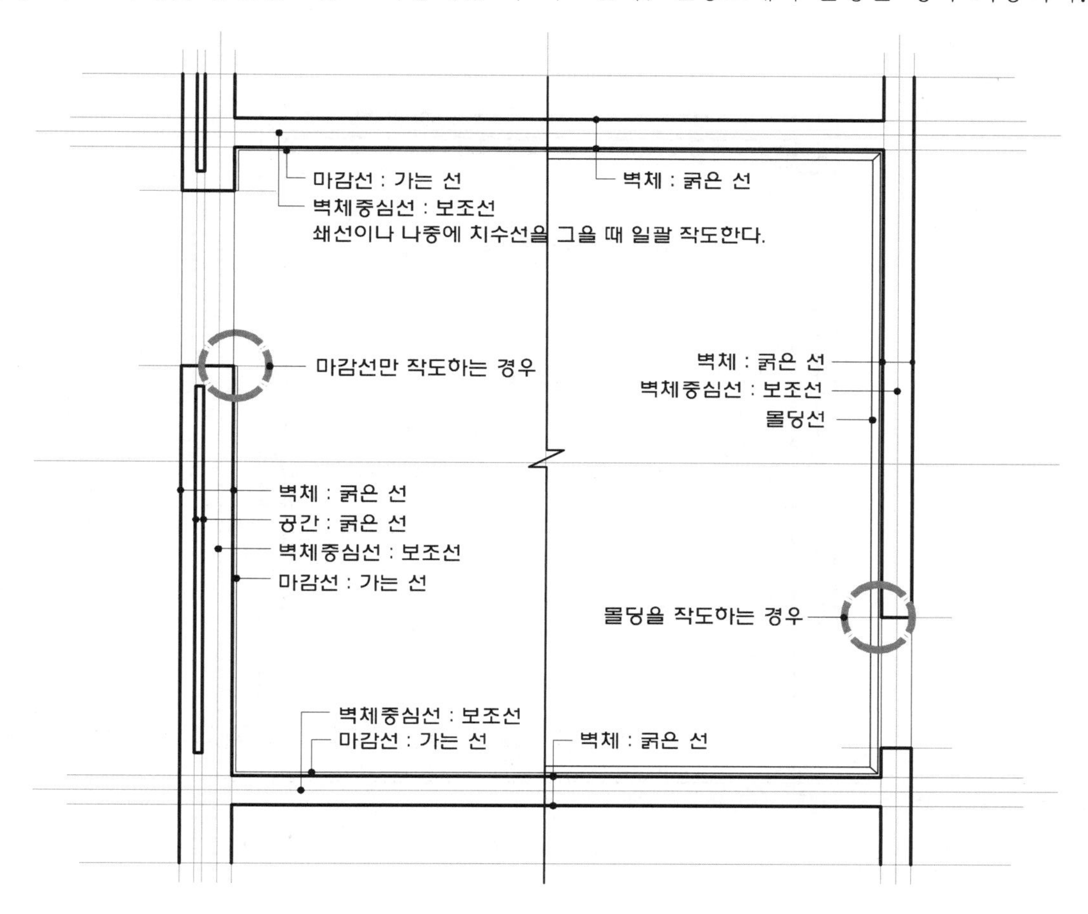

(5) 조명 · 설비계획에 들어간다.

실내공간에 맞는 적절한 조명기구의 선택과 배치가 효율적으로 이루어져야 한다. 전체조명과 국부조명을 구분하는 것처럼 실내공간에 주가 되는 주등과 부가 되는 부등을 구분한다. 작업공간은 실내의 중앙부에 주등이 배치되었어도 작업공간을 비추는 주등을 따로 배치해야 한다. 스탠드 등 바닥에 닿거나 가구 위에 설치하는 조명기구는 평면도에서 작도하고 천장도에서는 작도하지 않는다.

(6) 커튼박스를 작도한다.

커튼박스는 창 슬하 혹은 창보다 크게 벽면에서 100~200mm 앞으로 나오게 작도한다. 기둥과 기둥 사이에 창이 있을 때에는 기둥 슬하에 맞춰 작도한다.

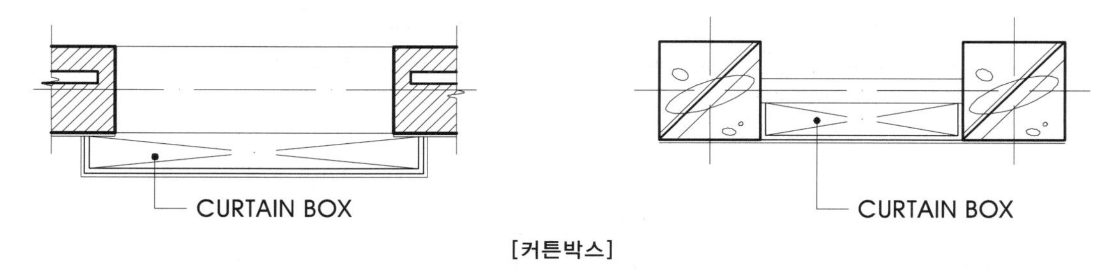

[커튼박스]

(7) 천장마감재료명과 기타 문자기입을 한다.

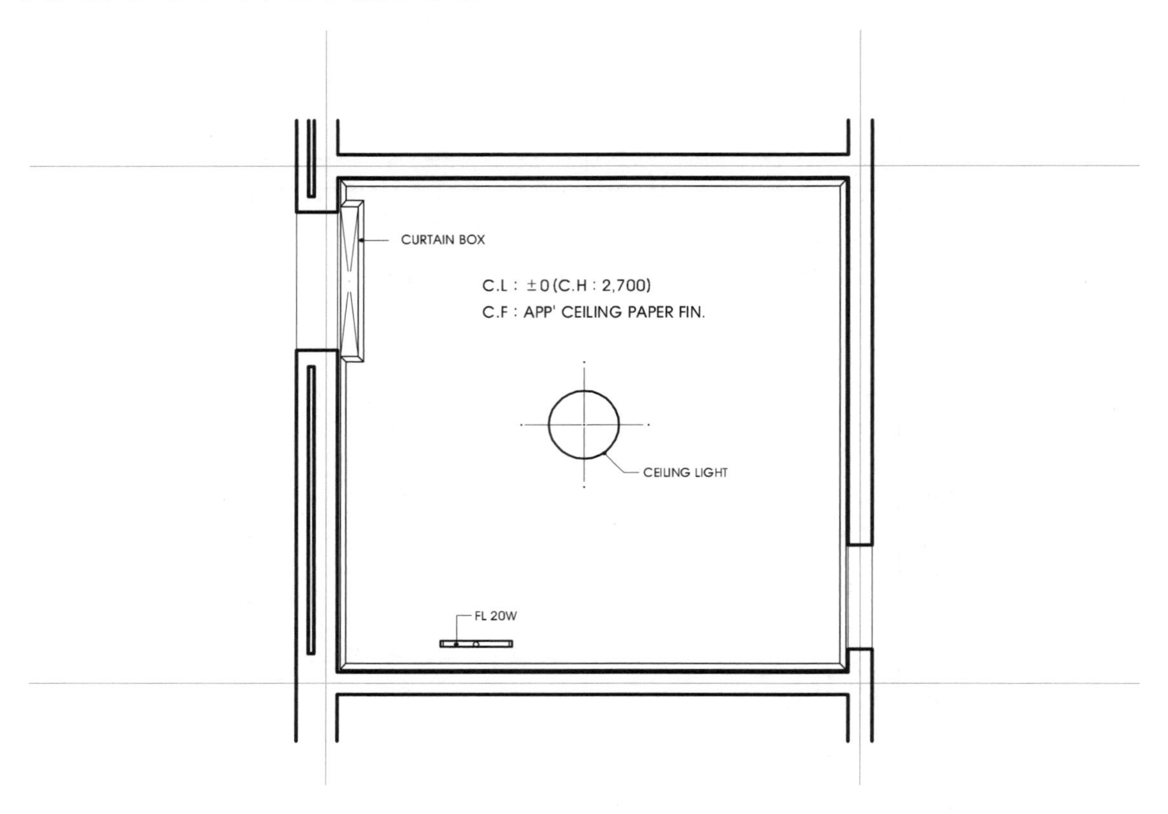

(8) 천장마감재료와 벽체 해치를 표현한다.

천장도의 벽체 해치는 평면도만큼 많이 작도하지 않아도 되며, 시험시간이 부족할 때에는 생략 가능하다.

(9) 치수를 기입한다.

(10) 도면명, 도면의 스케일을 기입한다.

(11) 범례를 작성하고 천장도 작도를 마친다.

도면에서 계획한 조명기구의 기호와 명칭, 수량을 설명해주는 범례를 기입한다. 기입순서는 주등 → 부등 → 소방설비 순으로 한다.

[범례 쓰는 법]

기 호	명 칭	개 수
	직부등	1EA

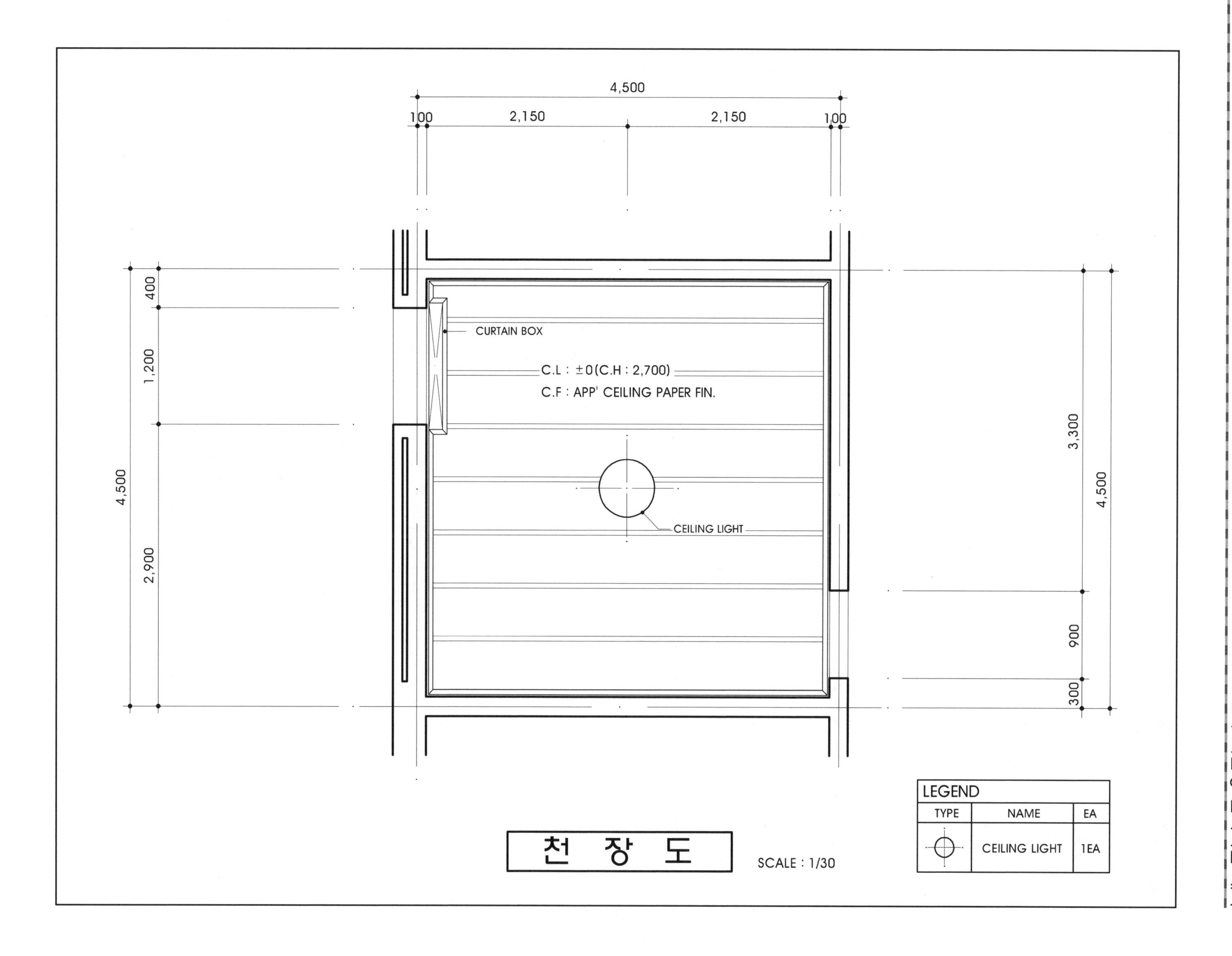

4,500
100
2,150
2,150
100
CURTAIN BOX
C.L : ±0(C.H : 2,700)
C.F : APP' CEILING PAPER FIN.
CEILING LIGHT
400
1,200
2,900
4,500
3,300
900
300
4,500
천 장 도
SCALE : 1/30
LEGEND
TYPE
NAME
EA
CEILING LIGHT
1EA

05 투시도 작도법

1. 투시도

일반적으로 퍼스펙티브(PERSPECTIVE)라고 하며 실내공간의 평면, 입면, 천장면을 입체적으로 나타내어 한 눈에 그 공간의 분위기와 성격을 파악할 수 있도록 한 도면이다.

투시도의 종류는 소점에 의해 1소점 투시도, 2소점 투시도, 3소점 투시도로 나뉜다. 그러나 시험에는 1소점 혹은 2소점 투시도로 작도하고, 연필보다는 플러스펜으로 잉킹을 한다. 잉킹은 필수가 아니라 선택이다. 그러나 필수로 해야 할 컬러링을 효과적으로 전달하기 위해서는 잉킹을 하는 것이 좋다.

먼저 1소점 작도법, 2소점 작도법, 투시도 잉킹법, 투시도 컬러링법의 순으로 나누어 설명하겠다.

2. 1소점 투시도 작도법

투시도는 먼저 켄트지에 색볼펜으로 투시그리드를 친 다음 작도에 들어간다. 그리드를 치는 시간은 약 5~10분 정도가 소요된다. 그리드를 치고 작도하는 것이 그리드를 치지 않고 작도하는 것보다 시간이 절약된다. 또한 트레이싱지에 바로 투시도를 작도할 경우에는 여러 선들이 겹치게 되어 도면이 지저분해질 수가 있다. 따라서 그리드를 켄트지에 치고 작도를 하면 도면이 깔끔하게 정돈되어 완성된다.

(1) 평면도에서 투시도상에 표현하고자 하는 방향을 설정한다.

투시도방향은 주어진 문제공간의 특징을 잘 나타낼 수 있는 방향으로 정한다. 투시도방향은 입면도방향과 반드시 동일할 필요는 없다.

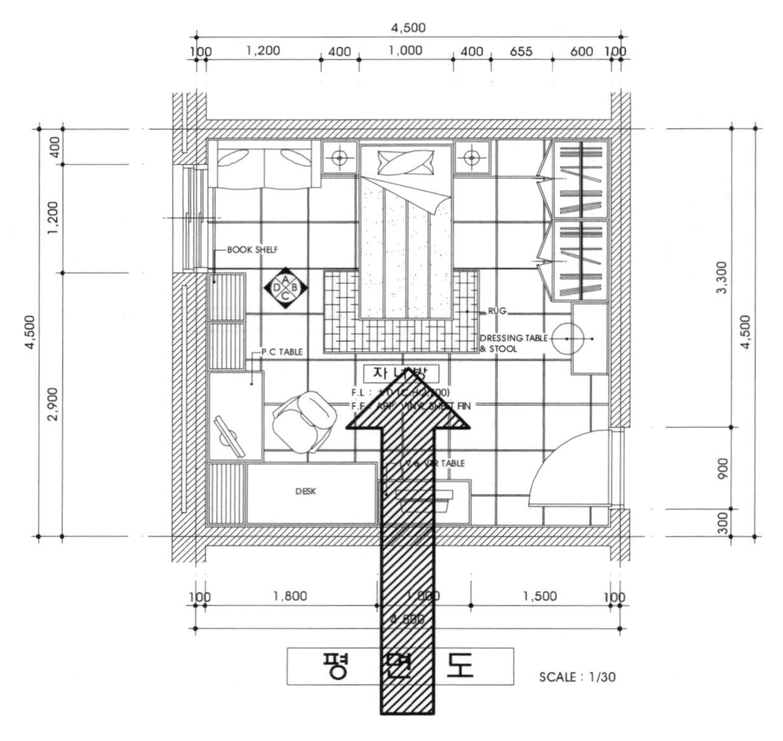

[투시도 작도방향 설정]

(2) 표현하고자 하는 방향의 벽면을 작도한다.

벽면을 작도할 때에는 도면의 중심에서 상부로 올려 중심에서 상부 : 하부=2 : 1 정도가 되게 작도하는 것이 좋다. 예를 들어, 천장고가 2,700mm라면 중심에서 상부로 1,800mm, 하부로 900mm를 잡아 2,700mm의 벽의 높이를 정한다. 벽면을 중심에서 상부로 올려 작도하는 이유는 썰렁한 천장면보다 물체가 닿는 바닥면을 더 많이 보여주기 위해서이며, 하부도면명을 기입할 자리를 남기기 위해서이다.

(3) V.P를 정한다.

V.P(VANISHING POINT)란 소점 또는 소실점이라고 하며, 모든 선이 모이는 지점을 말한다. 나의 눈높이 정도로 작도한 벽면의 바닥에서 1,500mm 정도로 잡는다.

(4) V.P를 따라 벽면을 작도한다.

투시도를 처음 작도하는 학생이라면 다음과 같은 박스의 형태를 이해해야 한다.

1소점 투시도를 완성하고 나면 좌측, 중앙, 우측의 물체들은 다음과 같은 형태로 나온다. 가로선은 항상 수평으로, 높이선은 항상 수직으로 이루어지고, 가로와 높이는 항상 직각을 이루며, 이때 세로선은 항상 V.P를 따라간다. 그리고 정면에 보이는 물체들의 면은 직사각형 내지 정사각형이 되며, 그 사각형의 각 꼭짓점에서 항상 V.P를 따라가는 선이 나온다. 이와 같은 형태로 벽면은 직사각형이 되고, V.P를 이용하여 그 직사각형의 꼭짓점으로 연결, 연장하면 바닥, 벽, 천장이 나온다.

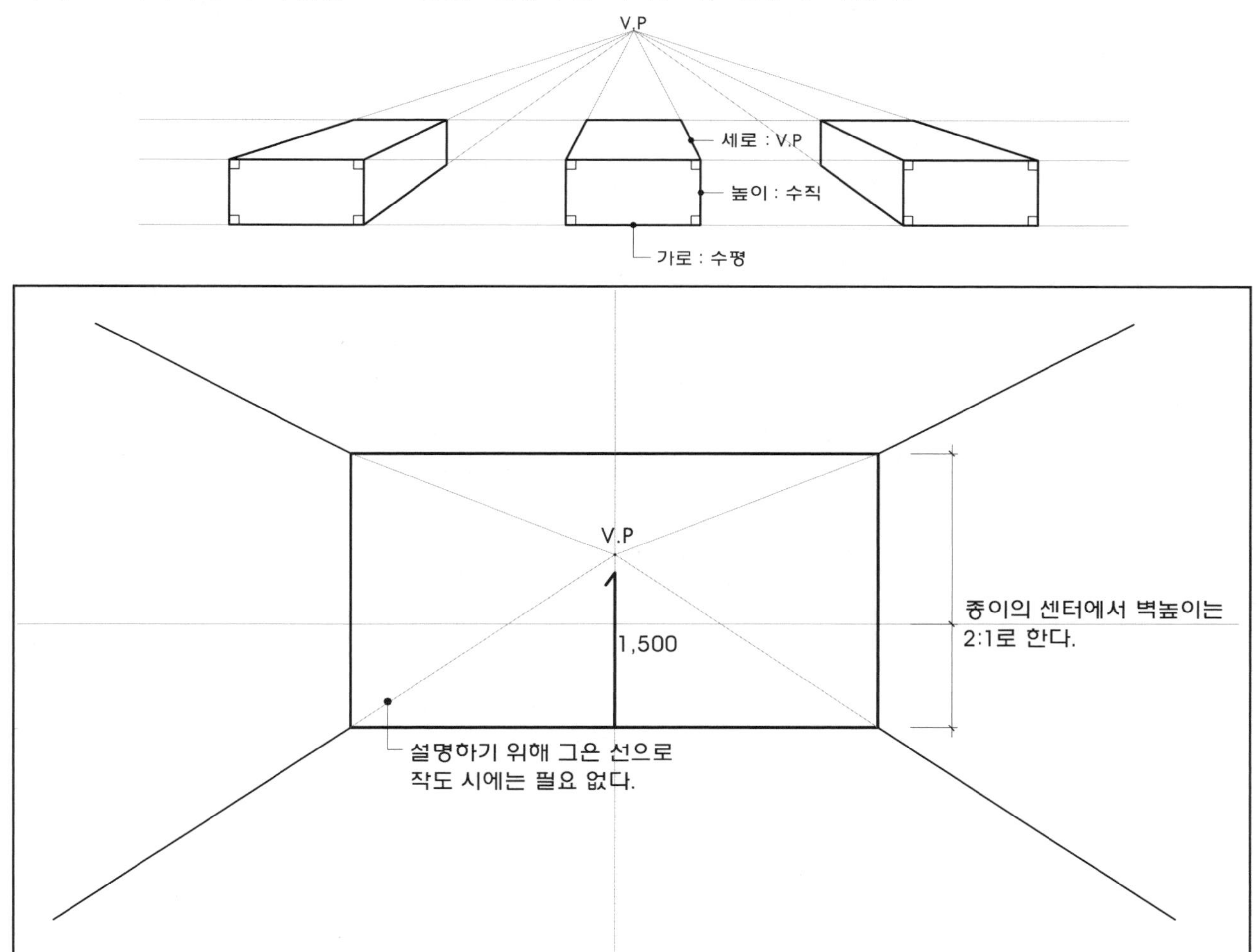

(5) S.P를 설정한다.

S.P(STANDING POINT)란 입점, 내가 서 있는 위치를 말한다.

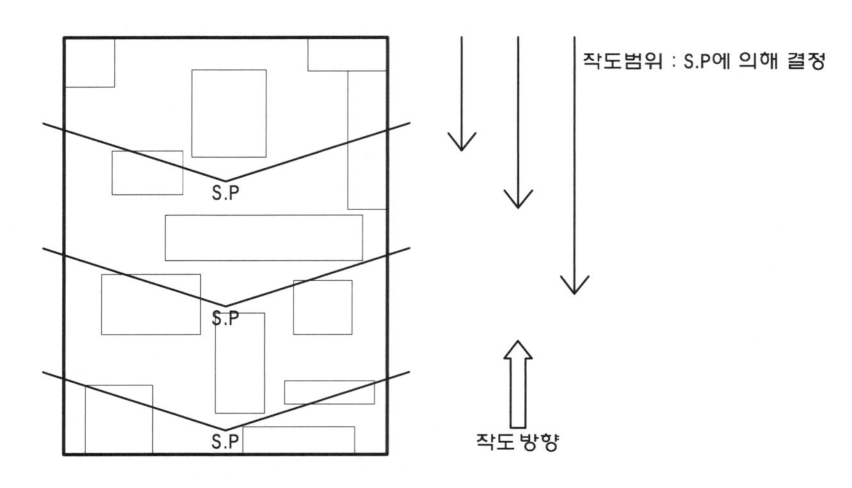

투시도에서 가장 중요한 부분이 S.P이다. 왜냐하면 S.P의 설정에 의해서 도면의 범위와 분위기가 결정되기 때문이다. 우선 작도된 평면도에서 어떤 물체를 작도할 것인지를 결정한다. 결정된 물체는 그 공간의 분위기를 가장 잘 전달할 수 있는 물체이어야 한다. 결정된 물체까지의 거리에서 +1,000mm의 지점이 S.P지점이 되며, S.P는 V.P의 수직선상에서 잡는다.

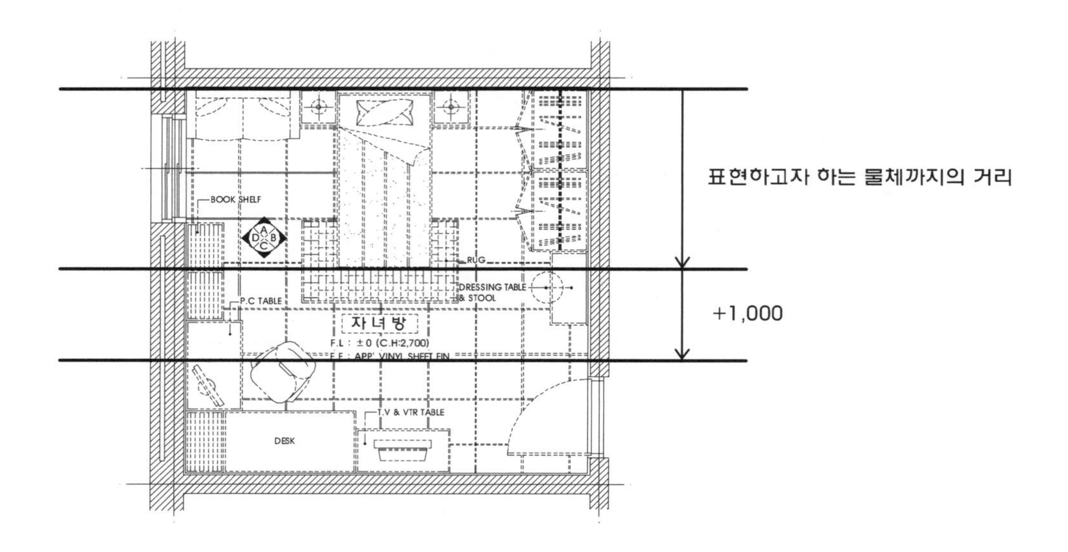

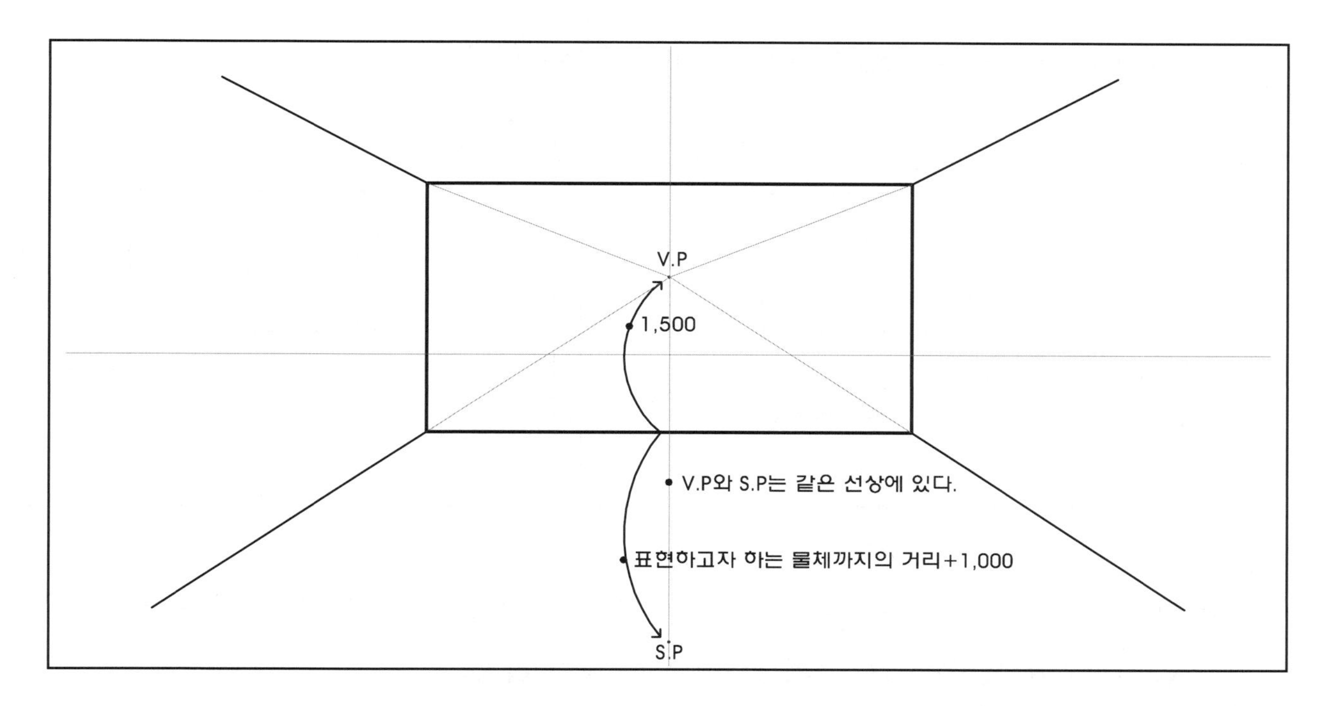

이때 어떤 도면이든 V.P는 좌·우측의 이동만 있을 뿐 벽면의 바닥에서부터 항상 1,500mm의 지점에 있으며, S.P는 도면마다 작도할 물체가 다르기 때문에 도면마다 달라진다.

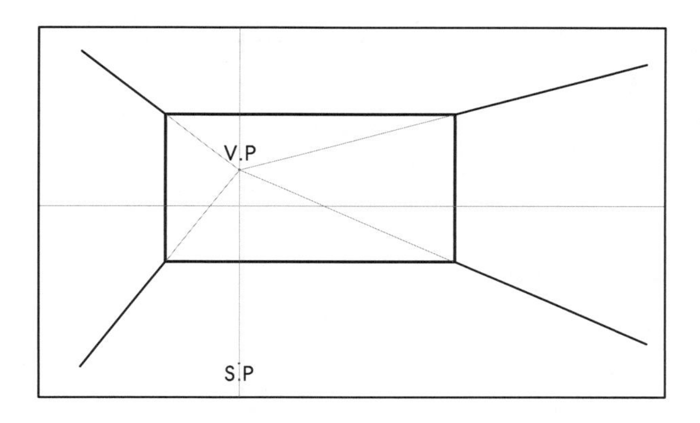

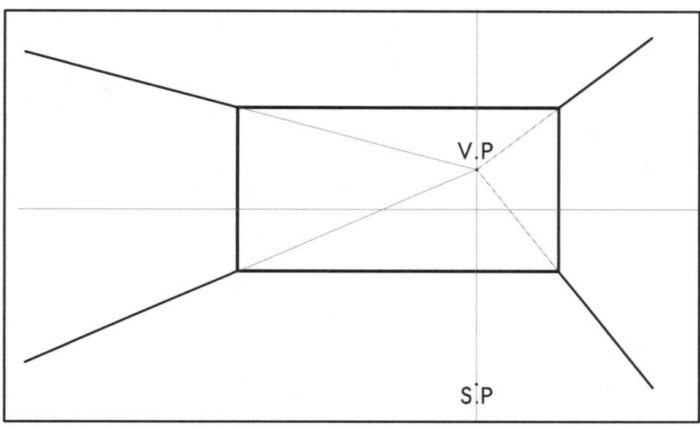

(6) 세로치수를 구한다.

① 한쪽 벽면에서 수직보조선을 긋는다.

이 수직의 보조선은 순서상 지금 긋기는 했지만 처음에 벽선을 그을 때 쭉 내려긋는다.

② 그리드간격을 정하여 보조선에 찍는다.

여기서, 그리드간격이란 평면도에서 일정 간격의 모눈을 사용하여 편리하게 작도하는 것처럼 투시도에서는 투시그리드를 쳐서 편리하게 작도하기 위해 쓰이는 일정 간격을 뜻한다. 그리드간격은 일반적으로 평면도의 바닥마감재의 간격으로 정하면 된다. 바닥마감재의 간격을 500mm로 하였다면 그리드간격도 500mm로 하여 보조선에 바닥과 벽이 만나는 지점을 찍는다.

③ S.P와 그리드간격점을 연결, 연장하여 세로선에 찍는다.

(7) 세로선에 찍은 그리드간격점에서 수평으로 가로선을 긋는다.

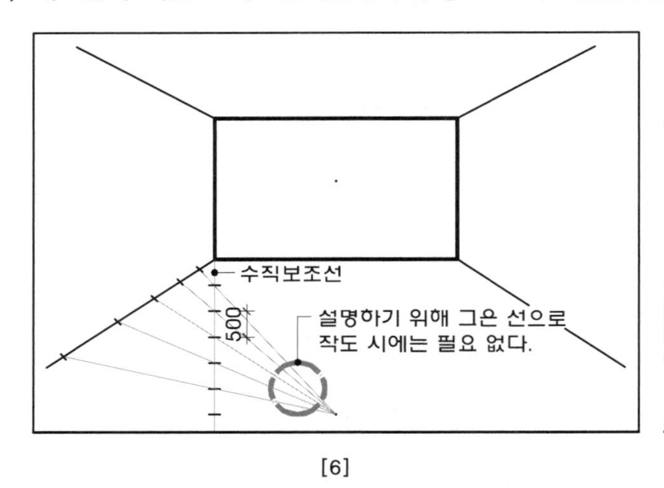

[6]

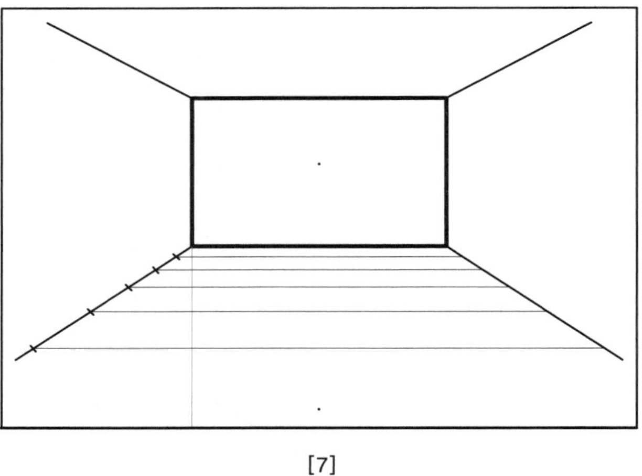
[7]

(8) 기준치수의 벽면의 바닥선에서도 그리드간격을 찍어 V.P를 이용하여 바닥의 세로선을 긋는다.

(9) 높이는 기준치수의 벽면에서 높이를 정하여 V.P를 이용하여 긋는다.

이때 높이는 작도할 물체의 높이만 찍어준다.

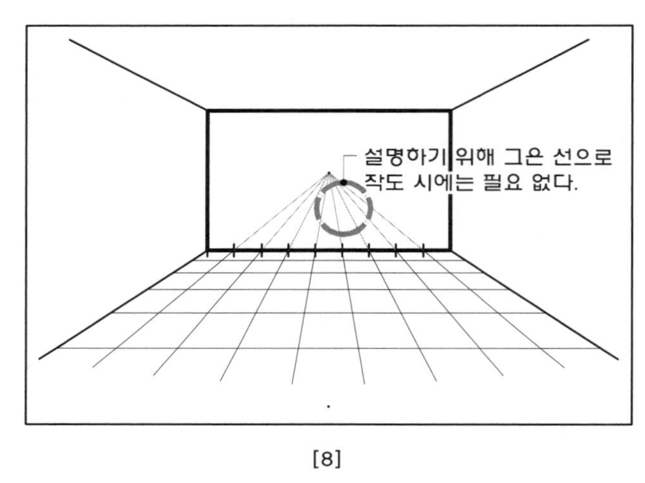

[8]

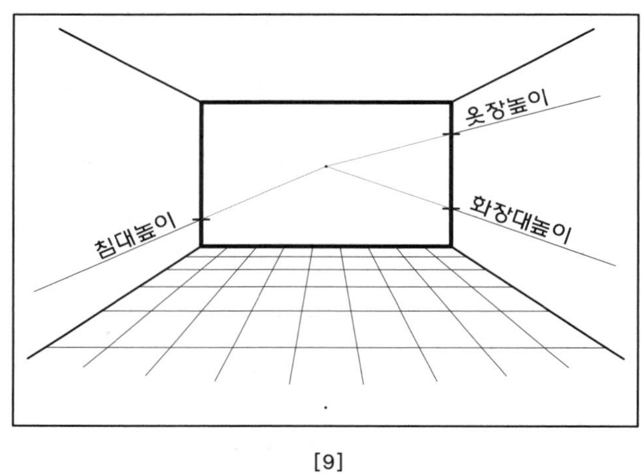

[9]

여기까지는 켄트지에 작도한다.

이제부터는 트레이싱지를 켄트지 위에 붙여서 작도에 들어간다.

투시도에서 가구나 집기를 작도할 때는 공간의 중앙에서 안쪽으로, 중앙에서 좌・우 순으로 작도한다.

가구나 집기를 먼저 작도하고 마감재, 벽체의 순으로 작도한다.

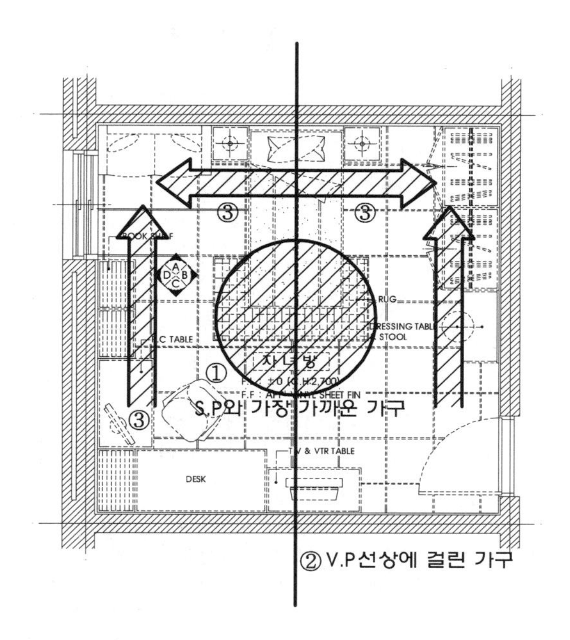

(10) 가구나 집기의 위치를 바닥에 먼저 작도한다.

이때는 가구나 집기를 작도하는 것이 아니라 바닥에 위치만 표시하는 것이므로 보조선 내지 중간선보다 다운시켜서 작도한다. 왜냐하면 물체의 형태를 잡을 때 선 구분이 잘 안 되어 헷갈릴 수 있기 때문이다.

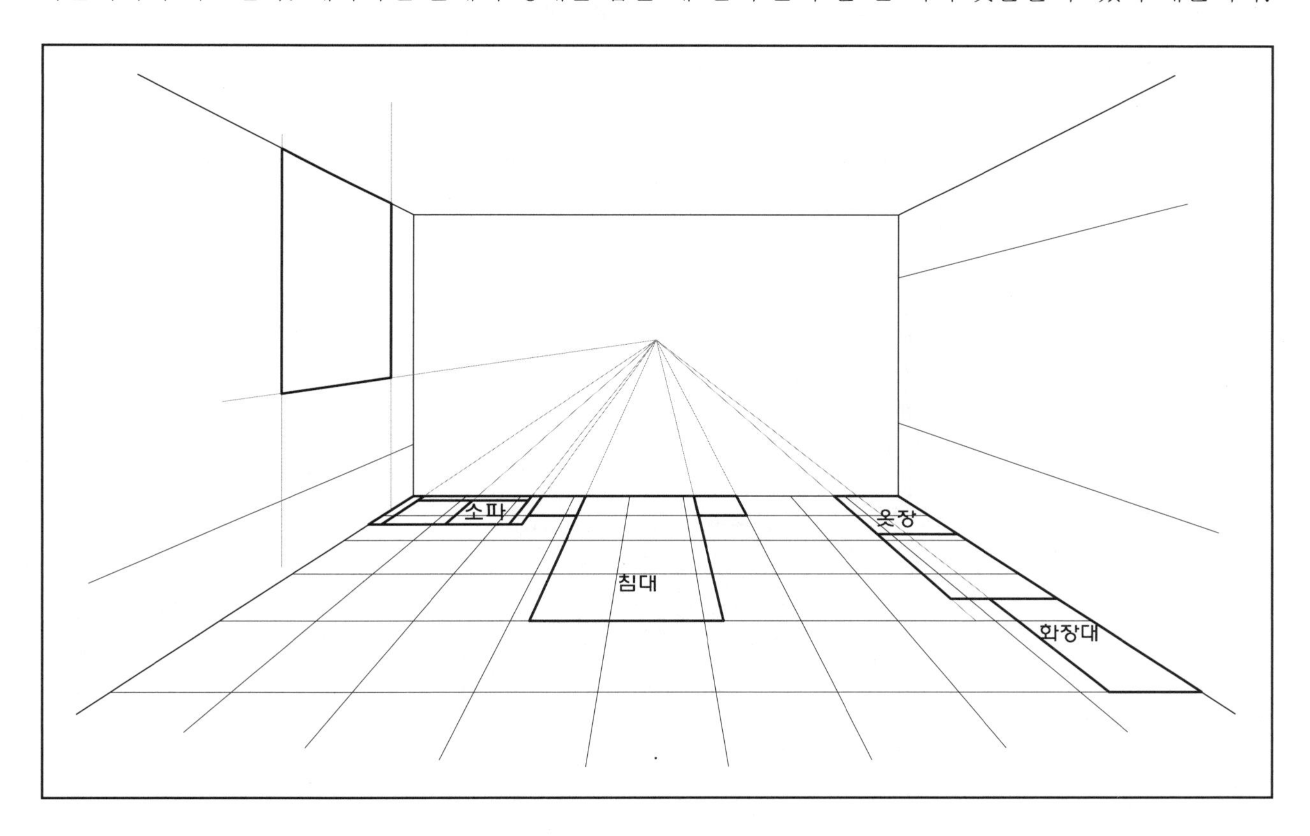

(11) 가구나 집기의 높이를 벽 끝에서 찾아 형태를 만들어준다.

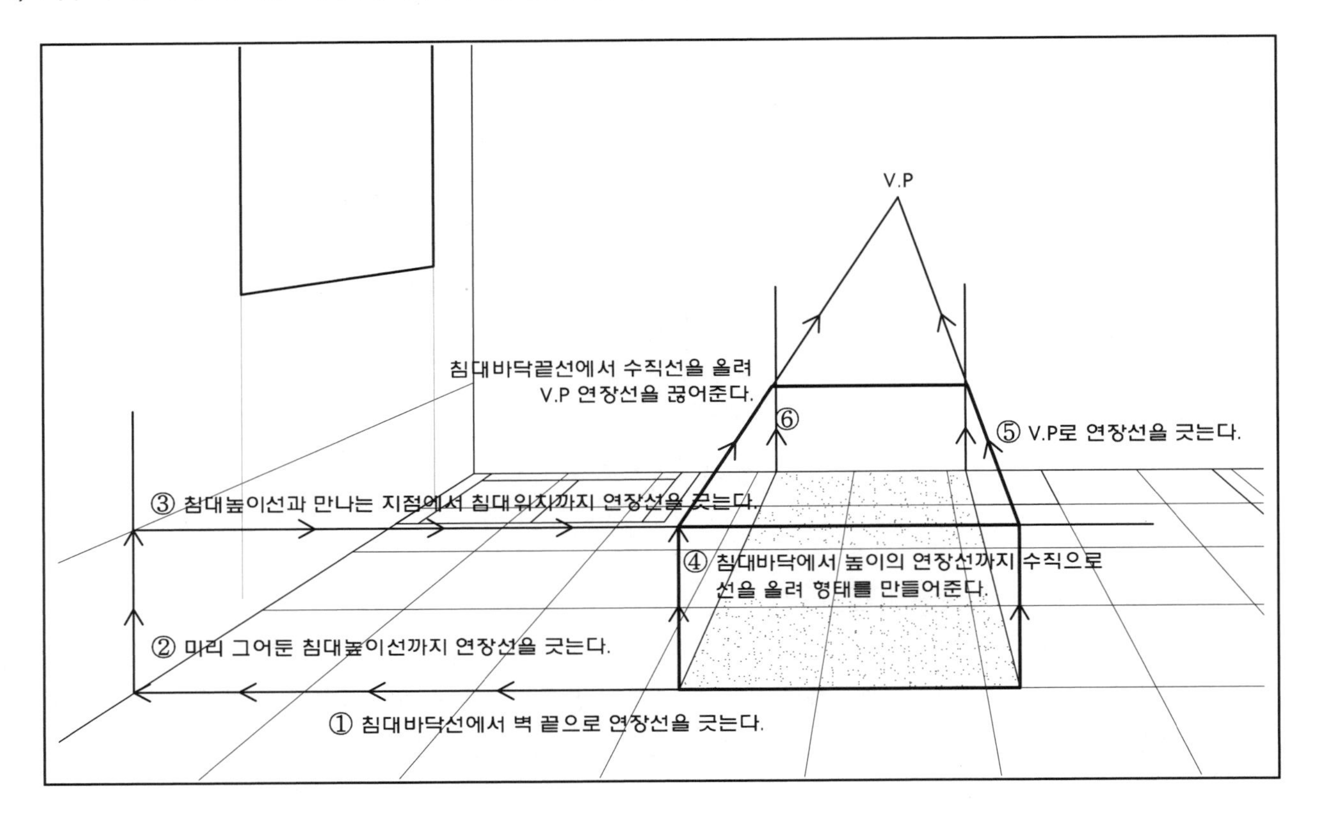

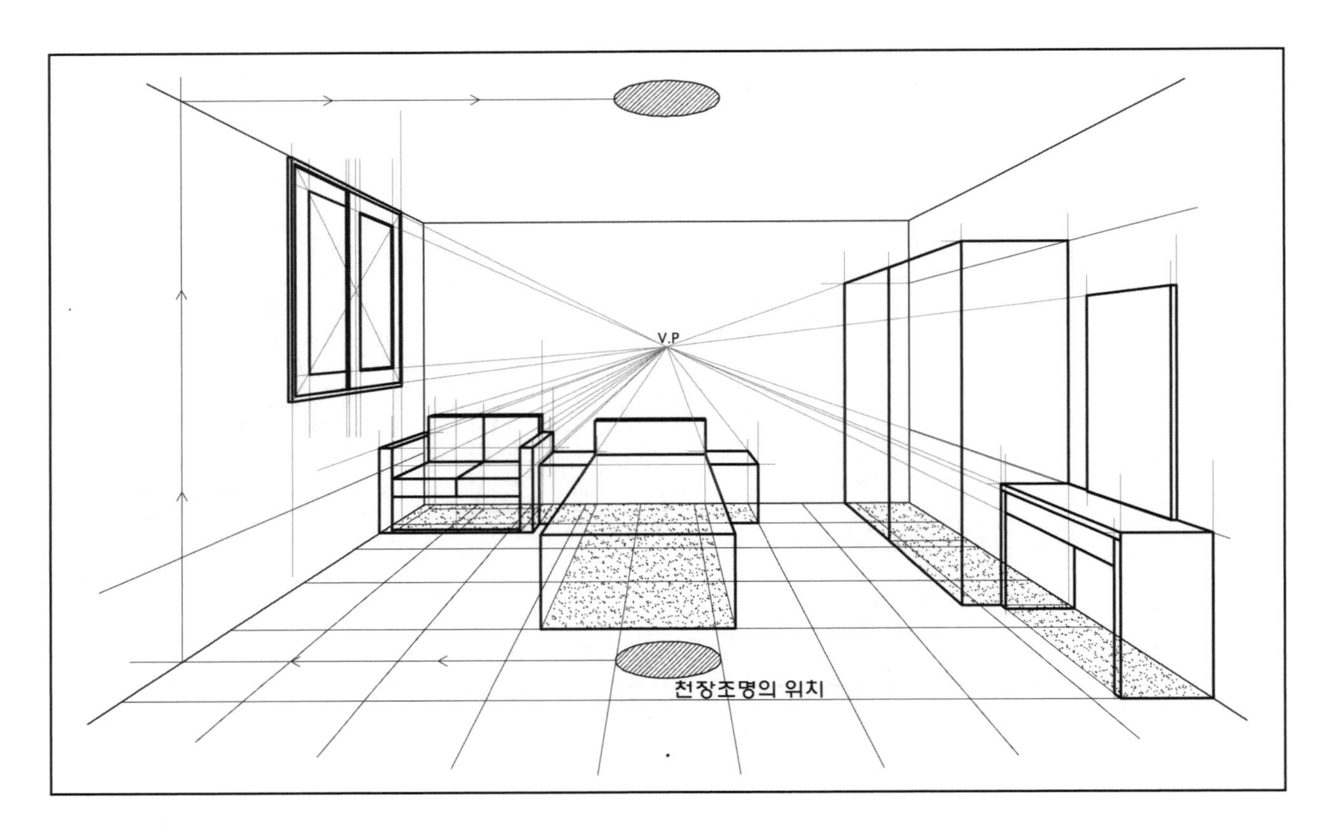

(12) 몰딩, 걸레받이, 커튼 등을 작도한다.

(13) 도면명, 도면의 스케일을 기입하고 투시도 작도를 마친다.

이때 도면의 스케일은 문제에 주어진 대로 NONE SCALE로 기입한다. NONE SCALE은 스케일을 임의로 하라는 것으로, 내가 1/30로 작도했어도 NONE SCALE로 기입해야 한다. 스케일은 보통 S.P나 벽길이 등에 의해 결정된다.

Tip 작도 시 주의사항

- 투시도 스케일 잡는 법

구 분	내 용
1/30	벽길이와 상관없이 S.P : 4,000mm 이하
1/40	벽길이와 상관없이 S.P : 5,000mm 이상

※ 단, 위의 표와 같이 반드시 정해진 것은 아니다.

- 작도과정의 투시보조선
  완성된 도면에 문제에 주어진 작도과정의 투시보조선(V.P를 따라가는 몇 개의 선)을 남겨주어야 한다.
  누락 시 감점 5점이다.

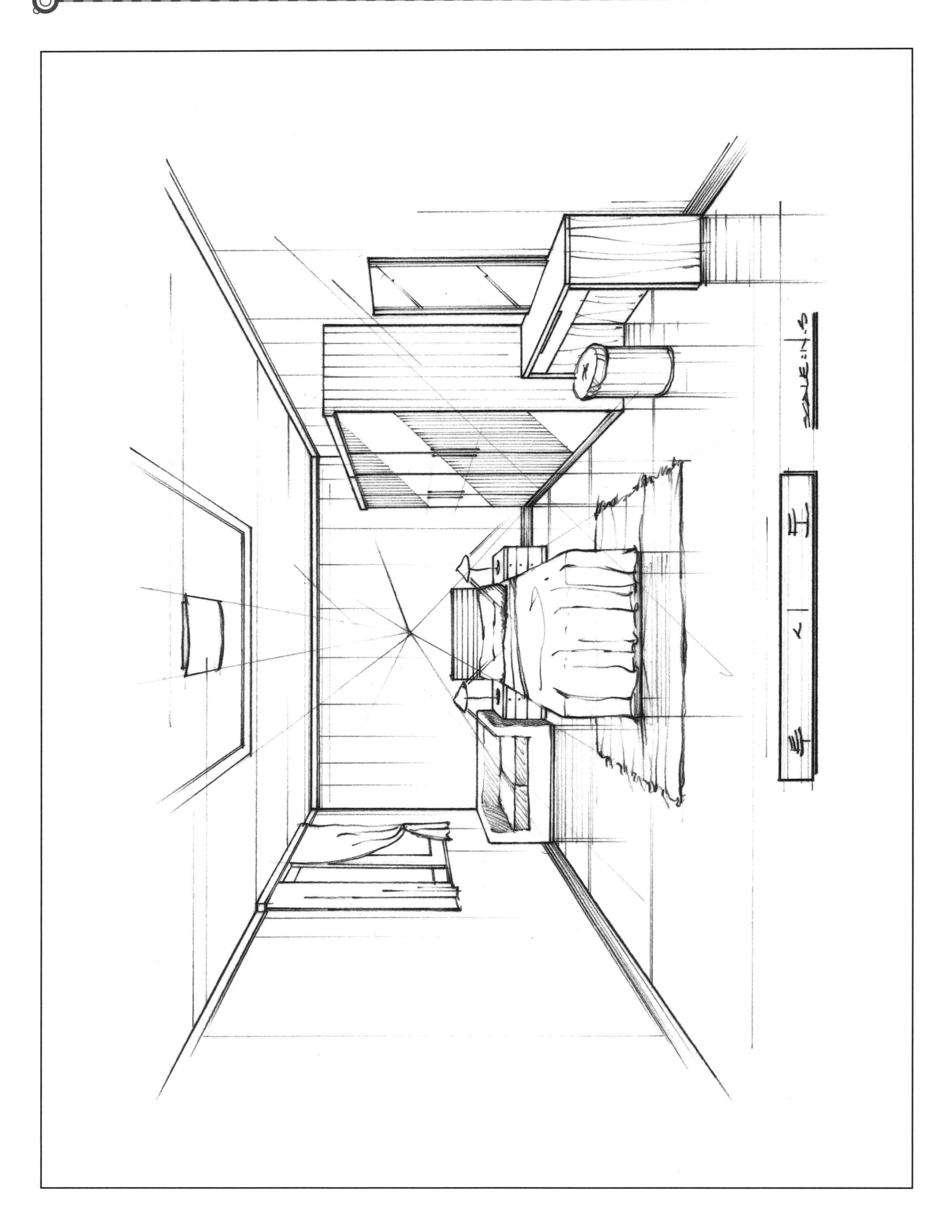

(14) 기타 창문, 커튼의 유형, 의자 작도요령

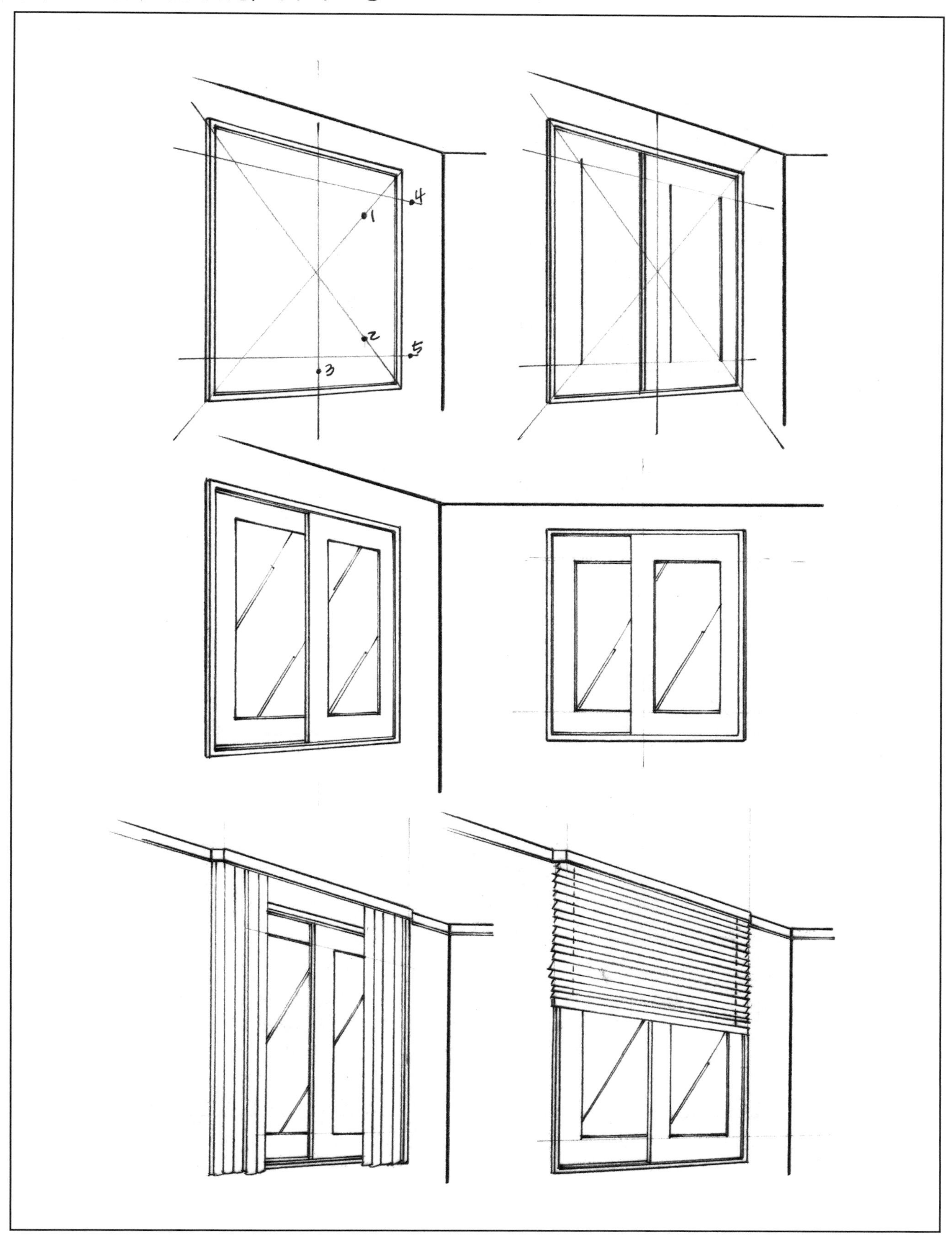

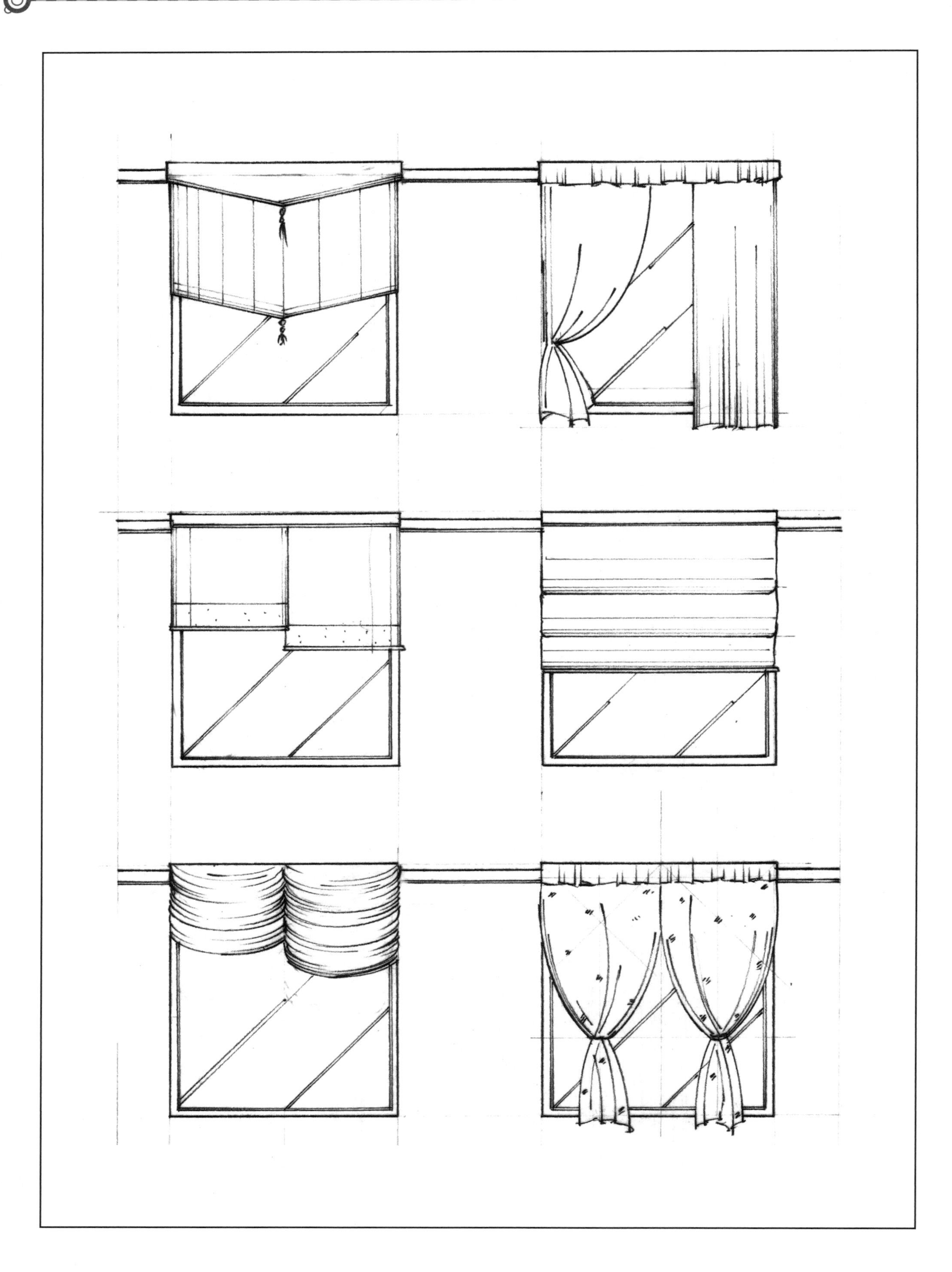

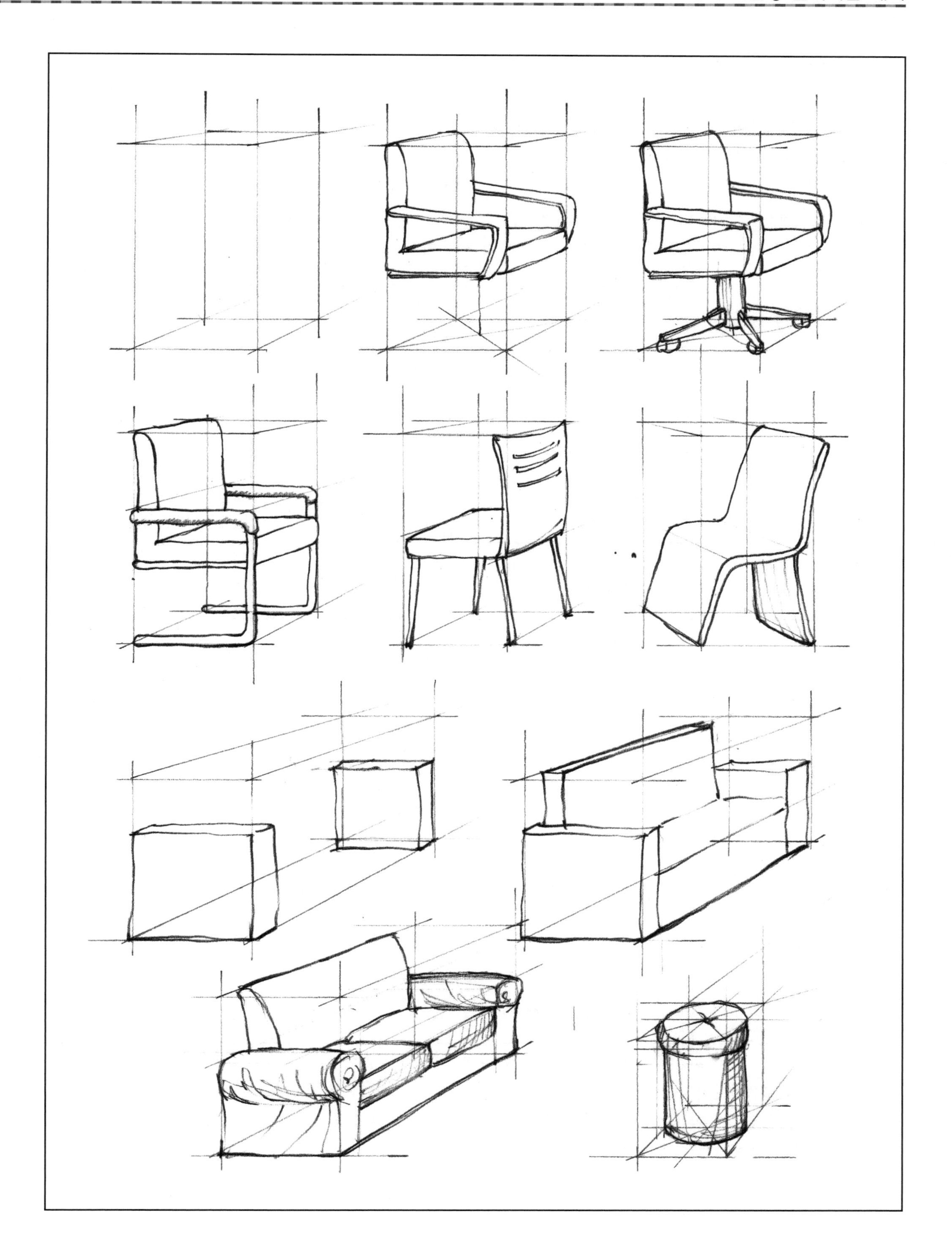

3. 2소점 투시도 작도법

2소점 투시도는 같은 선상의 좌측과 우측에 소점이 2개로 이루어진 투시도이다. 평면도상에서 유사한 가구나 집기 혹은 동일한 가구나 집기들이 반복될 때 2소점 투시도를 이용하여 일부만을 작도한다. 보통 주거공간보다는 상업공간에 많이 이용된다.

다음 평면도를 예로 들어보자. 이 평면도에서 1소점으로 작도할 때에는 반복되는 ①~⑦까지의 집기들을 작도해야 한다. 그러나 2소점으로 작도하게 되면 ①~④나 ⑤까지의 집기들만 작도하면 된다. 왜냐하면 ⑥, ⑦의 집기들이 없어도 공간에 대한 전달이 충분히 가능하기 때문이다.

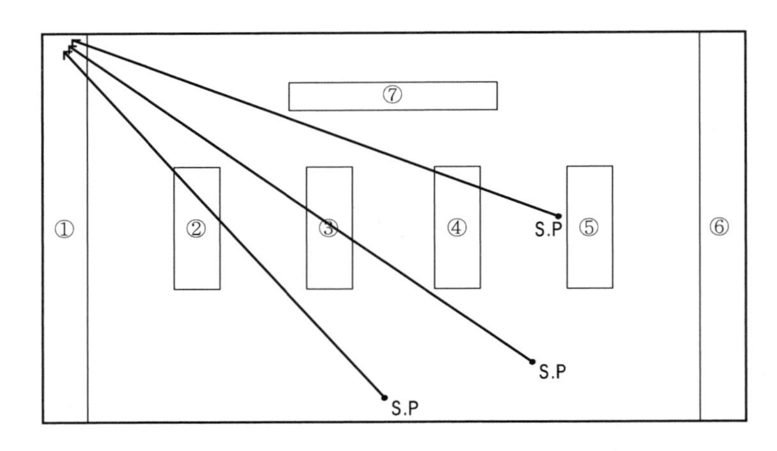

(1) F.L, V.P.L, C.L을 수평으로 긋는다.

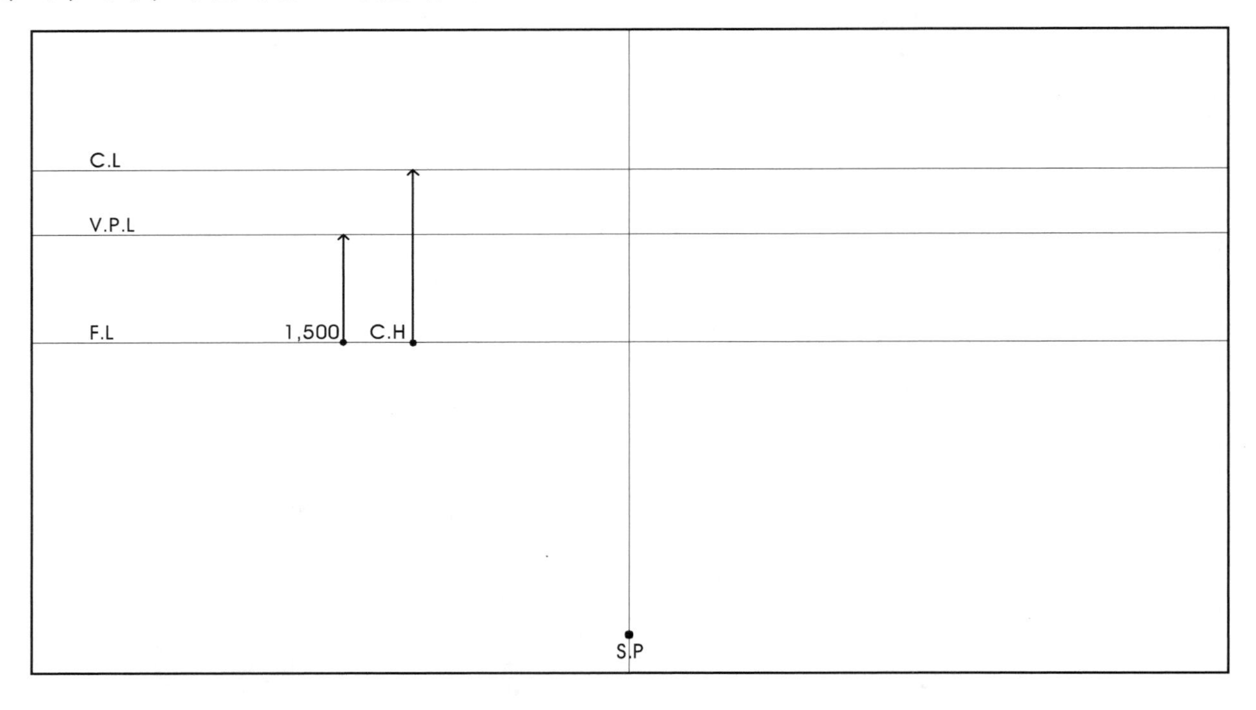

(2) S.P를 설정한다.

1소점에서의 S.P는 V.P와 상관없이 설정을 하였다. 그러나 2소점에서는 S.P에 의해 V.P가 설정된다. 도면의 센터에서 F.L 밑으로 S.P점을 찍는다.

(3) V.P1, V.P2를 설정한다.

S.P에서 좌측과 우측으로 45°자를 대고 V.P.L과 만나는 지점에 점을 찍는다. 이것이 V.P1, V.P2이다. 이때 S.P와 V.P1, S.P와 V.P2까지의 거리는 같다.

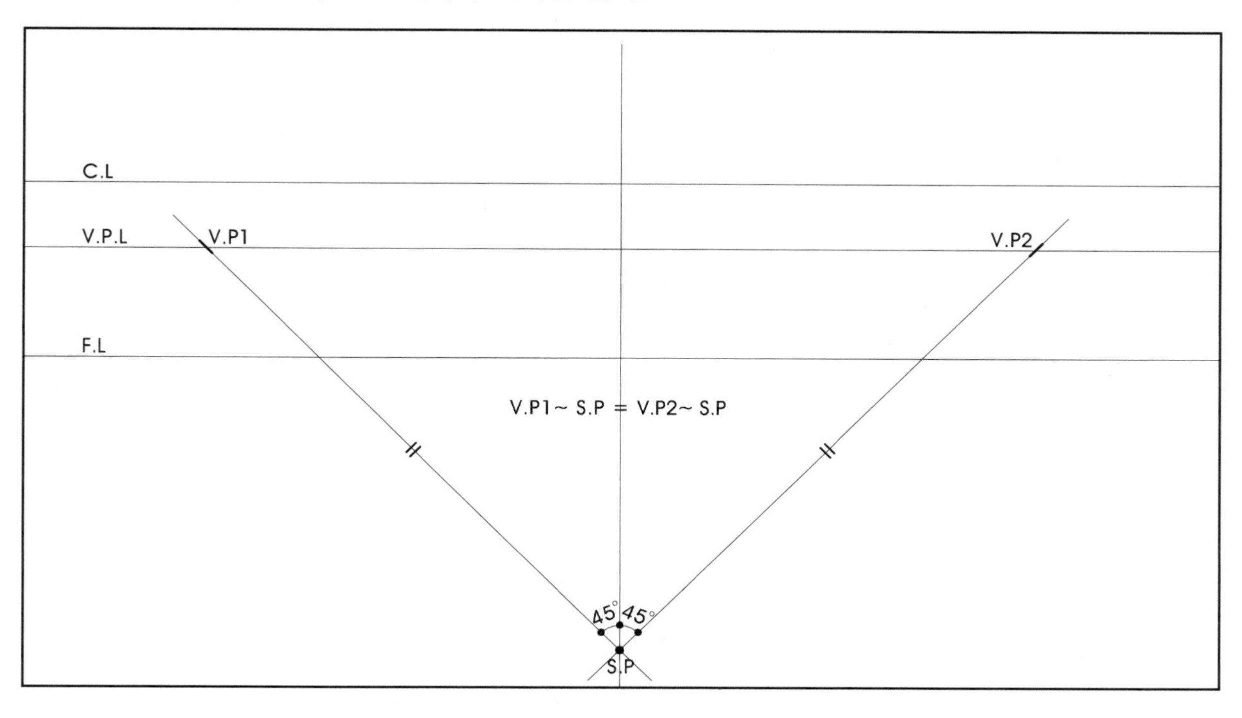

(4) V.P1을 꼭짓점으로 S.P와 V.P1까지의 거리를 V.P.L상에 찍어 M1점을 찾는다.

이와 마찬가지 방법으로 M2점도 찾는다. 여기까지 점은 S.P, V.P1, V.P2, M1, M2 총 5개이며, S.P~V.P1, S.P~V.P2, M1~V.P1, M2~V.P2의 길이는 모두 같다.

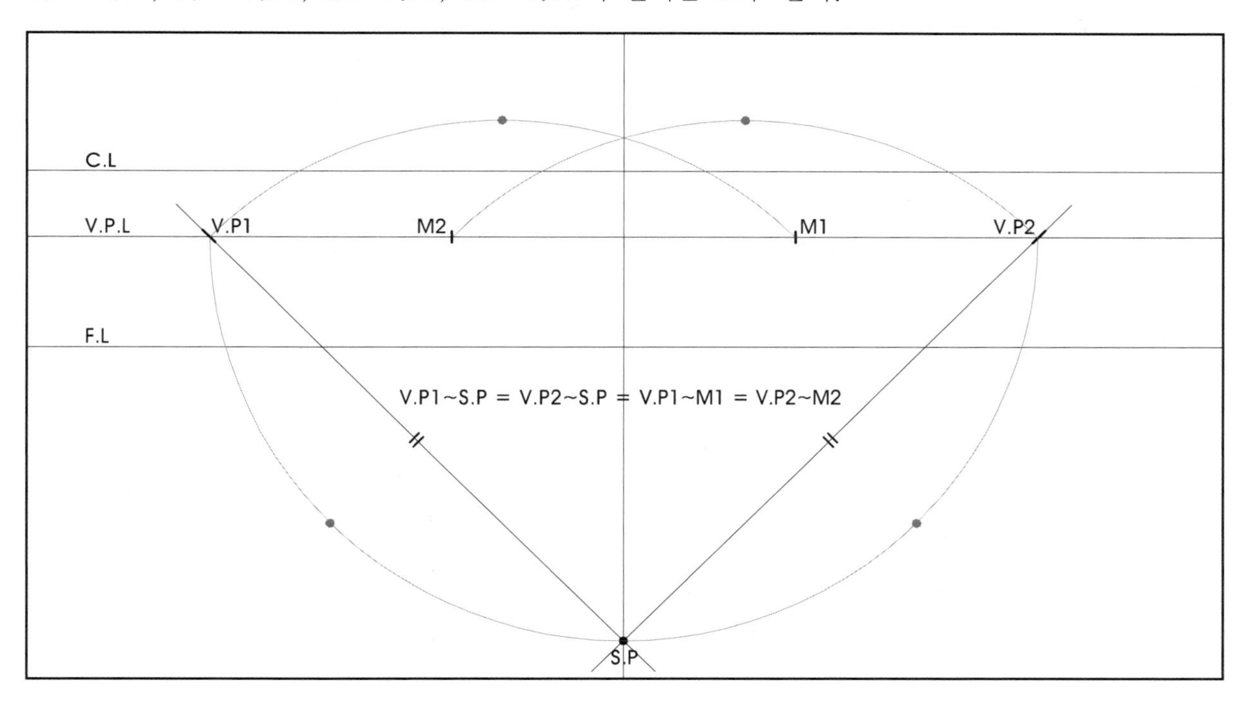

(5) 벽의 모서리를 수직으로 작도한 후 V.P1, V.P2를 이용하여 바닥, 벽, 천장을 작도한다.

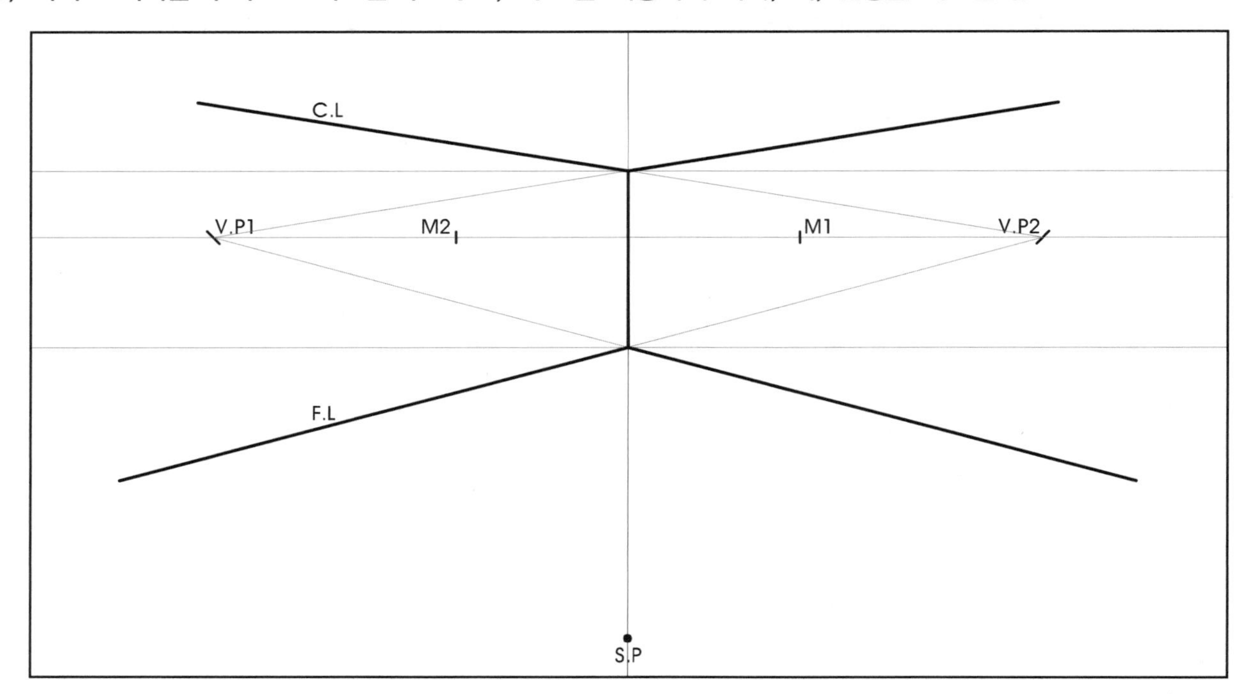

(6) F.L에 그리드점(간격 500)을 찍는다.

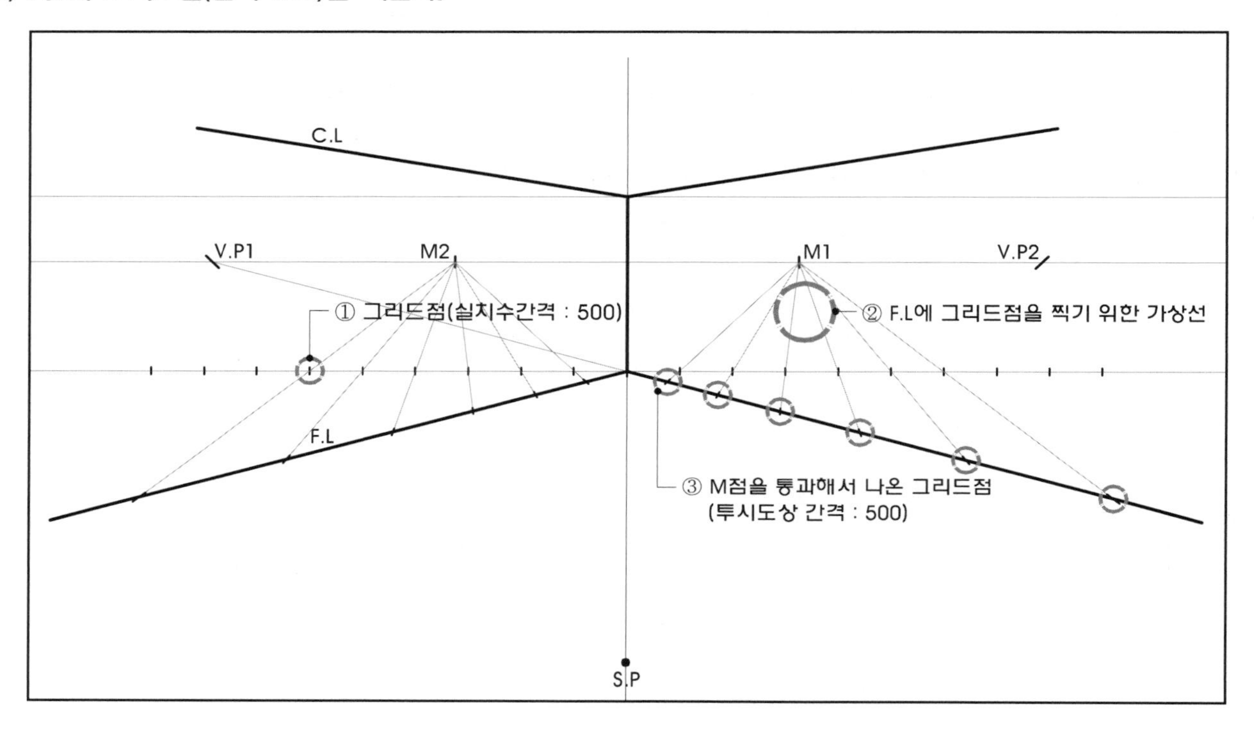

(7) M점을 이용하여 그리드점을 통과하는 보조선을 그어 바닥선에 찍는다.

2소점의 경우 바닥에 그리드선을 그어놓으면 1소점에 비해 작도하기가 더 어렵다. 따라서 그리드점만 찍어 작도하는 연습을 하자.

(8) 이 바닥선에 찍은 점을 V.P1과 V.P2를 이용하여 작도한다.

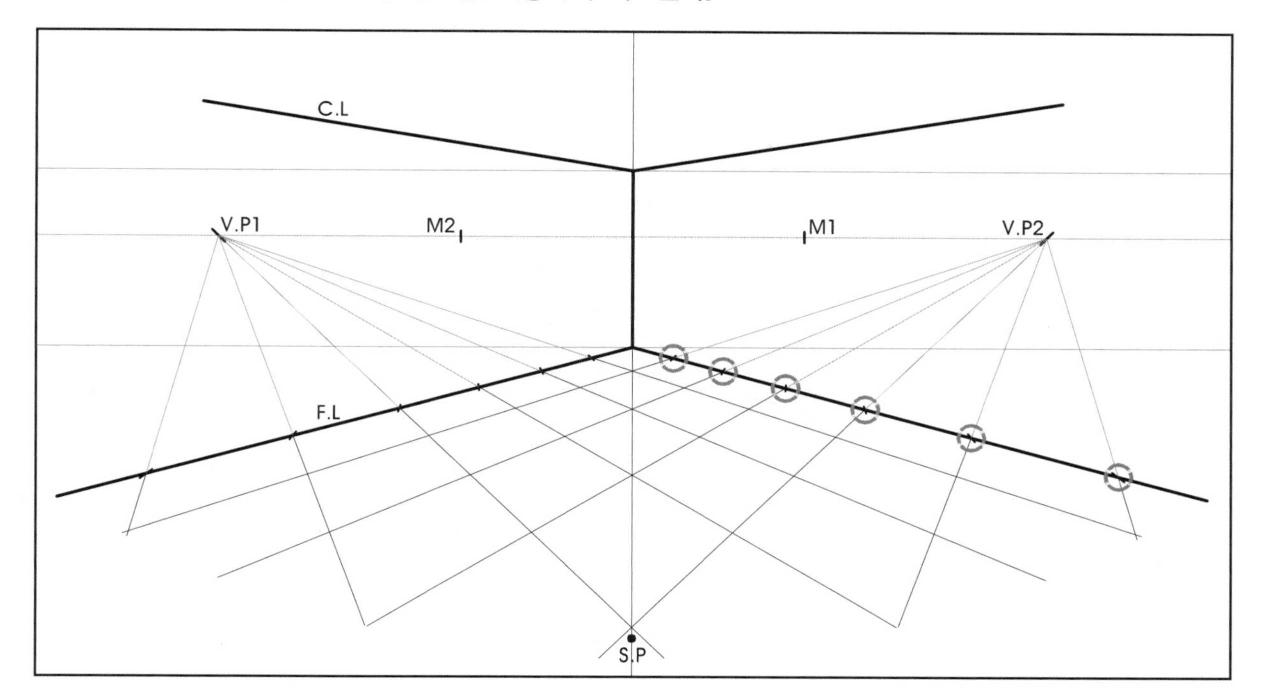

(9) 1소점과 마찬가지로 가구나 집기의 위치를 바닥에 먼저 작도하고 높이는 벽 끝에서 미리 그어놓은 높이를 이용하여 작도한다.

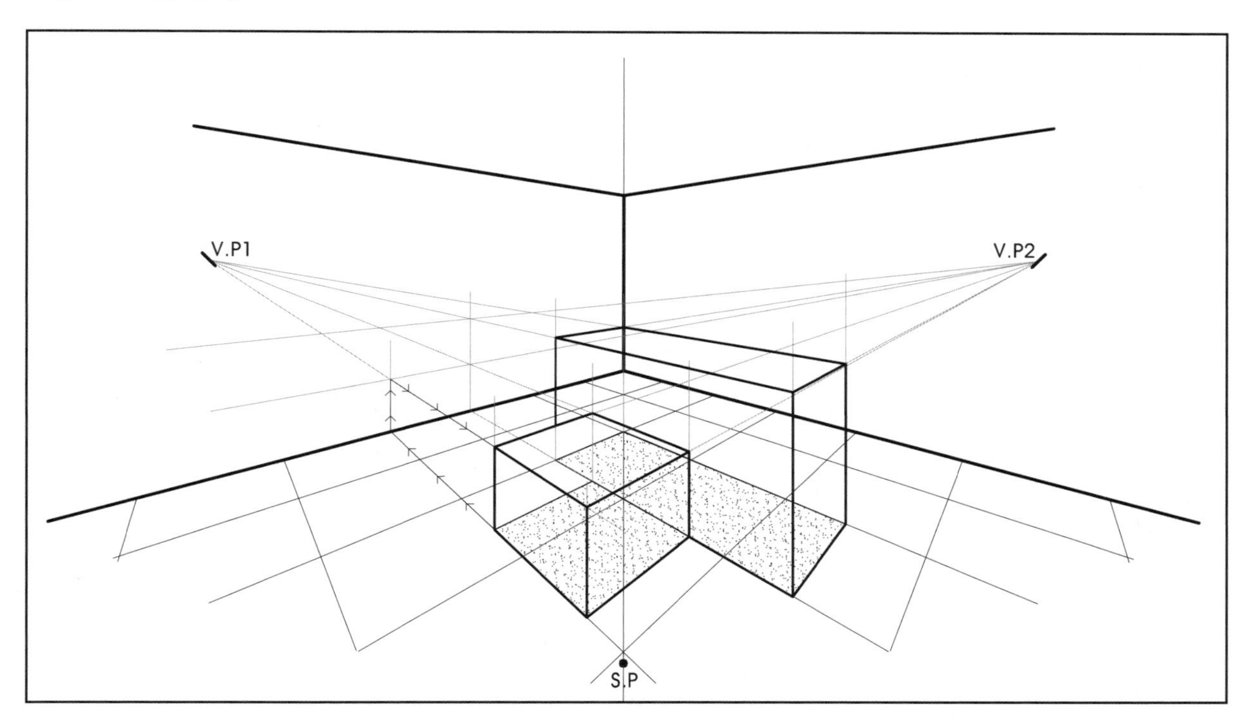

(10) 가구나 집기의 높이를 벽 끝에서 찾아 작도한다.

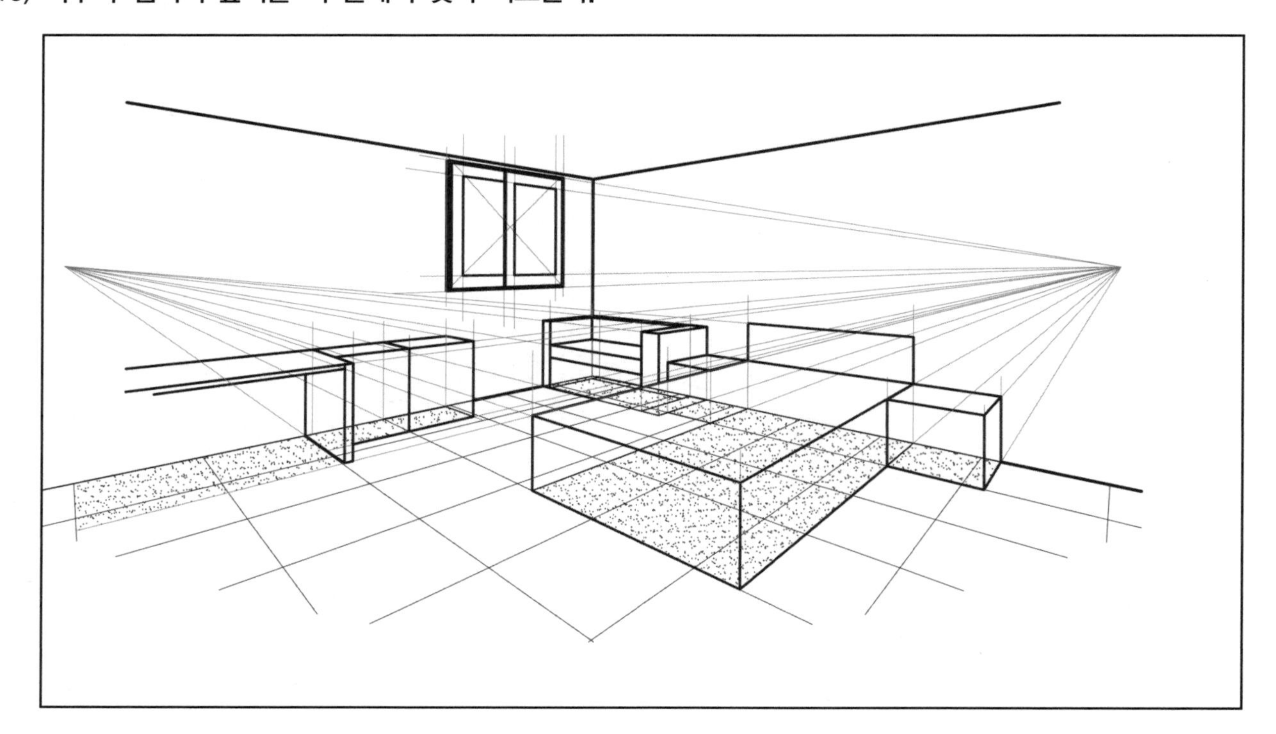

Tip 벽모서리의 이동

작도할 벽면 2면의 길이가 서로 다를 경우에는 M1과 M2 사이에 벽의 모서리를 이동하여 작도한다. S.P, V.P1, V.P2, M1, M2 5개의 점은 그대로 두고 벽의 모서리만 이동한다.

• 작도할 벽면 2면의 길이가 같거나 비슷할 때 S.P와 V.P를 중앙에 작도한다.

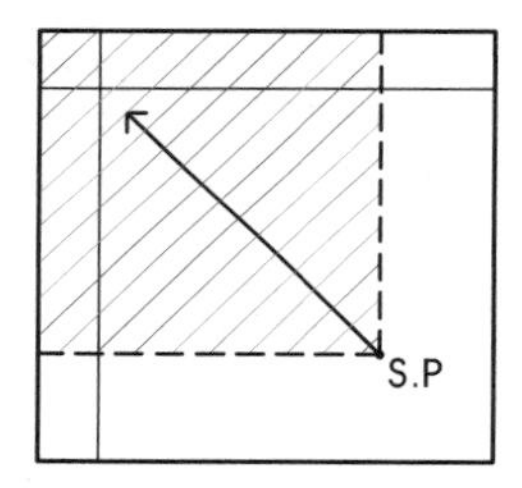

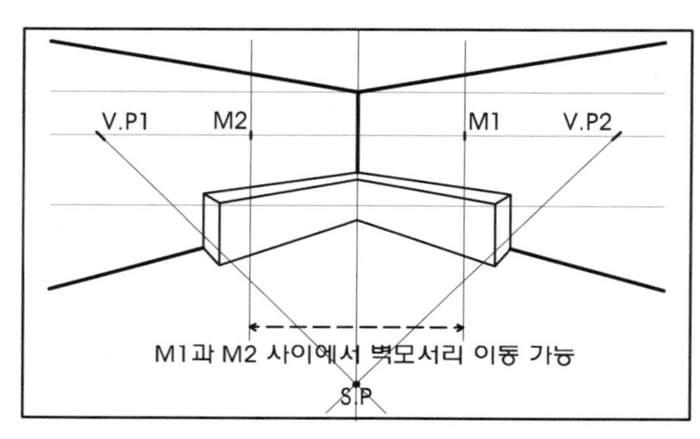

[벽면의 길이가 같을 때]

• 작도할 벽면 2면의 길이가 틀릴 때 S.P와 V.P를 중앙에 작도한다.

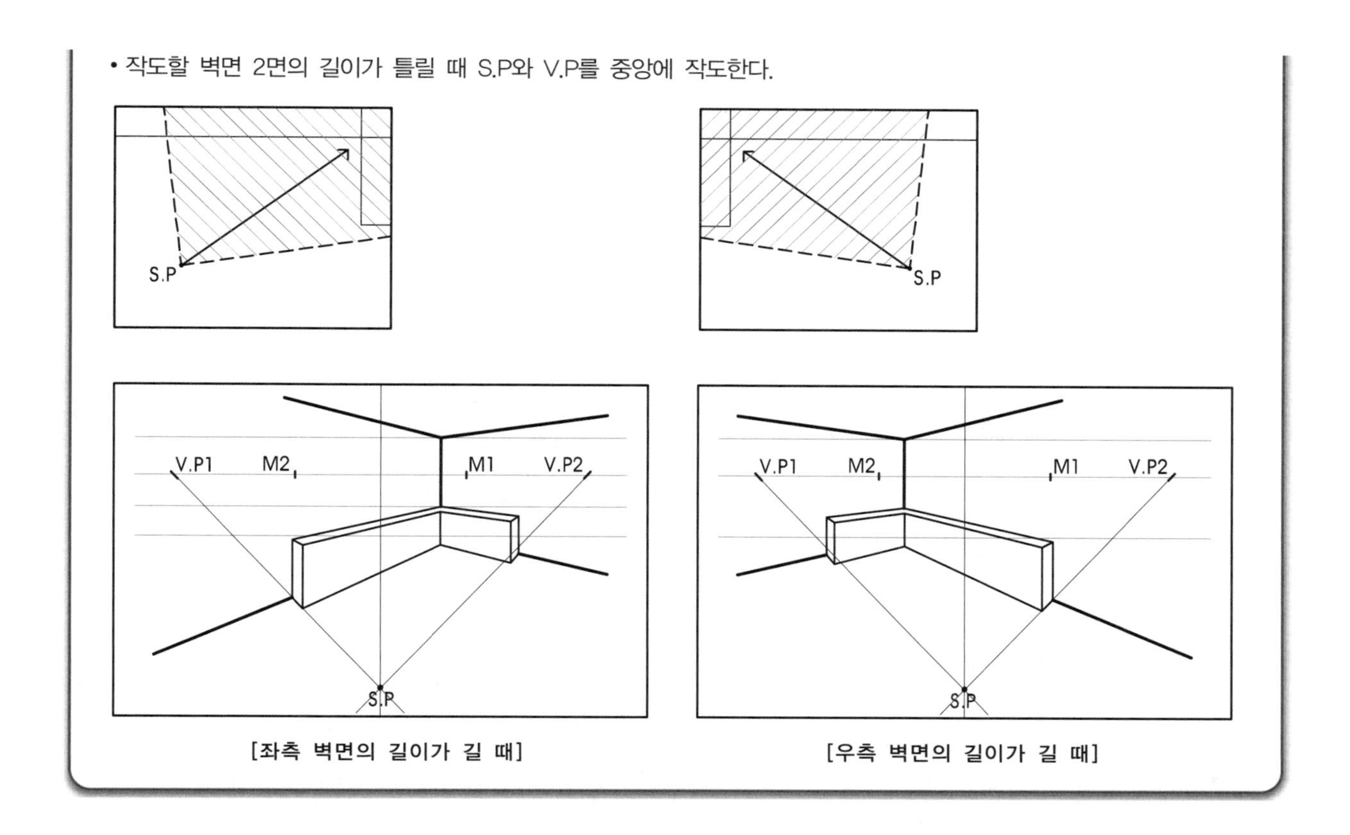

[좌측 벽면의 길이가 길 때] [우측 벽면의 길이가 길 때]

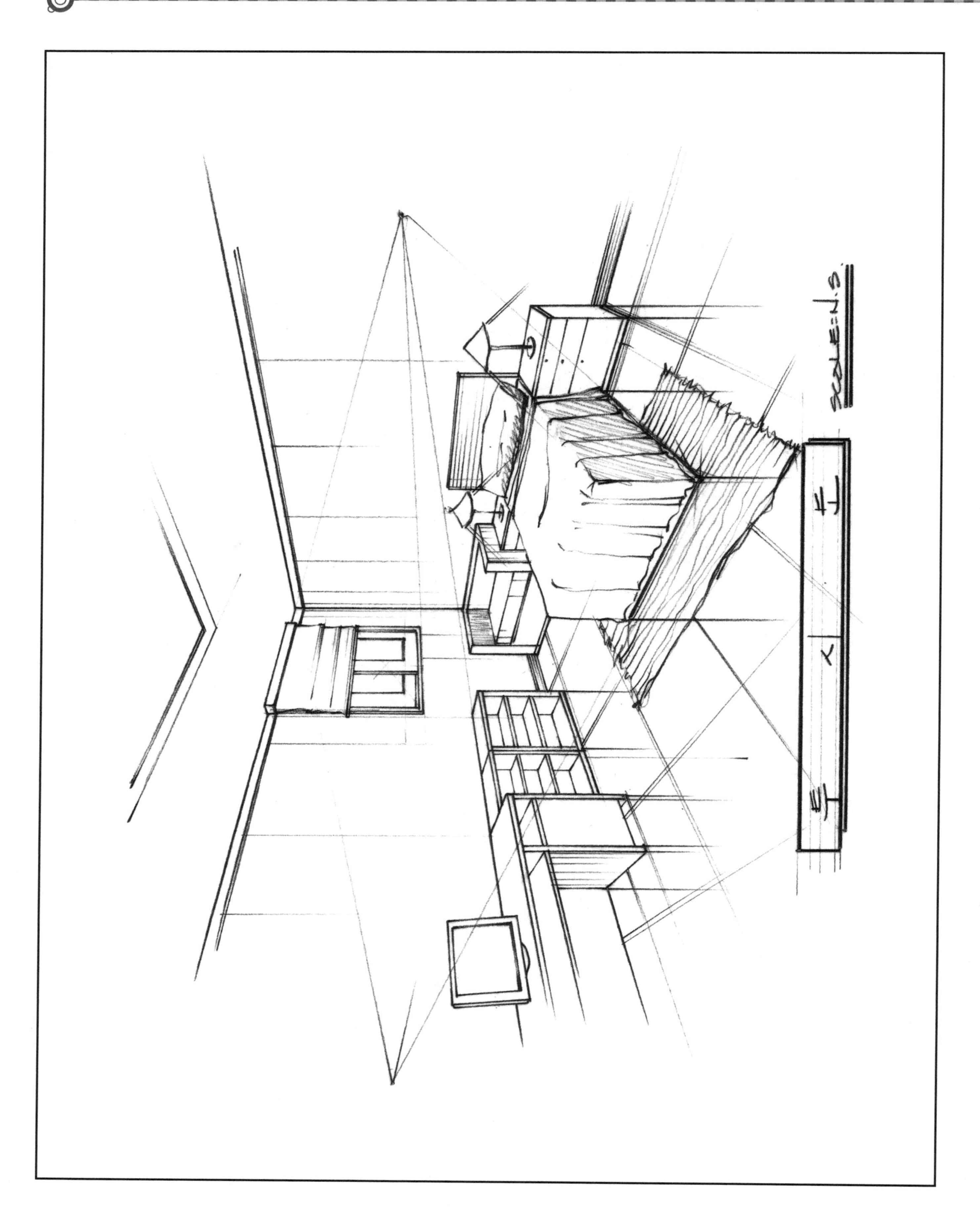
투 시 도
SCALE:N.S

06 투시도 컬러링법

1. 투시도 잉킹작업순서

앞에서 설명하였듯이 시험에서의 투시도는 연필로 작도하는 것보다 플러스펜으로 잉킹하는 것이 좋다. 여러 가지 재료 중에서도 플러스펜은 가격도 저렴하고 표현하고자 하는 내용들을 쉽게 전달할 수 있는 이점이 있다. 잉킹은 필수가 아니라 선택이다. 잉킹을 하지 않았다고 감점대상이 되는 것은 아니지만 컬러링의 효과적인 전달을 위해 필요하다. 앞서 설명한 1소점 작도법이 어느 정도 이해가 되고 투시도 작도가 능숙해졌다면 켄트지에 잉킹을 할 본을 뜨고 잉킹에 들어가도록 하자.

(1) 켄트지에 그리드를 친다.

투시도가 이해되었다면 이제 그리드를 칠 필요가 없다. 그리드의 점만 제대로 찍어준 다음 내가 필요한 부분에서 선만 끌어오면 되기 때문이다. 시험시간을 단축하고 가구나 집기 작도 시 그리드선과 가구나 집기의 선이 헷갈리는 것을 줄이기 위해서라도 그리드 치는 것을 생략하기로 하자.

(2) 가구나 집기를 박스형태로 내가 알아볼 수 있을 정도까지만 작도한다.

(3) 트레이싱지를 붙이고 작도에 들어간다.

프리핸드가 되는 부분을 먼저 작도하고, 가구를 하나하나 따서 작도하기보다는 가로선이면 가로선, 세로선이면 세로선을 한꺼번에 작도하도록 한다.

(4) 명암선 등을 나타내고 마무리한다.

(5) 본뜨기에서 잉킹까지 50분~1시간 10분 이내로 투시도를 완성한다.

켄트지에 본을 뜨는 시간 20~30분, 잉킹하는 시간 20~30분 내로 한다.

2. 투시도 컬러링작업순서

(1) 작도가 된 투시도에 마카, 색연필, 파스텔 등을 이용하여 컬러링을 한다.

투시도 작도 시 어두운 부분과 물체가 바닥이나 벽에 닿는 부분들을 플러스펜으로 명암을 나타내주면 컬러링하기가 쉽다. 마카를 이용하여 컬러링을 할 때에는 투시도 작도가 된 면의 뒷면에 컬러링한다.

(2) 작도한 면 전체를 모두 컬러링해 줄 필요는 없다.

기본적으로 바닥과 벽, 천장을 하고, 가구나 집기는 몇 가지만 해주면 된다.

(3) 컬러링에도 순서가 있다.

컬러링은 바닥 → 벽 → 천장 순으로 하고 난 다음 가구나 집기를 컬러링한다.

(4) 바닥, 벽, 천장을 한 번 채색한 후 마카가 마르면 어두운 부분을 한 번 더 채색해 명암을 나타내준다.

마카를 여러 번 겹쳐 사용하면 마카가 서로 번져 컬러링을 망칠 수도 있으므로 마카로 기본베이스를 채색한 후 유사색의 색연필로 명암을 부드럽게 나타낸다.

(5) 컬러링의 컬러 선택 시 가급적 원색은 피하고 채도가 약간 낮으면서 선명한 색상을 선택한다.

바닥, 벽, 천장의 색을 기초색으로 하면 가구나 집기 등의 색도 기초색의 유사색으로 하여 공간에서의 색채조화를 이루어야 한다. 악센트효과로 보색을 사용하기도 하나 너무 넓은 면을 보색처리하면 공간의 조화가 깨지기 쉽다.

3. 마카

(1) 마카의 선택

시중에 파는 마카에는 국산제품으로 S사와 A사의 마카가 있고 기타 일제제품이 있는데, 전문가가 아니면 굳이 일제제품을 구입할 필요가 없다. 국산제품의 S사의 마카는 색깔이 선명하고 채도가 높아 선명하고 세련된 컬러링을 연출할 수 있는 반면, A사의 마카는 채도가 약간 낮아 부드럽고 고급스러운 느낌의 컬러링을 연출할 수 있다.

마카 구입 시 실내건축시험에서만 마카를 사용한다면 세트구입을 할 필요는 없고 낱개구입을 권장한다. 본 수험서의 컬러링은 거의 S사의 A세트로 컬러링하였다.

(2) 낱개구입방법

① 바닥

일반적으로 가장 무난하게 쓸 수 있는 계열로는 무채색계열의 BG와 WG, CG계열이다. BG, CG계열은 약간 차가운 느낌을 주기 때문에 상업공간에 많이 쓰이고, WG계열은 주거공간에 많이 쓰인다. GRAY계열의 3, 5, 7(예 BG-3, BG-5, BG-7), 그 외 WOOD계열의 103, 104, 유채색계열의 76, 84, 59 등이 많이 쓰인다.

② 벽

너무 어둡지 않은 것으로 선택한다. 59, 36, 26, 67, WG-2 등이 좋다.

③ 천장

벽과 동일한 색으로 한다.

④ 가구 · WOOD계열

101, 103, 104 등의 밝은 계열의 WOOD와 91, 92, 95, 96, 99 등의 어둡고 짙은 계열의 WOOD를 사용한다.

㉠ 침대나 소파, 기타 가구 : 투톤으로 선택하거나 원컬러를 사용한다.
- 투컬러 : 59/56, 84/83, 9/16, 76/74, 74/69, 67/65, 66/61 등
- 원컬러 : 43, 71, 1, 11, 15, 50 등

㉡ 조명 : 37

㉢ 유리 : 67

4. 채색방법

컬러링은 자를 대고 반듯하게 수직으로 내려 채색하는 법, I자를 대고 가로방향으로 채색하는 법, 바닥재의 형태를 따라 채색하는 법 등이 있다. 먼저 밝은 톤으로 베이스를 깔고 한 톤 어두운 톤을 그 위에 깔아준다. 하나의 면을 다 채우기보다는 약간의 여백이 있게 처리해주는 것이 좋다. 바닥 → 벽 → 천장 → 가구 · 집기 → 몰딩 · 걸레받이 → 바닥의 그림자 순으로 채색한다.

5. 투시도 컬러링 실습

(1) 바닥, 벽, 천장에 베이스컬러를 칠한다.

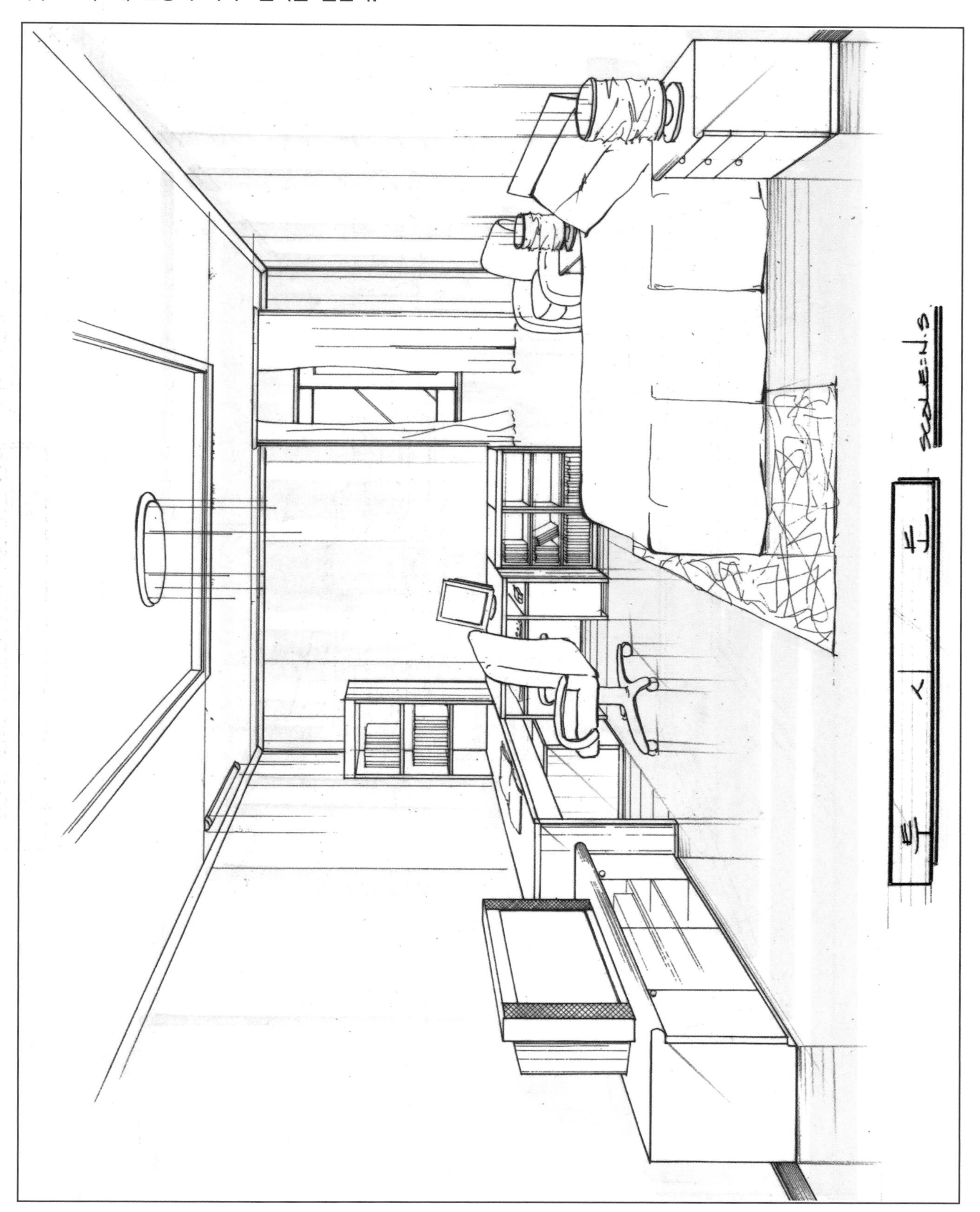

(2) 바닥, 벽, 천장의 베이스컬러 위에 한 톤 업(up)된 컬러로 명암을 준다.

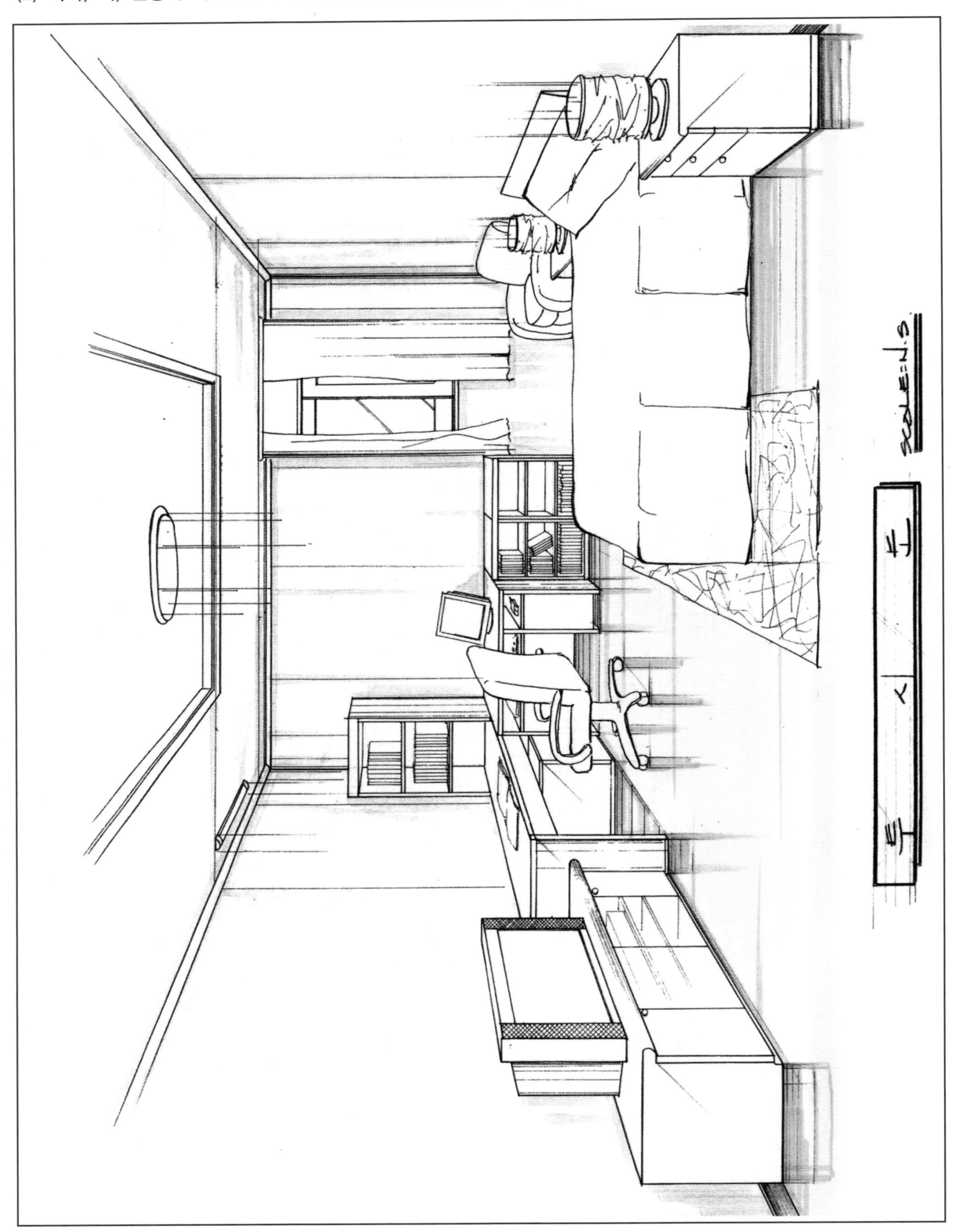

(3) 가구에 베이스컬러를 칠한다.

(4) 가구의 베이스컬러 위에 한 톤 업(up)된 컬러로 명암을 준다.

(5) 전체적으로 톤을 정리하고 몰딩, 걸레받이, 조명 등을 칠한 다음 색연필을 이용하여 부분적으로 효과를 주면서 마무리한다.

07 시험장에 가서 꼭 확인하기

(1) 문제를 받은 후 문제 확인은 꼭 3번 이상 밑줄을 치면서 한다.

특히, 과년도 문제가 나왔을 때는 이미 작도해 본 도면이라는 기쁨에 문제를 제대로 읽지 않아서 실수하는 경우가 종종 있다. 과년도 문제일수록 문제를 더 꼼꼼히 확인해야 한다.

(2) 도면배치 확인

① 문제 확인 후 바로 평면도를 작도하기 전에 도면배치를 꼭 확인해야 한다. 공간의 크기나 도면의 스케일에 따라 테마별 도면배치가 다르므로 반드시 확인하도록 하자.

② 평면도에서 무작정 입면방향을 설정하면 본인이 원하는 입면도가 도면배치상 다 나오지 않을 수도 있으므로 입면방향 설정 시 꼭 도면 내에 들어가는지도 확인한다.

(3) 평면도 작도 시 주의사항

① 도면스케일, 입면도방향 표시, 단면도방향 표시, C.H, 주출입구 ▶ ENT를 확인한다.

② 평면도에서는 치수기입 시 부분치수도 기입한다.

③ 평면도 벽체를 굵은 선으로 긋기 전 벽길이, 개구부의 위치를 재차 확인한다.

④ 디자인콘셉트는 빠뜨리지 말고 꼭 적도록 한다.

(4) 입면도 작도 시 주의사항

시험문제에 입면도방향이 주어졌는지를 확인하고 C.H도 확인한다.

(5) 천장도 작도 시 주의사항

① 범례표를 작성하고 소방설비를 확인한다.

② 일정 간격의 등치수를 내부에 기입하고 커튼박스와 주출입구, 고정창은 윗틀만 작도한다.

(6) 투시도 작도 시 주의사항

① 투시보조선은 5~6줄 정도 길게 남긴다.

② 도면스케일은 항상 N.S로 기입한다.

③ 투시도 스케일 잡는 방법

㉠ 벽길이 : 5,000 이하, S.P : 4,000 이하/벽길이 : 5,000 이상, S.P : 4,000 이하－1/30

㉡ 벽길이 : 5,000 이하, S.P : 5,000 이상/벽길이 : 5,000 이상, S.P : 4,000 이상－1/40

(단, 반드시 위와 같은 방법으로 하는 것은 아니다.)

④ 2소점인 경우는 대개 S.P가 6,000~8,000이 나오며, 스케일은 거의 1/40로 한다.

(7) 시험 당일의 날씨를 확인한다.

비가 오는 날은 종이가 물을 먹어서 선이 잘 안 나오고 도면이 많이 찢어진다. 이런 경우에는 샤프심 B를 준비하는 것이 좋다.

실내건축디자인 실무

작업형 실기

Chapter 04

과년도 문제와 해설

01 실내건축산업기사 작업형 실무도면 과년도 문제 분석

실내건축에서 다루는 공간은 크게 인간이 의식주를 해결하는 주거영역과 비주거영역으로 구분하며, 비주거영역을 상업공간, 업무공간, 의료공간, 숙박시설공간, 교육·연구공간, 관람·집회공간, 종교공간, 특수 시설공간 등으로 세분화할 수 있다. 이러한 다양한 공간을 인간이 사용함에 있어 쾌적하고 합리적이며 기능성, 효율성, 심미성, 경제성, 효율성 등을 고려하여 설계, 시공하는 것이 실내건축의 목표라 할 수 있다.
실내건축산업기사 작업형 실무도면에서 다루는 공간은 주거영역, 비주거영역을 모두 다루고 있으며, 그중 비주거영역의 공간인 상업공간을 중점적으로 다루고 있다.
2000년도 이후의 실내건축산업기사 출제경향을 살펴보면 기존의 주거공간, 상업공간 위주였던 1990년대에 비해 다양한 공간들을 다루고 있으며, 이러한 추세대로라면 앞으로 실내건축산업기사 작업형 실무도면의 출제공간은 더욱 광범위하게 확대될 것으로 예상된다. 그러나 크게 어려운 공간이 아닌 우리 주변에서 흔히 접할 수 있는 공간들로, 기존 출제된 과년도 문제 위주로 공간의 특성을 잘 파악한다면 새로운 유형의 공간이 출제된다 하더라도 어렵지 않게 계획할 수 있을 거라 예상된다. 앞으로 예상되는 새로운 유형의 공간으로는 편의점, 팬시점, 화장품매장, 백화점 내 의류매장, 도넛 & 케이크판매점, 네일숍, 아웃도어매장 등이 있다.

02 도면배치

시험장에서 트레이싱지(시험지)는 3장이 주어진다. 산업기사의 경우 평면도와 투시도를 각각 1장에 작도하고, 나머지 1장에 입면도와 천장도를 배치·작도한다.
입면도가 2면이 주어졌을 때는 천장도는 상부에, 입면도 2면은 하부에 좌·우측으로 나누어 배치하고, 입면도가 1면이 주어졌을 때는 천장도를 하부에, 입면도는 상부에 배치하는 것이 도면의 균형상 보기 좋다.
또한 도면의 스케일에 따라 도면배치도 달라진다.
평면도와 천장도의 스케일이 동일한 경우에는 평면도 작도 후 트레이싱지를 떼지 말고 바로 그 위에 천장도를 작도할 트레이싱지를 붙인 후 밑에 깔린 평면도를 이용하여 천장도를 작도한다. 이때 밑에 깔린 평면도가 훼손되지 않도록 주의해야 하며, 트레이싱지의 테이프를 뗄 때도 주의해야 한다.

(1) 평면도 1/30 SCALE, 천장도 1/30 SCALE, 입면도 2면 1/30 SCALE

실내건축산업기사 과년도 문제 중 독신자APT, 유스호스텔, 아동복매장 I 등의 배치이다.

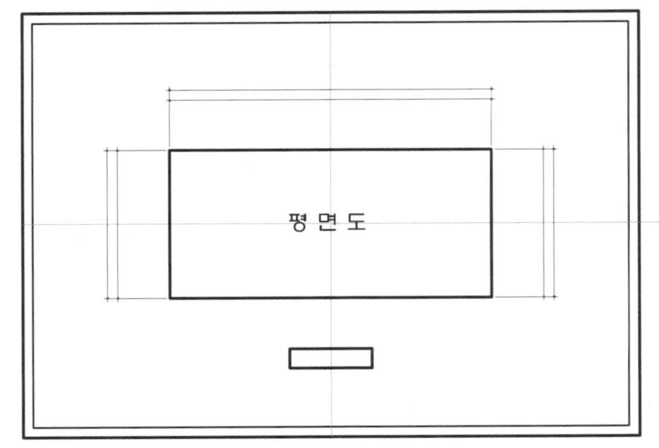

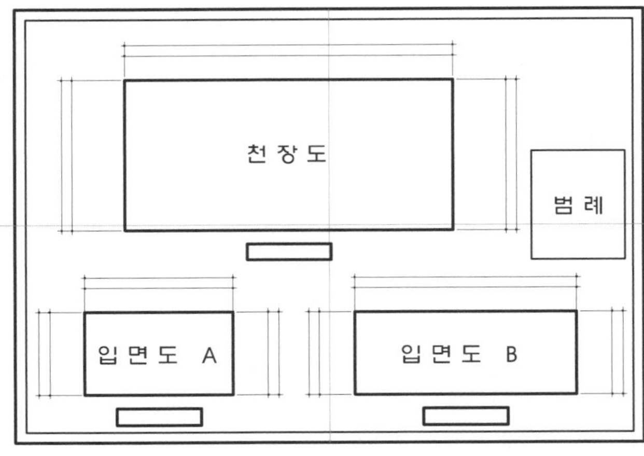

(2) 평면도 1/30 SCALE, 천장도 1/30 SCALE, 입면도 1면 1/30 SCALE

실내건축산업기사 과년도 문제 중 오피스텔 Ⅰ, 주거형 오피스텔, 이동통신기기매장 등의 배치이다.

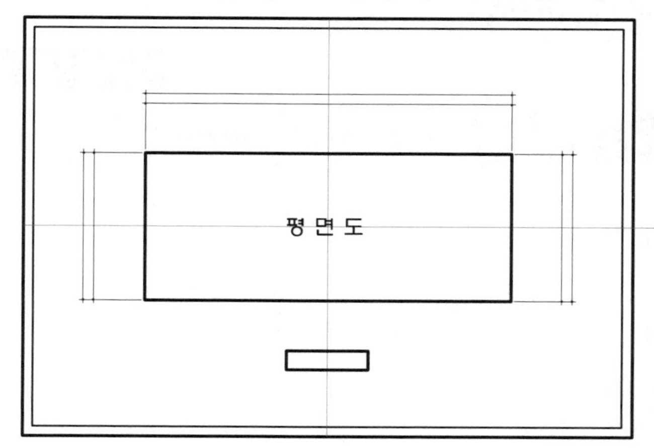

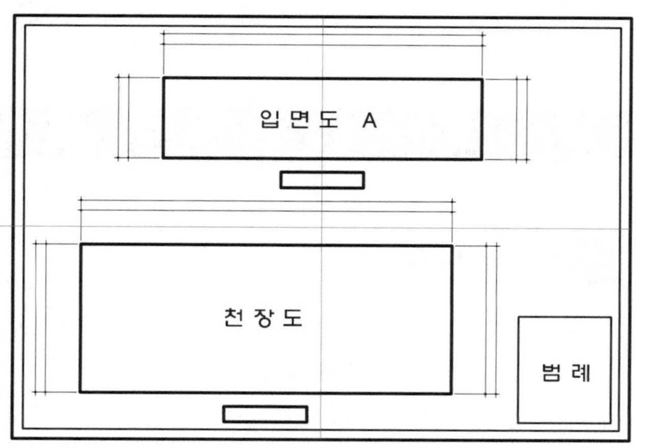

(3) 평면도 1/30 SCALE, 천장도 1/50 SCALE, 입면도 1면 1/50 SCALE

실내건축산업기사 과년도 문제 중 오피스텔 Ⅱ, 도심지 사거리에 위치한 커피숍 등의 배치이며, 두 가지 배치가 가능하다.

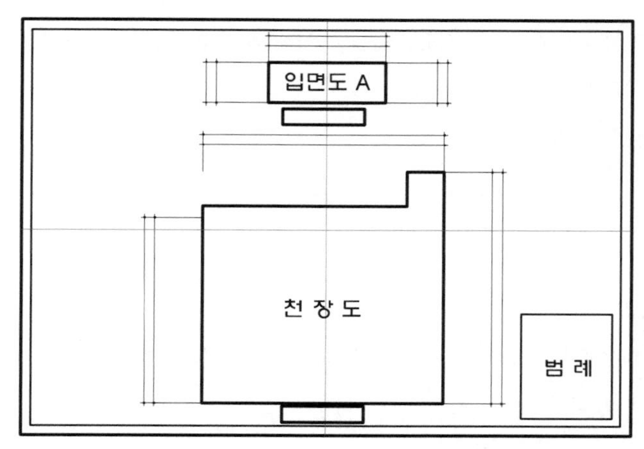

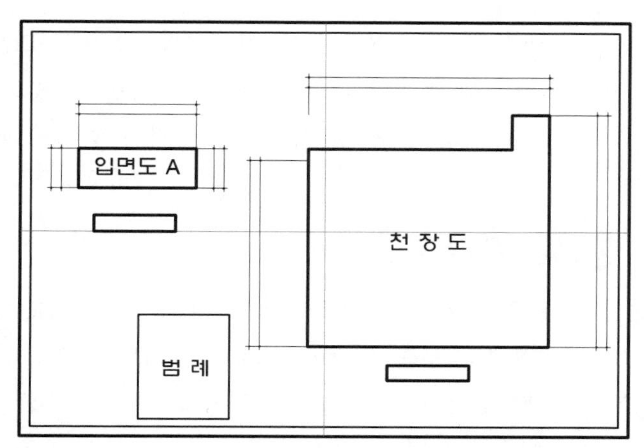

실내건축산업기사 디자인 실기 과년도 문제

시행일 : '00.04.23

해답도면 : P.2

작품명 : 독신자APT	표준시간 : 5시간 30분

1 요구사항

문제도면은 독신이 거주하는 독신자형 아파트이다.
다음 요구조건에 맞게 요구도면을 작도하시오.

2 요구조건

1. 설계면적 : 9,100mm×4,200mm×2,400mm(H)
2. 공간구성
   - SINGLE BED, SOFA SET, TV TABLE, FLOOR STAND, SINK SET, DINING TABLE, R.E.F, 책상, 의자, 책장, P.C, 욕조, 세면기, 양변기, SHOES BOX
   - 그 외의 가구 및 집기는 수검자가 임의로 더 넣어도 좋다.

3 요구도면

1. 평면도(가구 및 바닥마감재 표기) : 1/30 SCALE
   (평면도 우측 하단에 설계자가 의도한 DESIGN CONCEPT를 180자 내외로 적으시오.)
2. 내부입면도 B, C 2면(벽면재료 표기) : 1/30 SCALE
3. 천장도(설비 및 조명기구 배치, 마감재 표기) : 1/30 SCALE
4. 실내투시도(반드시 채색작업 포함) : NONE SCALE
   (투시도는 계획의 포인트가 좋은 지점에서 1소점 혹은 2소점으로 작도하되, 작도과정의 투시보조선을 반드시 남길 것)

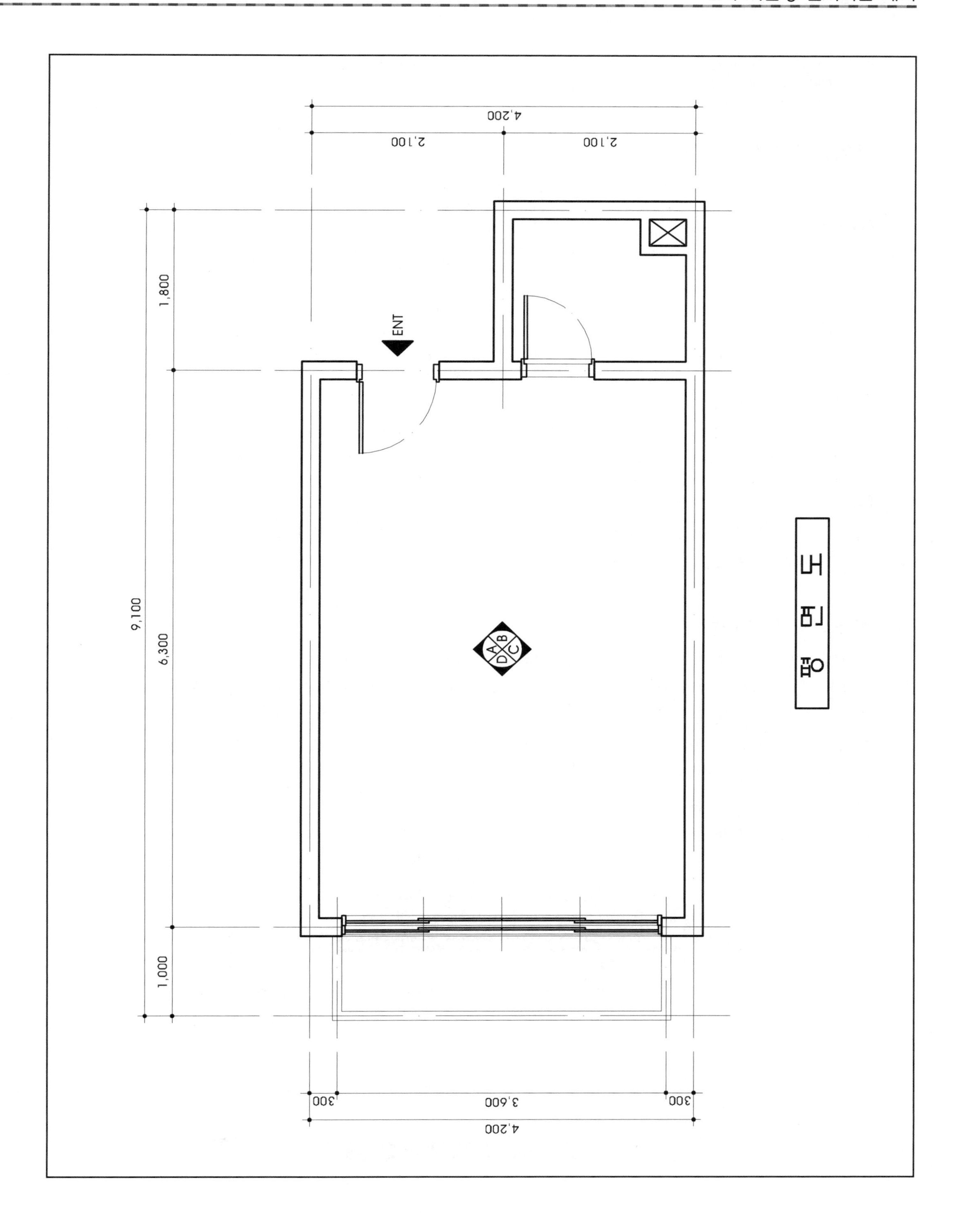
평면도
ENT
4,200
2,100
2,100
9,100
1,800
6,300
1,000
300
3,600
300
4,200
A
B
C
D

문제해설

1. 주거공간의 평면계획

침실, 거실, 주방, 욕실, 현관으로 구성한다.

(1) 침실

침대배치는 침대의 측면을 벽면에 바로 배치하지 않고 공간활용이 가능한 정도를 띄우거나 나이트테이블을 함께 배치한다.

(2) 거실

소파세트는 기본 2인용 소파와 테이블을 배치한다.

(3) 주방

배관상 물을 쓰는 공간(욕실)과 가까이 두는 것이 좋다. 이상적인 싱크대순서를 확인하고 협소한 주거공간의 경우 최소한의 싱크대만 계획한다. 식탁은 아일랜드형의 식탁을 계획해도 좋다.

(4) 욕실

최소 공간은 1,700mm×1,700mm 정도이다. 최소 공간계획 시에는 세면대와 변기를 일체시켜 공간을 효율적으로 활용할 수 있게 한다.

2. 발코니와 발코니창

문제에 주어진 창의 외부는 발코니이다. 발코니에 대한 별도의 계획은 필요 없지만 기본적으로 소실명과 F.L/F.F를 기입하고 바닥마감재를 작도한다. 천장에는 직부나 펜던트형, 벽부 등을 계획한다.

발코니의 천장은 철근콘크리트구조이므로 매입형식의 등은 계획할 수 없다. 발코니를 둘러싸고 있는 100mm의 선은 발코니 난간이며 중간선으로 작도한다. 발코니로 나가는 창은 4짝 미서기창이며, 입면도나 투시도를 작도할 때 특별히 주의한다.

발코니가 주어진 창문은 바닥에서 2,100mm 높이로 하고 발코니가 주어져 있지 않은 경우는 바닥에서 창문은 1,200mm 올라가 창문을 계획한다.

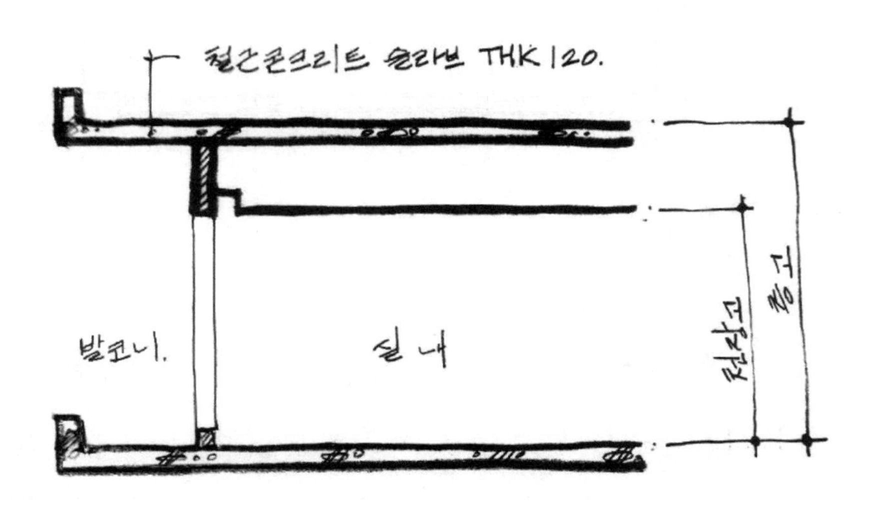

3. 욕실벽체의 BOX－덕트(굴뚝)

욕실벽체 내에 주어진 BOX는 덕트이다. 덕트나 개구부의 치수가 문제에 주어지지 않았을 경우에는 문제도면과 비례가 잘 맞게 임의로 작도하면 된다. 천장도에서 환기구의 위치는 덕트 근처로 계획한다.

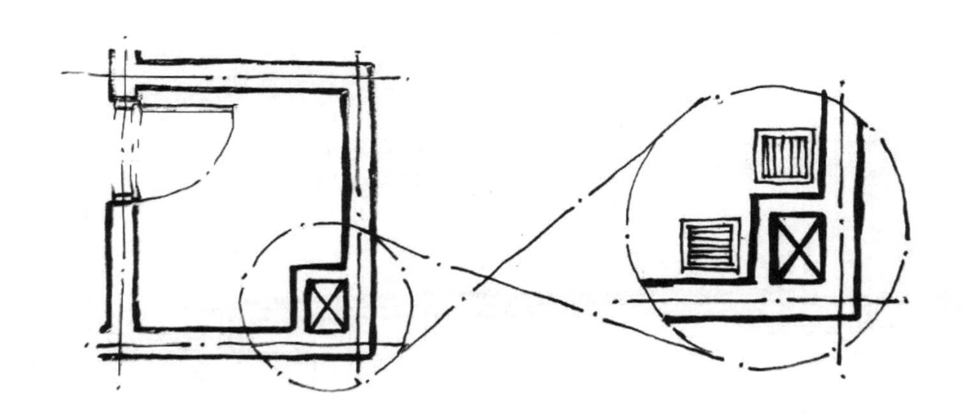

4. 내부칸막이벽에 대한 계획

내부에 공간과 공간을 구분 짓는 칸막이벽에 대한 계획은 욕실이나 화장실이 아닌 이상 조적의 형태로 계획하는 것을 피한다.

(1) 욕실의 벽

1.0B 조적식 구조를 사용한다.

(2) 단순 칸막이

50mm 혹은 100mm 두께로 칸막이벽의 높이가 1,500mm을 기준으로 높으면 굵은 선으로 작도하고, 낮은 칸막이는 중간선으로 작도하며 높이(H)를 기입한다.

(3) 유리월

프레임과 유리는 굵은 선으로 작도한다.

(4) 가구를 이용하여 공간구분

높은 가구를 서로 등지고 배치하여 공간을 구분한다.

(5) DECORATION WALL

단순 칸막이보다 시선차단역할과 미적효과를 줄 수 있다.

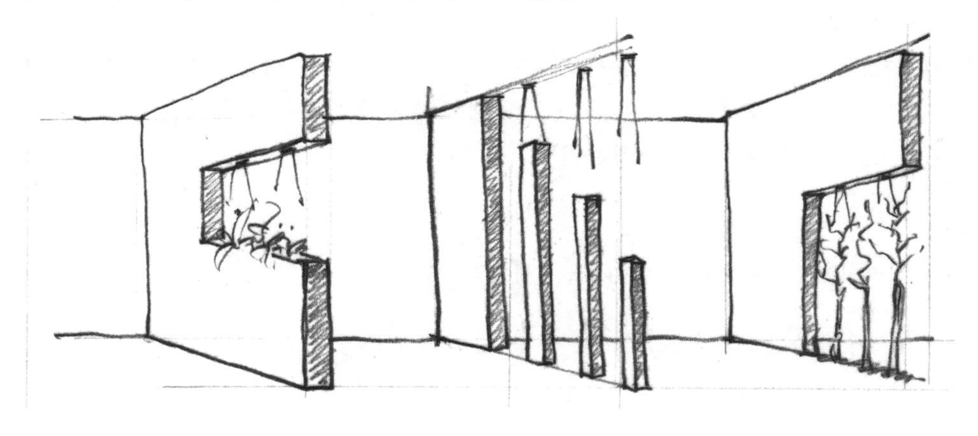

5. 소실명 명칭기입과 세부치수기입

주실(독신자 APT)과 F.L/F.F가 다를 때에는 소실명에도 F.L/F.F를 기입한다.

문제에 주어진 상부치수처럼 치수의 단면이 클 경우에는 가구 중에서 세부치수를 뽑아 쓴다. 도면 내에 세부치수를 기입하면 입면도나 투시도 작도 시 평면도에 스케일자를 대고 일일이 가구치수를 잴 필요가 없어 편리하다. 또한 평면도 도면의 훼손도 덜하다.

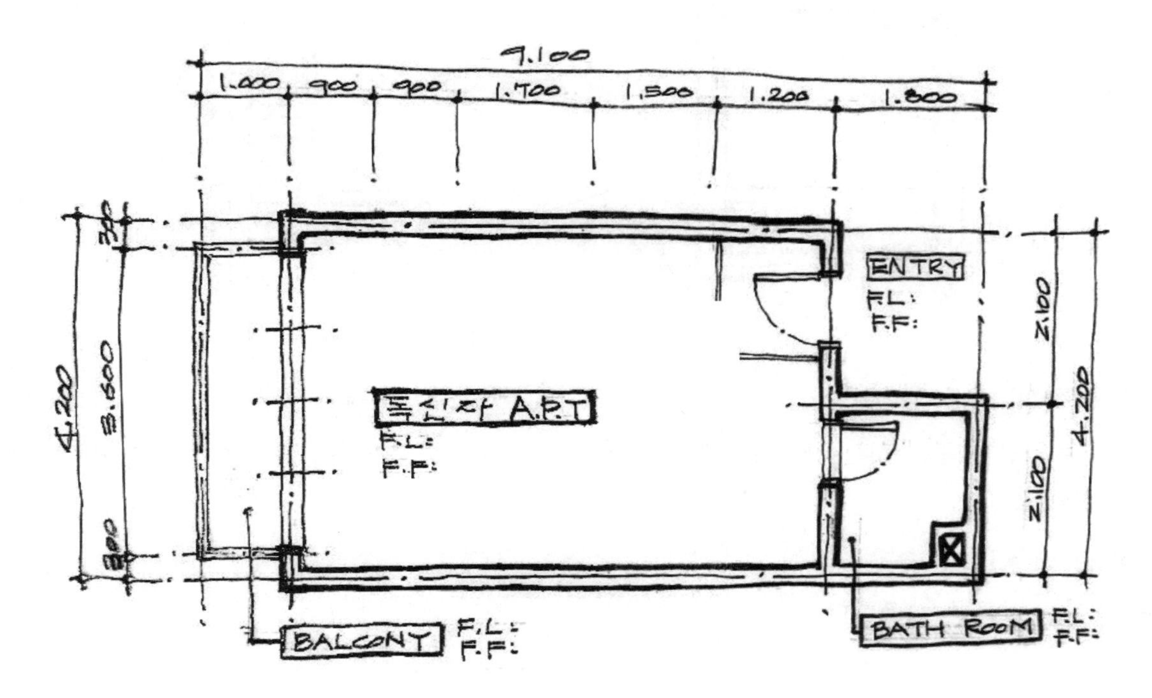

6. 입면도방향

문제에 입면도방향이 주어져 있다. 2000년 이후에 출제된 문제들은 거의 입면도의 방향이 주어져 출제되었으므로 실수하지 않도록 한다. 또한 문제가 재출제된다고 해도 입면도의 방향은 수시로 바뀔 수 있으므로 특히 주의해야 한다.

7. 주거공간의 천장계획

(1) 조명

공간의 중앙부에 주조명으로 직부등이나 심플한 샹들리에를 계획하고 천장에 등박스를 계획하여 입체감을 준다. 주방에는 직부형 LED 등을 계획한다. 부분적으로 현관에는 작은 직부등이나 매입등, 벽등, 센서등 등을 계획한다. 식탁 위에는 펜던트를 계획해도 좋다. 욕실의 조명은 100lux의 방습형 조명기구나 간접조명으로 방습형 벽등을 설치한다.

(2) 소방설비

감지기, 스프링클러, 환기구, 점검구를 계획한다.

8. 독신자APT의 평면계획 예시

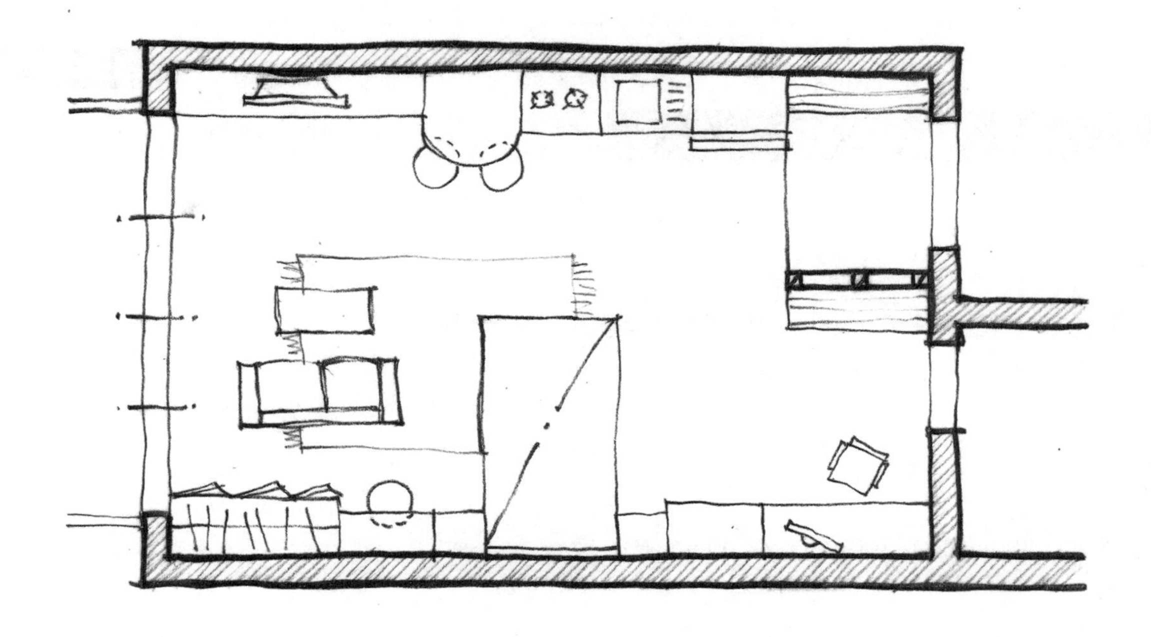

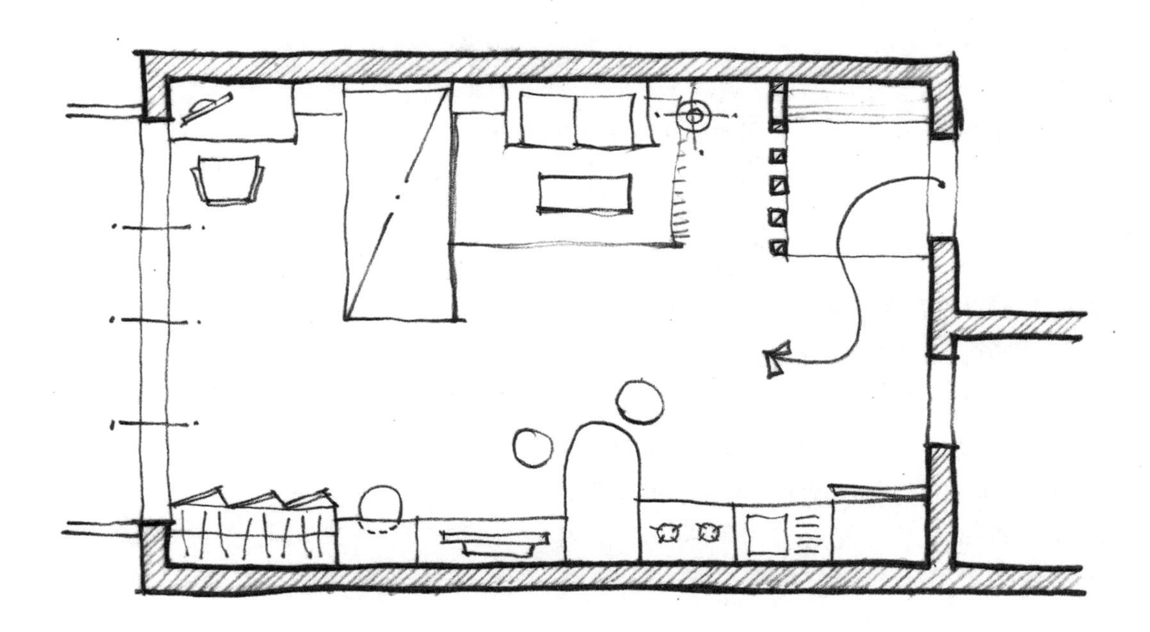

실내건축산업기사 디자인 실기 과년도 문제

시행일 : '01.11.04, '03.04.27, '05.04.30, '07.04.21, '09.04.19

해답도면 : P.5

작품명 : 오피스텔 I	표준시간 : 5시간 30분

1 요구사항

문제도면은 인테리어를 하는 독신자가 생활하는 고층의 오피스텔이다.
다음 요구조건에 맞게 요구도면을 작도하시오.

2 요구조건

1. **설계면적** : 10,500mm×4,200mm×2,400mm(H)
2. **공간구성**
   - 접이식 SEMI DOUBLE BED, 최소한의 주방집기, 2인용 식탁, 2인용 SOFA SET, TV와 AUDIO수납장식장, 수납가구, 신발장, 책상 2개
   - 다용도실 : 세탁기, 보일러
   - 욕실계획
   - 그 외의 가구 및 집기는 수검자가 임의로 더 넣어도 좋다.

3 요구도면

1. **평면도**(가구 및 바닥마감재 표기) : 1/30 SCALE
   (평면도 우측 하단에 설계자가 의도한 DESIGN CONCEPT를 180자 내외로 적으시오.)
2. **내부입면도 D방향 1면**(벽면재료 표기) : 1/30 SCALE('01.11.04, '03.04.27 B방향)
3. **천장도**(설비 및 조명기구 배치, 마감재 표기) : 1/30 SCALE
4. **실내투시도**(반드시 채색작업 포함) : NONE SCALE
   (투시도는 계획의 포인트가 좋은 지점에서 1소점 혹은 2소점으로 작도하되, 작도과정의 투시보조선을 반드시 남길 것)

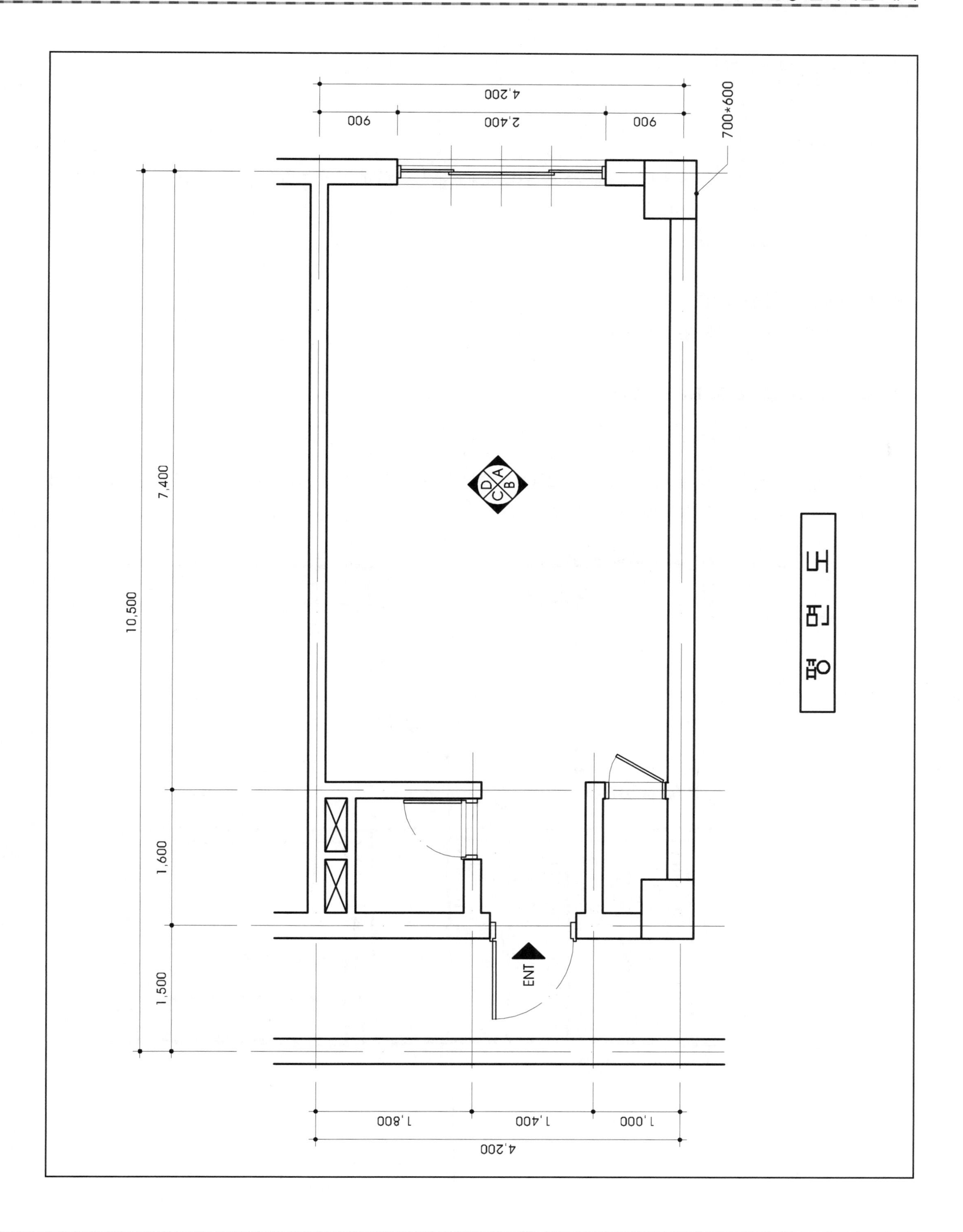
4,200
900
2,400
900
700*600
10,500
7,400
1,600
1,500
A
B
C
D
ENT
평면도
1,800
1,400
1,000
4,200

문제해설

1. 오피스텔

일반 오피스빌딩은 사무실로만 사용할 수 있는데 반해, 오피스텔(OFFICETEL)은 낮에는 작업, 사무, 공부 등의 다목적 공간으로 사용이 가능하고, 밤에는 숙식까지 할 수 있도록 OFFICE+HOTEL을 조합한 공간을 뜻한다. 건축법상에는 업무시설로 분류되며 주택법을 적용받지는 않는다.

2. 벽두께와 창문 확인

주어진 벽체의 두께와 창문의 형태를 확인한다.

3. 접이식 SEMI DOUBLE BED

(1) 침대의 형태를 작도하고 "접이식 SEMI DOUBLE BED"라고 기입한다.

(2) 침대를 펼쳤을 때의 면적만큼 파선으로 작도하고, 접었을 때의 면적만큼 중간선으로 작도한다. 이 방법 외에 침대를 옷장 안에 매입하는 방법도 있다.

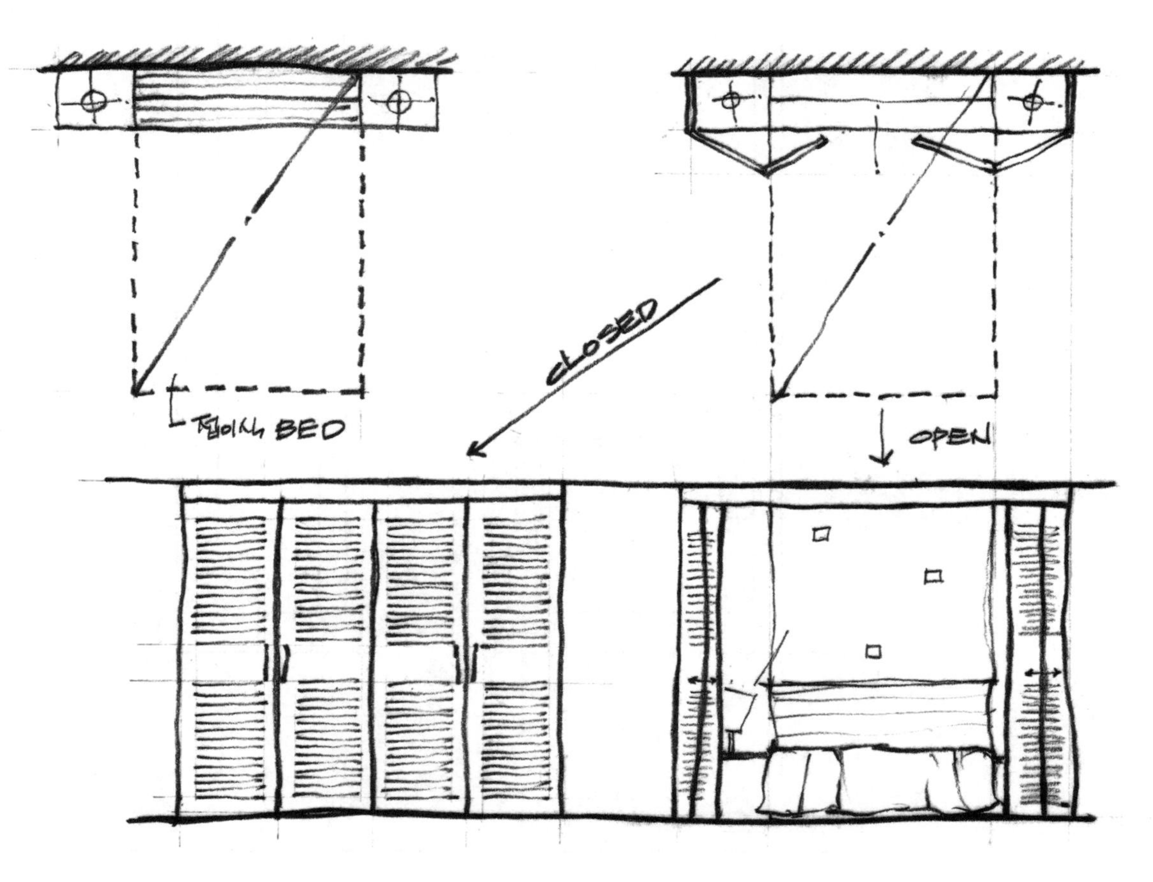

4. 현관, 욕실과 실내와의 단 차이관계

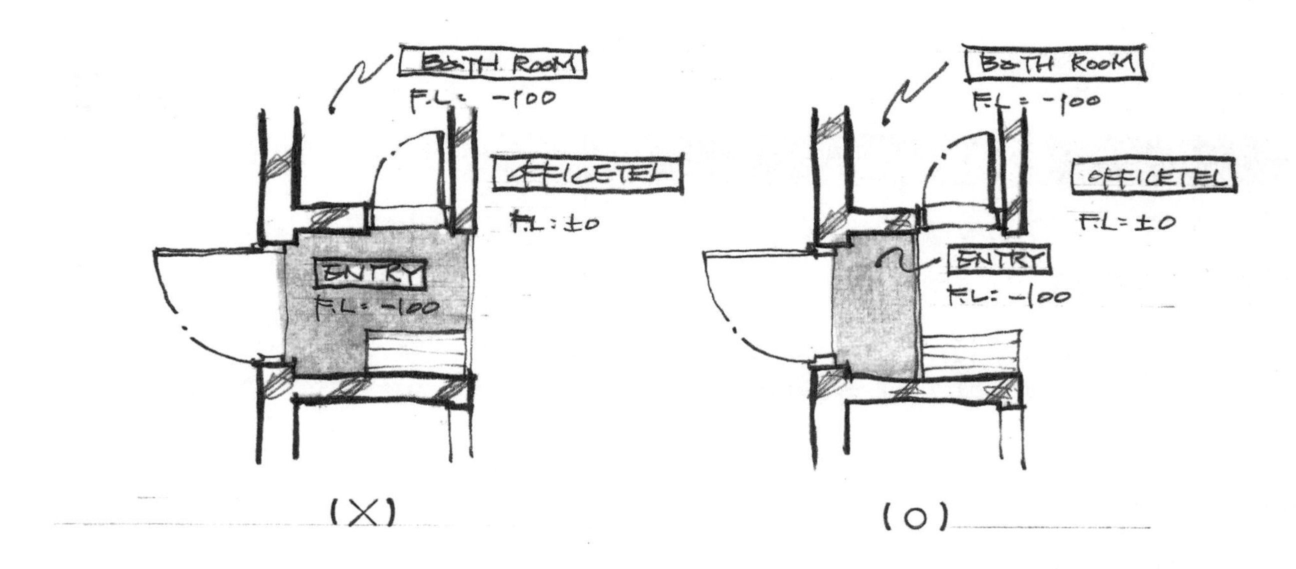

5. 투시도 작도방향

투시도의 방향은 공간의 긴 면 방향과 짧은 면 방향으로 두 방향이 있다. 짧은 면 방향으로 투시도방향을 설정할 시에는 작도할 때 가구를 애매하게 자르지 말고 공간과 공간이 자연스럽게 연결된 상태에서 작도한다. 긴 면 방향으로 투시도방향을 설정할 시에는 벽면 작도 시 욕실의 공간 1,600을 빼고, 보이는 공간면 7,400 면만 먼저 작도한 후 욕실 벽모서리에서 왼쪽으로 꺾어 벽을 연장하여 작도한다.

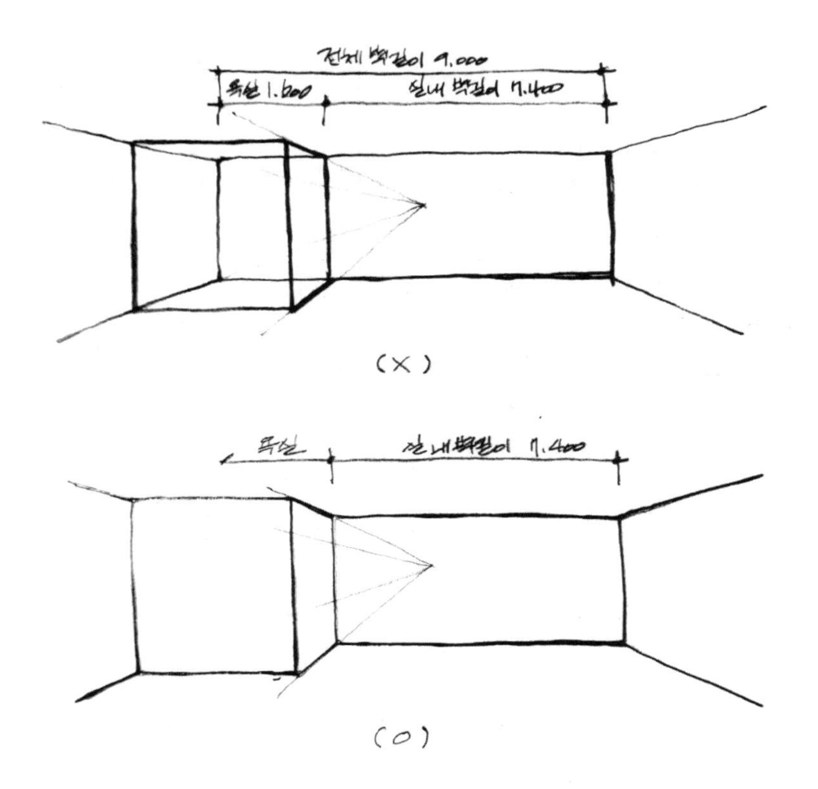

실내건축산업기사 디자인 실기 과년도 문제

시행일 : '02.09.29, '09.09.13, '11.07.24

해답도면 : P.8

작품명 : 주거형 오피스텔 Ⅱ	표준시간 : 5시간 30분

1 요구사항

문제도면은 인테리어를 하는 30대 부부가 생활하는 고층의 오피스텔이다.
다음 요구조건에 맞게 요구도면을 작도하시오.

2 요구조건

1. **설계면적** : 8,400mm×5,400mm×2,400mm(H)
2. **공간구성**
   - 침실 및 작업공간 : 트윈베드, 나이트테이블, 작업대(1,500mm×1,000mm)/의자 포함, 컴퓨터 2대와 테이블/의자 포함
   - 붙박이장, 화장대, 서랍장, 장식장, 신발장
   - 주방구성 : 싱크세트 및 냉장고
   - 그 외의 가구 및 집기는 수검자가 임의로 더 넣어도 좋다.

3 요구도면

1. **평면도**(가구 및 바닥마감재 표기) : 1/30 SCALE
   (평면도 우측 하단에 설계자가 의도한 DESIGN CONCEPT를 180자 내외로 적으시오.)
2. **내부입면도 A방향 1면**(벽면재료 표기) : 1/30 SCALE
3. **천장도**(설비 및 조명기구 배치, 마감재 표기) : 1/30 SCALE
4. **실내투시도**(반드시 채색작업 포함) : NONE SCALE
   (투시도는 계획의 포인트가 좋은 지점에서 1소점 혹은 2소점으로 작도하되, 작도과정의 투시보조선을 반드시 남길 것)

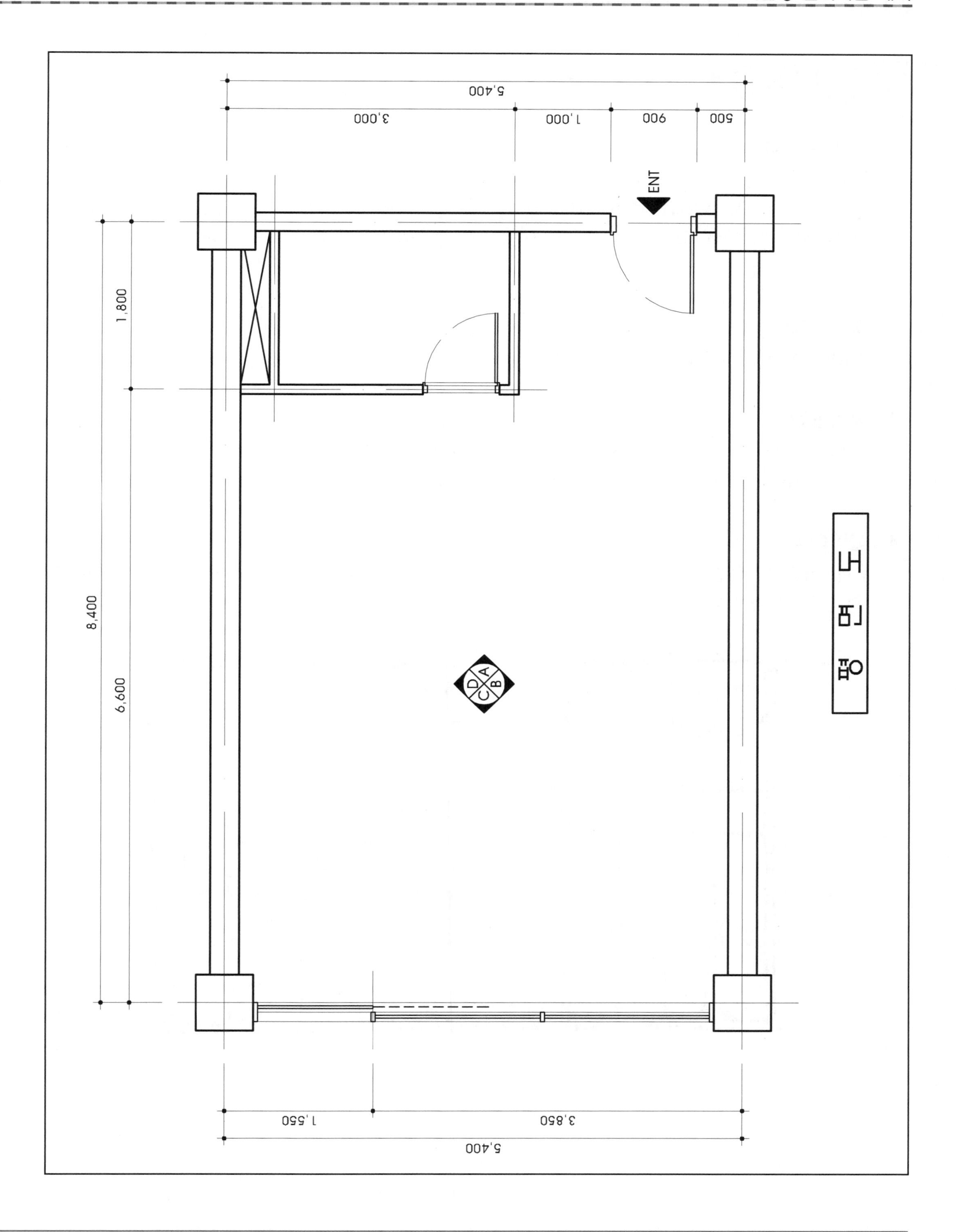
5,400
3,000
1,000
900
500
ENT
1,800
8,400
6,600
평 면 도
A
B
C
D
1,550
3,850
5,400

문제해설

1. 벽체의 재료

문제에는 벽체의 재료가 별도로 주어지지 않았다. 하지만 문제조건의 요구사항을 보면 고층의 오피스텔이라는 조건이 있다. 조적식 구조 중 벽돌조는 3층 이하, 블록조는 5층 이하의 건물에 쓰인다. 고층이라 함은 5층 이상의 건물로 철골구조나 철근콘크리트조가 쓰인다. 따라서 본 문제의 벽체는 철근콘크리트조로 한다.

2. 트윈베드

더블베드가 아닌 싱글베드 2개로 작도한다.

3. 작업공간

작업대(1,500mm×1,000mm)/의자 포함, 컴퓨터 2대와 테이블/의자 포함
위의 조건은 기본작업대를 포함하여 책상이 3조, 의자가 최소 3조가 있어야 한다.

4. 붙박이장

붙박이장은 건축화된 가구의 형태로 이동이 불가능하다. 벽이나 바닥의 일부에 고정형 가벽 등을 세워 옷장이나 식기장, 신발장, 책장 등에 활용한다.

5. 주거형 오피스텔의 평면계획 예시

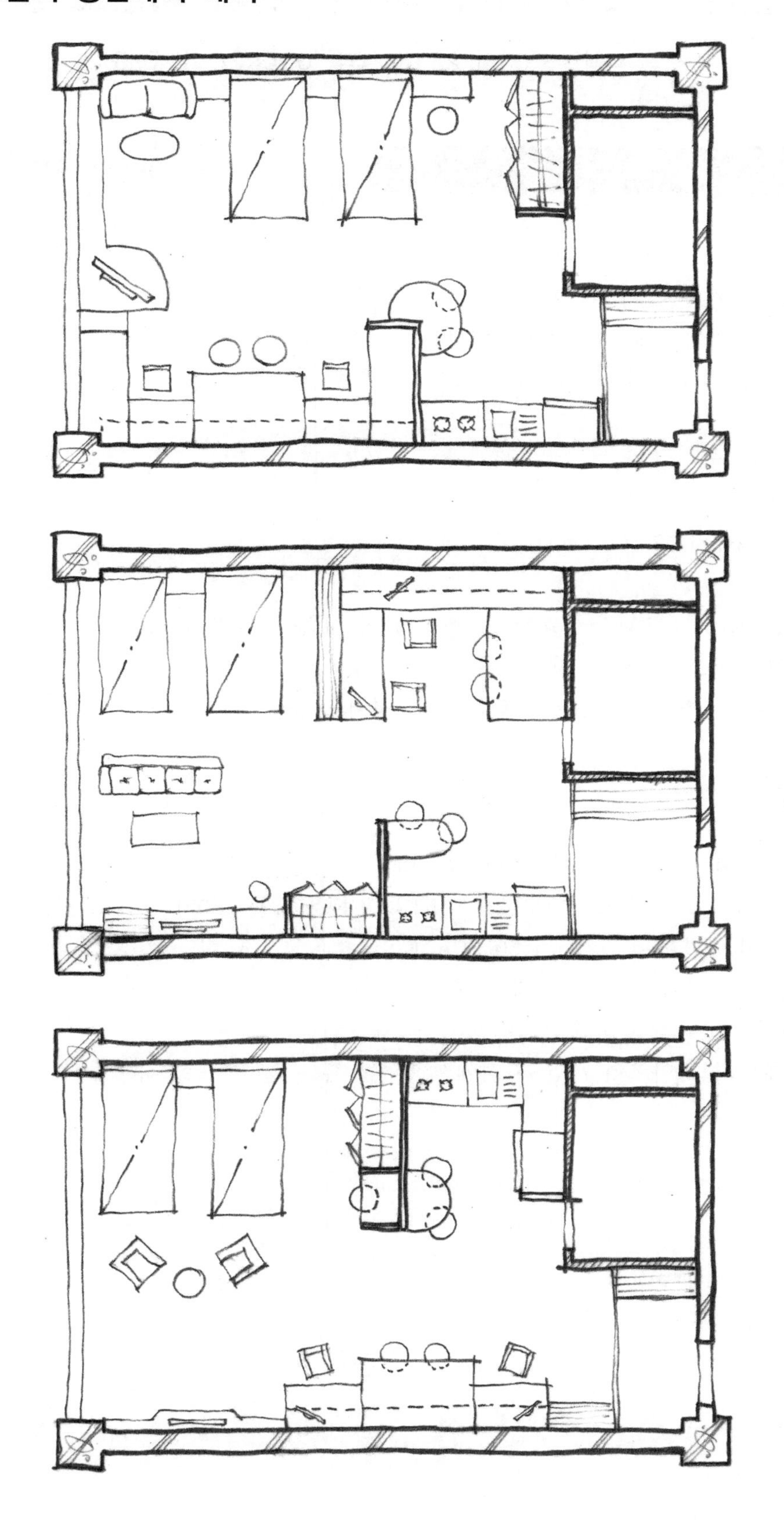

실내건축산업기사 디자인 실기 과년도 문제

시행일 : '00.11.12, '01.11.04, '03.04.27, '11.10.15

해답도면 : P.11

작품명 : 유스호스텔	표준시간 : 5시간 30분

1 요구사항

문제도면은 청소년 수련을 위한 유스호스텔이다.
다음 요구조건에 맞게 요구도면을 작도하시오.

2 요구조건

1. 설계면적 : 8,400mm×3,600mm×2,400mm(H)
2. 공간구성
   - TWIN BED, NIGHT TABLE, 옷장 2, 화장대 겸 서랍장, 컴퓨터 책상, TV TABLE, R.E.F
   - BATHROOM : 욕조, 양변기, 세면대 등
   - 그 외의 가구 및 집기는 수검자가 임의로 더 넣어도 좋다.

3 요구도면

1. 평면도(가구 및 바닥마감재 표기) : 1/30 SCALE
   (평면도 우측 하단에 설계자가 의도한 DESIGN CONCEPT를 180자 내외로 적으시오.)
2. 내부입면도 2면(벽면재료 표기) : 1/50 SCALE
3. 천장도(설비 및 조명기구 배치, 마감재 표기) : 1/30 SCALE
4. 실내투시도(반드시 채색작업 포함) : NONE SCALE
   (투시도는 계획의 포인트가 좋은 지점에서 1소점 혹은 2소점으로 작도하되, 작도과정의 투시보조선을 반드시 남길 것)

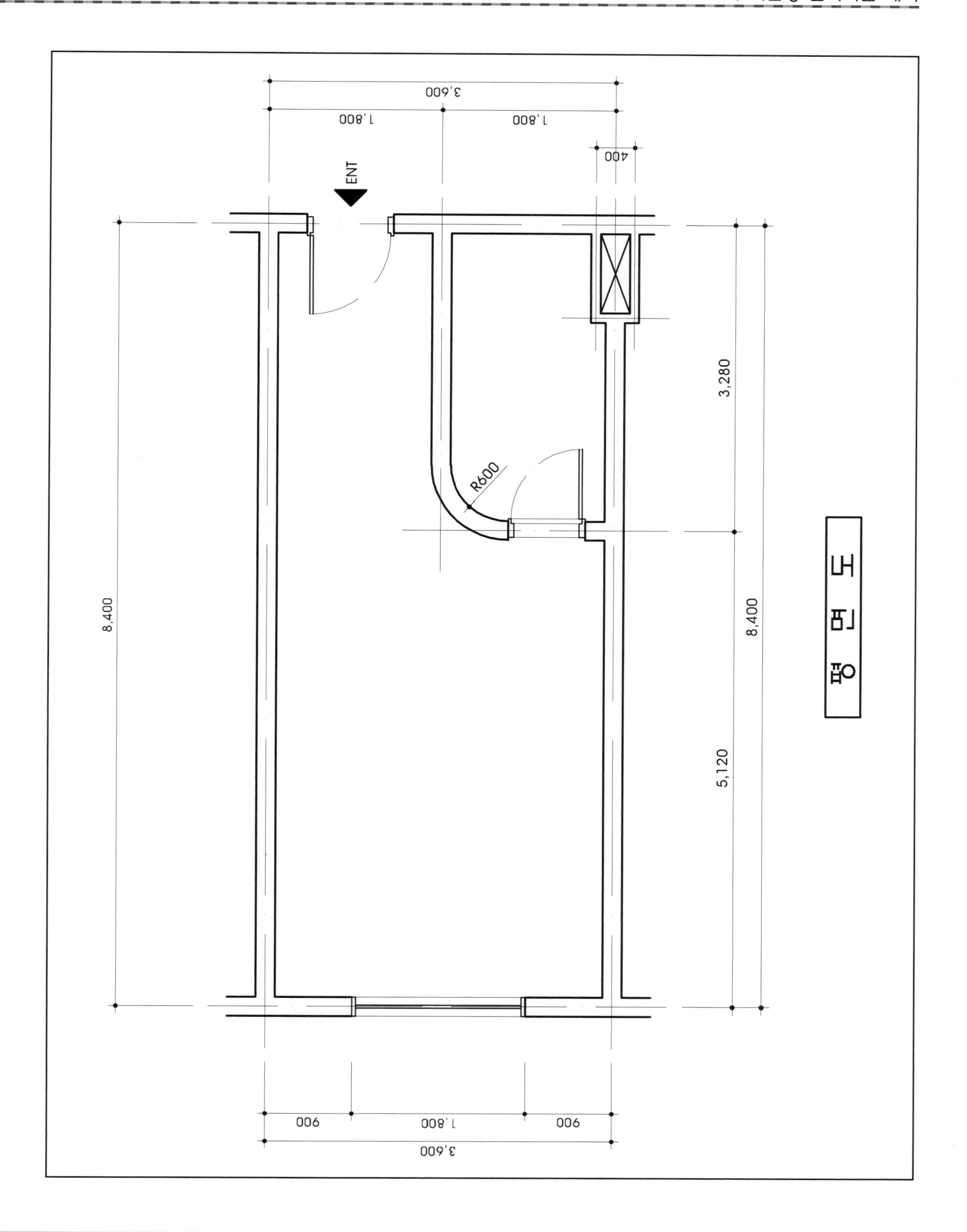
ENT
R600
3,600
1,800
1,800
400
3,280
5,120
8,400
8,400
900
1,800
900
3,600
평면도

문제해설

1. 유스호스텔

유스호스텔(YOUTH-HOSTEL)이란 여행자가 저렴한 가격으로 안전하고 편안하게 머물 수 있는 장소이다. 뿐만 아니라 청소년을 위한 여러 가지 교육이 가능한 공간으로 여행을 통한 건전한 청소년을 육성하기 위한 곳이다. 간소하고 깨끗한 공동침실, 편의시설, 주방시설, 화목한 분위기 등은 유스호스텔만의 독특한 분위기로 청소년들이 가정 밖에서 가정적 분위기를 느낄 수 있는 숙박시설이다.
숙박시설 호텔 객실의 형태는 다음과 같다.

(1) 싱글베드룸(SINGLE BED ROOM)
1인용 침대가 1개 있는 객실로, 기준면적은 $13m^2$(약 4평) 이상

(2) 더블베드룸(DOUBLE BED ROOM)
2인용 침대가 1개 있는 객실

(3) 트윈베드룸(TWIN BED ROOM)
1인용 침대가 2개 있는 객실

(4) 스위트룸(SUITE ROOM)
침실과 거실, 2실로 구성된 객실로, 기준면적은 $26m^2$(약 8평) 이상

2. 객실의 필요가구 및 집기

(1) BAGGAGE RACK
여행용 가방 등을 수납하는 테이블이나 장을 뜻하며, 객실의 출입구 부분에 배치한다.
▶ 04. 실내공간의 가구 참조

(2) R.E.F(냉장고)
TV테이블 내로 내장하여 가구와 일체화시킨다. 이때 TV테이블 내로 냉장고를 매입하게 되면 평면도에서 파선으로 작도한다.

(3) EASY CHAIR SET
TEA TABLE과 같이 작도하며, 소파보다는 심플한 등받이와 팔걸이가 있는 의자이다.

(4) NIGHT TABLE
전화기가 배치되고 객실 내 조명을 관리할 수 있는 컨트롤박스가 내장되어 있는 것이 일반적이다.

(5) 욕조
욕조 위에 샤워커튼을 설치한다.

3. 천장조명계획

객실의 천장에는 사실 주가 되는 등이 없다. 객실의 조명은 대부분 스탠드나 벽등으로 되어있다. 객실에 굳이 주등을 계획한다면 샹들리에나 팬라이트(FAN LIGHT) 등으로 계획한다. 천장의 단조로움을 커버하기 위해 천장에 단 차이나 몰딩을 계획하여 입체감을 준다.

4. 투시도의 유형

투시도 작도는 방향에 따라 공간의 분위기나 작도시간, 스케일 등이 달라진다. 투시도는 물체의 측면을 작도하는 것보다 정면을 작도하는 것이 훨씬 쉽다. 물론 물체의 측면을 작도하는 것이 정면을 작도하는 것보다 투시도의 효과상 더 효과적이다.

투시도에 자신이 없거나 작도시간이 많이 걸리는 수검생은 침대를 정면으로 보고 작도하는 B유형으로, 투시도에 자신이 있고 작도시간이 많이 걸리지 않는 수검생은 침대를 측면으로 보고 작도하는 A유형으로 한다.

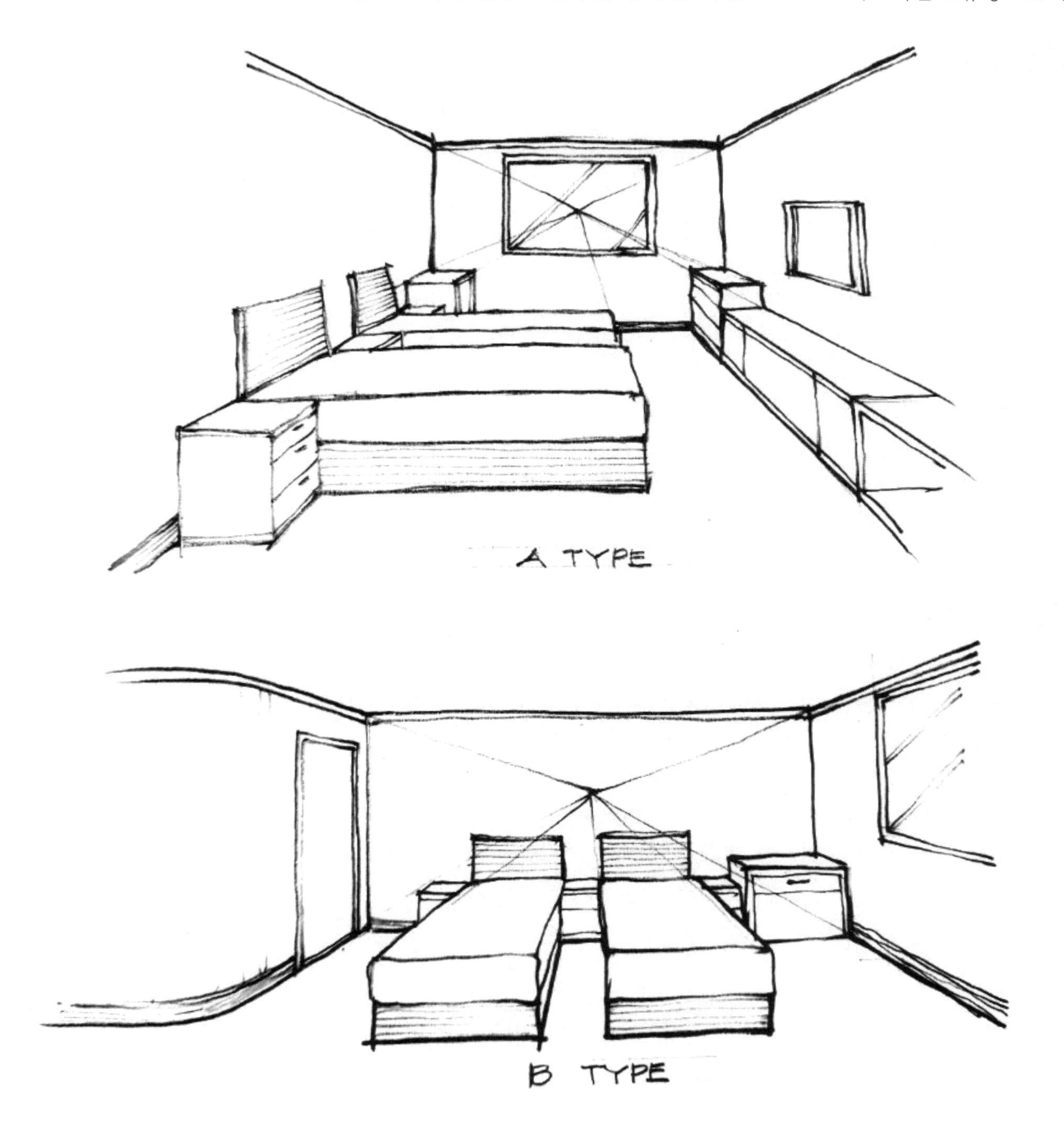

실내건축산업기사 디자인 실기 과년도 문제

시행일 : '02.07.07, '04.07.04, '06.07.09, '08.04.20, '10.04.18, '12.04.22

해답도면 : P.14

작품명 : 이동통신매장 Ⅰ | 표준시간 : 5시간 30분

1 요구사항

문제도면은 도시에 있는 상업중심지역 1층에 위치한 이동통신기기대리점이다.
다음 요구조건에 맞게 요구도면을 작도하시오.

2 요구조건

1. **설계면적** : 8,200mm×4,600mm×2,700mm(H)
2. **종업원** : 2~3명이 근무하고 판매 및 수납기능을 겸한다.
3. **공간구성**
   - 전시 및 판매공간
   - 수리(A/S)공간
   - 필수가구 : 전시대, 수납카운터, 4인용 테이블, 서비스테이블, 진열장 등
   - 그 외의 가구 및 집기는 수검자가 임의로 더 넣어도 좋다.

3 요구도면

1. **평면도**(가구 및 바닥마감재 표기) : 1/30 SCALE
   (평면도 우측 하단에 설계자가 의도한 DESIGN CONCEPT를 180자 내외로 적으시오.)
2. **내부입면도 B방향 1면**(벽면재료 표기) : 1/30 SCALE
3. **천장도**(설비 및 조명기구 배치, 마감재 표기) : 1/30 SCALE
4. **실내투시도**(반드시 채색작업 포함) : NONE SCALE
   (투시도는 계획의 포인트가 좋은 지점에서 1소점 혹은 2소점으로 작도하되, 작도과정의 투시보조선을 반드시 남길 것)

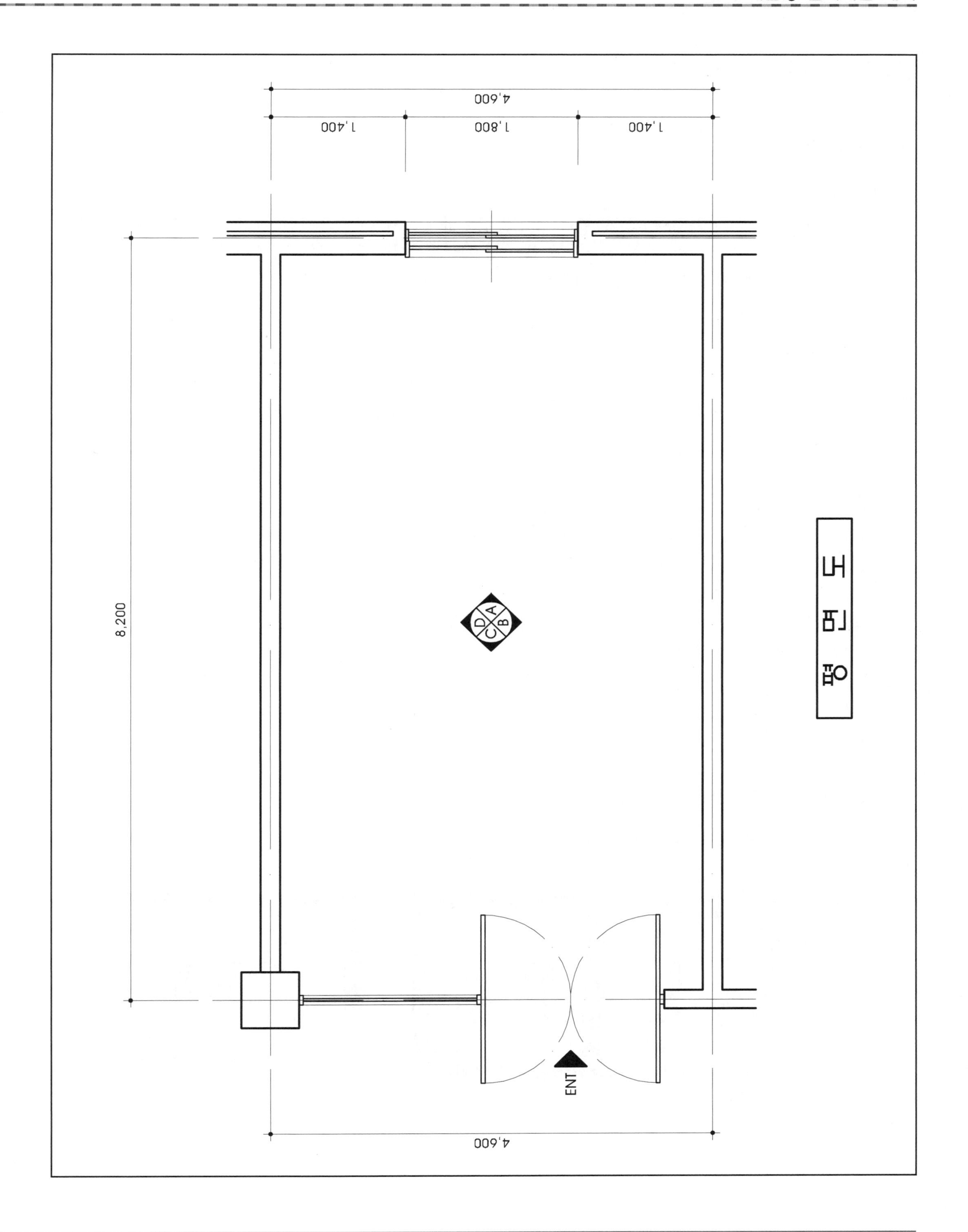
4,600
1,400
1,800
1,400
8,200
A
B
C
D
평 면 도
ENT
4,600

문제해설

1. 상업공간의 판매형식

(1) 측면판매

고객과 상품을 직접 접촉하게 하여 소비자의 충동구매를 유도하는 판매형식이다. 진열면적을 크게 활용할 수 있으며, 상품에 대한 친근감이 쉽게 생기므로 선택이 용이하다. 판매원의 위치 선정이 어렵고, 상품의 선정이나 포장 등이 불편하다는 단점이 있다. 서적, 의류, 문방구류, 침구 등의 매장이 이에 속한다.

(2) 대면판매

판매원과 고객이 1 : 1로 쇼케이스를 가운데 두고 상담·판매하는 형식이다. 주로 고가품이나 상품의 설명이 필요한 물품을 취급한다. 시계, 카메라, 화장품, 약품, 귀금속 등의 매장이 이에 속한다. 이동통신기기매장은 대면판매형식에 속한다.

2. 대면판매공간

대면판매공간은 충동구매보다는 소비자가 어떤 목적을 갖고 찾는 공간이다. 우리가 쉽게 접할 수 있는 대면판매공간으로는 이동통신기기매장이나 약국, 보석점, 화장품매장, 안경점 등이 있다.

이러한 공간을 우리는 어떻게 접하게 되는가? 휴대폰을 사기 위해서, 배가 아파서, 또는 이성 친구에게 커플링을 사주기 위해서, 스킨이 떨어져서, 눈이 나빠서 등의 이유로 이러한 공간을 찾게 된다.

이러한 공간에 가게 되면 나는 무엇을 하는가? 우선 내가 생각하는 디자인이나 비용 등의 목적을 종업원에게 전달하고, 종업원은 내가 생각하는 디자인과 비용 등을 고려해서 물건을 소개한다. 그러면 쇼케이스를 둘러보고 원하는 것을 손가락으로 짚어 보여달라고 한다. 대면판매공간은 이렇게 쇼케이스나 진열대의 유형으로 전체 계획이 결정된다.

3. 쇼케이스, 진열대의 배치유형

(1) 굴절배열형(대면판매+측면판매형식)

소형이며 고가물품을 판매한다.

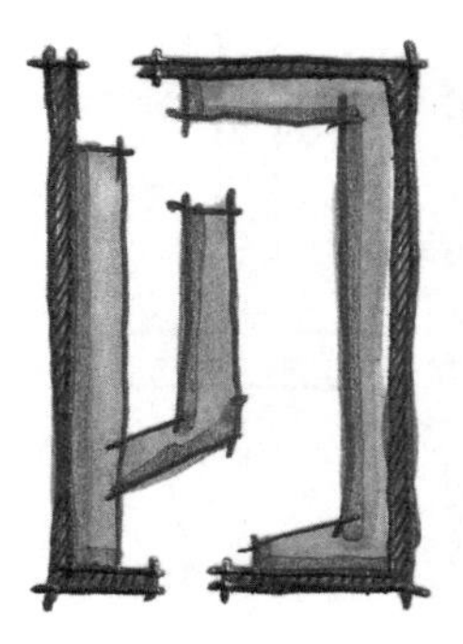
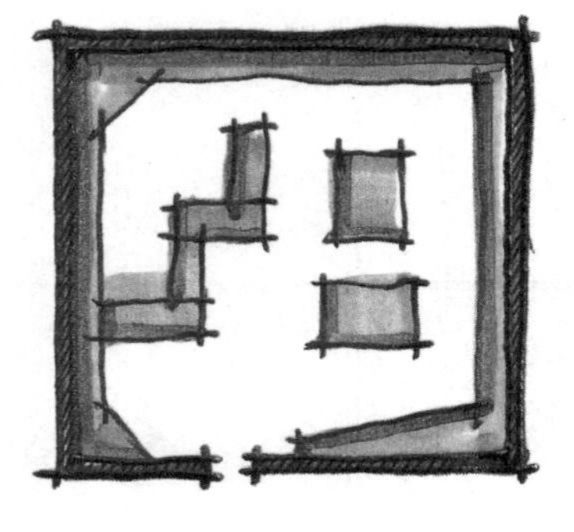
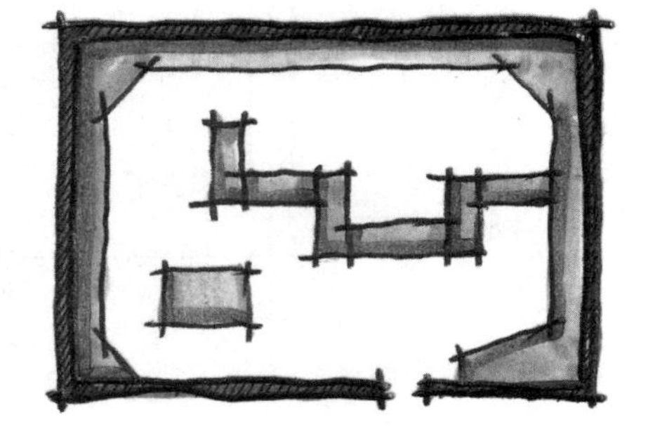

(2) 직렬배열형(측면판매형식)

(3) 환상배열형(대면판매형식)

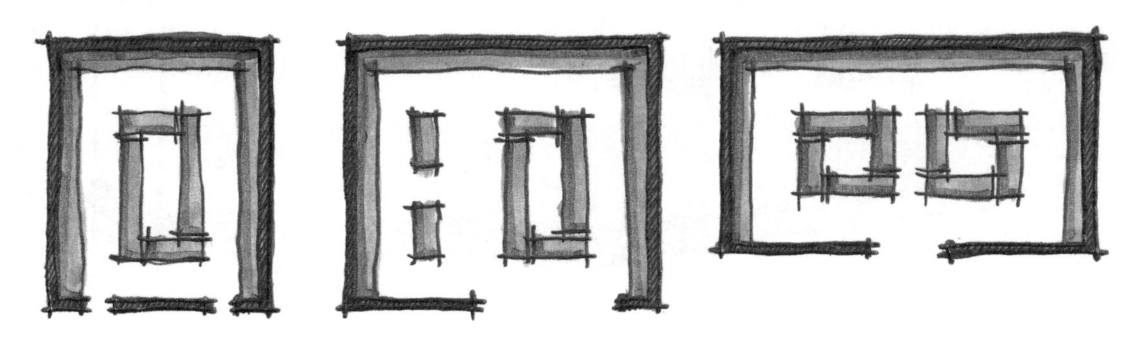

(4) 복합형(전면 – 측면판매형식, 후면 – 대면판매형식)

종합물품을 판매한다.

4. 쇼케이스

대면판매 부분인 쇼케이스 앞에 고객이 앉아서 상담할 수 있게 스툴(STOOL)을 계획한다. 귀금속매장이나 오래 상담하는 공간의 경우는 주고객의 접대를 위해 리셉션공간도 별도로 계획할 수 있다.

5. ALCOVE DISPLAY(알코브디스플레이)

벽이나 기둥에 공간을 띄우고 가벽을 세워 내부를 파주는 형식의 디스플레이이다.

평면도를 작도할 때에는 가벽체를 세우고 내부에 파주는 만큼 파선으로 작도한다. 파주는 공간은 500mm 이하로 하며, 천장도 작도 시에는 평면도와 마찬가지로 작도하되 파선은 중간선으로 작도해 준다.

평면도에 알코브형식을 작도해 주고 천장도에서는 누락시키는 경우가 많으니 이 점을 특히 유의해야 한다.

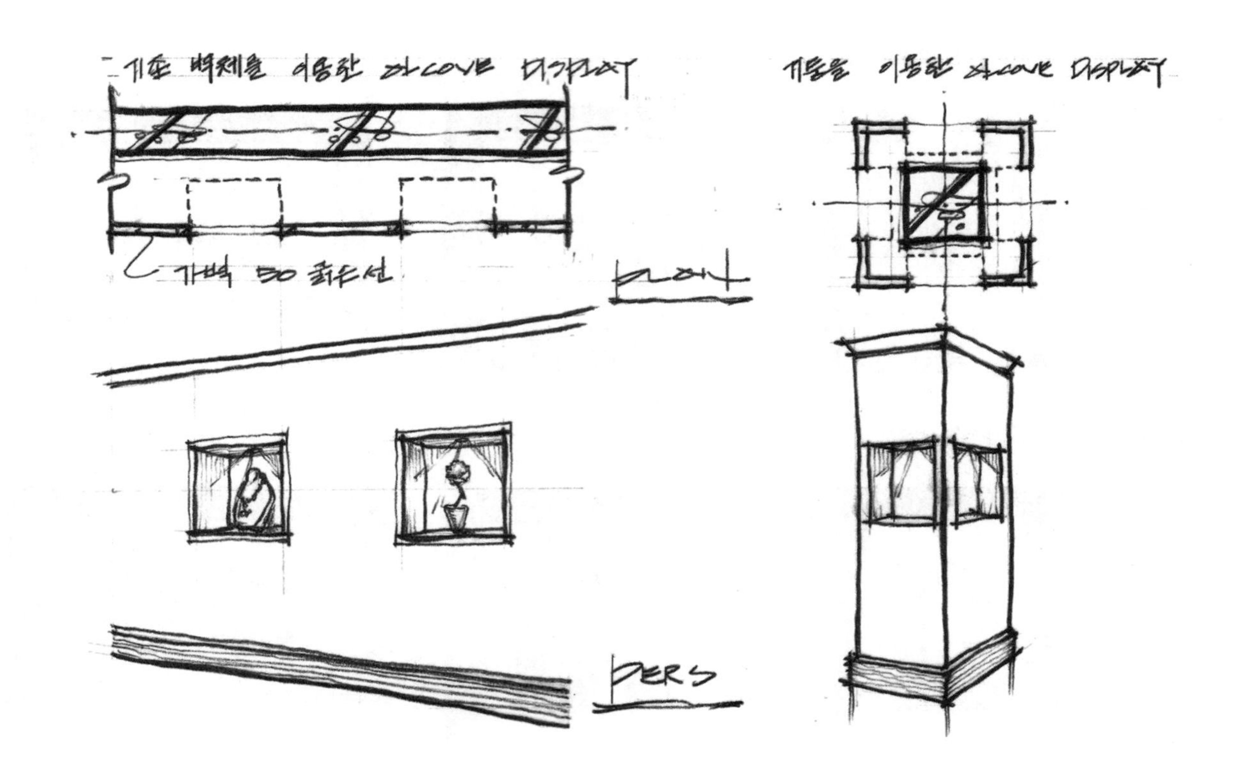

6. 상업공간 대면판매매장의 투시도

V.P와 S.P는 반드시 도면의 중앙에 둘 필요는 없다. V.P와 S.P선상에 걸린 가구들은 측면이 보이지 않아 가구의 형태를 제대로 전달하기가 어렵다. 이때 가구의 측면을 잘 보이게 하기 위해서는 V.P를 이동시켜야 한다. V.P가 이동하면 S.P도 같이 이동한다(B-TYPE). 또한 상업공간의 경우는 벽면의 길이와 S.P점에 의해 1/30 SCALE 혹은 1/40 SCALE로 작도할 수 있다.

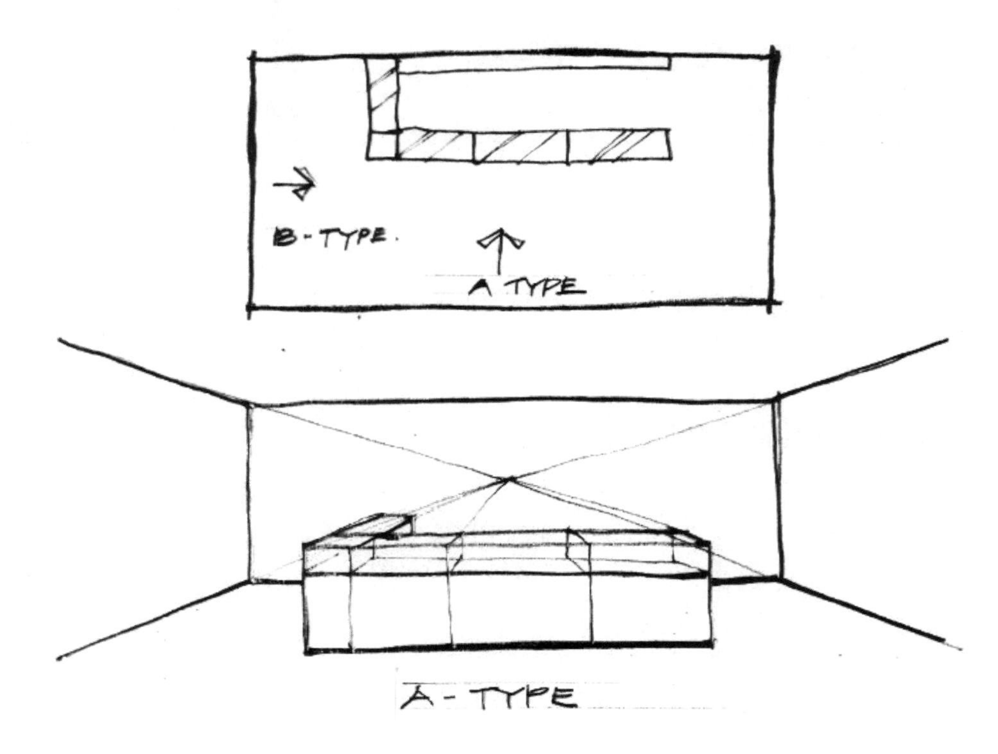

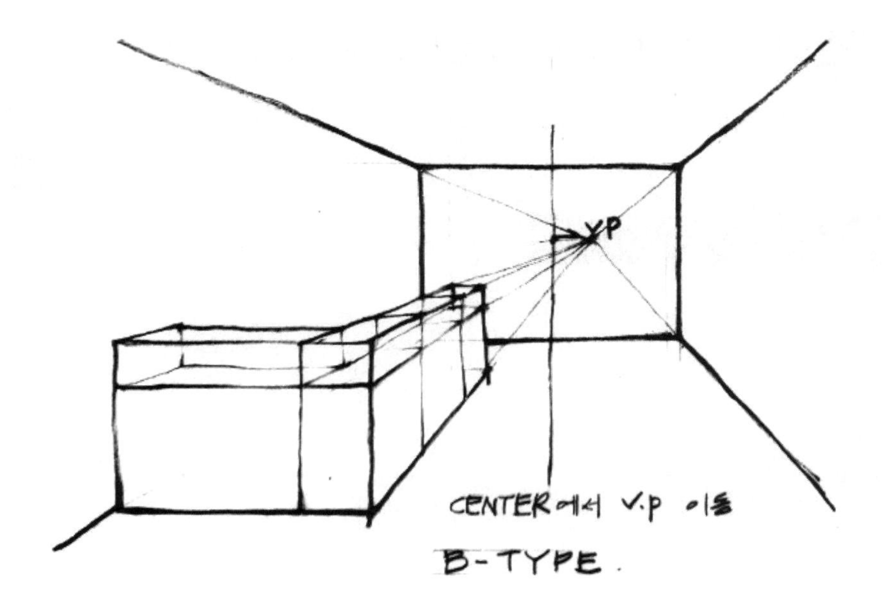
VP
CENTER에서 V.P 이동
B-TYPE.

실내건축산업기사 디자인 실기 과년도 문제

시행일 : '00.06.25, '01.07.15, '03.10.25, '06.04.22, '08.09.27, '10.09.11, '16.06.25, '17.10.12

해답도면 : P.17

작품명 : 아동복매장 I	표준시간 : 5시간 30분

1 요구사항

문제도면은 상업중심지역에 위치한 아동복매장이다.
다음 요구조건에 맞게 요구도면을 작도하시오.

2 요구조건

1. 설계면적 : 5,500mm×5,800mm×2,600mm(H)
2. 문 : 900mm×2,100mm(H)
3. 주요 고객 : 7~12세 아동을 동반한 30~40대 중반의 부모
4. 공간구성
   - SHOW WINDOW
   - CASHIER COUNTER : 1,300mm×500mm×1,000mm
   - DISPLAY TABLE : 1,300mm×500mm×1,100mm 3EA, 1,200mm×350mm×1,100mm 1EA
   - FITTING ROOM
   - DISPLAY SHELF, HANGER, AIR CONDITIONER
   - 그 외의 가구 및 집기는 수검자가 임의로 더 넣어도 좋다.

3 요구도면

1. 평면도(가구 및 바닥마감재 표기) : 1/30 SCALE
   (평면도 우측 하단에 설계자가 의도한 DESIGN CONCEPT를 180자 내외로 적으시오.)
2. 내부입면도 B, C방향 2면(벽면재료 표기) : 1/30 SCALE
3. 천장도(설비 및 조명기구 배치, 마감재 표기) : 1/30 SCALE
4. 실내투시도(반드시 채색작업 포함) : NONE SCALE
   (투시도는 계획의 포인트가 좋은 지점에서 1소점 혹은 2소점으로 작도하되, 작도과정의 투시보조선을 반드시 남길 것)

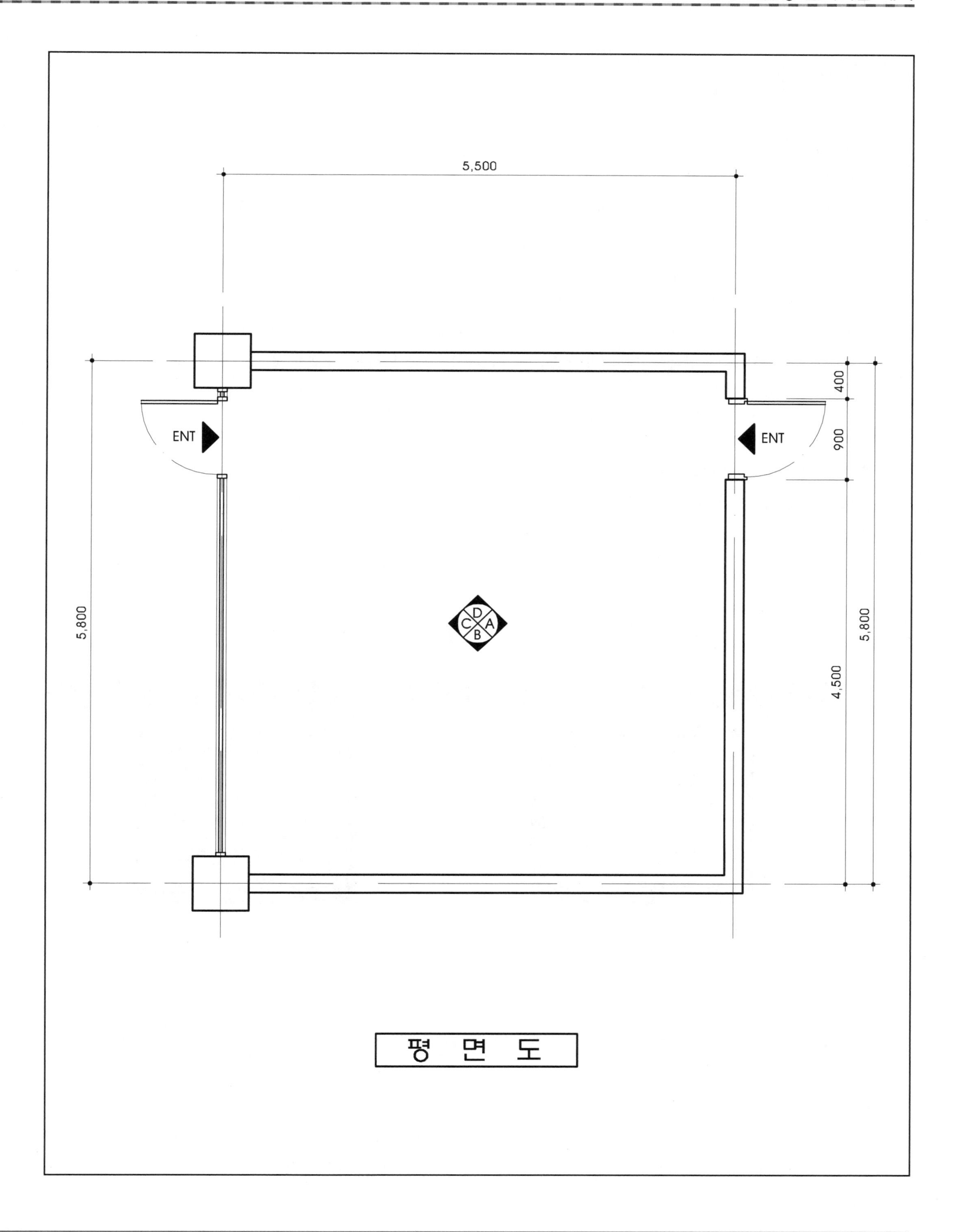
5,500
5,800
400
900
4,500
5,800
ENT
ENT
D
C
A
B
평 면 도

문제해설

1. 상업공간의 개요

상업공간은 판매와 관련된 공간으로 직접적으로는 판매 증대, 간접적으로는 시각적 환경 개선, 심리적 만족 등을 해결시켜 주는 공간이다. 상업공간을 계획할 때에는 소비자의 성별, 연령별, 지역별, 시대별, 위치적 조건을 고려해야 한다.

❙ 고객의 구매심리 5단계 ❙

- A(주의, ATTENTION) : 소비자의 주의를 끌게 한다.
- I(흥미, INTEREST) : 쇼윈도의 상품을 보고 상품에 대한 흥미를 느끼게 한다.
- D(욕망, DESIRE) : 상품에 대해 흥미를 느끼게 하고 사고자 하는 욕구를 일으키게 한다.
- M(기억, MEMORY) : 당장 상품을 구입하지 않더라도 그 상품을 기억하게 한다.
- A(행동, ACTION) : 상품을 구매한다.

2. 상업공간 측면판매의 동선계획

상업공간에서는 고객의 동선, 종업원의 동선, 상품반입동선을 구분해야 한다. 고객의 동선을 주동선으로 하며, 동선의 길이는 길게 한다. 종업원의 동선은 되도록 짧게 하고 구매자와 종업원의 동선이 교차되지 않도록 한다. 종업원의 동선을 짧게 하기 위해서는 창고와 카운터, 포장대 등을 출구에서 후면 쪽에 계획한다.

(1) 고객의 동선

일반적으로 동선은 짧을수록 좋다. 단, 상업공간, 특히 물건을 판매하는 공간에서의 고객동선은 길수록 좋다.

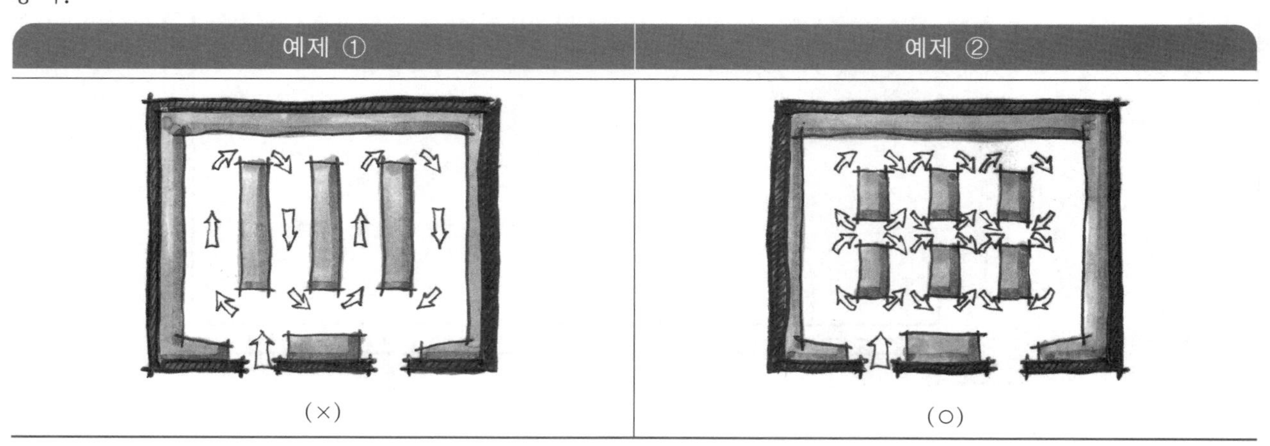

예제 ①	예제 ②
(×)	(○)

위의 예제를 보자. ①의 경우는 동선이 길고 한 방향으로 되어 있고, ②의 경우는 진열대와 진열대 사이에 통로를 주어 한 번 지나친 곳을 다시 지나치게 하였다. 예제 ①과 ② 모두 동선의 길이는 길지만, ②의 경우 한 번 지나친 곳을 다시 지나면서 물건을 볼 수 있게 유도하였다. 그러므로 ①의 계획보다는 ②의 계획이 더 효율적이다.

(2) 종업원의 동선

종업원의 동선은 가능한 한 짧게 한다. 특히, 측면판매의 경우는 종업원이 항상 서 있으므로 피로하기 쉽다. 그러므로 종업원이 주로 접하는 부대 부분만큼은 동선을 짧게 계획한다.

(3) 상품관리동선

종업원의 동선과 마찬가지로 가능한 한 짧게 계획한다.

동선계획의 KEY POINT－고객과 종업원의 동선교차를 가급적 피한다.

3. 매장의 계획

(1) 매장의 공간구분

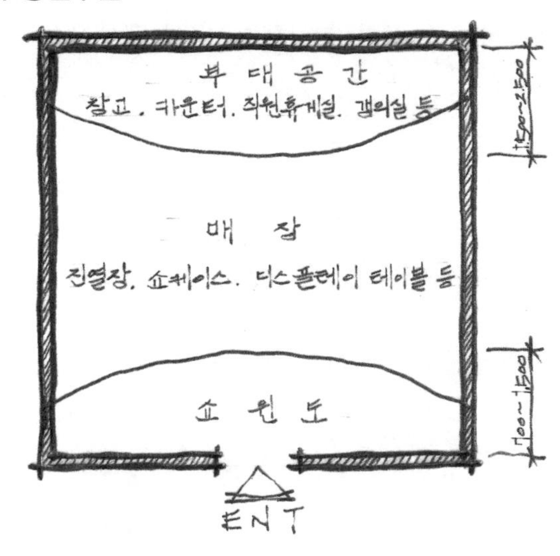

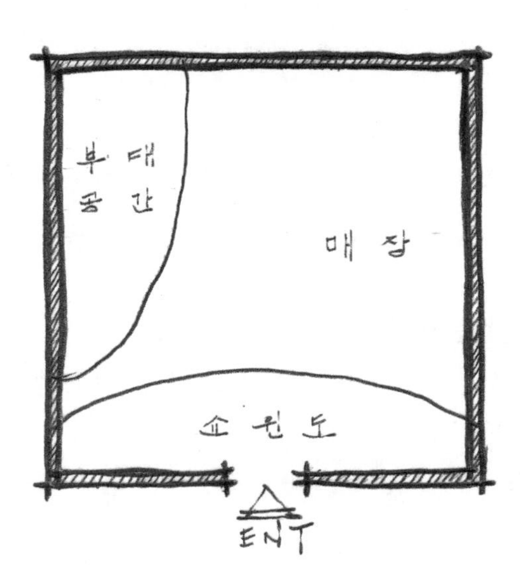

(2) 매장의 통로계획

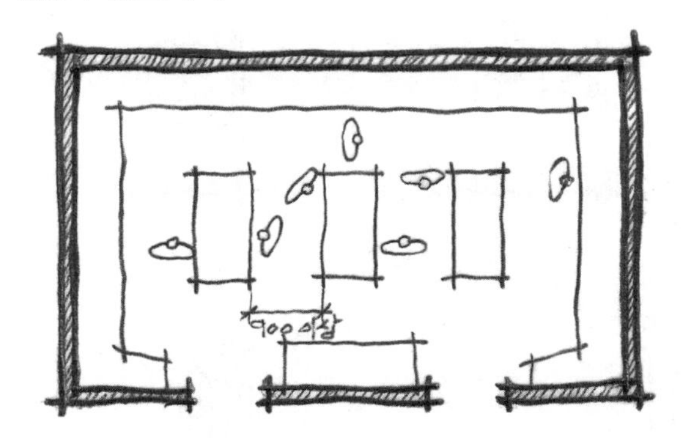

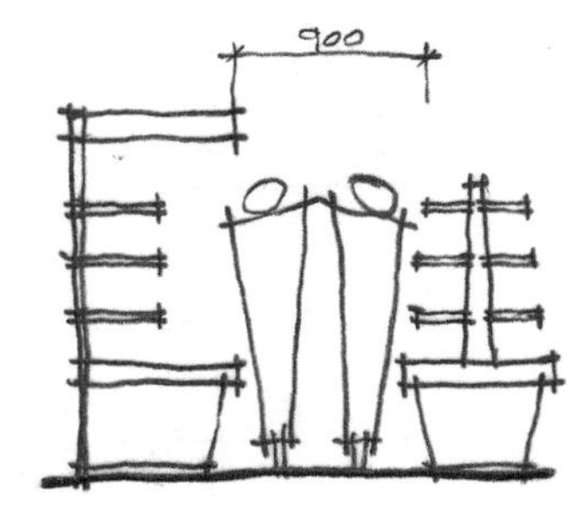

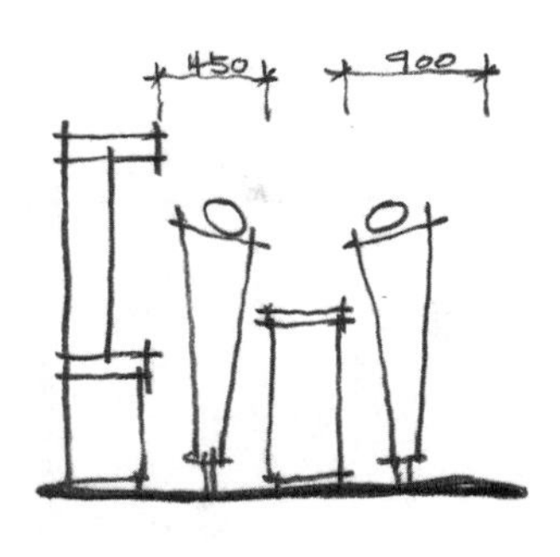

(3) 카운터의 위치

측면판매매장은 충동구매가 가능한 공간이므로 매장의 후면에 카운터를 계획하여 단순히 아이쇼핑을 하는 소비자라도 편안히 매장 내로 유도할 수 있게 계획해야 한다.

4. 피팅룸의 계획

(1) 카운터와 가까운 위치에 계획한다.

피팅룸의 위치가 카운터와 멀어지면 계산을 하러 가는 도중 소비자의 구매욕구가 변할 수 있다. 피팅룸을 카운터와 가까이 두어 계산으로 바로 연결되게 한다.

(2) 피팅룸 내부에는 거울을 계획하지 않는다.

소비자의 구매는 본인의 구매욕이 70%라면 주위 친구나 종업원의 권유가 30%이다. 70%의 마음으로 피팅룸에서 본인의 모습을 보게 되면 소비자는 이미 구매 유무를 결정하고 나오게 된다. 만약 소비자가 구매를 하지 않기로 결정한다면 종업원은 30%의 판매할 수 있는 기회를 잃게 된다. 따라서 거울은 피팅룸 근처에 계획한다.

(3) 피팅공간의 확보

피팅룸에서 나와 거울을 편하게 보고 구매를 결정할 수 있는 공간을 확보한다.

소비자의 쇼핑동선과 피팅공간이 교차하게 되면 숍 안이 복잡하고 어수선해진다. 그런 상황에서 본인의 모습을 보게 되면 아무래도 자신의 모습을 정확하게 파악하지 못하게 되어 구매욕이 떨어지게 된다.

(4) 피팅룸의 크기

900mm×900mm 이상으로 50mm, 100mm 굵은 선 칸막이벽으로 작도한다.

▶ 2장 설계의 기초 04. 실내공간의 가구 P.68 참조

5. 상품의 진열

매장 내 상품의 진열은 고객의 손에 잘 닿는 곳에 있는지, 눈에 띄기 쉬운 곳에 있는지, 스타일별로 비교할 수 있는지 등의 사항을 고려하여 계획해야 한다.

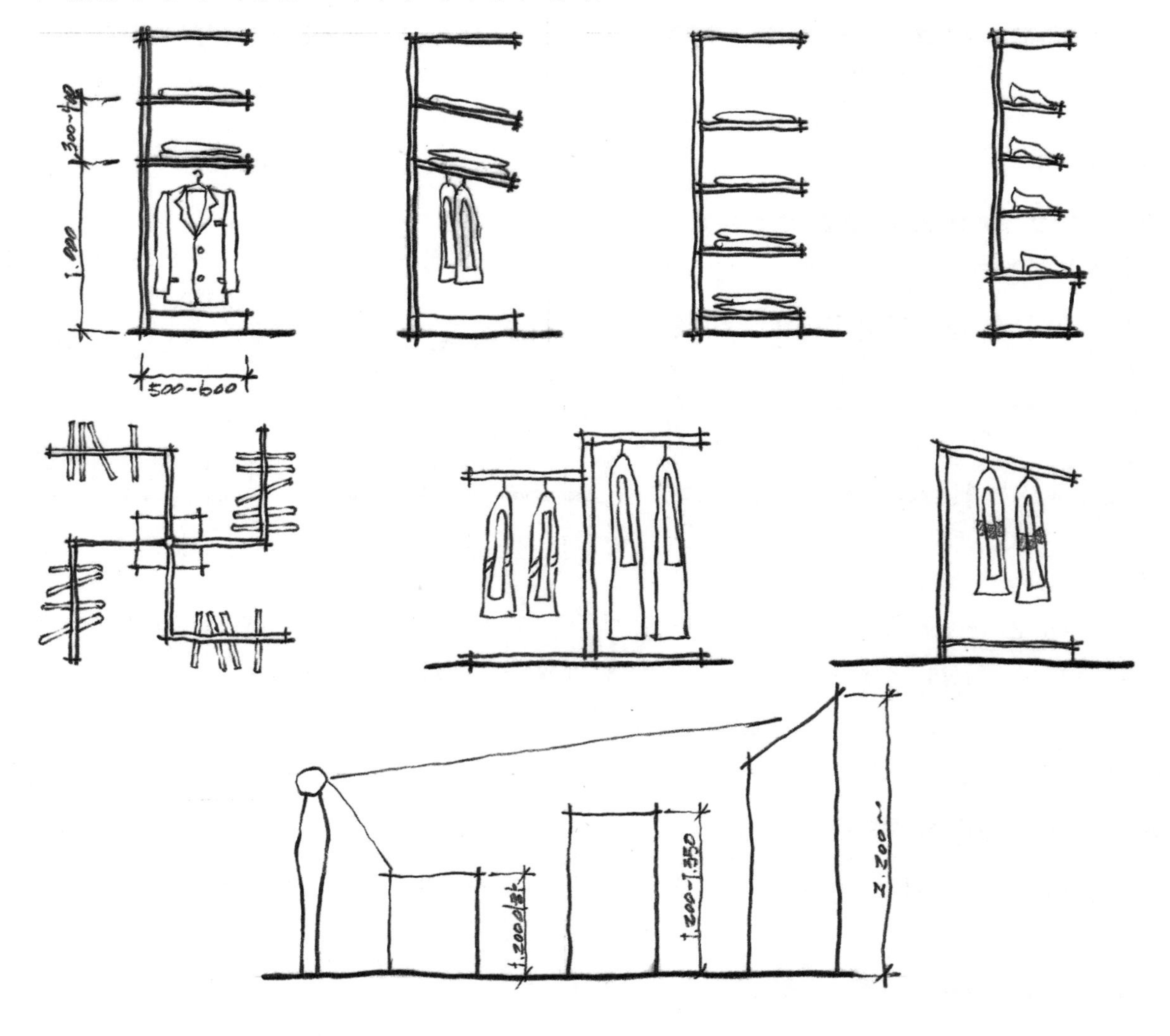

6. DISPLAY

DISPLAY는 "전시하다", "전개하다"의 뜻으로 판매를 효율적으로 증대시키기 위해 하는 것이다. 좀 더 쉽게 말하자면 DISPLAY는 고객에게 흥미를 유발시켜 충동구매를 유도하거나 물건을 고르기 쉽게 도와준다. DISPLAY는 전시의 기능만을 한다. 물론 DISPLAY가 되어있는 물건을 직접 팔기도 하지만 판매의 기능은 매우 약하다. 평면도 내에서 가구배치를 할 때 간혹 DISPLAY가구를 한쪽 벽면으로 몰아서 배치하는 경우가 있는데, 그런 경우는 매장의 궁극적 목표인 판매 증대와는 거리가 먼 계획이 된다. 따라서 DISPLAY의 기능을 하는 가구와 판매의 기능을 하는 가구들을 서로 교차하여 배치한다.

▶ 2장 설계의 기초 04. 실내공간의 가구 P.64~65 참조

(1) DISPLAY STAGE : 400mm 이하 높이의 단상

(2) DISPLAY TABLE : 600~800mm 정도의 테이블

(3) DISPLAY SHELF : 진열용 선반(수납선반과는 구분)

(4) DISPLAY STAGE와 SHOW WINDOW의 차이점

똑같은 DISPLAY의 개념으로 위치에 의해 명칭이 구분되었을 뿐이다.

① DISPLAY STAGE : 매장 내에 위치

② SHOW WINDOW : 매장 도입부에 있는 창에 위치

(5) DISPLAY SHELF와 SHELF의 차이점

① DISPLAY SHELF : 수납이나 판매보다는 전시의 기능

② SHELF : 수납이나 판매의 기능

7. 가구의 문자기입요령

반복되는 가구들은 매 가구마다 문자를 기입하기보다는 하나의 가구명칭을 기호화하여 기호로 기입하고 넘버링을 해준다. 예를 들어, DISPLAY STAGE가 6개 주어졌다면 도면 내에 최초 1개만 DISPLAY STAGE로 기입하고 (   ) 안에 본인이 만든 기호를 기입하면 된다. 같은 모양의 가구는 기호의 형태로 숫자만 기입하면 된다. 최초 1개만 가구·집기의 명칭에 대해 자세히 기입하고 동일한 반복이 되는 가구는 기호화한다.

▶ 2장 설계의 기초 04. 실내공간의 가구 P.67 참조

8. 소실명 기입

(1) 주실명

아동복매장, F.L/F.F를 기입한다.

(2) 소실명

SHOW WINDOW, FITTING ROOM, RECEPTION AREA, STORAGE 등은 소실명에 박스를 치고 주실과 F.L/F.F가 다를 때에는 별도로 기입한다.

실내건축산업기사 디자인 실기 과년도 문제

시행일 : '04.09.18

해답도면 : P.20

해답도면 : P.20

작품명 : 아동복매장 Ⅱ	표준시간 : 5시간 30분

1 요구사항

문제도면은 상업중심지역에 위치한 아동복매장이다.
다음 요구조건에 맞게 요구도면을 작도하시오.

2 요구조건

1. 설계면적 : 6,200mm×4,200mm×2,600mm(H)
2. 공간구성 및 가구
   - CASHIER COUNTER
   - FITTING ROOM
   - SHOW CASE, HANGER, DISPLAY TABLE, WALL SHELF
   - 천장형 AC(840mm×840mm)
   - 그 외의 가구 및 집기는 수검자가 임의로 더 넣어도 좋다.

3 요구도면

1. **평면도**(가구 및 바닥마감재 표기) : 1/30 SCALE
   (평면도 우측 하단에 설계자가 의도한 DESIGN CONCEPT를 180자 내외로 적으시오.)
2. **내부입면도 A방향 1면**(벽면재료 표기) : 1/30 SCALE
3. **천장도**(설비 및 조명기구 배치, 마감재 표기) : 1/30 SCALE
4. **실내투시도**(반드시 채색작업 포함) : NONE SCALE
   (투시도는 계획의 포인트가 좋은 지점에서 1소점 혹은 2소점으로 작도하되, 작도과정의 투시보조선을 반드시 남길 것)

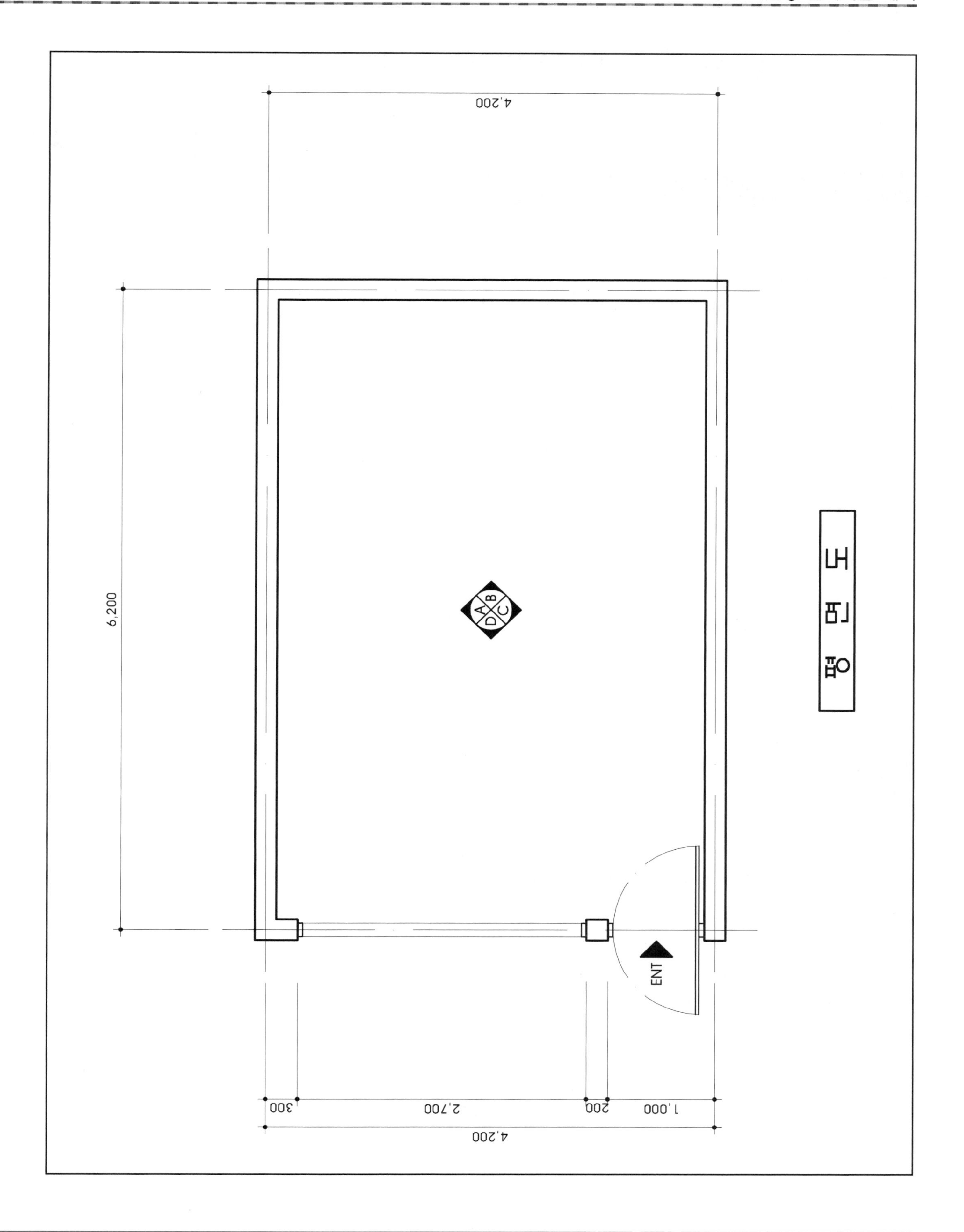
4,200
6,200
평면도
A
B
C
D
ENT
300
2,700
200
1,000
4,200

실내건축산업기사 디자인 실기 과년도 문제

시행일 : '94.05.15, '96.11.17, '98.07.06, '99.09.18, '00.09.03

해답도면 : P.23

작품명 : 스포츠의류매장	표준시간 : 5시간 30분

1 요구사항

문제도면은 복합상업시설 내에 위치한 스포츠의류 및 액세서리, 모자, 백 등의 용품을 취급하는 스포츠의류매장이다.

다음 요구조건에 맞게 요구도면을 작도하시오.

2 요구조건

1. 설계면적 : 9,000mm×7,200mm
2. 공간구성
   - SHOW WINDOW : MANNEQUIN, DISPLAY STAGE
   - FITTING ROOM
   - HALL(매장) : SHOW CASE, DISPLAY SHELF, DISPLAY TABLE, HANGER, ACCESSORY DISPLAY SHELF, SHELF
   - CASHIER COUNTER
   - STORAGE
   - 그 외의 가구 및 집기는 수검자가 임의로 더 넣어도 좋다.

3 요구도면

1. 평면도(가구 및 바닥마감재 표기) : 1/30 SCALE
   (평면도 우측 하단에 설계자가 의도한 DESIGN CONCEPT를 180자 내외로 적으시오.)
2. 내부입면도 2면(벽면재료 표기) : 1/50 SCALE
3. 천장도(설비 및 조명기구 배치, 마감재 표기) : 1/50 SCALE
4. 실내투시도(반드시 채색작업 포함) : NONE SCALE
   (투시도는 계획의 포인트가 좋은 지점에서 1소점 혹은 2소점으로 작도하되, 작도과정의 투시보조선을 반드시 남길 것)

▌문제도면의 천장고는 3,000mm 이내에서 해결한다.

▌평면도의 원형기둥은 ϕ600으로 작도한다.

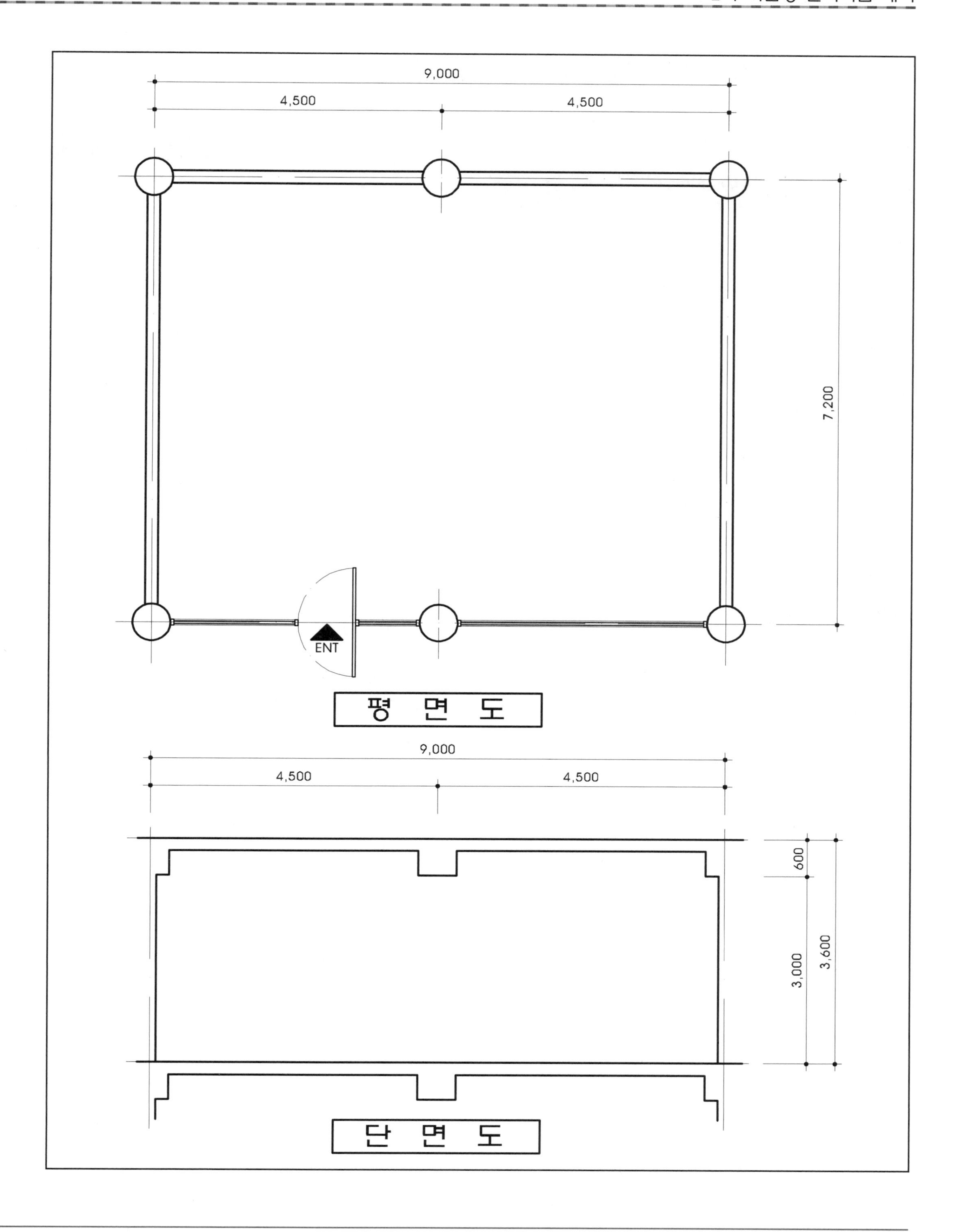
9,000
4,500
4,500
7,200
ENT
평 면 도
9,000
4,500
4,500
600
3,000
3,600
단 면 도

실내건축산업기사 디자인 실기 과년도 문제

시행일 : '01.04.22, '03.07.13, '07.07.07, '09.07.05, '11.04.30, '12.07.07, '15.07.12, '16.10.08

해답도면 : P.26

작품명 : 아이스크림전문점	표준시간 : 5시간 30분

1 요구사항

문제도면은 상업중심지역에 위치한 아이스크림전문점이다.
다음 요구조건에 맞게 요구도면을 작도하시오.

2 요구조건

1. 설계면적 : 7,800mm×5,800mm
2. 공간구성
   - SHOW CASE 2(아이스크림, 케이크), TABLE & CHAIR, CASHIER COUNTER, 주방
   - 그 외의 가구 및 집기는 수검자가 임의로 더 넣어도 좋다.

3 요구도면

1. 평면도(가구 및 바닥마감재 표기) : 1/30 SCALE
   (평면도 우측 하단에 설계자가 의도한 DESIGN CONCEPT를 180자 내외로 적으시오.)
2. 내부입면도 2면(벽면재료 표기) : 1/50 SCALE
3. 천장도(설비 및 조명기구 배치, 마감재 표기) : 1/30 SCALE
4. 실내투시도(반드시 채색작업 포함) : NONE SCALE
   (투시도는 계획의 포인트가 좋은 지점에서 1소점 혹은 2소점으로 작도하되, 작도과정의 투시보조선을 반드시 남길 것)

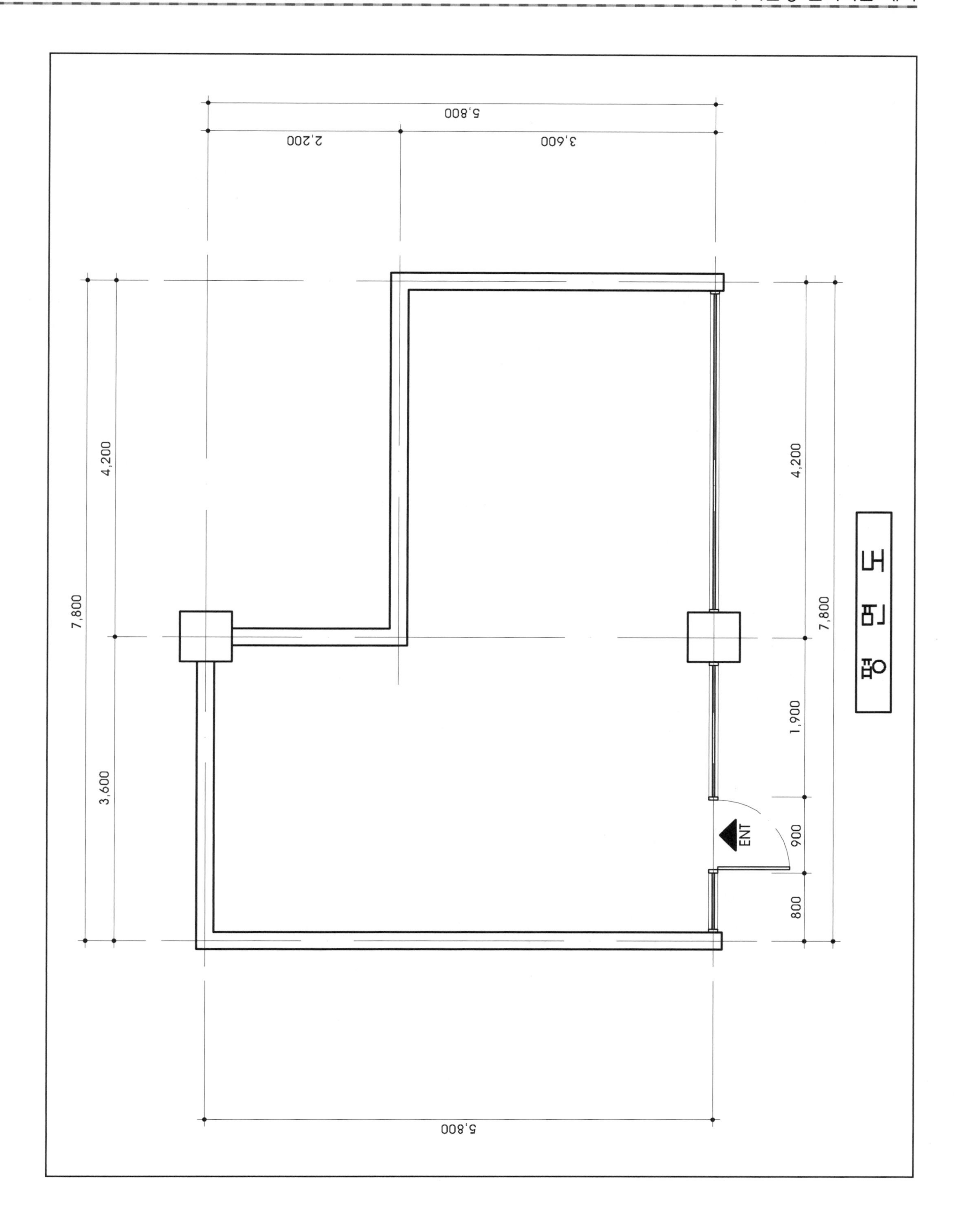
평 면 도
ENT
5,800
2,200
3,600
4,200
7,800
3,600
1,900
900
800

문제해설

1. 아이스크림전문점은...

전면의 유리문을 열고 매장 안에 들어서면 밝고 선명한 색이 주류를 이룬 컬러풀한 분위기의 의자와 테이블, 사인로고박스, 판매대 등이 나온다. 최근 들어 케이크와 COFFEE를 함께 판매하는 매장, 도넛전문점, 요구르트전문점, 테이크아웃점 등 소규모 매장들이 성행하고 있다. 제과업체의 경우도 많은 변화를 꾀하고 있다. 기존 제과업체들이 단일종목만을 판매한 데 비해, 최근의 제과업체들은 카페형으로 전환하여 자업체의 빵이나 음료 등을 매장 안에서 먹을 수 있도록 장소를 제공하고 있다. 최근에 성행하고 있는 이러한 전문점의 공통점은 커다란 전면창에 심플한 의자와 테이블을 많이 두고 뮤직비디오나 영화감상, 인터넷 이용이나 음악감상 등을 할 수 있는 공간 제공과 함께 아이스크림 같은 식음료를 먹으며 대화할 수 있는 공간이 마련되었다는 점이다.

2. SELF-SERVICE매장

밝은 분위기의 인테리어에 간단하고 다양한 메뉴, 저렴한 가격으로 부담 없는 곳이 셀프서비스공간의 특징이다. 간단한 메뉴가 주류를 이루고 있으므로 주방면적을 많이 차지할 필요가 없다. 따라서 매장 자체의 면적이 15평 이상 정도면 충분히 셀프서비스매장을 만들 수 있다. 고객이 주문을 하고 테이블까지 이동하는데 막힘이 없는 짧은 동선이 되게 계획한다.

3. SHOW CASE

본 문제의 SHOW CASE는 숍이나 보석점 등의 SHOW CASE와는 기능이나 용도가 다르다. 단순히 아이스크림이나 케이크 등을 진열만 하는 것이 아니라 음식물을 보관하고 신선도를 유지하는 기능을 하는 냉동·냉장형 SHOW CASE이다. 치수는 대략 1,000~2,000mm(길이)×600~700mm(폭)×1,000~1,300mm(높이) 정도로 한다. 기타 집기로는 반납대(DUST BOX), SELF-SERVICE TABLE 등이 있으며, 주방은 별도로 계획하지 않아도 된다.

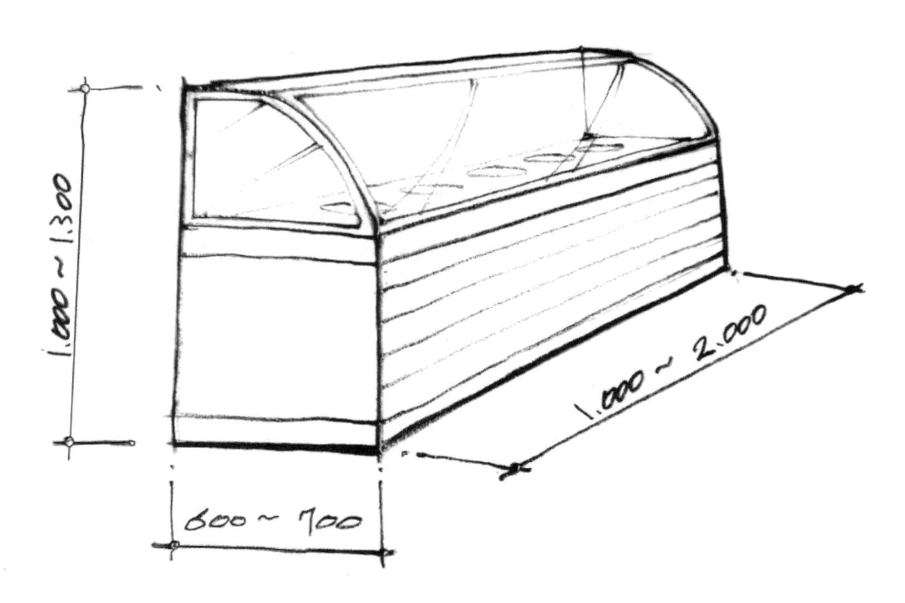

4. 의자와 테이블

규모가 작은 매장일수록 고정된 테이블보다는 이동이 가능한 테이블을 계획하여 2인용, 4인용, 6인용 등 자유자재로 활용할 수 있게 하는 것이 좋다. 벽면에는 붙박이식 의자를 계획하여 같은 벽면의 길이라도 더 많은 사람이 앉을 수 있도록 활용한다.

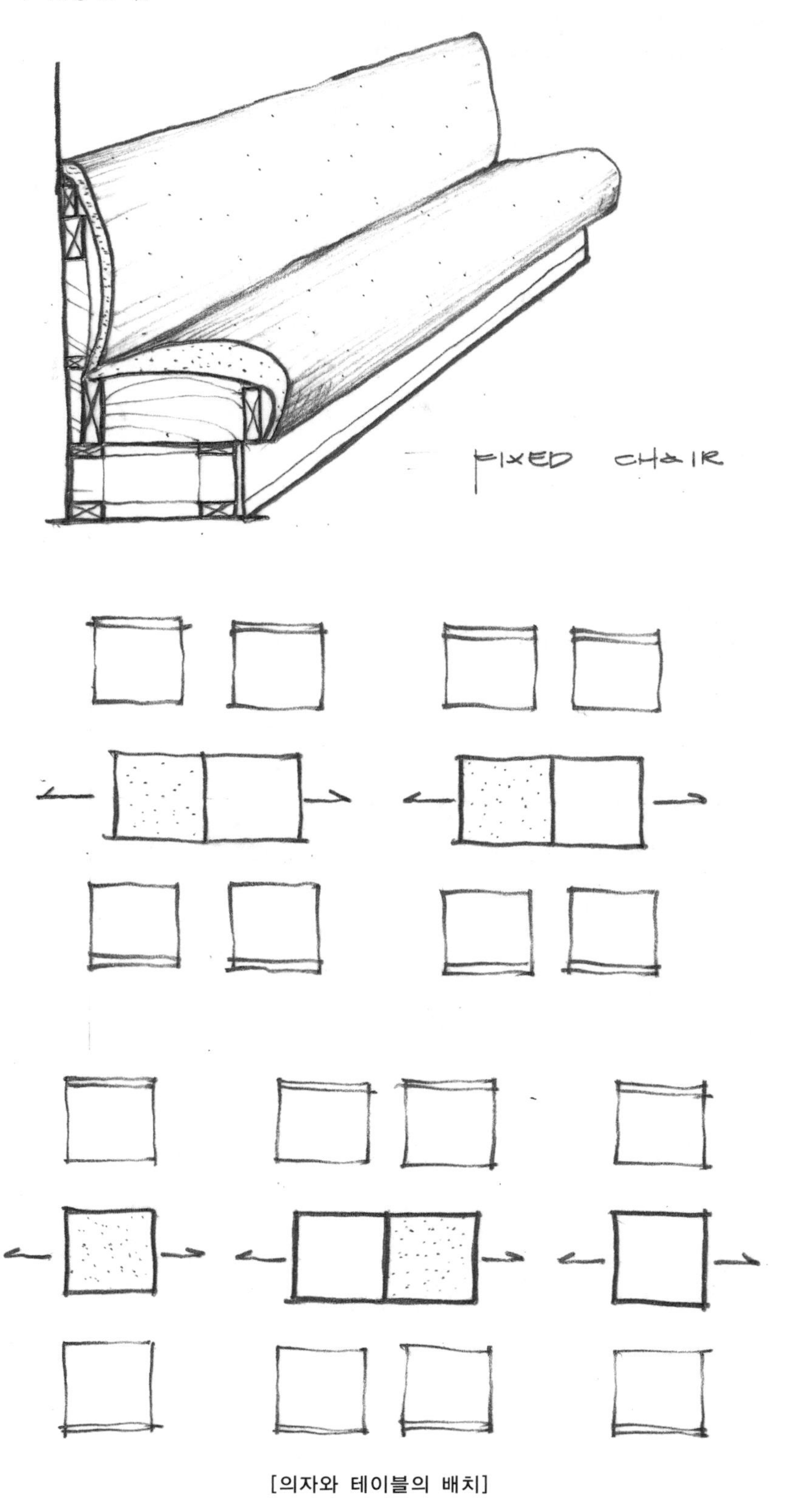

[의자와 테이블의 배치]

실내건축산업기사 디자인 실기 과년도 문제

시행일 : '96.07.14, '98.10.15, '00.02.20, '02.04.21, '05.09.25, '07.10.06

해답도면 : P.53

작품명 : 패스트푸드점 Ⅰ	표준시간 : 5시간 30분

1 요구사항

문제도면은 FAST FOOD점이다.
다음 요구조건에 맞게 요구도면을 작도하시오.

2 요구조건

1. 설계면적 : 12,000mm×6,000mm×2,700mm(H)
2. 공간구성
   - 주방
   - HALL : 주문카운터 겸 계산대, 공중전화박스－전화기 1대, 카운터용 테이블공간－카운터 및 스툴, 일반 좌석공간－테이블 및 의자
   - 그 외의 가구 및 집기는 수검자가 임의로 더 넣어도 좋다.

3 요구도면

1. 평면도(가구 및 바닥마감재 표기) : 1/30 SCALE
   (평면도 우측 하단에 설계자가 의도한 DESIGN CONCEPT를 180자 내외로 적으시오.)
2. 내부입면도 C방향 1면(벽면재료 표기) : 1/30 SCALE('00.02.20, '02.04.23－A방향으로 출제)
3. 천장도(설비 및 조명기구 배치, 마감재 표기) : 1/30 SCALE
4. 실내투시도(반드시 채색작업 포함) : NONE SCALE
   (투시도는 계획의 포인트가 좋은 지점에서 1소점 혹은 2소점으로 작도하되, 작도과정의 투시보조선을 반드시 남길 것)

❙ 문제해설 및 해답도면은 패스트푸드점 Ⅱ를 참고한다.

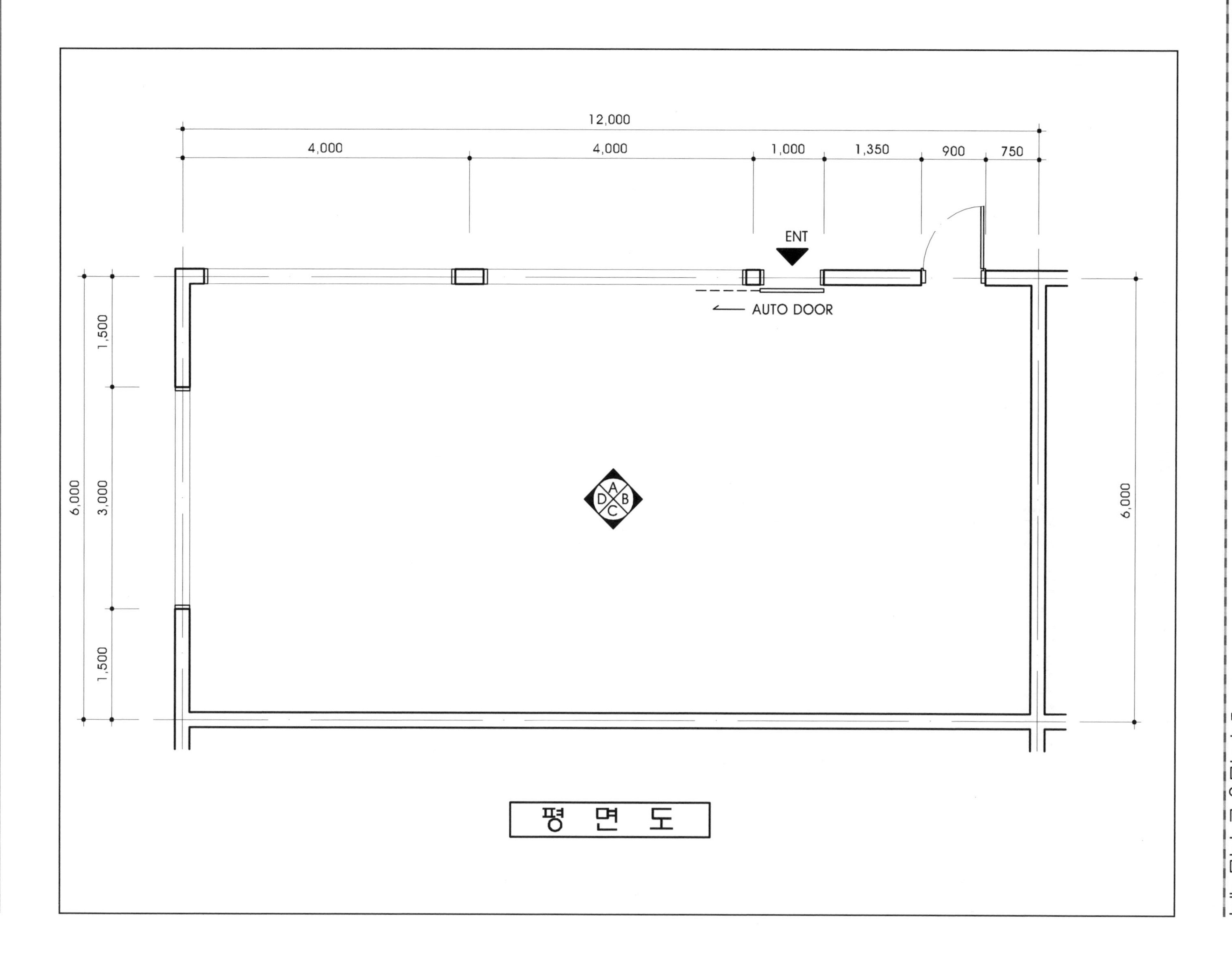
12,000
4,000
4,000
1,000
1,350
900
750
ENT
AUTO DOOR
1,500
3,000
1,500
6,000
6,000
A
B
C
D
평 면 도

실내건축산업기사 디자인 실기 과년도 문제

시행일 : '04.04.26, '06.09.16, '08.07.05, '10.07.04, '15.10.04

해답도면 : P.29

작품명 : 대형 할인마트매장 내 커피숍	표준시간 : 5시간 30분

1 요구사항

문제도면은 상업중심지역에 위치한 대형 할인마트매장 내 커피숍이다.
다음 요구조건에 맞게 요구도면을 작도하시오.

2 요구조건

1. 설계면적 : 10,400mm×5,400mm×2,900mm(H)
2. 공간구성
   - SERVICE COUNTER & CASHIER COUNTER
   - KITCHEN : 주방기구
   - 2인용 TABLE SET 5조, 3인용 TABLE SET 2조, 4인용 TABLE SET 2조
   - 인터넷검색대 2조
   - 카트보관함
   - 그 외의 가구 및 집기는 수검자가 임의로 더 넣어도 좋다.

3 요구도면

1. 평면도(가구 및 바닥마감재 표기) : 1/30 SCALE
   (평면도 우측 하단에 설계자가 의도한 DESIGN CONCEPT를 180자 내외로 적으시오.)
2. 내부입면도 B방향 1면(벽면재료 표기) : 1/30 SCALE('06.09.16－C방향으로 출제)
3. 천장도(설비 및 조명기구 배치, 마감재 표기) : 1/30 SCALE
4. 실내투시도(반드시 채색작업 포함) : NONE SCALE
   (투시도는 계획의 포인트가 좋은 지점에서 1소점 혹은 2소점으로 작도하되, 작도과정의 투시보조선을 반드시 남길 것)

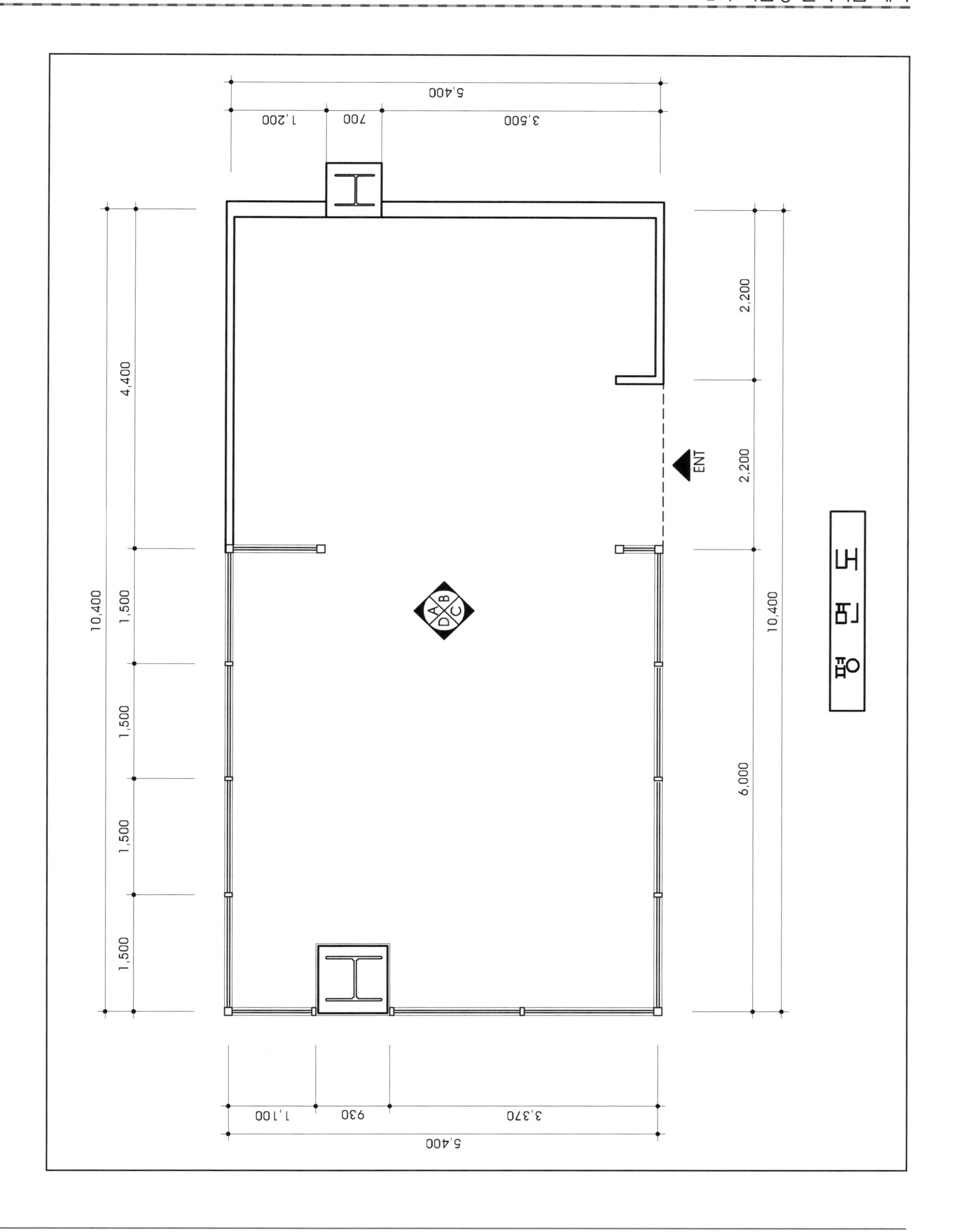
5,400
1,200
700
3,500
2,200
2,200
6,000
10,400
4,400
1,500
1,500
1,500
1,500
10,400
ENT
A
B
C
D
1,100
930
3,370
5,400
평면도

문제해설

1. 커피숍은 차와 음료를 취급하는 공간으로 레스토랑과는 구분하여 계획한다.

커피숍과 레스토랑을 비교해 보면 다음과 같다.

구 분	머무는 시간	목 적	주방형식	2인 기준 최소 테이블치수
커피숍	단시간	미팅, 대화	카운터식 개방형 주방	450~600mm
레스토랑	장시간	식사, 접대	독립된 주방	600~750mm

2. 테이블의 배치계획 및 통로

(1) **주통로** : 900~1,200mm

(2) **부통로** : 600~900mm

(3) **최소 통로** : 400~600mm

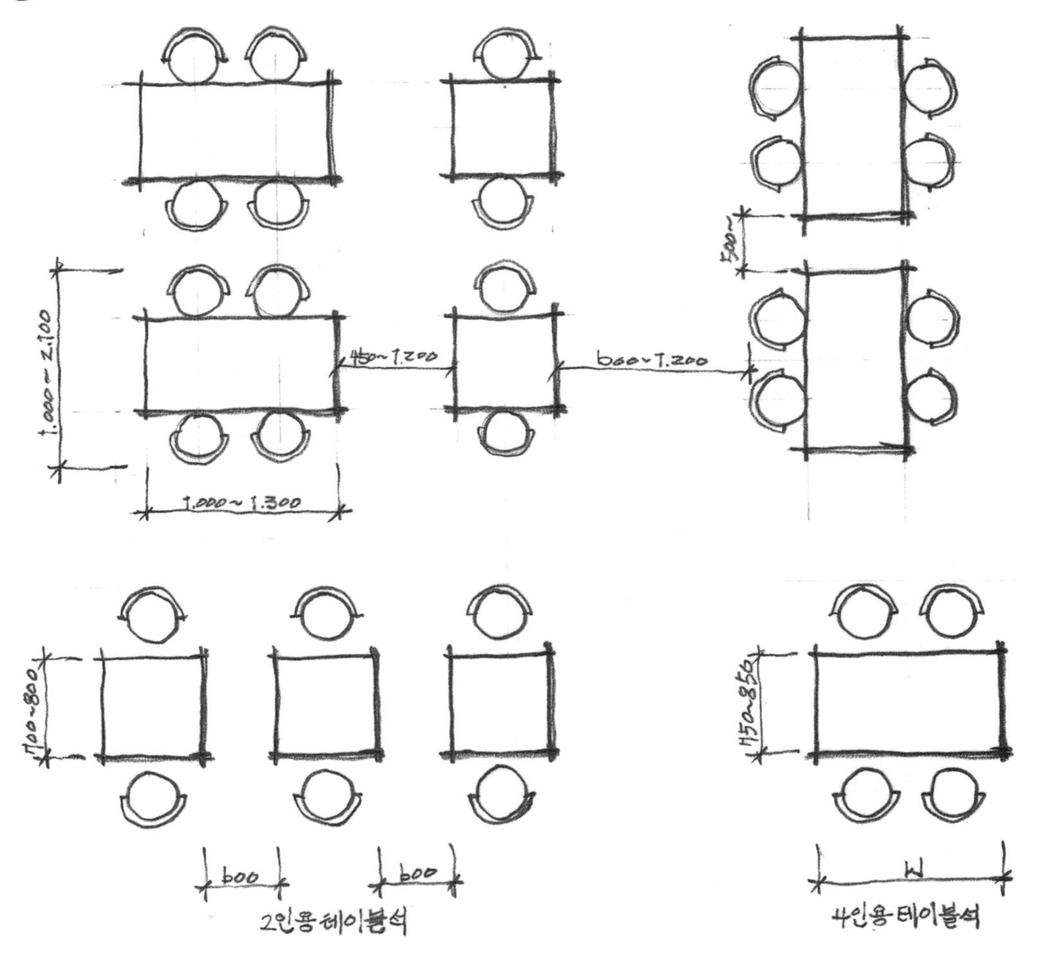

3. 커피숍의 의자와 테이블

명 칭	D	W
패밀리레스토랑	800	1,300
비스트로	750	1,200
정식	700	1,100

원 탁	테이블직경(φ)
2인용	600~700
4인용	900~1,000
6인용	1,200~1,300
8인용	1,400~1,500
10인용	1,600

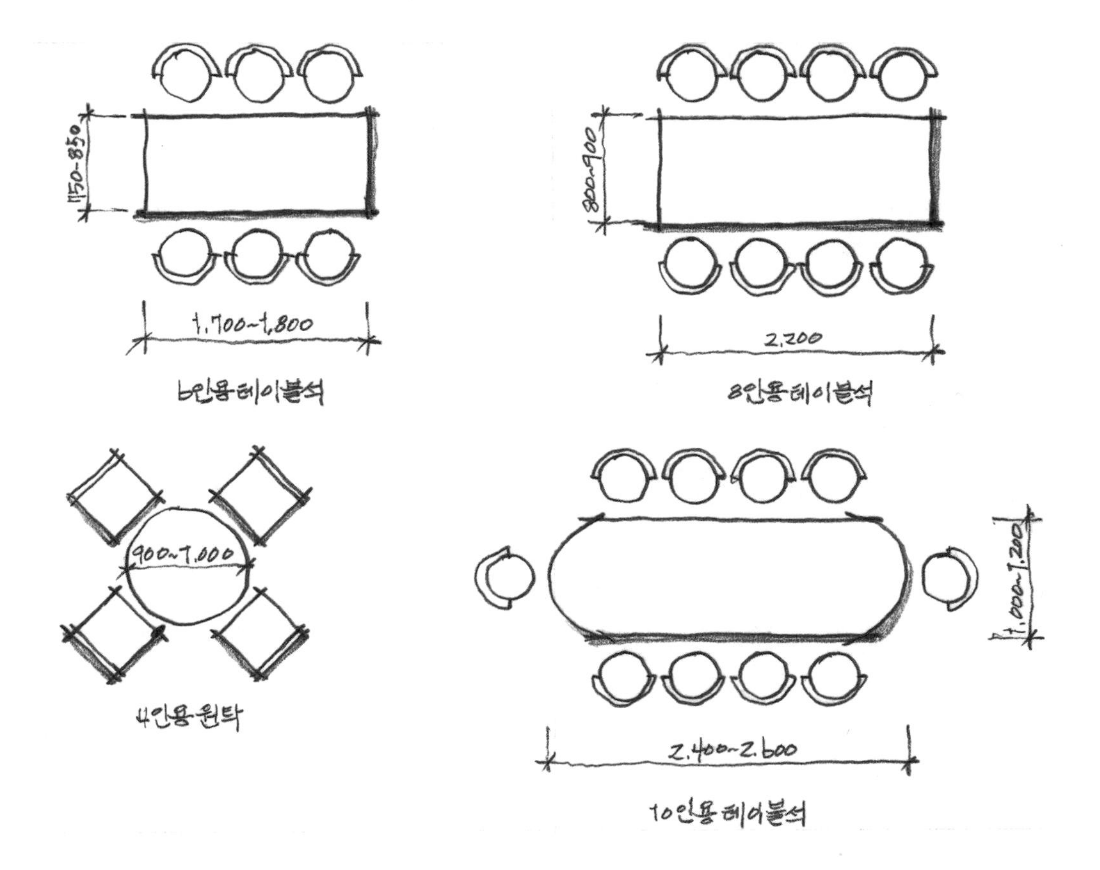

TABLE SET는 의자와 테이블간격 등을 하나하나 생각하지 말고 모듈화시켜서 덩어리로 계획할 수 있게 한다.

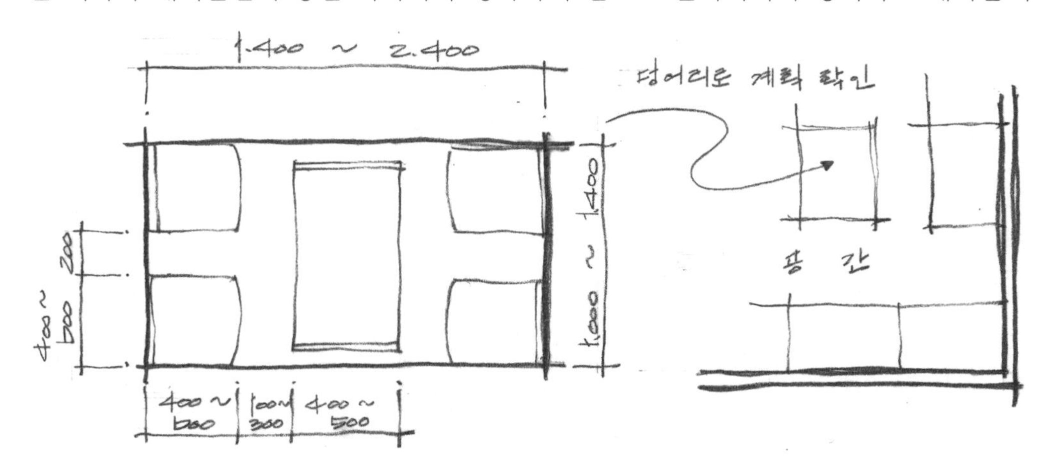

4. 공간구성

(1) 홀

2인용－5조, 3인용－2조, 4인용－2조, 그 외 스툴을 계획할 수 있다.

(2) 카운터

카운터는 단순 계산만을 하는 카운터보다 주문과 계산, 픽업, 반납을 동시에 할 수 있게 최소 1,200mm 이상으로 하고 케이크나 쿠키 등을 판매할 수 있는 쇼케이스와 겸할 수 있다.

(3) 주방

커피숍의 주방은 OPEN형으로 한다. 냉장·냉동고, 싱크대, 커피머신, 선반 등을 계획한다.

(4) 종업원실

간단한 소파(휴식용), 옷장, 수납장 등을 계획한다. 100mm 두께의 칸막이벽은 굵은 선으로 작도하며, 문은 굳이 계획하지 않아도 된다.

(5) 비품창고

100mm 두께의 칸막이벽은 굵은 선으로 작도하고, 문은 800mm 이상으로 한다.

(6) 흡연실

최소의 공간으로 계획하며, 조건에 제시되어 있지 않으면 굳이 의자와 테이블을 계획하지 않는다. 최소의 공간이기 때문에 답답하지 않게 유리월로 계획하는 것이 좋다.

(7) 화장실

조건에 제시되지 않았으면 꼭 남·여를 구분하고, 화장실에 들어가는 출입구는 홀에서 보이지 않게 계획한다. 100mm 두께의 조적식으로 하고 내부큐비클칸막이는 50mm 두께로 한다.

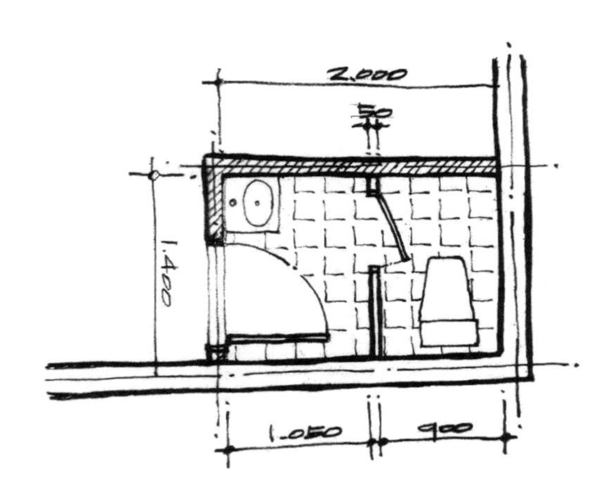

5. 커피숍의 조명 및 설비계획

일반적으로 상업공간에서 흔히 보는 다운라이트(매입형)가 주가 되며, 장식용으로는 벽등을, 테이블이나 카운터 위에는 펜던트 등을 계획하기도 한다. 그리고 악센트조명으로 벽면액자나 간판 등에 스포트라이트를 설치하기도 한다. 건축화조명으로는 광천장, 월라이트, 코브조명을 시공한다. 환기구는 4개 이상 모퉁이 쪽에 배치하며, 10m^{2}마다 스프링클러를 설치한다. 그 외 점검구나 감지기 등을 설치한다.

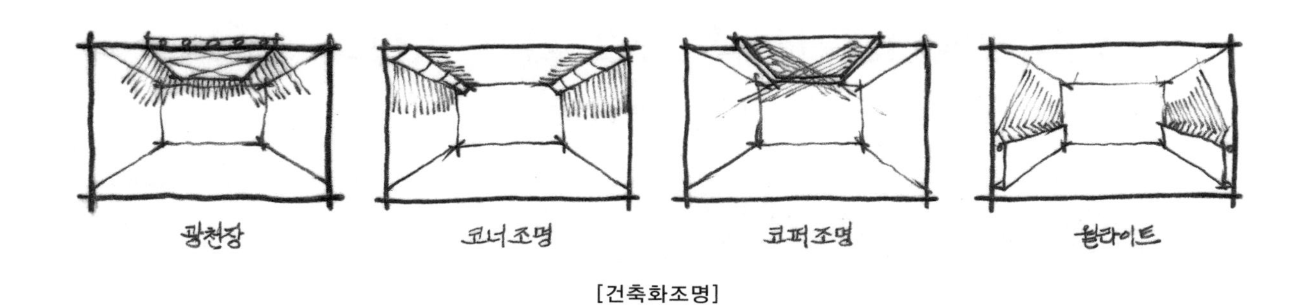

[건축화조명]

6. 커피숍의 마감재료

(1) 바닥

600×600 폴리싱타일, 투명 에폭시, 일부분 우드플로어링을 사용한다.

(2) 벽

수성페인트, 비닐페인트, 포인트벽에는 자작나무합판, 백페인티드글라스, 타일, 파벽돌 등을 사용한다.

(3) 천장

페인트류를 사용한다.

실내건축산업기사 디자인 실기 과년도 문제

시행일 : '05.07.09

해답도면 : P.32

작품명 : 벤처사무실	표준시간 : 5시간 30분

1 요구사항

주어진 도면은 도심 대로변 상업지역에 위치한 오피스텔건물의 1실로서 소규모 벤처사무실 용도로 사용하는 공간이다.
다음의 요구조건에 따라 요구도면을 설계하시오.

2 요구조건

1. 설계면적 : 4,200mm×8,400mm×2,400mm(H)
2. 인적구성 : 벤처 창업자 2인, 사무원 2인
3. 요구공간
   - OPEN OFFICE-PLAN으로 주거용 오피스텔은 아니며, 화장실 및 SINK위치는 유지한다.
   - 사무용 테이블 SET : 규격 및 개수 임의
   - 회의용 테이블 SET : 규격 및 개수 임의
   - 보조테이블
   - 책장 및 수납장 : 규격 및 개수 임의
   - 복사기, 프린터, FAX기기
   - 화장실은 주어진 공간에 양변기, 세면대 설치, 기타 집기는 임의 설치
   - 팬코일유닛공간은 냉난방을 위한 설비공간으로 (폭 450mm×높이 800mm) 창문에 위치하며, 가구·집기 등은 놓지 않는다.
   - 기타 필요한 가구 및 집기는 수검자가 임의로 더 넣어도 좋다.

3 요구도면

1. 평면도(가구배치 포함) : 1/30 SCALE
   (평면도 주변의 여유공간에 설계개요를 180자 이내로 쓰시오.)
2. 내부입면도 B방향 1면(벽면재료 표기) : 1/30 SCALE
3. 천장도(설비 및 조명기구 배치, 마감재 표기) : 1/30 SCALE
4. 실내투시도(반드시 채색작업 포함) : NONE SCALE
   (투시도는 계획의 포인트가 좋은 지점에서 1소점 혹은 2소점으로 작도하되, 작도과정의 투시보조선을 반드시 남길 것)

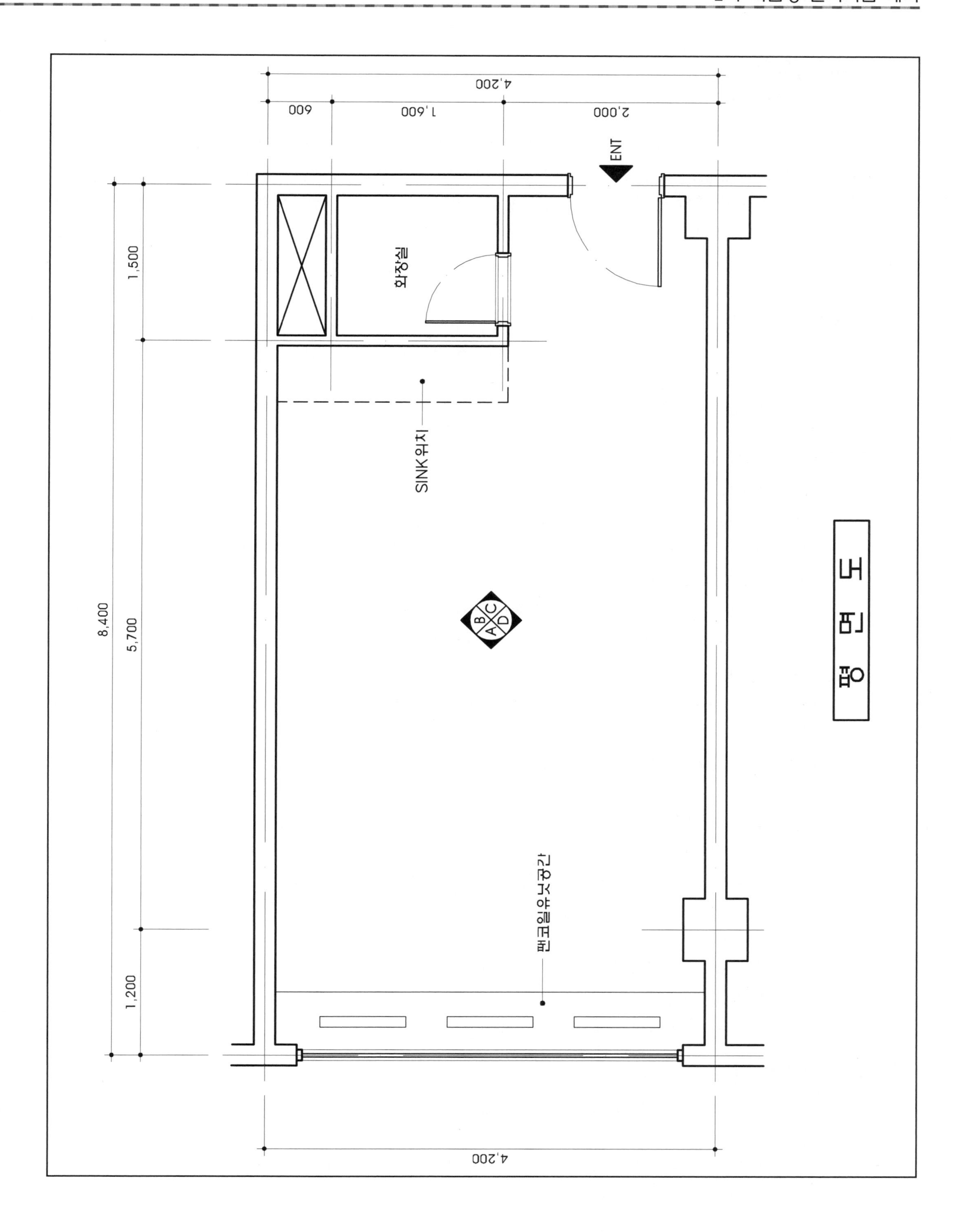
4,200
600
1,600
2,000
ENT
화장실
SINK위치
8,400
1,500
5,700
1,200
A
B
C
D
평면도
4,200

문제해설

실내건축산업기사 디자인 실기문제에서 출제공간만을 분석해 보면 1회 시험부터 지금까지 주거공간과 상업공간 위주로 출제되었음을 알 수 있다. 앞에서도 많이 강조했듯이 2000년도 이후에는 새로운 문제가 출제되긴 했지만 산업기사에서 다루지 않았던 업무공간이 출제된 것은 이번이 처음이다. 앞으로는 업무공간 외에 전시공간도 출제될 수 있으므로 실내건축기사 디자인 실기에 출제되었던 전시공간을 참고로 하여 전시공간에 대해서도 파악해 두도록 한다.

1. 업무공간

업무공간은 쾌적한 업무환경의 조성을 목적으로 능률적, 심미적, 심리적으로 안정된 업무공간이 되도록 계획해야 한다. 가구는 시스템화하여 정리된 공간이 되도록 하고 가동성 있는 칸막이벽을 활용하여 공간변화에 유연성 있는 공간이 되도록 한다.

(1) 업무공간의 평면계획

① 그리드플래닝

그리드플래닝은 규칙적인 형태의 기하학적인 면이나 입체적인 그리드를 계획의 보조도구로 사용하여 디자인을 전개하는 것이다. 그리드는 단위작업공간인 워크스테이션 또는 단위그룹별의 능률적인 작업을 위한 최소 면적치수를 기본으로 건축에 적용된 설비그리드간격과 기둥간격의 배치를 고려하여 그리드의 크기, 방향, 형태가 정해진다. 따라서 그리드에 준하여 개실이 만들어지거나 칸막이가 설치되기도 하며 가구배치, 창, 문 등도 설치된다.

② 모듈러시스템

바닥, 벽, 천장 등을 구성하는 각 부재의 크기를 기준단위로 한 모듈을 계획의 보조단위로 삼아 치수체계를 통합한 것을 모듈러시스템이라 한다. 의장, 구조, 공법, 가구 등의 배치에 종합적인 조정을 하며, 한 모듈의 실의 크기, 부재의 크기 등이 정해진다.

㉠ 수직모듈
- ⓐ 입면이나 내부시설의 단면에 일정한 규칙성을 부여하여 눈높이, 인체동작 등을 고려한 치수로 합리적이다.
- ⓑ 일정한 칸막이가 활용되어 계획의 융통성, 부재의 양산 등의 경제성이 있다.
- ⓒ 천장 등의 구조적 서비스공간을 확보, 균형 있는 밀도의 환경구성이 가능하다.

㉡ 평면모듈
- ⓐ 소규모 치수단위를 공간구성의 기본단위로 계획한다.
- ⓑ 1인당 단위면적, 표준화된 가구치수, 창, 문, 칸막이의 패널치수, 기둥의 간격, 개실의 최소치수 등이 평면의 모듈이 될 수 있다.

(2) 업무공간의 유형

① 싱글오피스(SINGLE OFFICE)

복도형 오피스라고도 하며, 긴 복도에 의해 작은 공간의 실로 구획되는 사무공간이다. 복도는 편복도, 중복도, 삼중복도식으로 구분되며, 건물의 크기와 형태에 관계없이 작은 단위의 사무공간을 형성한다. 개실형(CELLUAR)일 경우 개실의 규모는 20~50m^2, 최소 2.5m×2.5m이며, 가구배치를 고려하여 3m의 폭은 유지해야 한다.

각 실마다 사용자가 원하는 대로 조명을 조작하거나 통풍, 채광, 블라인드, 커튼 등 주위환경의 조정도 가능하며 시청각적으로 프라이버시가 확보되어 전문직에 적합한 반면 공사비, 관리비, 경영비의 지출이 크다.

② 오픈오피스(OPEN OFFICE)

단일공간에 경영관리, 직급, 업무 등에 따라 일정하게 평행배치하는 형식으로 개실형에 비해 복도, 통로면적, 데드스페이스 등이 최소화되어 공간효율이 높다. 또한 한 공간 안에 사무직원들이 함께 있으므로 일반직에 대한 관리직의 감독이 용이하며 동선과 커뮤니케이션이 자유롭다.

공간이 개방되어 있어 소음이나 개인의 프라이버시 확보가 어렵고 주변공간이 산만하여 업무의 능률이 저하될 수 있다. 따라서 일부 공간에 개실을 확보하여 프라이버시가 필요한 공간을 만들어주는 것이 좋다.

③ 오피스랜드스케이프(OFFICE LANDSCAPE)

정보나 작업유형, 업무의 양에 따라 책상배치가 결정되는 유기적인 조직으로 사무실의 유효율이 높다. 산만하고 인위적인 분위기를 정리해 주고 공간구획의 도구로서 식물을 사무공간에 도입하여 안정되고 신선한 분위기를 주며 소음 발생이 적은 카펫 등으로 마감한다. 개인의 독립성을 존중하는 자유로운 가구배치로 사무작업의 인간화를 도모할 수 있다.

작업의 흐름, 미팅이나 회의, 공동작업 등으로 인한 잦은 공간변화에 인간공학적 측면을 고려한 시스템가구로 융통성 있게 계획한다. 또한 칸막이벽과 복도가 없고,코어와 사무실이 직접 연결되어 공간이 절약된다.

(3) 개실과 가구배치

① 개실과 가구배치

업무공간 내 사무기기의 사용빈도나 사무용품의 양, 자료와 서류의 양, 가구, 선반, 서비스면적과 같은 사무에 필요한 면적과 통로, 구획이나 분절을 위한 면적을 합하여 정한다.

업무의 상관성, 작업단위 그룹별로 배치하고 동선은 짧게 하며, 작업공간은 필요한 가구와 사무기기만으로 구성한다. 서류나 기타 자료는 중앙에 수납시스템을 마련하여 가급적 자연스러운 동선흐름을 유도한다.

② 책상의 배치유형

㉠ 동향형 : 책상을 같은 방향으로 배치하는 형식으로 가장 일반적인 배열이다.

㉡ 대향형 : 면적효율이 좋고 의사전달이 용이하며 전화·전기 등의 배선관리가 용이한 반면, 프라이버시 확보가 어렵고 일반 업무나 공동의 자료를 처리하는 업무에 적합하다.

㉢ 좌우대향형 : 대향형과 동향형을 절충한 방식으로 조직관리가 용이하고 정보처리 등 업무의 효율이 높다. 생산관리업무, 서류·전표처리 등 독립성 있는 자료처리업무에 좋지만 배치에 따른 면적손실이 크다.

㉣ 십자형 : 그룹작업을 요하는 전문직업무에 적합하며 의사전달이 원활하다.

㉤ 자유형 : 낮은 칸막이를 이용해 한 사람 정도 작업을 할 수 있도록 공간이 주어지며 독립성을 요하는 전문직이나 간부급 책상배치에 적당하다.

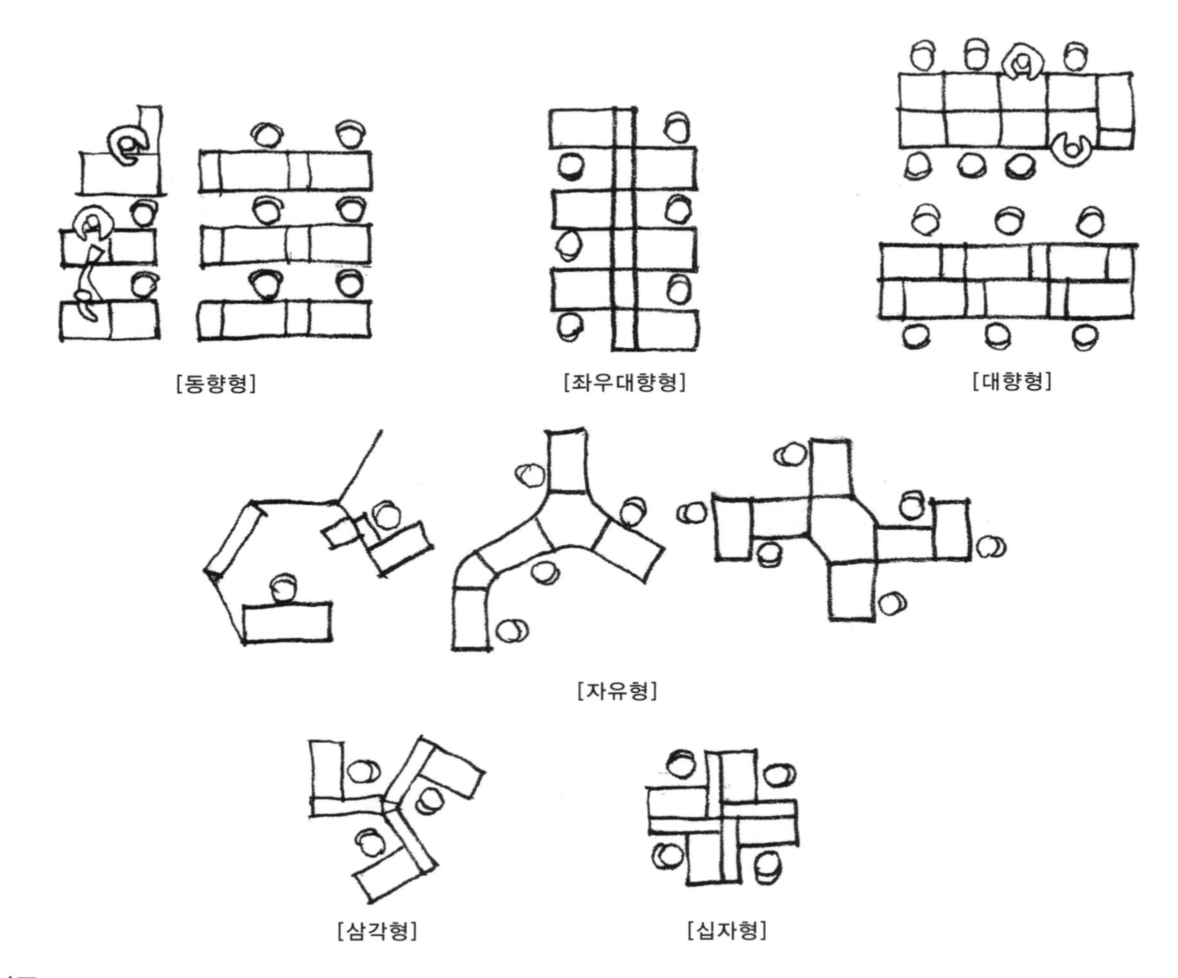

[동향형] [좌우대향형] [대향형]

[자유형]

[삼각형] [십자형]

(4) OA가구

오피스오토메이션(OFFICE AUTOMATION)이란 사무자동화라는 뜻이다. 빠른 정보처리로 생산을 향상시키고 작업능률을 최대한 발휘할 수 있도록 제작된 가구시스템이다. 책상, PC테이블, 의자, 기타 보조테이블, 이동이 가능한 파일박스 등으로 구성되며, 조립설치가 간편하여 자유롭게 편리한 공간을 만들 수 있다.

① 일반적인 터미널책상

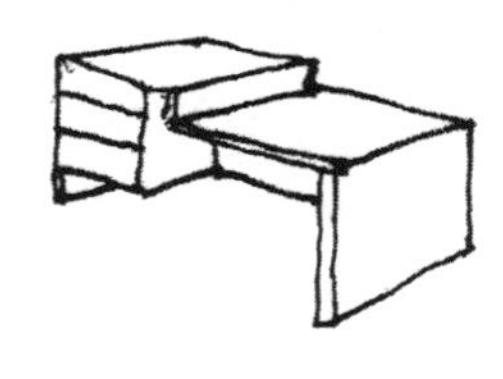

② 움직임이 조절되는 터미널책상

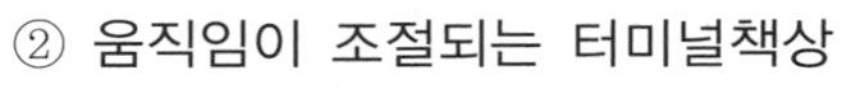

③ 컴퓨터 워크스테이션 터미널 : 회전하는 바닥의 중심에 위치한다.

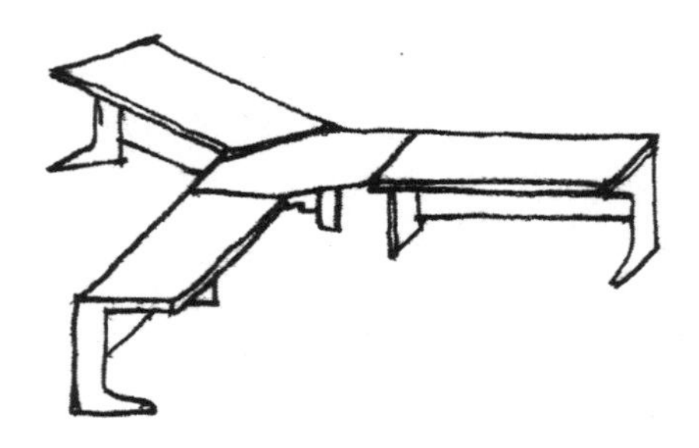

④ 터미널 컴퓨터 분배를 위한 시스템

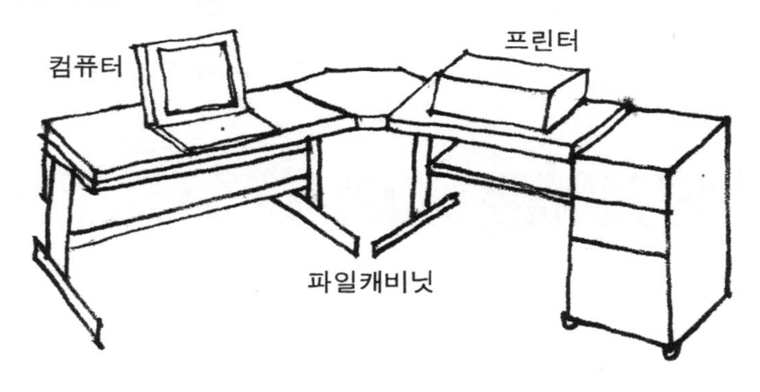

실내건축산업기사 디자인 실기 과년도 문제

시행일 : '12.10.13, '16.04.17, '19.04.13, '21.07.10

해답도면 : P.35

작품명 : 안경점	표준시간 : 5시간 30분

1 요구사항

문제도면은 근린생활지구 내에 위치한 안경점이다.
다음 요구조건에 맞게 요구도면을 작도하시오.

2 요구조건

1. **설계면적** : 8,000mm × 7,200mm × 2,700mm
2. **공간구성**
   - 인적구성 : 직원 2명과 점원 1명
   - 문 : 1.8m × 2.1m
   - 계산대, 쇼케이스, 벽체선반형 디스플레이, 검안실, 작업공간, 대기공간, 상담공간
   - 그 외의 가구 및 집기는 수검자가 임의로 더 넣어도 좋다.

3 요구도면

1. **평면도**(가구 및 바닥마감재 표기) : 1/30 SCALE
   (평면도 우측 하단에 설계자가 의도한 DESIGN CONCEPT를 180자 내외로 적으시오.)
2. **내부입면도 D방향 1면**(벽면재료 표기) : 1/30 SCALE
3. **천장도**(설비 및 조명기구 배치, 마감재 표기) : 1/50 SCALE
4. **실내투시도**(반드시 채색작업 포함) : NONE SCALE
   (투시도는 계획의 포인트가 좋은 지점에서 1소점 혹은 2소점으로 작도하되, 작도과정의 투시보조선을 반드시 남길 것)

▌검안실 계획

시력검사표는 가장 흔하고 손쉽게 시력을 측정하는 검사방법 중 하나로 국제표준화기구(ISO)에 의해 시력검사표의 검사거리는 4M이나 시력검사표의 크기에 따라 검사거리도 결정된다. 일반적으로 3M용 시력검사표를 사용한다. 그러나 시력검사표에 의한 검사는 신뢰도가 많이 떨어지므로 정밀측정기기에 의해 시력검사를 하고 있으며, 정확한 시력검사를 위해 독립된 실을 계획하는 것이 좋다.

▌벽체선반형 디스플레이

선반의 폭은 진열하고자 하는 물건에 따라 결정되며 안경, 휴대폰, 화장품 등 손에 잡히는 정도의 물건을 진열할 때는 선반의 폭을 300mm를 넘지 않게 한다.

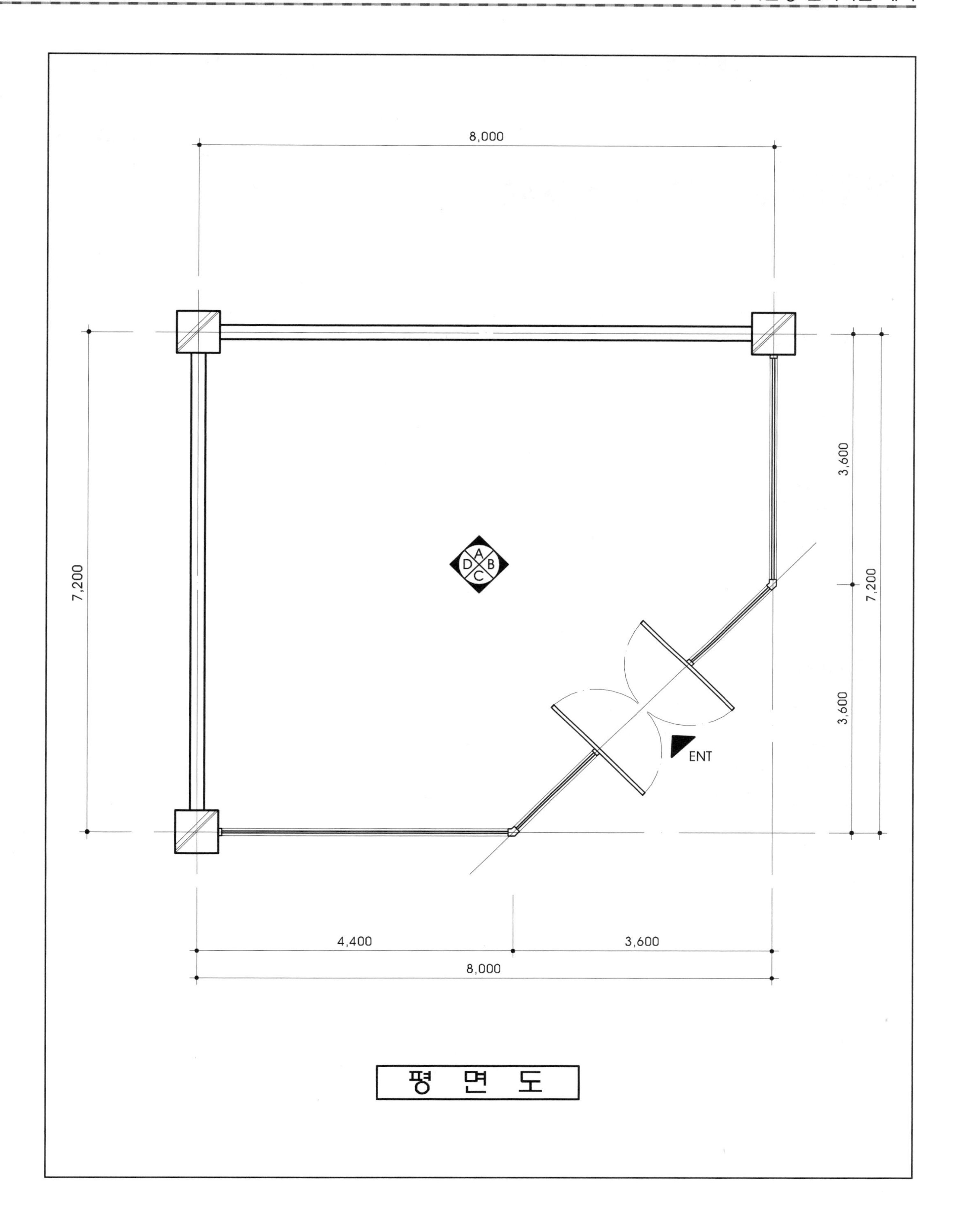
8,000
7,200
3,600
7,200
3,600
A
B
C
D
ENT
4,400
3,600
8,000
평 면 도

실내건축산업기사 디자인 실기 과년도 문제

시행일 : '13.04.20, '21.10.16

해답도면 : P.38

작품명 : 북카페	표준시간 : 5시간 30분

1 요구사항

문제도면은 근린생활시설 내에 위치한 북카페이다.
다음 요구조건에 맞게 요구도면을 작도하시오.

2 요구조건

1. 설계면적 : 9,000mm×6,300mm×2,700mm
2. 공간구성
   - 인적구성 : 종업원 1명과 아르바이트생 1명
   - 계산대, 서비스카운터, 간단한 주방설비, 비품창고, 인터넷부스 2EA, TABLE SET, 책장(책을 정리할 수 있는 곳)
   - 그 외의 가구 및 집기는 수검자가 임의로 더 넣어도 좋다.

3 요구도면

1. 평면도(가구 및 바닥마감재 표기) : 1/30 SCALE
   (평면도 우측 하단에 설계자가 의도한 DESIGN CONCEPT를 180자 내외로 적으시오.)
2. 내부입면도 A방향 1면(벽면재료 표기) : 1/50 SCALE
3. 천장도(설비 및 조명기구 배치, 마감재 표기) : 1/30 SCALE
4. 실내투시도(반드시 채색작업 포함) : NONE SCALE
   (투시도는 계획의 포인트가 좋은 지점에서 1소점 혹은 2소점으로 작도하되, 작도과정의 투시보조선을 반드시 남길 것)

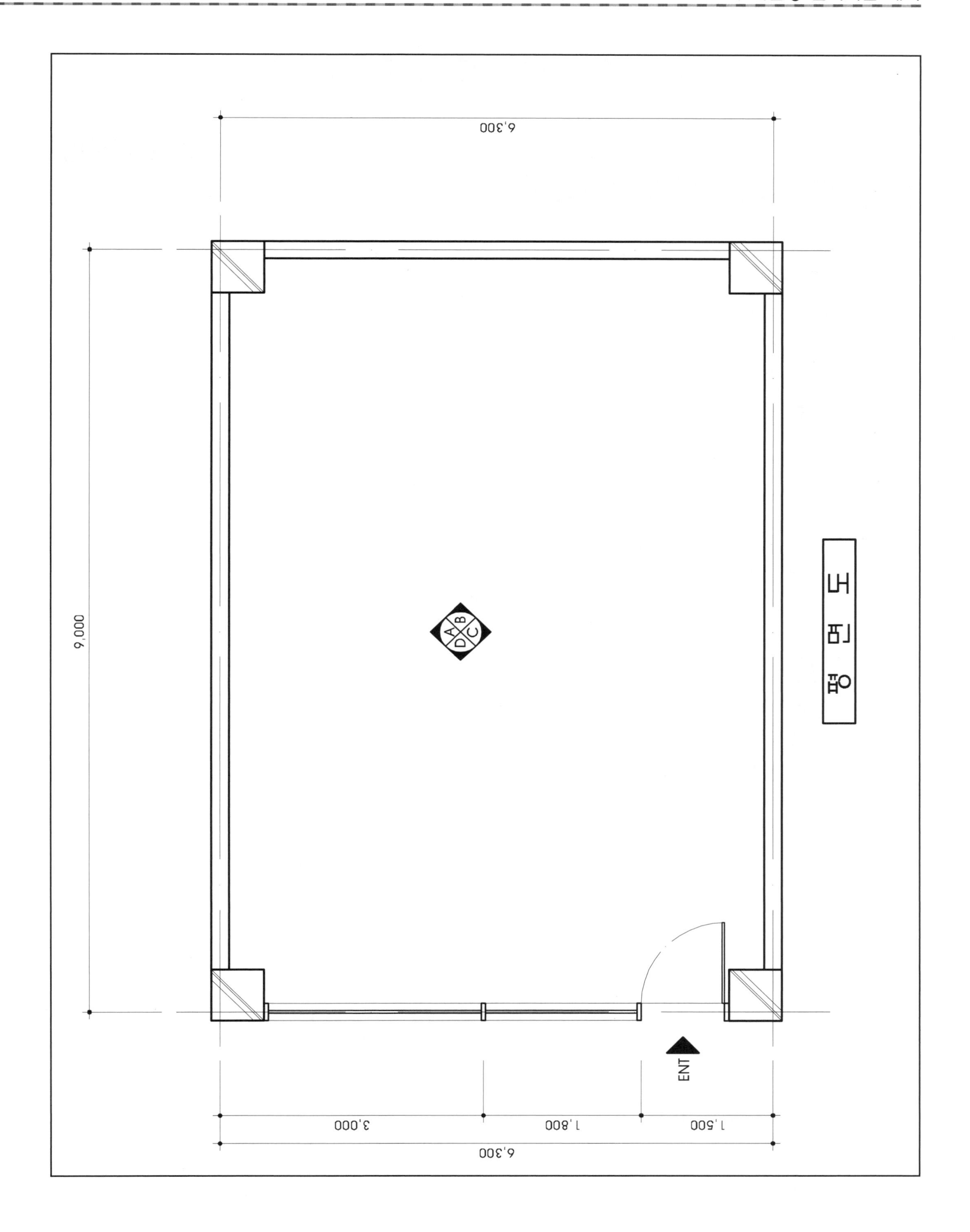
6,300
9,000
평면도
ENT
3,000
1,800
1,500
6,300

실내건축산업기사 디자인 실기 과년도 문제

시행일 : '13.07.13, '21.04.24

해답도면 : P.41

작품명 : 도심 내 커피숍 Ⅰ	표준시간 : 5시간 30분

1 요구사항

문제도면은 도심 내에 위치한 커피숍이다.
다음 요구조건에 맞게 요구도면을 작도하시오.

2 요구조건

1. **설계면적** : 6,700mm×9,900mm×3,000mm
2. **공간구성**
   - 인적구성 : 직원 2명과 비상 시 직원 1명
   - 카운터 및 쇼케이스, 커피제조실 겸 주방, 2인용 TABLE 4SET, 4인용 TABLE 4SET, 화장실(남·여 구분), 흡연실(반드시 유리로 계획)
   - 그 외의 가구 및 집기는 수검자가 임의로 더 넣어도 좋다.

3 요구도면

1. **평면도**(가구 및 바닥마감재 표기) : 1/30 SCALE
   (평면도 우측 하단에 설계자가 의도한 DESIGN CONCEPT를 180자 내외로 적으시오.)
2. **내부입면도 C방향 1면**(벽면재료 표기) : 1/50 SCALE
3. **천장도**(설비 및 조명기구 배치, 마감재 표기) : 1/30 SCALE
4. **실내투시도**(반드시 채색작업 포함) : NONE SCALE
   (투시도는 계획의 포인트가 좋은 지점에서 1소점 혹은 2소점으로 작도하되, 작도과정의 투시보조선을 반드시 남길 것)

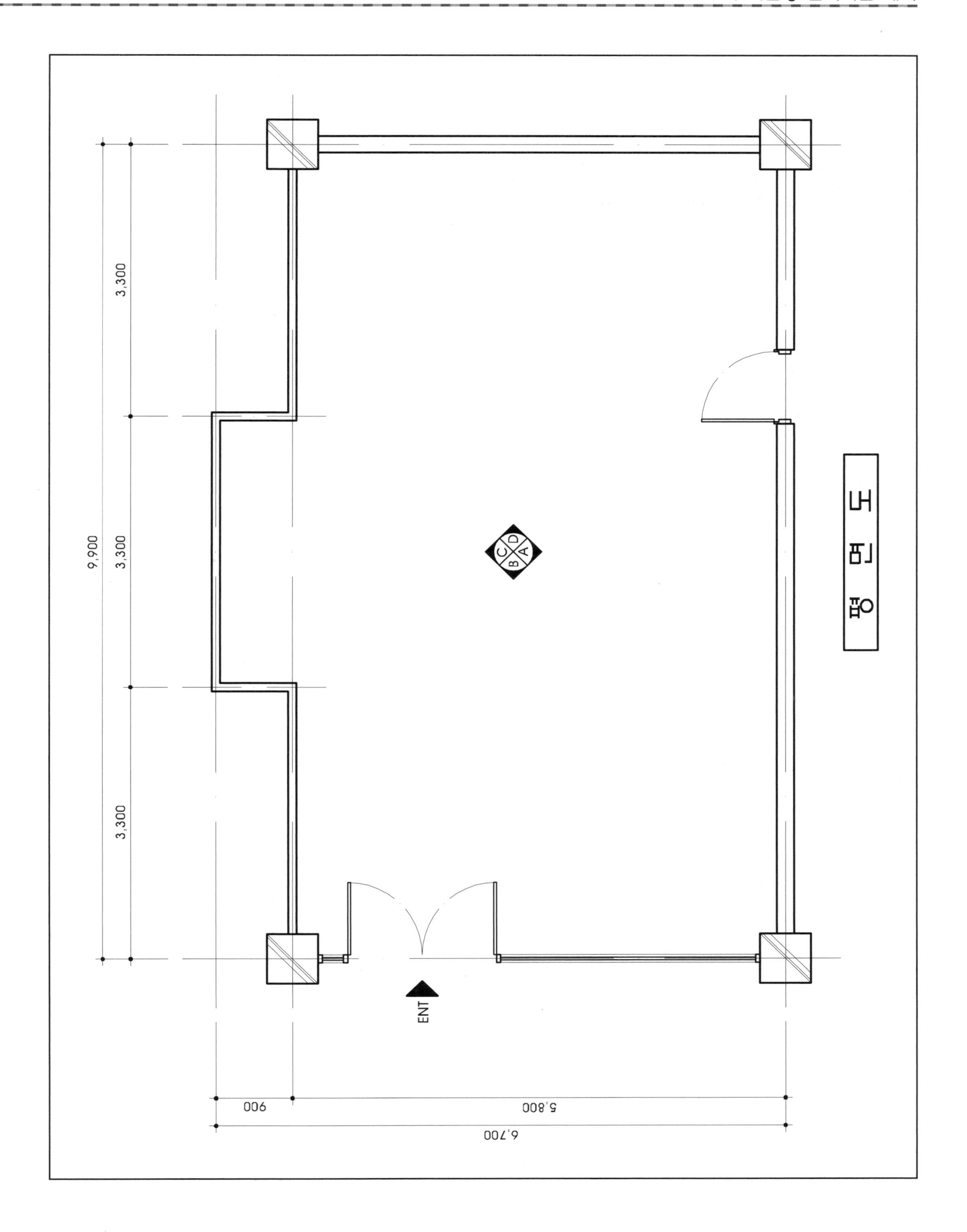
3,300
3,300
3,300
9,900
평면도
A
B
C
D
ENT
900
5,800
6,700

실내건축산업기사 디자인 실기 과년도 문제

시행일 : '13.10.05, '19.06.29, '23.10.07

해답도면 : P.44

작품명 : 오피스텔 Ⅲ	표준시간 : 5시간 30분

1 요구사항

문제도면은 도심 내 고층의 주거형 오피스텔이다.
다음 요구조건에 맞게 요구도면을 작도하시오.

2 요구조건

1. 설계면적 : 6,850mm×5,500mm×2,700mm
2. 공간구성
   - 인적구성 : 재택쇼핑몰을 운영하는 20대 부부(단, 쇼핑아이템은 숙녀의류)
   - 개방적 공간으로 계획
   - 재택작업을 위한 가구계획
   - 숙녀의류 촬영공간 및 설비, 작업용 테이블(1,200mm×800mm) 및 의자, 컴퓨터테이블 2개 및 의자
   - 주방기구 및 집기
   - 트윈베드, 나이트테이블, TV, 붙박이장, 화장대, 서랍장, 장식장, 신발장
   - 욕실
   - 그 외의 가구 및 집기는 수검자가 임의로 더 넣어도 좋다.

3 요구도면

1. 평면도(가구 및 바닥마감재 표기) : 1/30 SCALE
   (평면도 우측 하단에 설계자가 의도한 DESIGN CONCEPT를 180자 내외로 적으시오.)
2. 내부입면도 B방향 1면(벽면재료 표기) : 1/50 SCALE
3. 천장도(설비 및 조명기구 배치, 마감재 표기) : 1/30 SCALE
4. 실내투시도(반드시 채색작업 포함) : NONE SCALE
   (투시도는 계획의 포인트가 좋은 지점에서 1소점 혹은 2소점으로 작도하되, 작도과정의 투시보조선을 반드시 남길 것)

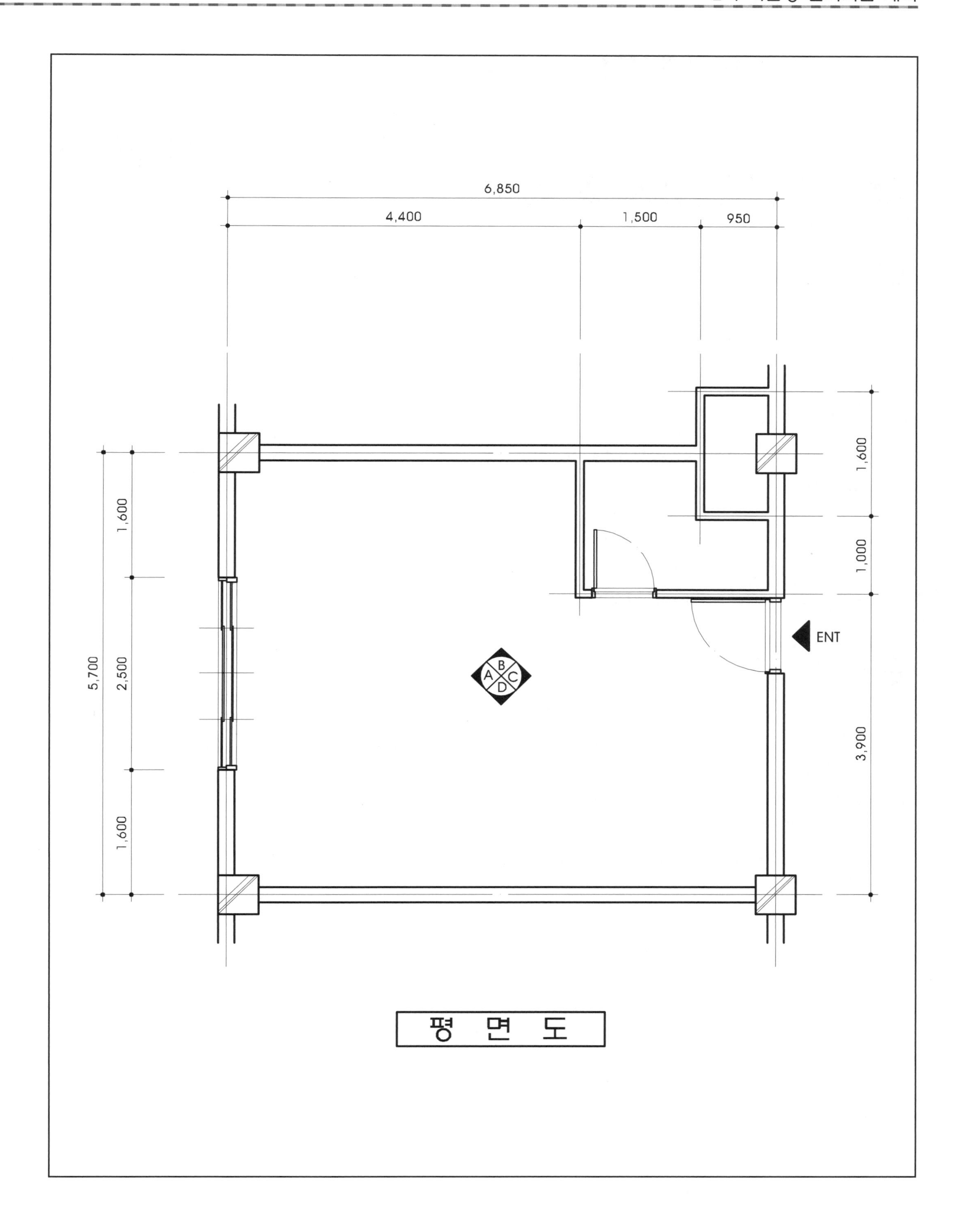
6,850
4,400
1,500
950
1,600
1,000
3,900
5,700
1,600
2,500
1,600
ENT
A
B
C
D
평 면 도

실내건축산업기사 디자인 실기 과년도 문제

시행일 : '14.04.19, '17.06.25, '20.05.24

해답도면 : P.47

작품명 : 헤어숍 Ⅰ	표준시간 : 5시간 30분

1 요구사항

문제도면은 근린생활지구 내에 위치한 헤어숍이다.
다음 요구조건에 맞게 요구도면을 작도하시오.

2 요구조건

1. 설계면적 : 8,500mm×6,000mm×2,700mm
2. 공간구성
   - 인적구성 : 20~30대 주고객
   - 출입문 : 2.5m×2.3m
   - 카운터, 대기공간, 미용공간, 샴푸실, 직원휴게실
   - 그 외의 가구 및 집기는 수검자가 임의로 더 넣어도 좋다.

3 요구도면

1. 평면도(가구 및 바닥마감재 표기) : 1/30 SCALE
   (평면도 우측 하단에 설계자가 의도한 DESIGN CONCEPT를 180자 내외로 적으시오.)
2. 내부입면도 1면(벽면재료 표기) : 1/50 SCALE
3. 천장도(설비 및 조명기구 배치, 마감재 표기) : 1/30 SCALE
4. 실내투시도(반드시 채색작업 포함) : NONE SCALE
   (투시도는 계획의 포인트가 좋은 지점에서 1소점 혹은 2소점으로 작도하되, 작도과정의 투시보조선을 반드시 남길 것)

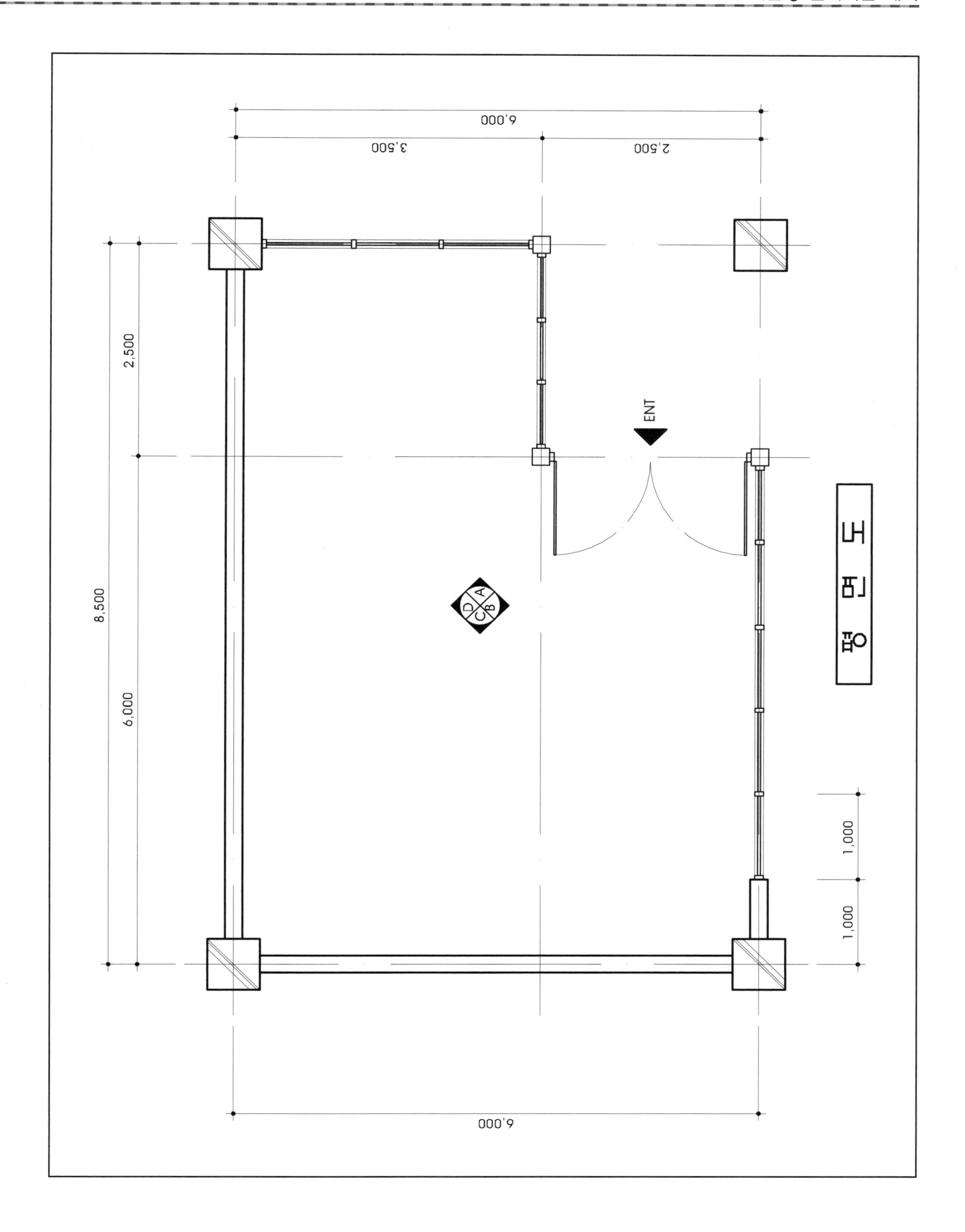
6,000
3,500
2,500
8,500
2,500
6,000
ENT
A
B
C
D
평면도
1,000
1,000
6,000

실내건축산업기사 디자인 실기 과년도 문제

시행일 : '14.07.06. '20.10.18

해답도면 : P.50

작품명 : 통신기기판매점 Ⅱ	표준시간 : 5시간 30분

1 요구사항

문제도면은 근린생활지구 내에 위치한 통신기기판매점이다.
다음 요구조건에 맞게 요구도면을 작도하시오.

2 요구조건

1. 설계면적 : 7,200mm×5,100mm×2,700mm
2. 공간구성
   - 전시대, 쇼케이스, 4인용 고객테이블, 수납카운터
   - 동시 2인 이상 상담 및 서비스테이블
   - 그 외의 가구 및 집기는 수검자가 임의로 더 넣어도 좋다.

3 요구도면

1. 평면도(가구 및 바닥마감재 표기) : 1/30 SCALE
   (평면도 우측 하단에 설계자가 의도한 DESIGN CONCEPT를 180자 내외로 적으시오.)
2. 내부입면도 B방향 1면(벽면재료 표기) : 1/30 SCALE
3. 천장도(설비 및 조명기구 배치, 마감재 표기) : 1/30 SCALE
4. 실내투시도(반드시 채색작업 포함) : NONE SCALE
   (투시도는 계획의 포인트가 좋은 지점에서 1소점 혹은 2소점으로 작도하되, 작도과정의 투시보조선을 반드시 남길 것)

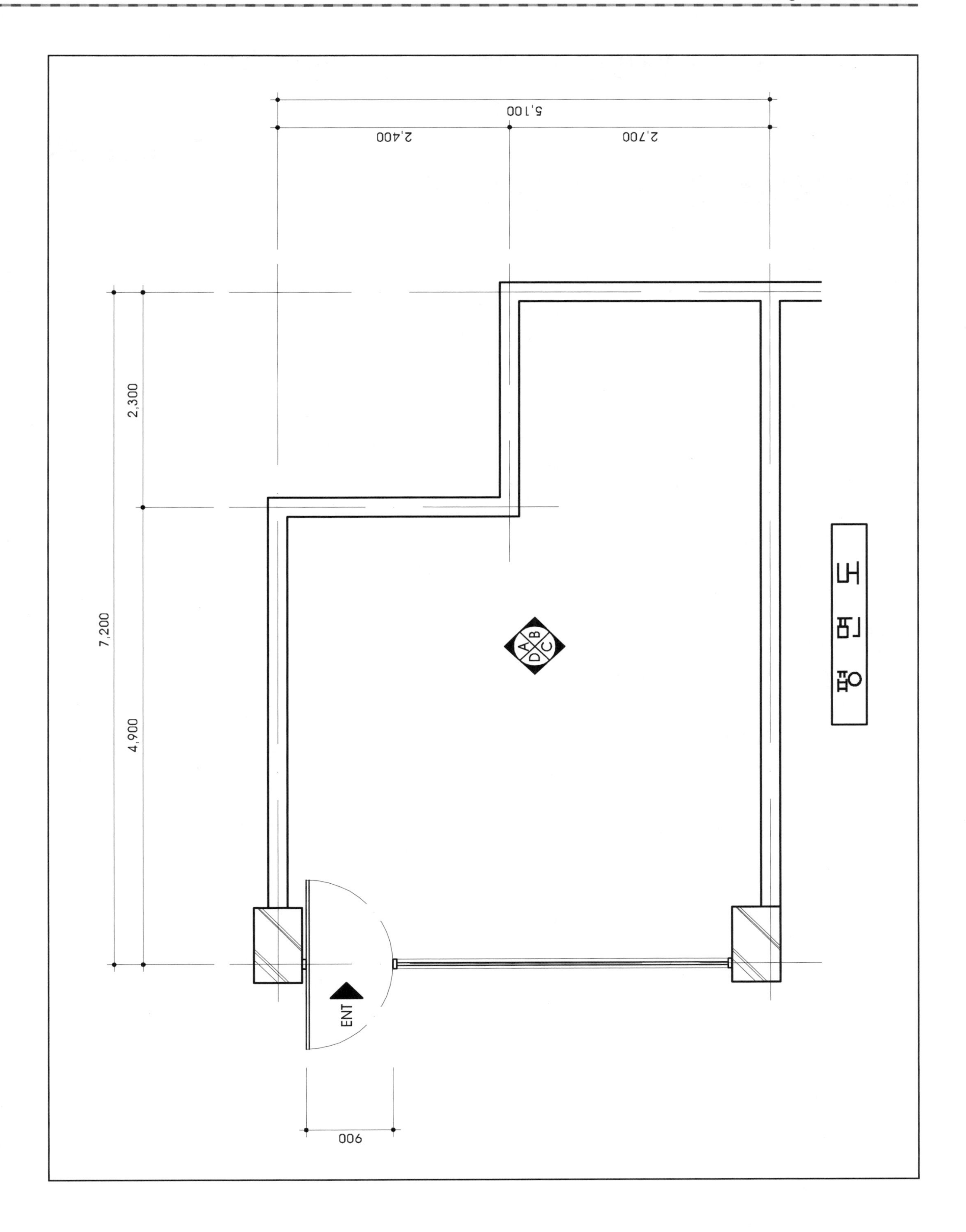
5,100
2,400
2,700
2,300
7,200
4,900
900
ENT
A
B
C
D
평면도

실내건축산업기사 디자인 실기 과년도 문제

시행일 : '14.10.05, '19.10.12, '23.07.23

해답도면 : P.53

작품명 : 패스트푸드점 Ⅱ	표준시간 : 5시간 30분

1 요구사항

문제도면은 10~20대 청소년이 주고객인 도심의 쇼핑센터 내에 위치한 패스트푸드점이다.
다음 요구조건에 맞게 요구도면을 작도하시오.

2 요구조건

1. 설계면적 : 9,000mm×5,500mm×2,700mm
2. DOOR : 2,000mm×2,300mm, 900mm×2,100mm
2. 공간구성 및 요구가구
   - 주문 및 캐셔카운터, 홀, 주방, 테이블과 의자, 직원휴게실
   - 그 외의 가구 및 집기는 수검자가 임의로 더 넣어도 좋다.

3 요구도면

1. 평면도(가구 및 바닥마감재 표기) : 1/30 SCALE
   (평면도 우측 하단에 설계자가 의도한 DESIGN CONCEPT를 180자 내외로 적으시오.)
2. 내부입면도 A방향 1면(벽면재료 표기) : 1/30 SCALE
3. 천장도(설비 및 조명기구 배치, 마감재 표기) : 1/30 SCALE
4. 실내투시도(반드시 채색작업 포함) : NONE SCALE
   (투시도는 계획의 포인트가 좋은 지점에서 1소점 혹은 2소점으로 작도하되, 작도과정의 투시보조선을 반드시 남길 것)

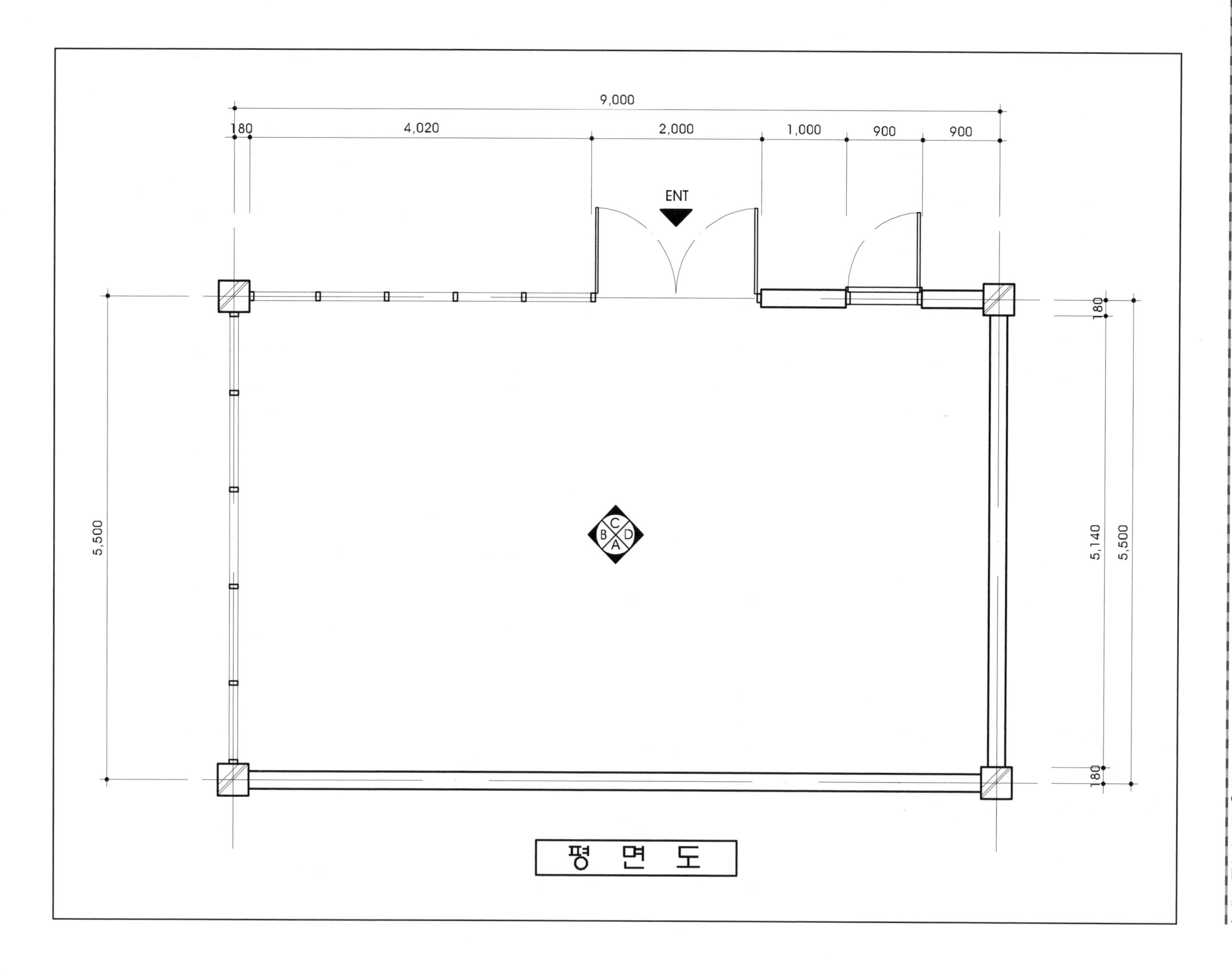
9,000
180
4,020
2,000
1,000
900
900
ENT
C
B
D
A
5,500
180
5,140
5,500
180
평면도

문제해설

오늘날 소득이 점차 증대되면서 사람들은 보다 질적이고 편리한 식생활의 방법을 찾게 되었다. 그에 따라 외식형태인 패스트푸드점이 성행하고 있다. 패스트푸드점은 햄버거 위주의 메뉴에서부터 치킨, 감자칩, 음료, 아이스크림 등 비교적 간단하게 먹을 수 있는 다양한 메뉴들을 소비자의 특성과 기호에 따라 제공하고 있다.
패스트푸드점의 인테리어는 브랜드별로 그 브랜드의 특징적이고도 획일화된 브랜드이미지를 구축하지만, 무엇보다 중요한 인테리어의 공통사항은 동선관계이다. 패스트푸드점은 소비자가 이동하는데 최대한 불편사항이 없는 동선이어야 하며 입·출입에 대해서도 막힘없는 동선이 계획되어야 한다.
매장의 전체 분위기는 밝고 경쾌한 분위기에 빨강, 노랑, 오렌지색 등의 원색을 주로 쓰며, 펜던트형식의 등이나 색깔이 들어간 얇은 네온등 등을 쓴다. 의자는 편안한 소재의 의자보다는 플라스틱 등의 딱딱한 재료를 사용하지만 부드러운 곡선형태의 디자인을 활용한다. 딱딱한 소재의 의자를 사용하는 이유는 패스트푸드점이 소가의 판매형태인 만큼 소비자가 오랜 시간 매장에 머무르지 않게 하여 손님 회전률을 빠르게 하기 위함이다.

1. 계획을 세울 때는 제일 먼저 카운터와 주방의 위치를 결정한다.

카운터를 어느 위치에 어떠한 형태로 계획할 것인지를 우선적으로 고려하고, 그 외 나머지는 홀로 계획한다. FAST FOOD점의 출입구를 보면 보통 자동문(AUTO DOOR)과 외여닫이문으로 되어있다. 출입구는 다음 두 가지로 계획할 수 있다.
첫째, 자동문은 고객의 출입구로 하고, 외여닫이문은 물품반입 및 종업원의 동선으로 계획한다.
둘째, 자동문과 외여닫이문 모두를 고객의 동선으로 계획한다. 다만, 물품반입 및 종업원의 동선을 위해 주방은 외여닫이문과 가까이에 둔다.

저자의 생각에는 문제도면에 자동문과 외여닫이문을 구분하여 둔 것은 자동문은 고객의 동선으로, 외여닫이문은 물품반입동선으로 유도하기 위한 출제자의 의도가 아닌가 싶다. 그러나 첫 번째 유형으로 출입구를 계획하게 되면 물품반입동선을 고려하지 않은 두 번째 유형보다 안정감 있는 계획이 나오지 못한다는 단점이 있다.

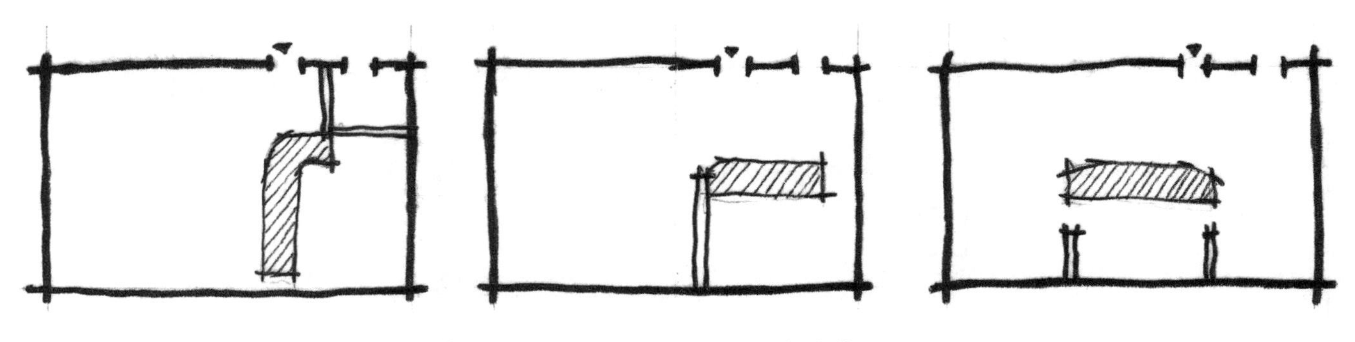

[ORDER & CASHIER COUNTER의 위치]

2. FAST FOOD점의 주방계획

가까운 FAST FOOD점에 들려 주방 내부를 대충이라도 둘러보는 것이 후에 FAST FOOD점을 계획할 때 도움이 될 것이다. 그러면 FAST FOOD점에 들어가는 기본적인 주방집기에 대해서 알아보자.

(1) 주방의 기본집기

냉장·냉동고, 조리대(작업대), 배선대, 개수대, 오븐기, 튀김기, 음료수대, 저장고 등

(2) 주방은 홀과 +100~200mm의 단 차이를 준다.

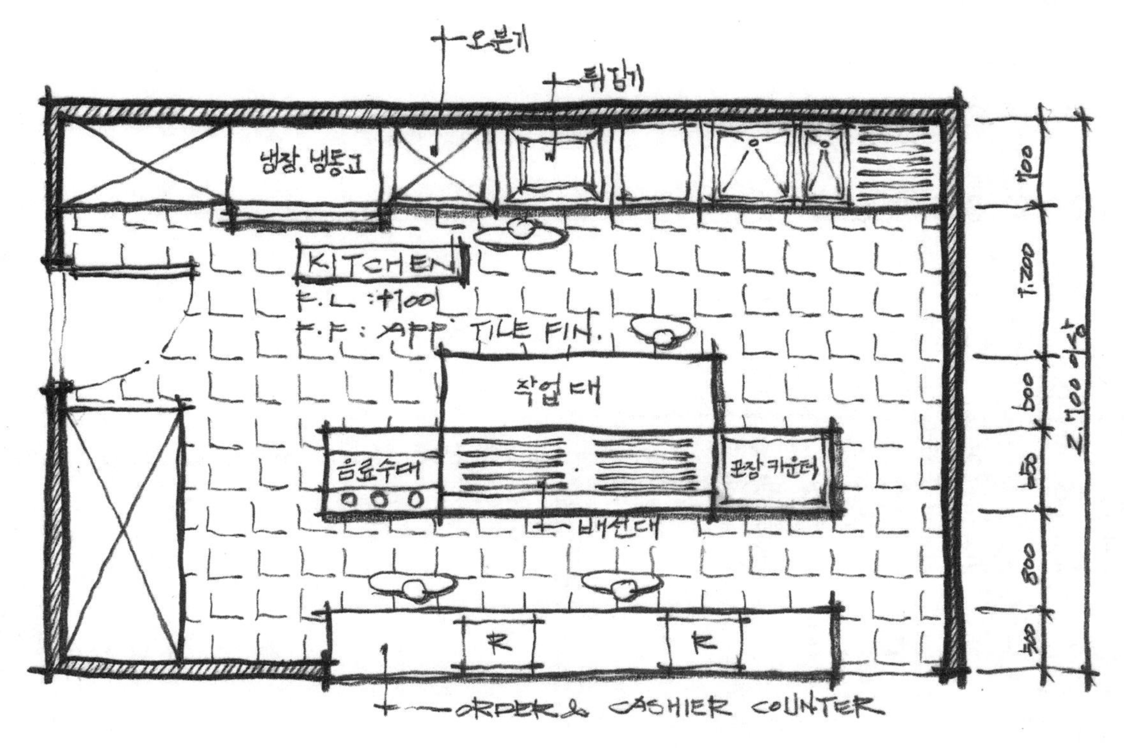

[주방의 배치도]

3. 가구 및 집기계획

주방을 평면도의 1/3 이내로 계획하고, 그 외의 공간은 홀로 활용한다.

홀에는 요구조건에서 주어진 가구 및 집기 외에 보통 반납구를 둔다. FAST FOOD점은 SELF SERVICE가 이루어지는 공간이므로 반납대가 필요하다. 반납대는 출입구에 1개, 홀에 1개 이상을 배치하며, 출입의 동선과 교차하지 않게 한다.

테이블 및 의자는 크기가 크지 않은 심플한 것으로 하며, 창 앞에는 높은 카운터식 테이블과 스툴로 계획한다. 스툴카운터의 폭은 쟁반을 올려놓을 수 있는 최소의 폭 300~400mm, 높이는 900~1,100mm 정도로 한다.

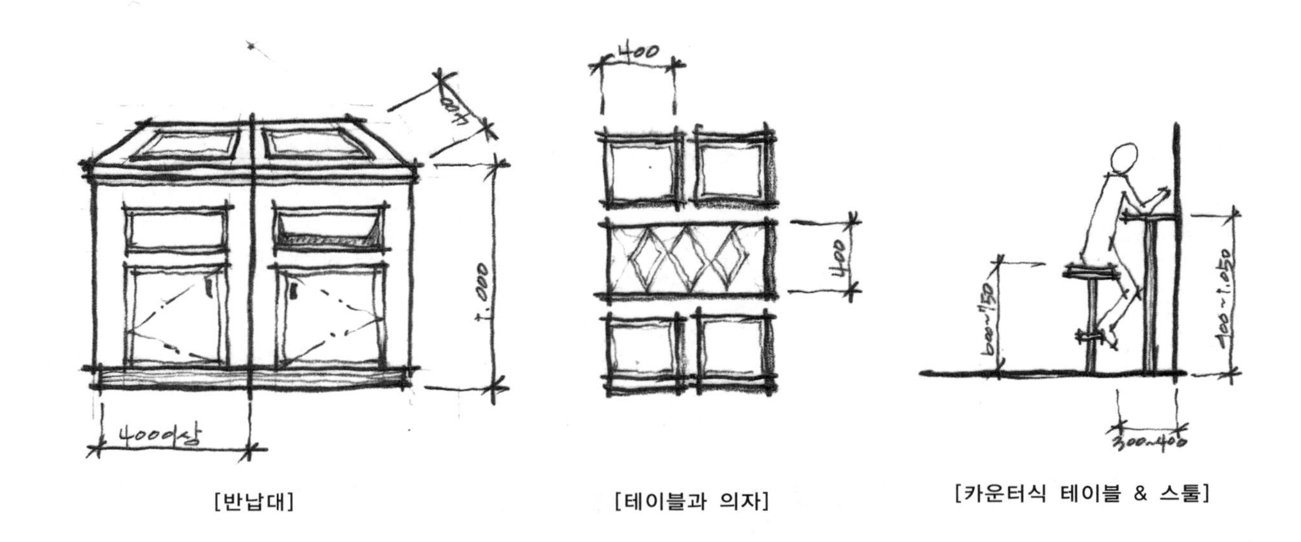

[반납대] [테이블과 의자] [카운터식 테이블 & 스툴]

4. 카운터와 통로의 관계

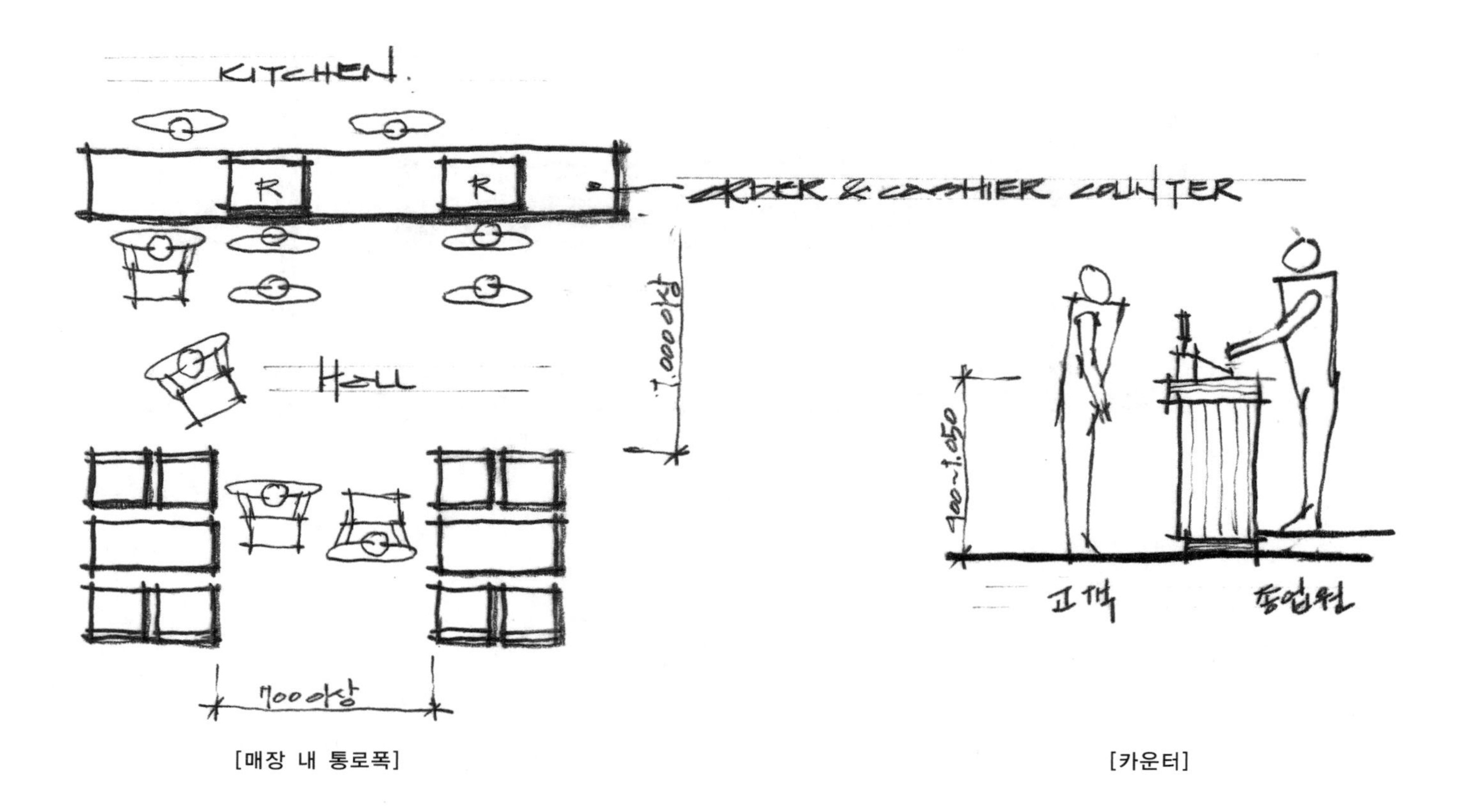

[매장 내 통로폭] [카운터]

5. 메뉴박스

주방카운터 뒤로 메뉴박스를 계획한다.

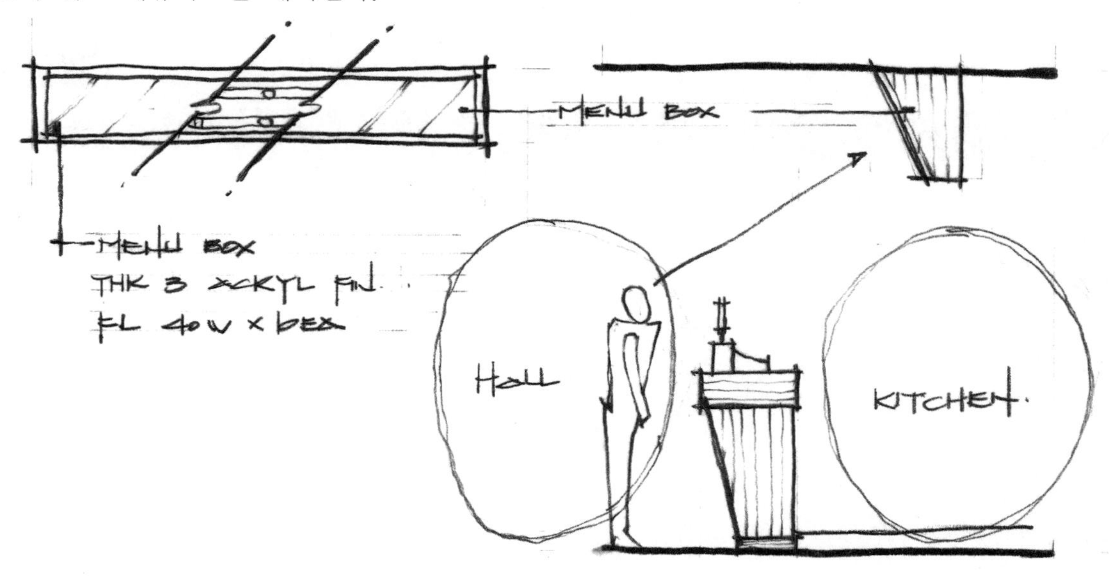

실내건축산업기사 디자인 실기 과년도 문제

시행일 : '15.04.18, '18.04.21

해답도면 : P.56

작품명 : 도심지 사거리에 위치한 커피숍 | 표준시간 : 5시간 30분

1 요구사항

문제도면은 주고객 20~30대가 이용하는 도심 사거리에 위치한 커피숍이다.
다음 요구조건에 맞게 요구도면을 작도하시오.

2 요구조건

1. 설계면적 : 6,000mm×6,000mm×3,000mm
2. DOOR : 1,500mm×2,300mm
2. 공간구성 및 요구가구
   - 주문 및 캐셔카운터
   - 홀 : 4인용 의자세트, 2인용 의자세트, 2인용 소파세트
   - 주방 : 에스프레소추출기, 커피제조기, 냉장고
   - 흡연실 : 2인용 의자세트
   - 그 외의 가구 및 집기는 수검자가 임의로 더 넣어도 좋다.

3 요구도면

1. 평면도(가구 및 바닥마감재 표기) : 1/30 SCALE
   (평면도 우측 하단에 설계자가 의도한 DESIGN CONCEPT를 180자 내외로 적으시오.)
2. 내부입면도 C방향 1면(벽면재료 표기) : 1/50 SCALE
3. 천장도(설비 및 조명기구 배치, 마감재 표기) : 1/50 SCALE
4. 실내투시도(반드시 채색작업 포함) : NONE SCALE
   (투시도는 계획의 포인트가 좋은 지점에서 1소점 혹은 2소점으로 작도하되, 작도과정의 투시보조선을 반드시 남길 것)

▌실내건축산업기사 실기문제 중 수검자들이 평면도를 작도하는데 가장 어려워했던 문제이다. 삼각자의 45°, 30°, 60°를 잘 활용하여 105°를 만드는 것이 주요 핵심이다.

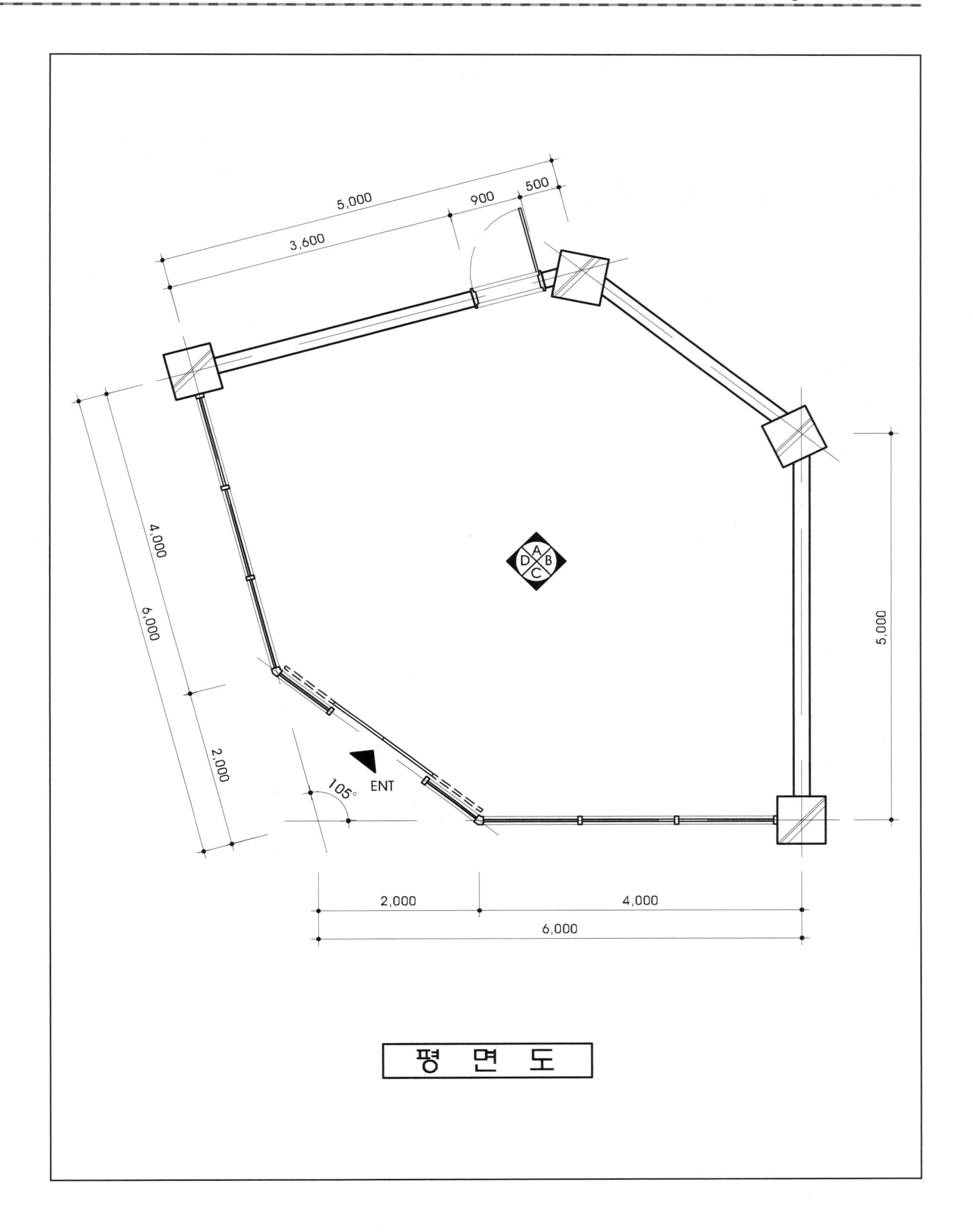
5,000
900
500
3,600
4,000
6,000
2,000
A
B
C
D
105°
ENT
5,000
2,000
4,000
6,000

평 면 도

실내건축산업기사 디자인 실기 과년도 문제

시행일 : '17.04.16, '23.04.22

해답도면 : P.59

작품명 : 약국	표준시간 : 5시간 30분

1 요구사항

문제도면은 근린상업지역에 위치한 약국이다.
다음 요구조건에 맞게 요구도면을 작도하시오.

2 요구조건

1. **설계면적** : 9,000mm×6,300mm×2,700mm
2. **공간구성**
   - 제조실, 약품전시공간, 상담공간, 대기공간, 카운터, 약품진열장, 상담용 책상 & 의자, 대기용 의자, 음료대
   - 그 외의 가구 및 집기는 수검자가 임의로 더 넣어도 좋다.

3 요구도면

1. **평면도**(가구 및 바닥마감재 표기) : 1/30 SCALE
   (평면도 우측 하단에 설계자가 의도한 DESIGN CONCEPT를 180자 내외로 적으시오.)
2. **내부입면도 A방향 1면**(벽면재료 표기) : 1/50 SCALE
3. **천장도**(설비 및 조명기구 배치, 마감재 표기) : 1/30 SCALE
4. **실내투시도**(반드시 채색작업 포함) : NONE SCALE
   (투시도는 계획의 포인트가 좋은 지점에서 1소점 혹은 2소점으로 작도하되, 작도과정의 투시보조선을 반드시 남길 것)

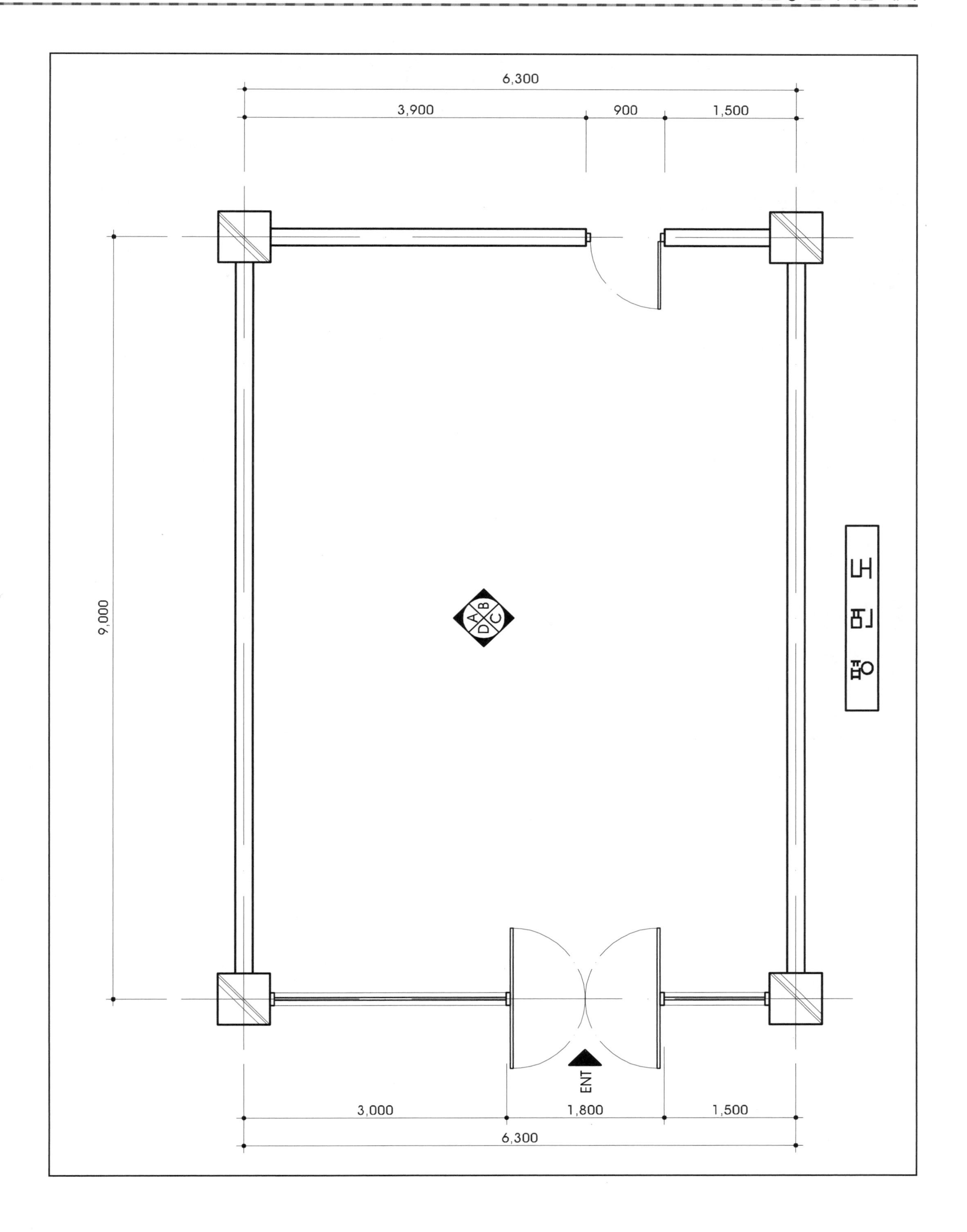
6,300
3,900
900
1,500
9,000
A
B
C
D
평 면 도
ENT
3,000
1,800
1,500
6,300

실내건축산업기사 디자인 실기 과년도 문제

시행일 : '18.07.01, '22.07.05

해답도면 : P.62

작품명 : 헤어숍 Ⅱ	표준시간 : 5시간 30분

1 요구사항

문제도면은 주고객 20~30대 젊은 층을 대상으로 한 1층에 위치한 헤어숍이다.
다음 요구조건에 맞게 요구도면을 작도하시오.

2 요구조건

1. 설계면적 : 8,100mm×5,400mm×2,700mm
2. 공간구성
   - 대기공간, 샴푸실, 미용공간, 물품보관창고, 옷 보관용 사물함
   - 그 외의 가구 및 집기는 수검자가 임의로 더 넣어도 좋다.

3 요구도면

1. 평면도(가구 및 바닥마감재 표기) : 1/30 SCALE
   (평면도 우측 하단에 설계자가 의도한 DESIGN CONCEPT를 180자 내외로 적으시오.)
2. 내부입면도 D방향 1면(벽면재료 표기) : 1/50 SCALE
3. 천장도(설비 및 조명기구 배치, 마감재 표기) : 1/30 SCALE
4. 실내투시도(반드시 채색작업 포함) : NONE SCALE
   (투시도는 계획의 포인트가 좋은 지점에서 1소점 혹은 2소점으로 작도하되, 작도과정의 투시보조선을 반드시 남길 것)

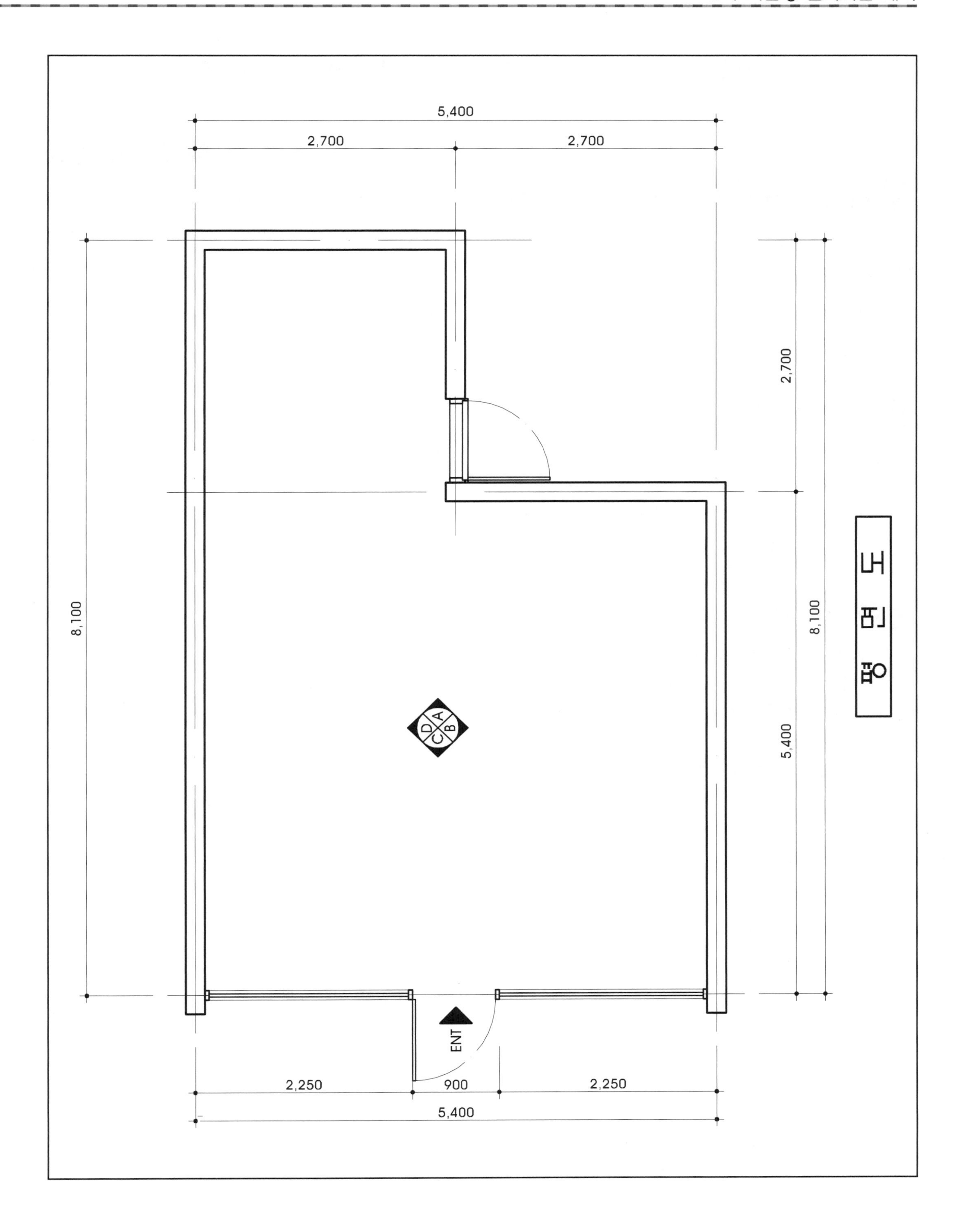
5,400
2,700
2,700
8,100
2,700
5,400
8,100
평면도
A
B
C
D
ENT
2,250
900
2,250
5,400

실내건축산업기사 디자인 실기 과년도 문제

시행일 : '18.10.06, '20.07.26

해답도면 : P.65

작품명 : 패션숍	표준시간 : 5시간 30분

1 요구사항

문제도면은 주고객 20~30대 고객을 대상으로 하는 의류판매점이다.
다음 요구조건에 맞게 요구도면을 작도하시오.

2 요구조건

1. 설계면적 : 8,100mm×5,400mm×2,400mm
2. 공간구성
   - 쇼윈도우, 캐셔카운터, 피팅룸, 창고, 디스플레이테이블, 화장실(대변기, 소변기, 세면대)
   - 그 외의 가구 및 집기는 수검자가 임의로 더 넣어도 좋다.

3 요구도면

1. 평면도(가구 및 바닥마감재 표기) : 1/30 SCALE
   (평면도 우측 하단에 설계자가 의도한 DESIGN CONCEPT를 180자 내외로 적으시오.)
2. 내부입면도 D방향 1면(벽면재료 표기) : 1/50 SCALE
3. 천장도(설비 및 조명기구 배치, 마감재 표기) : 1/30 SCALE
4. 실내투시도(반드시 채색작업 포함) : NONE SCALE
   (투시도는 계획의 포인트가 좋은 지점에서 1소점 혹은 2소점으로 작도하되, 작도과정의 투시보조선을 반드시 남길 것)

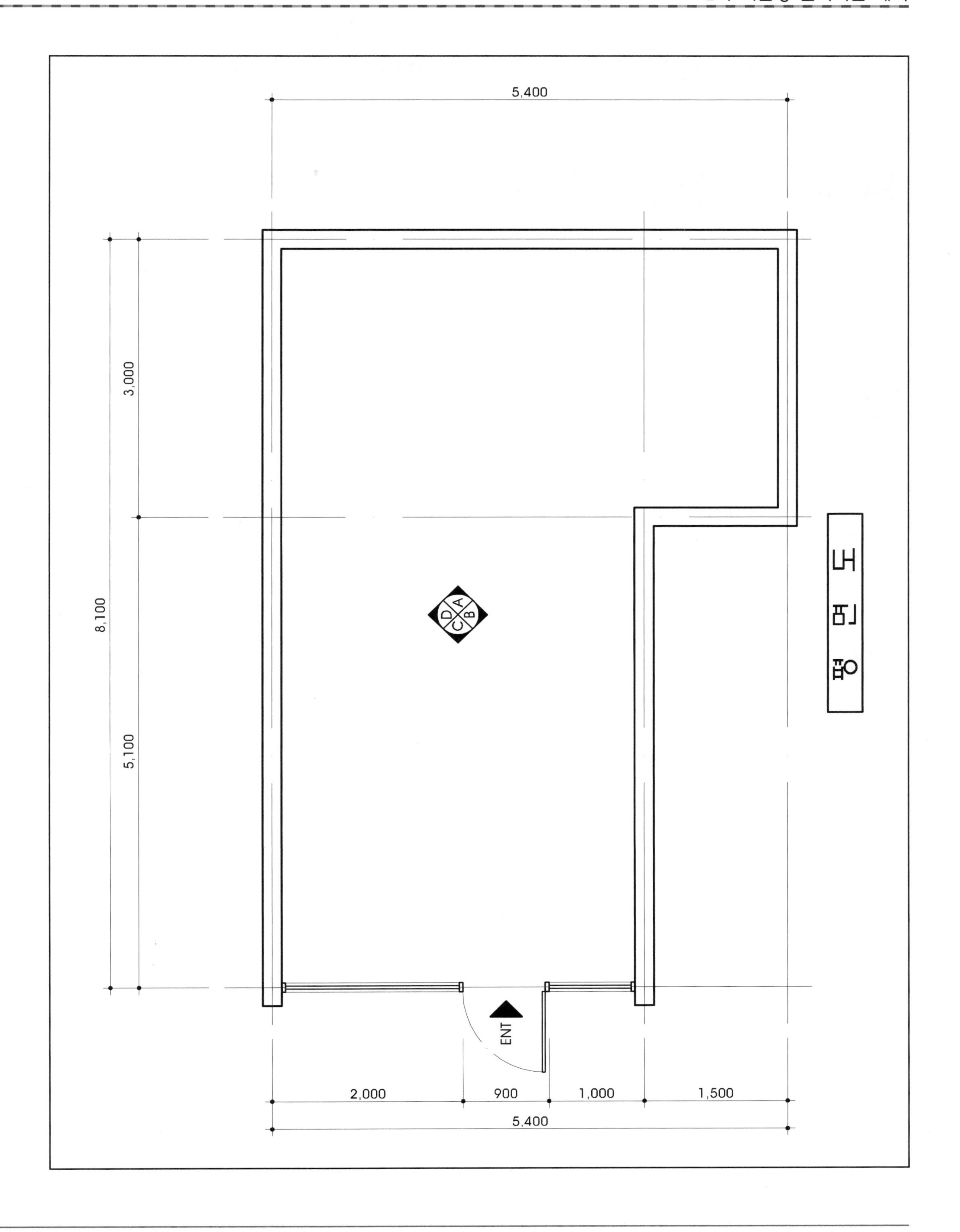
5,400
3,000
8,100
5,100
A
B
C
D
ENT
2,000
900
1,000
1,500
5,400
평 면 도

실내건축산업기사 디자인 실기 과년도 문제

시행일 : '20.11.29

해답도면 : P.68

작품명 : 도심 내 커피숍 Ⅱ	표준시간 : 5시간 30분

1 요구사항

문제도면은 상업중심지역 상가 1층에 위치한 커피숍이다.
다음 요구조건에 맞게 요구도면을 작도하시오.

2 요구조건

1. 설계면적 : 8,400mm×4,100mm×2,700mm
2. 인적구성 : 상시직원 1명, 아르바이트생 1명
3. 공간구성 및 요구가구
   - 서비스카운터 및 계산대, 커피머신 및 제조대
   - 4인 테이블 3세트, 2인 테이블 2세트
   - 그 외의 가구 및 집기는 수검자가 임의로 더 넣어도 좋다.

3 요구도면

1. 평면도(가구 및 바닥마감재 표기) : 1/30 SCALE
   (평면도 우측 하단에 설계자가 의도한 DESIGN CONCEPT를 180자 내외로 적으시오.)
2. 내부입면도 C방향 1면(벽면재료 표기) : 1/50 SCALE
3. 천장도(설비 및 조명기구 배치, 마감재 표기) : 1/30 SCALE
4. 실내투시도(반드시 채색작업 포함) : NONE SCALE
   (투시도는 계획의 포인트가 좋은 지점에서 1소점 혹은 2소점으로 작도하되, 작도과정의 투시보조선을 반드시 남길 것)

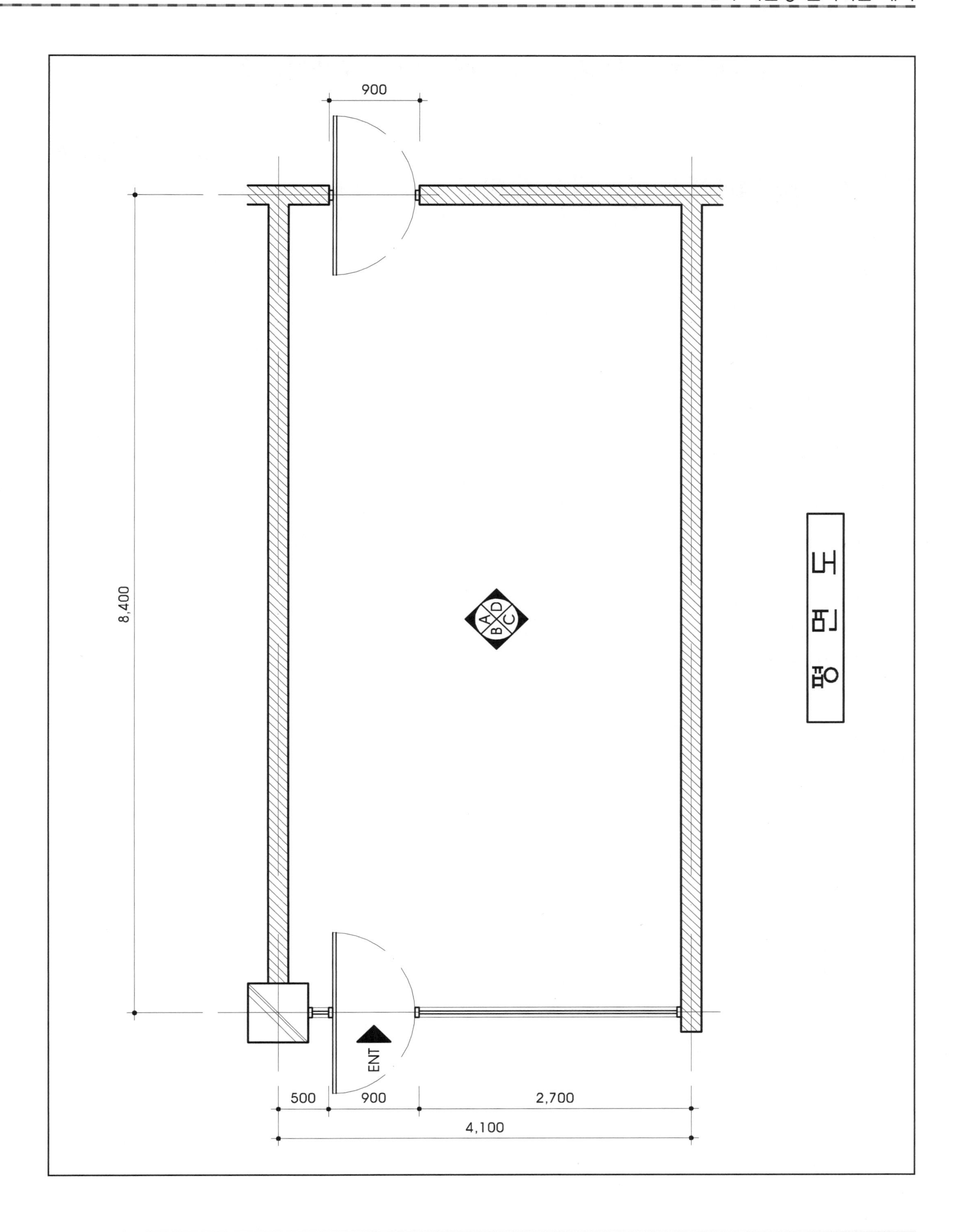
900
8,400
A
B
C
D
평면도
ENT
500
900
2,700
4,100

실내건축산업기사 디자인 실기 과년도 문제

시행일 : '22.05.07

해답도면 : P.71

작품명 : 네일아트숍	표준시간 : 5시간 30분

1 요구사항

문제도면은 근린생활지구에 위치한 1인 창업자가 운영하는 네일아트숍이다.
다음 요구조건에 맞게 요구도면을 작도하시오.

2 요구조건

1. **설계면적** : 9,200mm×6,200mm×2,700mm(H)
2. **인적구성** : 주고객은 20~30대로 상시직원 1명, 아르바이트생 2명 근무
3. **공간구성 및 요구가구**
   - 대기공간 : 소파, 테이블, 서비스테이블, 세면대
   - 카운터 및 판매공간
   - 네일아트공간(동시 3인 이용)
   - 페디큐어공간(동시 2인 이용)
   - 직원휴게실(탕비실 겸용)
   - 그 외의 가구 및 집기는 수검자가 임의로 더 넣어도 좋다.

3 요구도면

1. **평면도**(가구 및 바닥마감재 표기) : 1/30 SCALE
   (평면도 우측 하단에 설계자가 의도한 DESIGN CONCEPT를 180자 내외로 적으시오.)
2. **내부입면도 A방향 1면**(벽면재료 표기) : 1/50 SCALE
3. **천장도**(설비 및 조명기구 배치, 마감재 표기) : 1/30 SCALE
4. **실내투시도**(반드시 채색작업 포함) : NONE SCALE
   (투시도는 계획의 포인트가 좋은 지점에서 1소점 혹은 2소점으로 작도하되, 작도과정의 투시보조선을 반드시 남길 것)

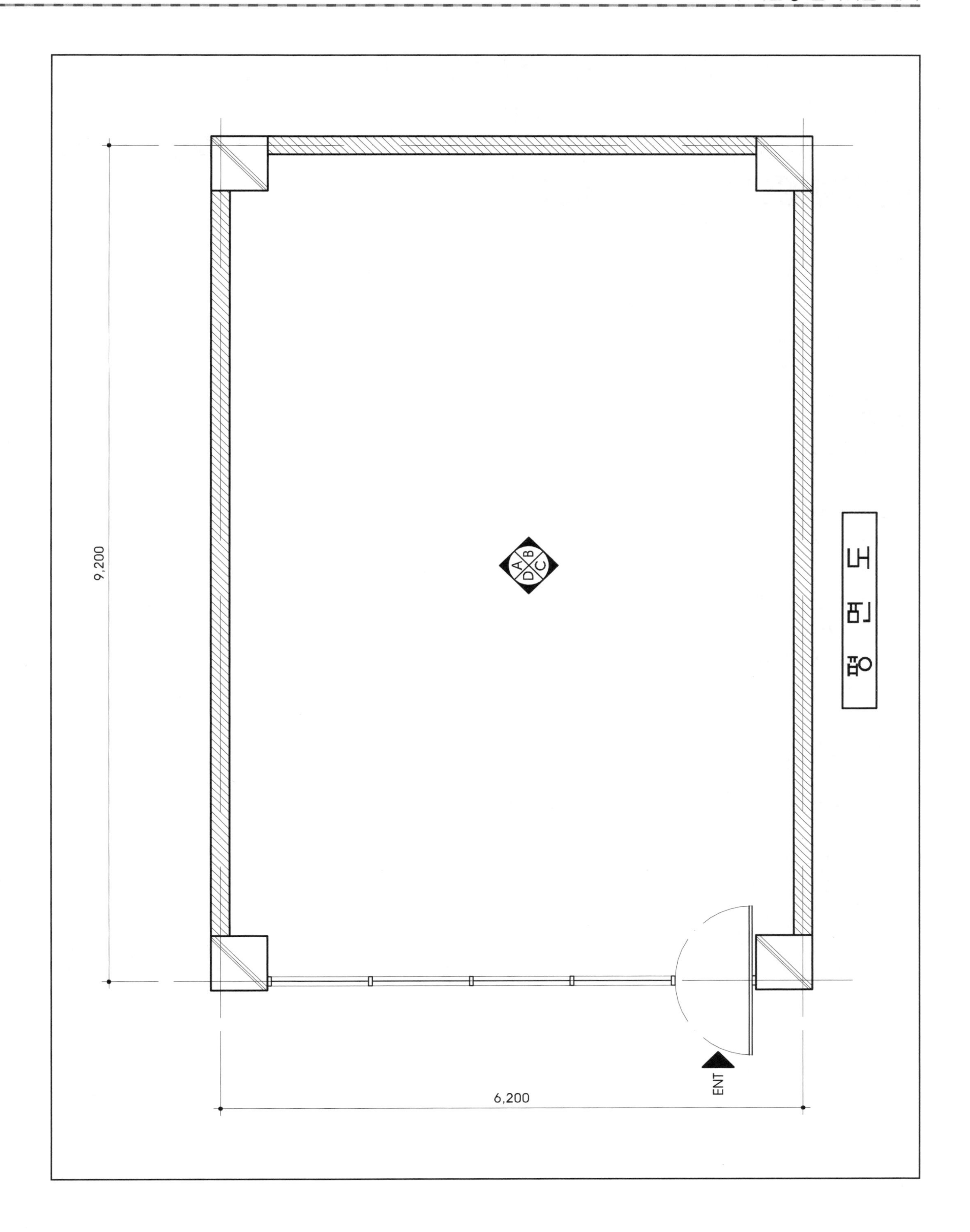
9,200
6,200
A
B
C
D
ENT
평 면 도

실내건축산업기사 디자인 실기 과년도 문제

시행일 : '22.10.16

해답도면 : P.74

작품명 : 베이커리카페	표준시간 : 5시간 30분

1 요구사항

문제도면은 주고객 30~40대가 이용하는 근린중심상가에 위치한 베이커리카페이다.
다음 요구조건에 맞게 요구도면을 작도하시오.

2 요구조건

1. 설계면적 : 8,200mm×7,000mm×2,900mm
2. 인적구성 : 직원 2명
3. 공간구성 및 요구가구
   - 출입문 : 1,800mm×2,100mm
   - 카운터
   - 주방 : 주방기기, 커피머신
   - 판매 및 전시공간 : 진열장, 진열대
   - 홀 : 의자, 테이블
   - 그 외의 가구 및 집기는 수검자가 임의로 더 넣어도 좋다.

3 요구도면

1. 평면도(가구 및 바닥마감재 표기) : 1/30 SCALE
   (평면도 우측 하단에 설계자가 의도한 DESIGN CONCEPT를 180자 내외로 적으시오.)
2. 내부입면도 B방향 1면(벽면재료 표기) : 1/50 SCALE
3. 천장도(설비 및 조명기구 배치, 마감재 표기) : 1/30 SCALE
4. 실내투시도(반드시 채색작업 포함) : NONE SCALE
   (투시도는 계획의 포인트가 좋은 지점에서 1소점 혹은 2소점으로 작도하되, 작도과정의 투시보조선을 반드시 남길 것)

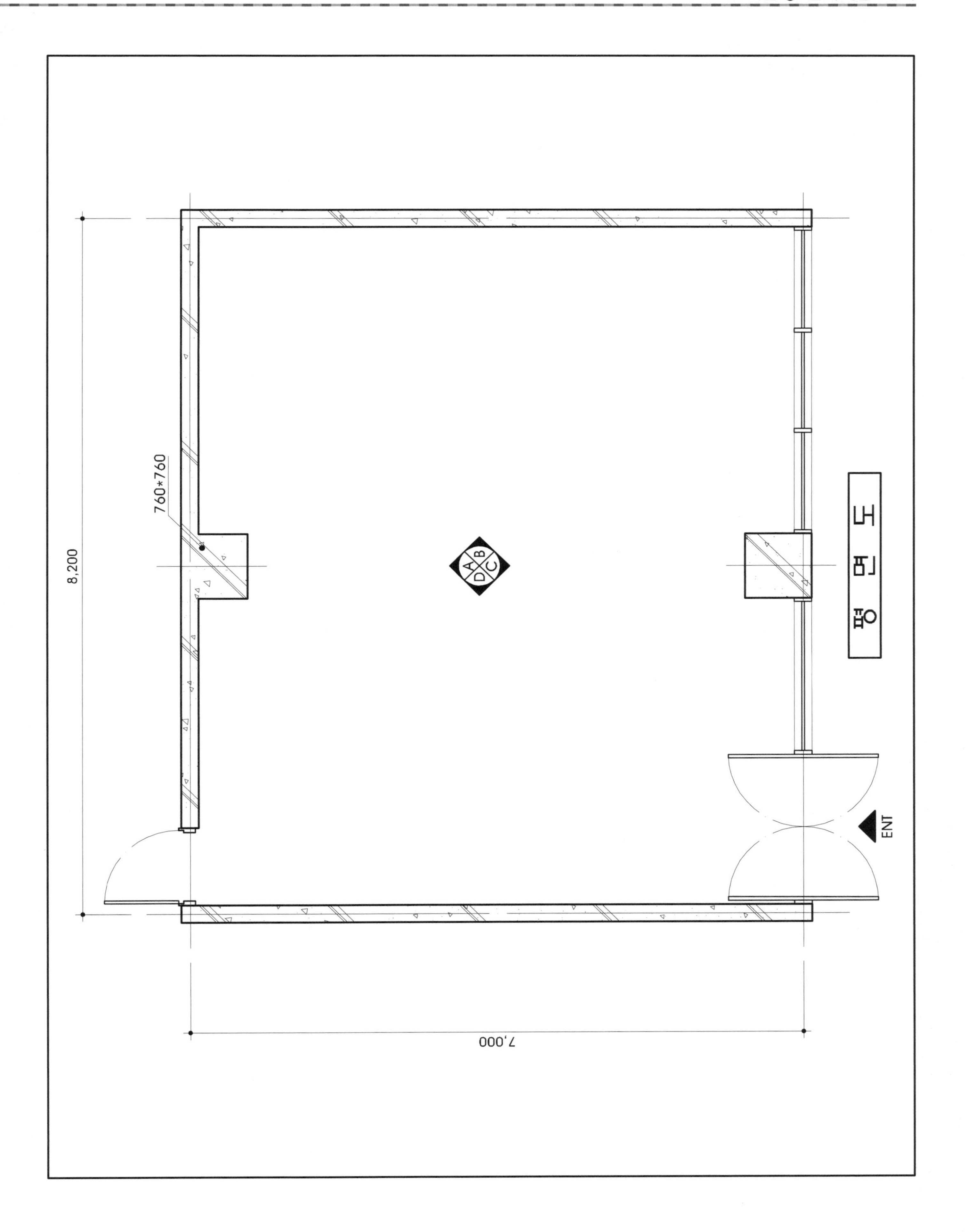
760*760
8,200
7,000
평면도
ENT
A
B
C
D

MEMO

MEMO

MEMO

5장 실내건축산업기사 디자인 실기

과년도 문제 해답도면

1. 독신자APT
2. 오피스텔 Ⅰ
3. 주거형 오피스텔 Ⅱ
4. 유스호스텔
5. 이동통신매장 Ⅰ
6. 아동복매장 Ⅰ
7. 아동복매장 Ⅱ
8. 스포츠의류매장
9. 아이스크림전문점
10. 패스트푸드점 Ⅰ(19. 패스트푸드점 Ⅱ 참조)
11. 대형 할인마트매장 내 커피숍
12. 벤처사무실
13. 안경점
14. 북카페
15. 도심 내 커피숍 Ⅰ
16. 오피스텔 Ⅲ
17. 헤어숍 Ⅰ
18. 통신기기판매점 Ⅱ
19. 패스트푸드점 Ⅱ
20. 도심지 사거리에 위치한 커피숍
21. 약국
22. 헤어숍 Ⅱ
23. 패션숍
24. 도심 내 커피숍 Ⅱ
25. 네일아트숍
26. 베이커리카페

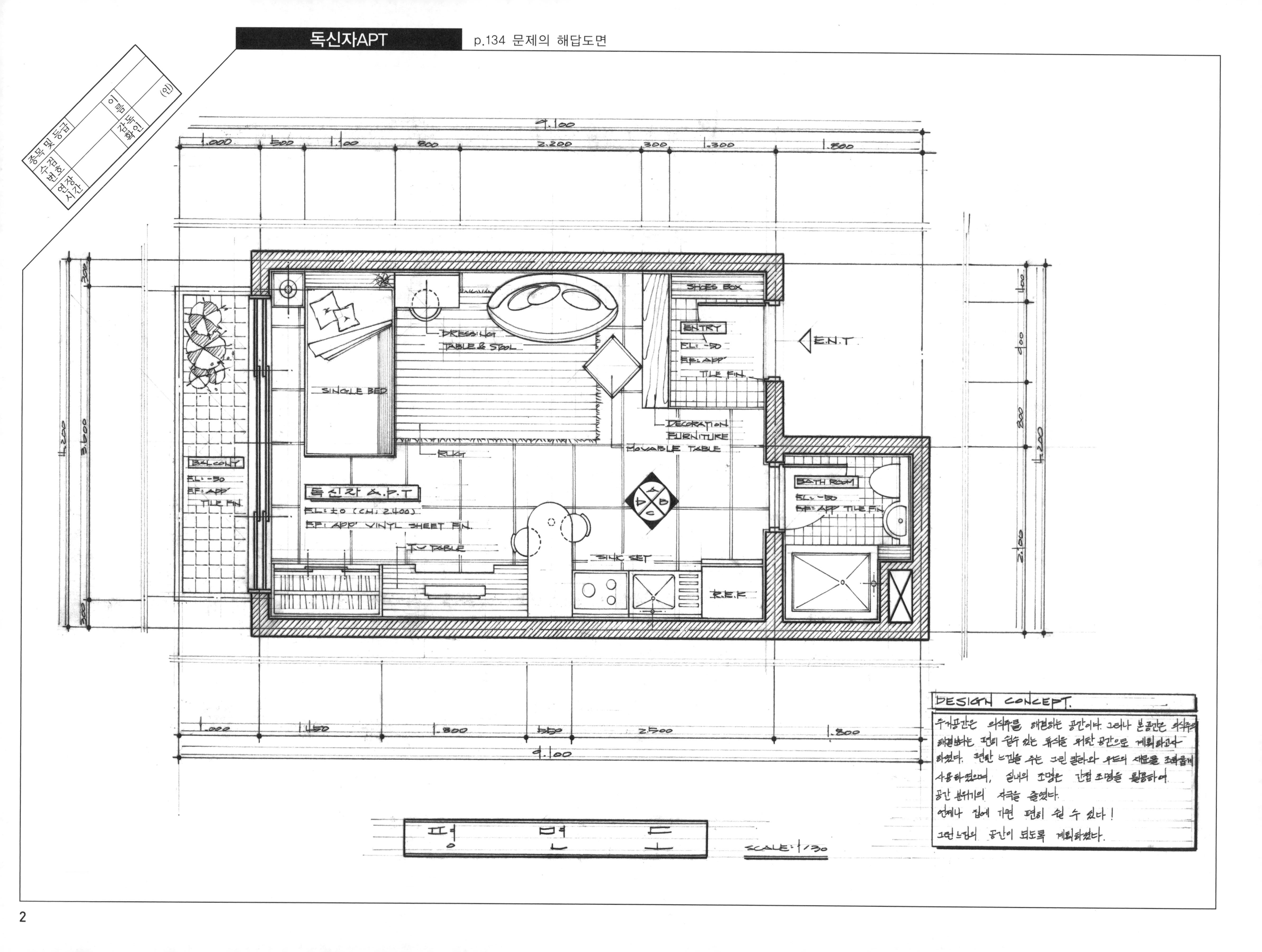
종목 및 등급
수검번호
연장시간
이름
감독확인
(인)
4.100
1.000
500
1.100
800
2.200
300
1.300
1.800
4.200
3.600
300
SHOES BOX
ENTRY
FL: -50
EF: APP' TILE FIN.
E.N.T
DRESSING TABLE & STOOL
SINGLE BED
DECORATION FURNITURE
MOVABLE TABLE
RUG
BALCONY
FL: -50
EF: APP' TILE FIN.
독신자 A.P.T
FL: ±0 (CH: 2.400)
EF: APP' VINYL SHEET FIN.
TV TABLE
SINK SET
R.E.F
BATH ROOM
FL: -50
EF: APP' TILE FIN.
1.450
2.500
DESIGN CONCEPT.
주거공간은 의식주를 해결하는 공간이다. 그러나 본공간은 의식주의
해결보다는 편히 쉴수 있는 휴식을 위한 공간으로 계획하고자
하였다. 편안 느낌을 주는 그린 칼라와 우드의 재료를 조화롭게
사용하였으며, 실내의 조명은 간접 조명을 활용하여
공간 분위기의 자극을 줄였다.
언제나 집에 가면 편히 쉴 수 있다!
그런 느낌의 공간이 되도록 계획하였다.
평면도
SCALE: 1/30

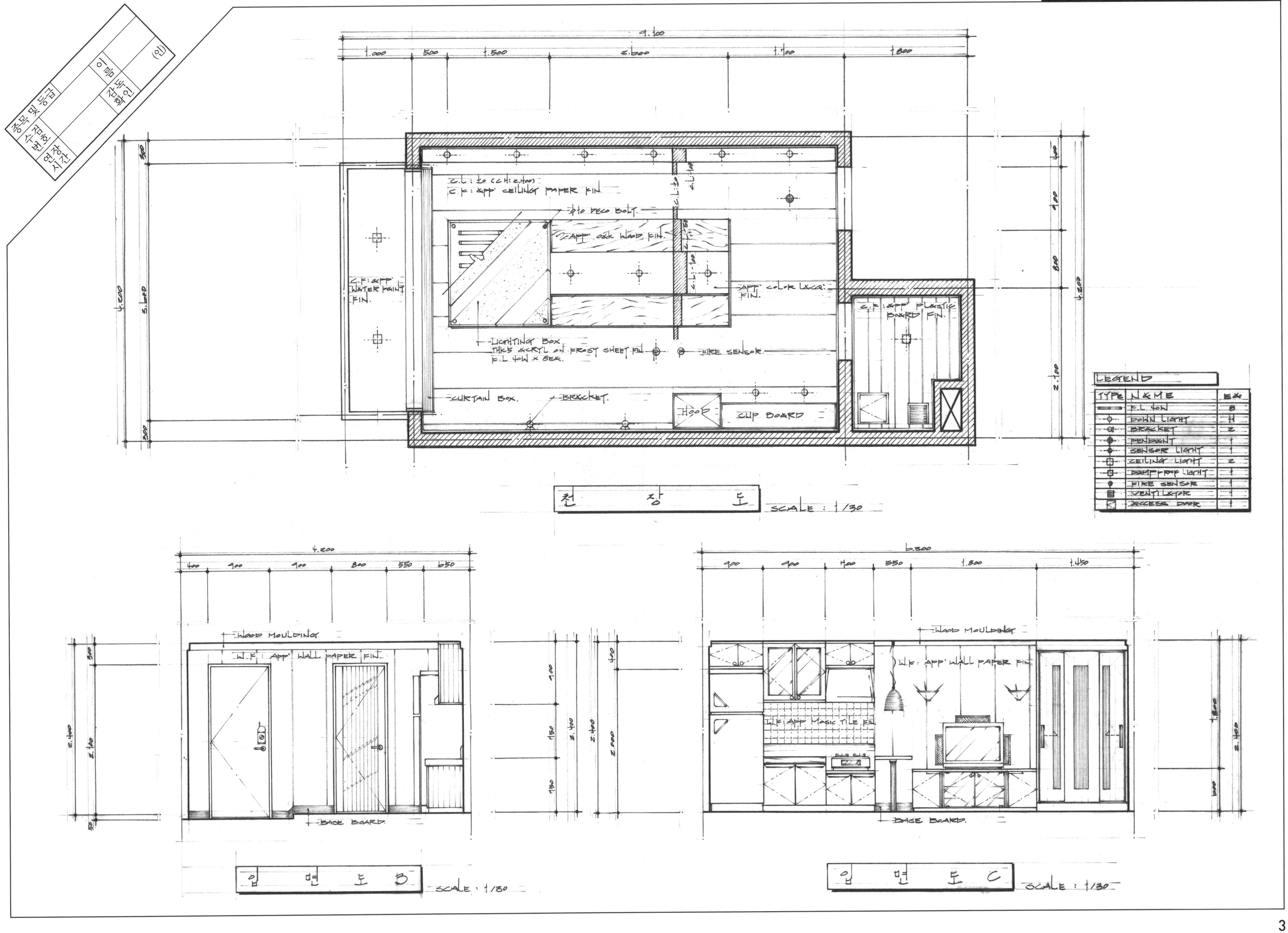

종목 및 등급		이름	
수험번호		감독확인	(인)
연장시간			

9.100

1.000 500 1.500 2.600 1.700 1.800

4.200 3.600 300 300

400 900 800 2.100

C.L : 2.6 (C.H : 2.400)
C.F : APP CEILING PAPER FIN.

Ø10 DECO BOLT.

APP OAK WOOD FIN.

APP COLOR LACQ. FIN.

C.F : APP PLASTIC BOARD FIN.

C.F : APP WATER PAINT FIN.

LIGHTING BOX
THK5 ACRYL ON FROST SHEET FIN.
F.L 40W x 8EA.

FIRE SENSOR

CURTAIN BOX.

BRACKET.

HOOD

CUP BOARD

LEGEND

TYPE	NAME	EA
	F.L 40W	8
	DOWN LIGHT	11
	BRACKET	2
	PENDANT	1
	SENSOR LIGHT	1
	CEILING LIGHT	2
	DAMP PROOF LIGHT	1
	FIRE SENSOR	1
	VENTILATOR	1
	ACCESS DOOR	1

천 장 도 SCALE : 1/30

4.200

400 900 900 800 550 650

WOOD MOULDING

W.F : APP WALL PAPER FIN.

BASE BOARD.

2.400 2.100 300 50

입 면 도 B SCALE : 1/30

6.300

900 900 1.100 550 1.800 1.450

WOOD MOULDING

W.F : APP WALL PAPER FIN.

W.F : APP MOSIC TILE FIN.

BASE BOARD.

2.400 1.800 600

입 면 도 C SCALE : 1/30

독신자APT

종목 및 등급		이름		(인)
수검번호		감독 확인		
연장시간				

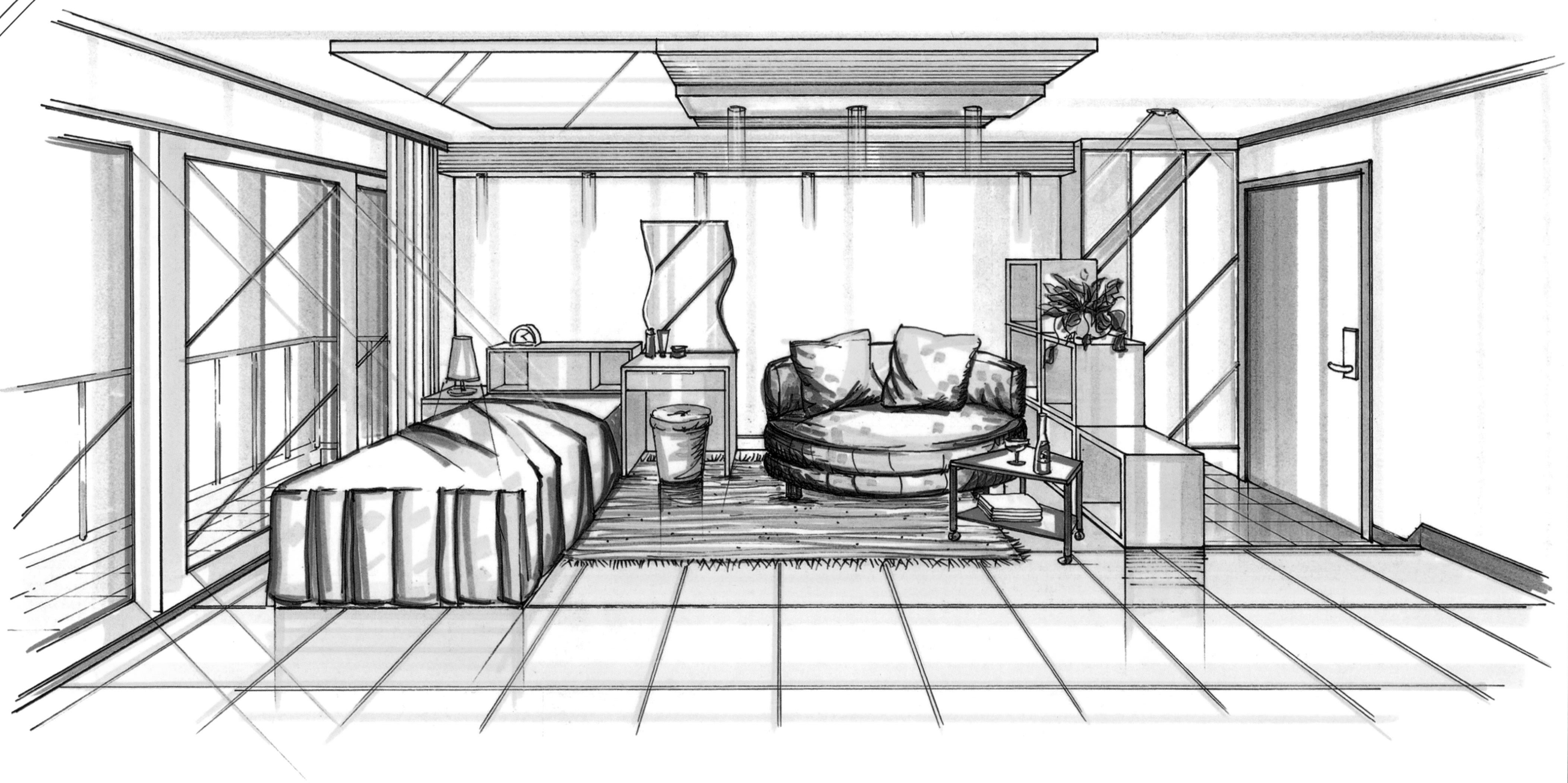

투 시 도

SCALE : N.S

종목 및 등급		이름	
수검번호		감독확인	(인)
연장시간			

10.500

1.500 1.600 2.150 200 500 850 600 1.000 1.450 650

BOOK SHELF(H:500)
DRESSING SHELF ×3EA
LOW T.V & AUDIO FURNITURE (H:300)
SINK SET
REF
접이식 SEMI DOUBLE BED
RUG
BATH ROOM
F.L: -30
F.F: APP' TILE FIN.
ENTRY
F.L: -30
F.F: APP' TILE FIN.
E.N.T
□100×100 BATTEN / THK5 FROST GLASS
OFFICETEL...
F.L: ±0 (C.H: 2.400)
F.F: APP' VINYL SHEET FIN.
STOOL
SHOES BOX
2인용 SOFA SET
UTILITY
F.L: -30
F.F: APP' TILE FIN.
세탁기
FLOOR STAND
DESK ×2EA (H:600)
MOVABLE CHAIR
ALCOVE DISPLAY FURNITURE
BOOK SHELF (H:300)
DRESSING TABLE & STOOL

1.800 1.400 1.000 4.200
900 2.400 900 4.200

1.500 1.600 1.250 1.300 100 600 2.100 500 1.000 550

10.500

……DESIGN CONCEPT

업무와 주거를 동시에 해결하는 오피스텔의 공간으로서 공간과 공간의 구분이 동떨어지지 않게 하기위해 자연스러운 동선유도를 계획하였다.
상담과 업무가 동시에 이루어 질수 있도록 작업공간을 전면부에 배치 하였고,
개인의 사적인 공간들은 개인의 프라이버시를 위해 후면부에 배치 하였다.
또한, 접이식 배드를 설치 함으로서 공간 활용 면적을 넓혔으며, 자연미가 풍기는 마감재 사용으로 편안하고 깔끔한 오피스텔을 연출 하였다.

평 면 도

SCALE : 1/30

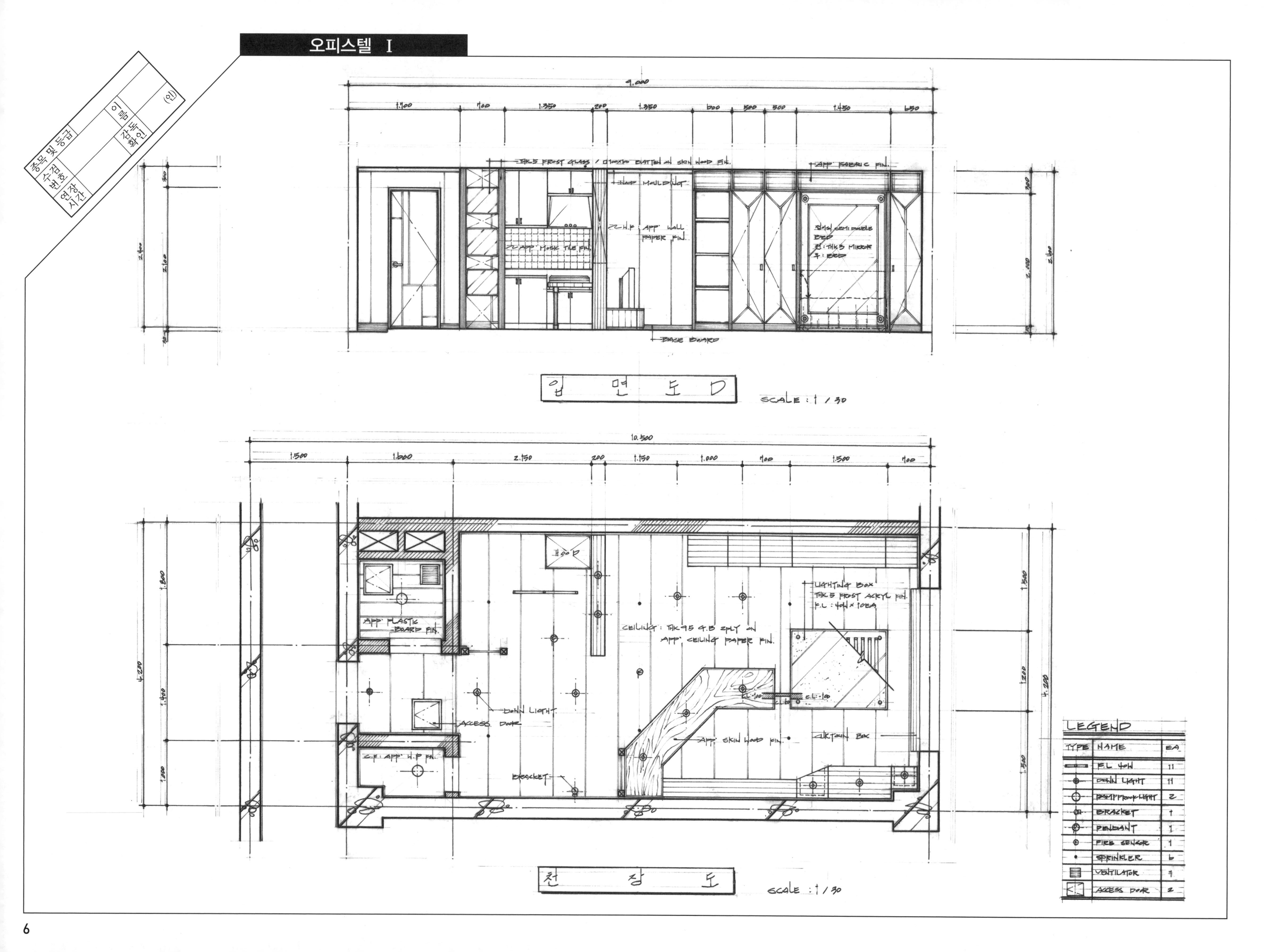
종목 및 등급
수검번호
연장시간
이름
감독확인
(인)
THK5 FROST GLASS / □100x50 BATTEN ON SKIN WOOD FIN.
HAP MOULDING
APP FABRIC FIN.
Z.W.P APP MOSK TILE FIN.
Z.W.P APP WALL PAPER FIN.
BASE BOARD
입 면 도 D
SCALE : 1 / 30
APP PLASTIC BOARD FIN.
C.F APP W.P FIN.
ACCESS DOOR
DOWN LIGHT
BRACKET
CEILING : THK9.5 G.B 2PLY ON APP CEILING PAPER FIN.
APP SKIN WOOD FIN.
CURTAIN BOX
LIGHTING BOX
THK5 FROST ACRYL FIN.
F.L : 40W x 10EA
천 장 도
SCALE : 1 / 30
LEGEND
TYPE
NAME
EA
F.L 40W
11
DOWN LIGHT
11
DAMPPROOF LIGHT
2
BRACKET
1
PENDANT
1
FIRE SENSOR
1
SPRINKLER
6
VENTILATOR
1
ACCESS DOOR
2

종목 및 등급		이름	
수검번호		감독 확인	(인)
연장 시간			

투시도

SCALE: NONE SCALE.

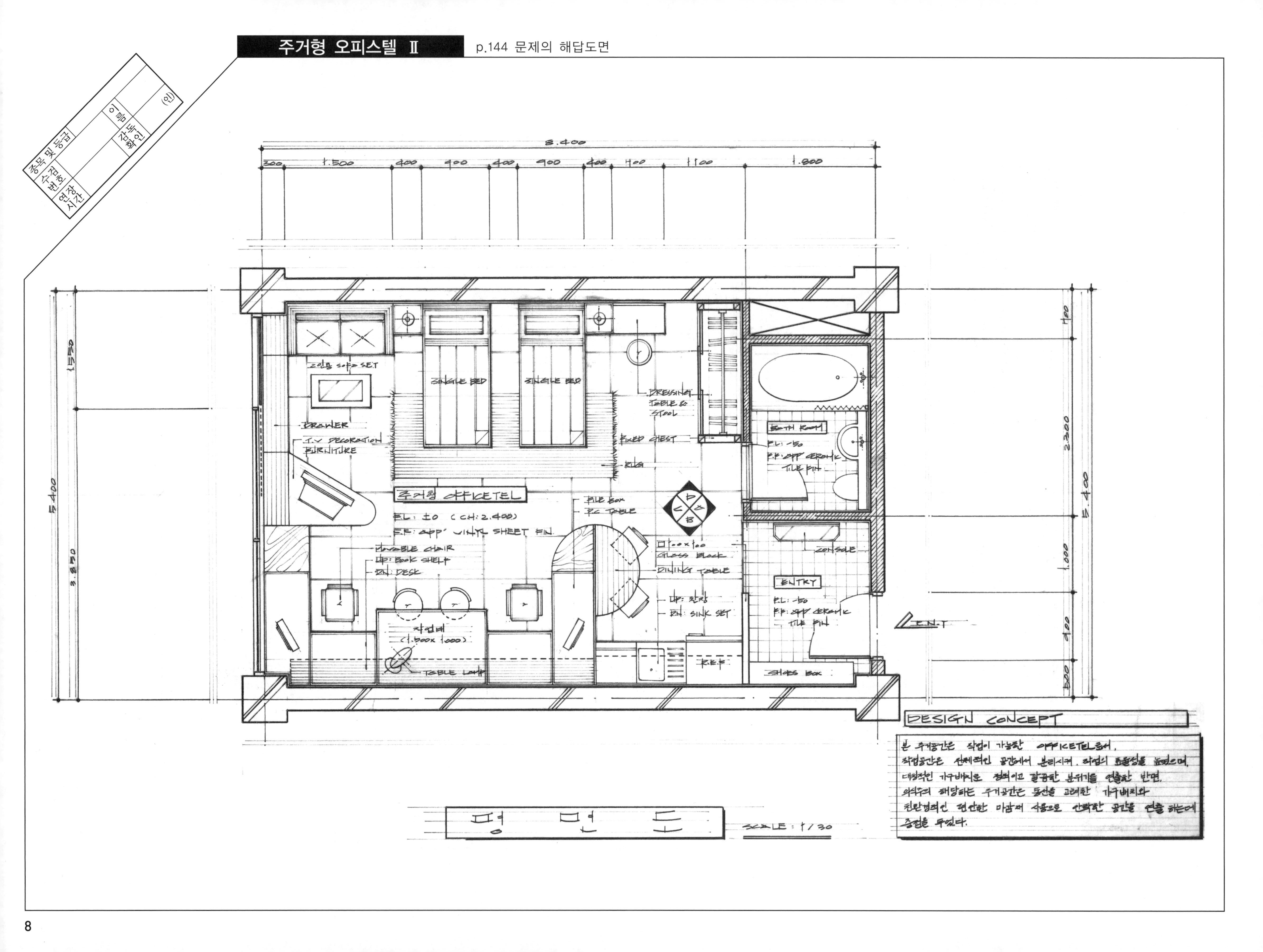
종목 및 등급
수검번호
연장시간
이름
감독확인
(인)
8.400
300
1.500
400
900
400
900
400
400
1100
1.800
5.400
1.550
3.850
400
2.300
1.000
900
300
2인용 sofa SET
DRAWER
T.V DECORATION FURNITURE
SINGLE BED
SINGLE BED
DRESSING TABLE & STOOL
FIXED CHEST
RUG
주거형 OFFICETEL
EL: ±0 (CH: 2.400)
F.F: APP' VINYL SHEET FIN.
FILE BOX
PC TABLE
□100×100 GLASS BLOCK
DINING TABLE
MOVABLE CHAIR
UP: BOOK SHELF
DN: DESK
작업대 (1.800×1000)
TABLE LAMP
UP: 찬장
DN: SINK SET
REF
BATH ROOM
EL: -50
F.F: APP' CERAMIC TILE FIN.
CONSOLE
ENTRY
EL: -50
F.F: APP' CERAMIC TILE FIN.
SHOES BOX
ENT
DESIGN CONCEPT
본 주거공간은 작업이 가능한 OFFICETEL로서,
작업공간은 전체적인 공간에서 분리시켜, 작업의 효율성을 높였으며,
대칭적인 가구배치로 정적이고 깔끔한 분위기를 연출한 반면,
의식주에 해당하는 주거공간은 동선을 고려한 가구배치와
친환경적인 편안한 마감재 사용으로 안락한 공간을 연출하는데
중점을 두었다.
평 면 도
SCALE: 1/30

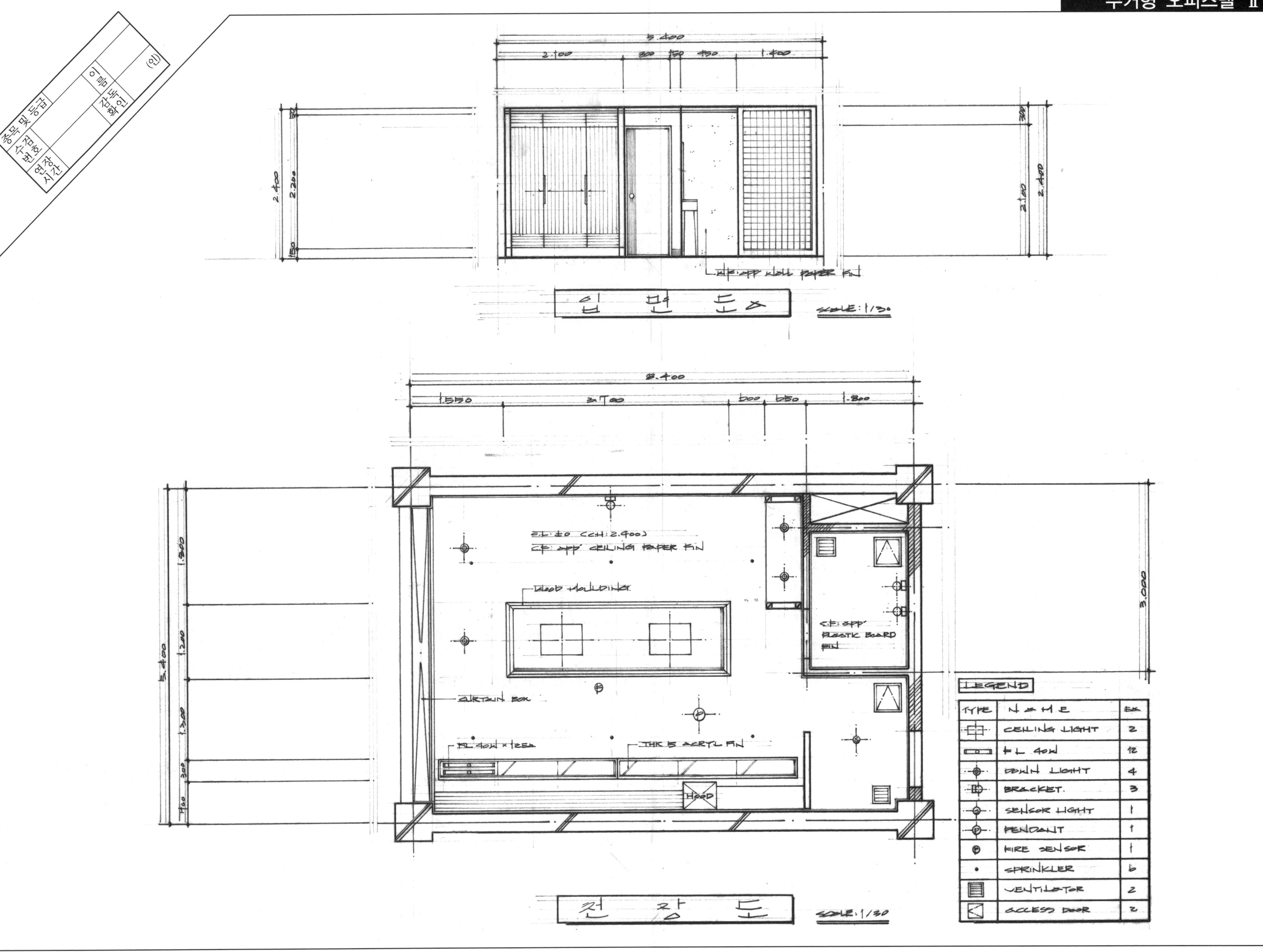

종목 및 등급
수검번호
연장시간
이름
감독확인
(인)
5.400
2.100
800
150
450
1.400
2.400
2.200
2.100
W.F: opp' wall paper fin
입면도
SCALE: 1/30
8.400
1.550
3.700
500
650
1.800
3.000
1.200
300
400
E.L ±0 (CH: 2.400)
C.F: opp' ceiling paper fin
Wood moulding
C.F: opp' plastic board fin
CURTAIN BOX
FL 40W x 12EA
THK 5 ACRYL FIN
HOOD
천장도
SCALE: 1/30
LEGEND
TYPE / NAME / EA
CEILING LIGHT 2
FL 40W 12
DOWN LIGHT 4
BRACKET 3
SENSOR LIGHT 1
PENDANT 1
FIRE SENSOR 1
SPRINKLER 6
VENTILATOR 2
ACCESS DOOR 2

주거형 오피스텔 Ⅱ

종목 및 등급		이름	
수험번호		감독확인	(인)
연장시간			

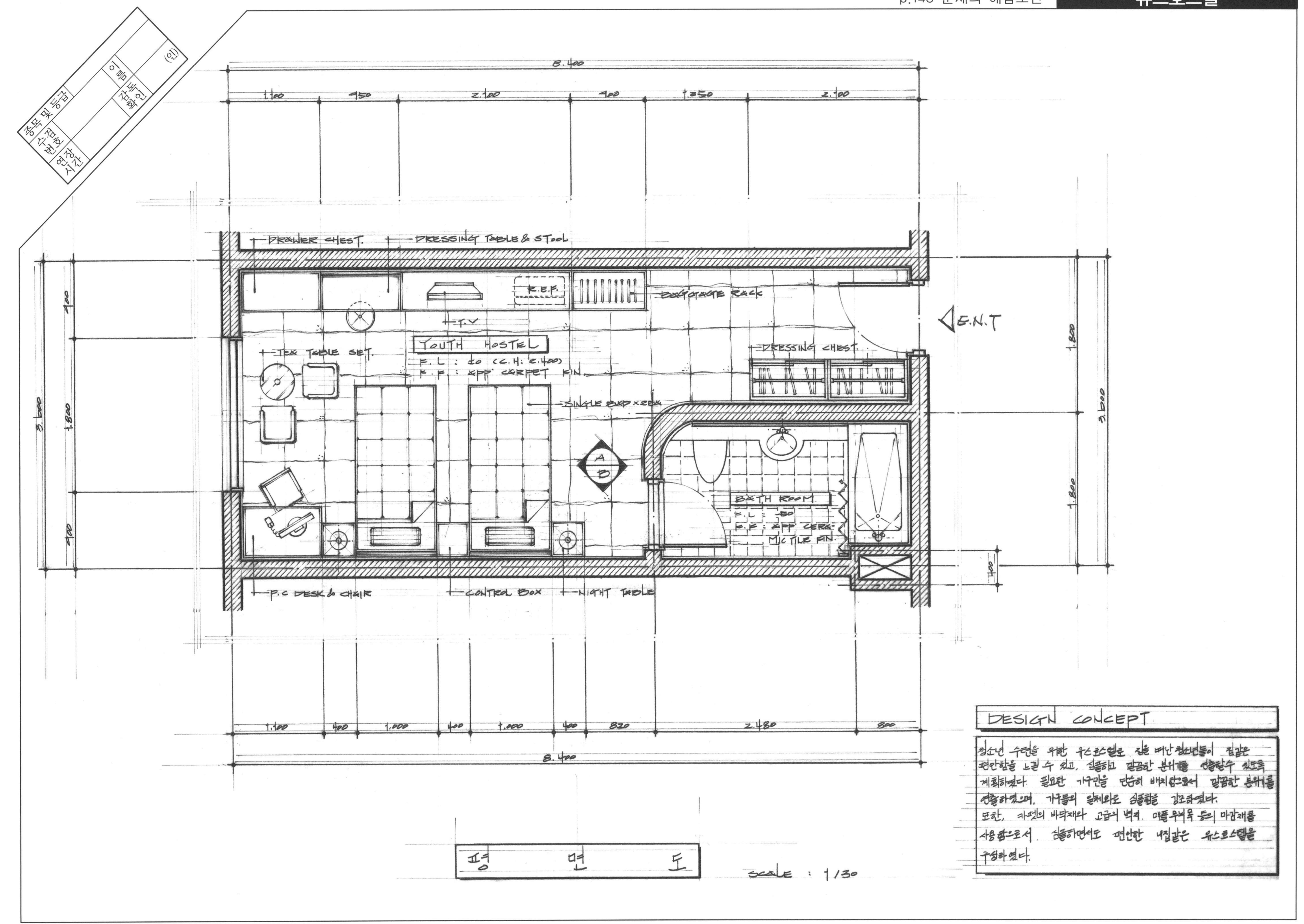
종목 및 등급
수검번호
이름
감독확인
(인)
연장시간
8.400
1.100
950
2.100
400
1.250
2.100
DRAWER CHEST
DRESSING TABLE & STOOL
R.E.F
BAGGAGE RACK
T.V
TEA TABLE SET
YOUTH HOSTEL
F.L : ±0 (C.H : 2.400)
F.F : XPP' CARPET FIN
DRESSING CHEST
ENT
SINGLE BED×2EA
A
B
BATH ROOM
F.L : -50
F.F : XPP CERA-MIC TILE FIN
P.C DESK & CHAIR
CONTROL BOX
NIGHT TABLE
3.600
1.800
400
1.000
820
2.480
800
평 면 도
SCALE : 1/30
DESIGN CONCEPT
청소년 수련을 위한 유스호스텔로 집을 떠난 청소년들이 집같은
편안함을 느낄 수 있고, 심플하고 깔끔한 분위기를 연출할수 있도록
계획하였다. 필요한 가구만을 단순히 배치함으로서 깔끔한 분위기를
연출하였으며, 가구들의 일체화로 심플함을 강조하였다.
또한, 카펫의 바닥재와 고급의 벽재, 매끄러운 우드 등의 마감재를
사용함으로서 심플하면서도 편안한 내집같은 유스호스텔을
구성하였다.

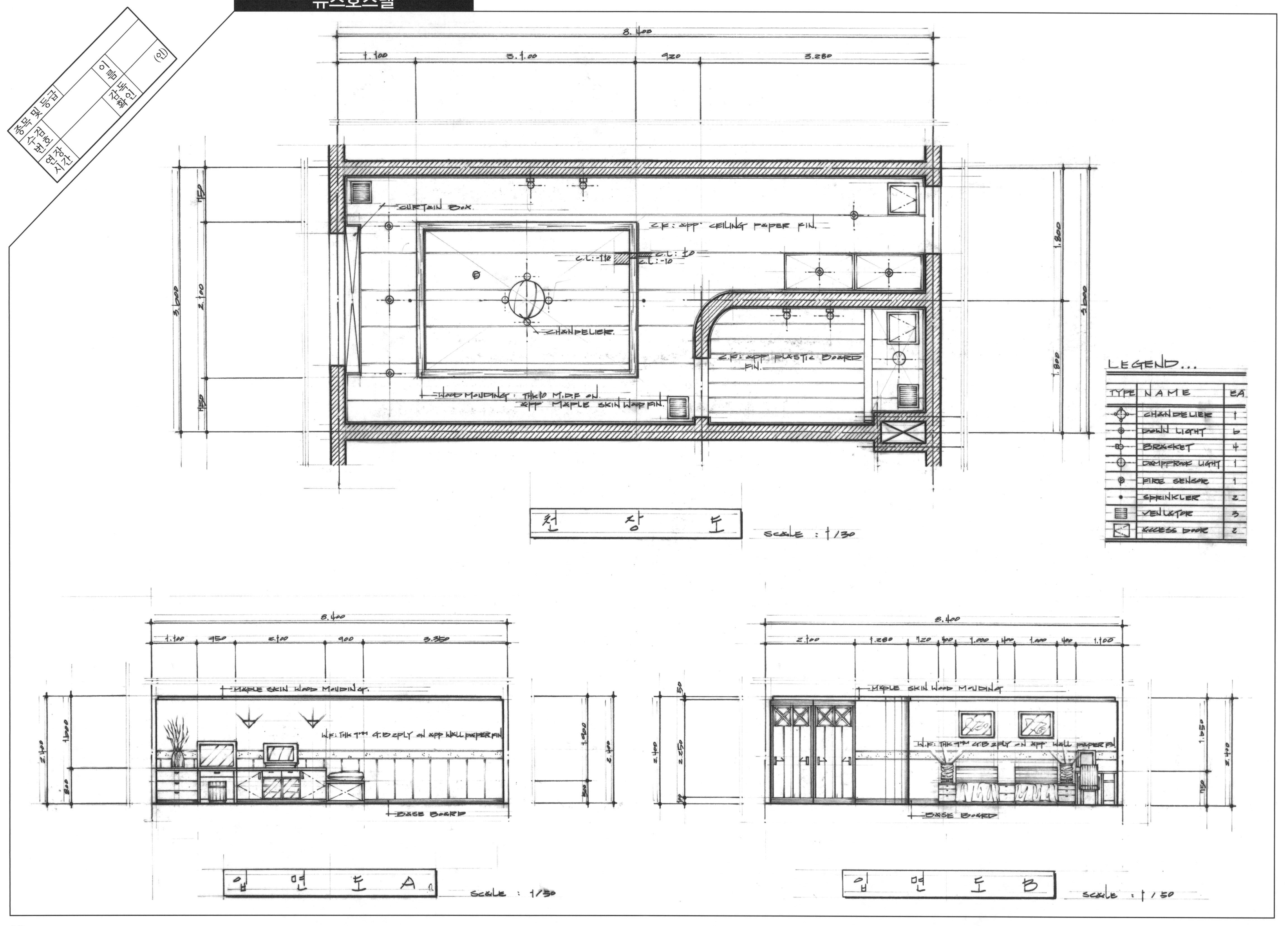
종목 및 등급
수험번호
연장시간
이름
감독확인
(인)
CURTAIN BOX.
Z.F: 수PP CEILING PAPER FIN.
C.L: -110
C.L: 10
C.L: -10
CHANDELIER.
Z.F: 수PP PLASTIC BOARD FIN.
WOOD MOULDING: THK10 M.D.F ON 수PP MAPLE SKIN WOOD FIN.
천 장 도
SCALE : 1/30
LEGEND...
TYPE NAME EA
CHANDELIER 1
DOWN LIGHT 6
BRACKET 4
DAMPPROOF LIGHT 1
FIRE SENSOR 1
SPRINKLER 2
VENTILATOR 3
ACCESS DOOR 2
MAPLE SKIN WOOD MOULDING.
W.F: THK 9mm G.B 2PLY ON 수PP WALL PAPER FIN
BASE BOARD
입 면 도 A
SCALE : 1/50
MAPLE SKIN WOOD MOULDING
W.F: THK 9mm G.B 2PLY ON 수PP WALL PAPER FIN
BASE BOARD
입 면 도 B
SCALE : 1/50

종목 및 등급		이름	
수검번호		감독확인	(인)
연장시간			

투 시 도

NONE SCALE.

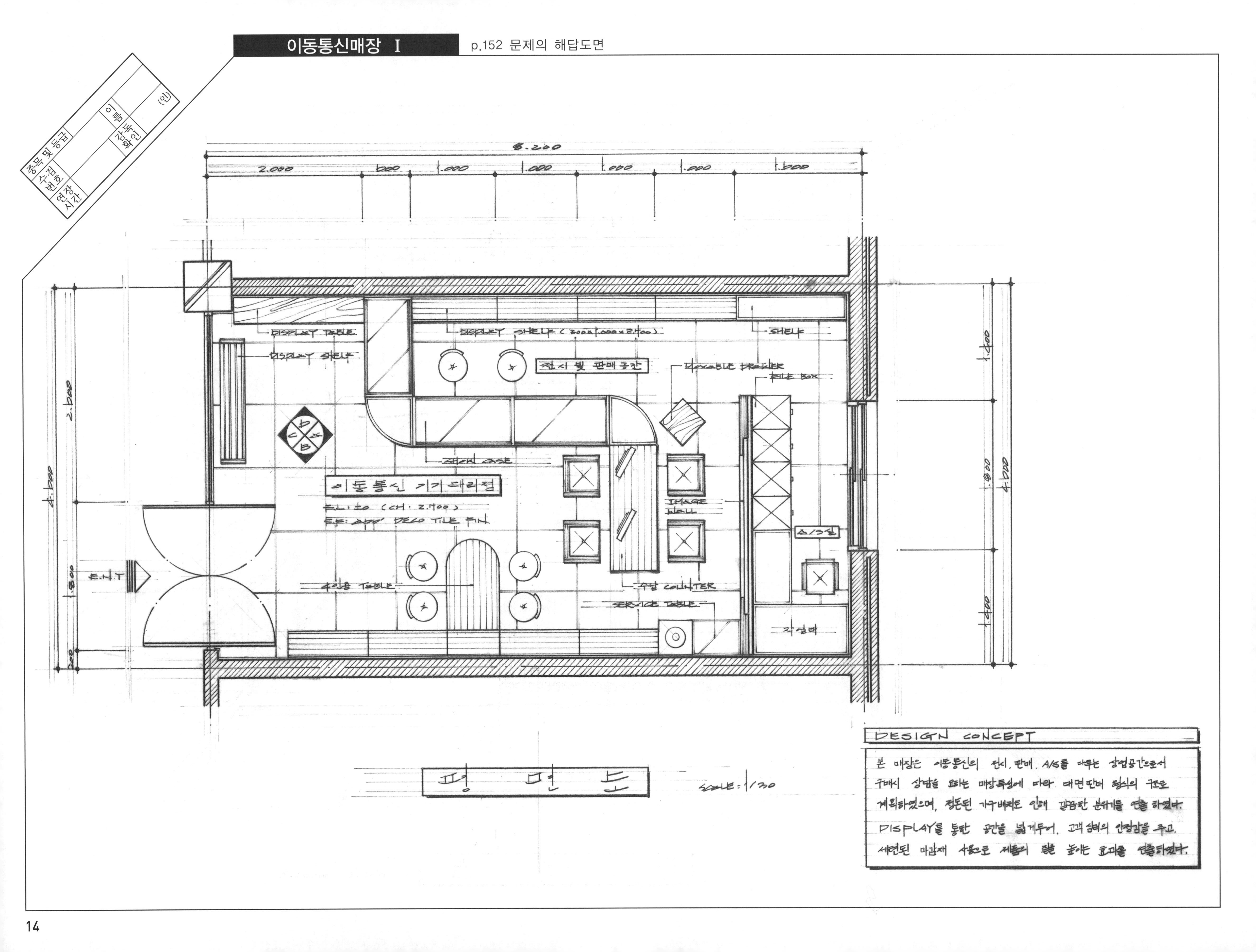
종목 및 등급
수검번호
연장시간
이름
감독확인
(인)
8.200
2.000
600
1.000
1.000
1.000
1.000
1.600
4.000
2.600
1.800
200
1.400
DISPLAY TABLE
DISPLAY SHELF
DISPLAY SHELF (300×1.000×2.400)
SHELF
전시 및 판매공간
MOVABLE DRAWER
FILE BOX
SHOW CASE
이동통신 기기 대리점
EL: ±0 (CH: 2.400)
IMAGE WALL
A/S실
E.N.T
수납 COUNTER
SERVICE TABLE
작업대
평 면 도
SCALE: 1/30
DESIGN CONCEPT
본 매장은 이동통신의 전시, 판매, A/S를 다루는 상업공간으로서
구매시 상담을 요하는 매장특성에 따라 대면판매 형식의 구조로
계획하였으며, 정돈된 가구배치로 인해 깔끔한 분위기를 연출 하였다.
DISPLAY를 통한 공간을 넓게두어, 고객 심리의 안정감을 주고,
세련된 마감재 사용으로 제품의 질을 높이는 효과를 연출하였다.

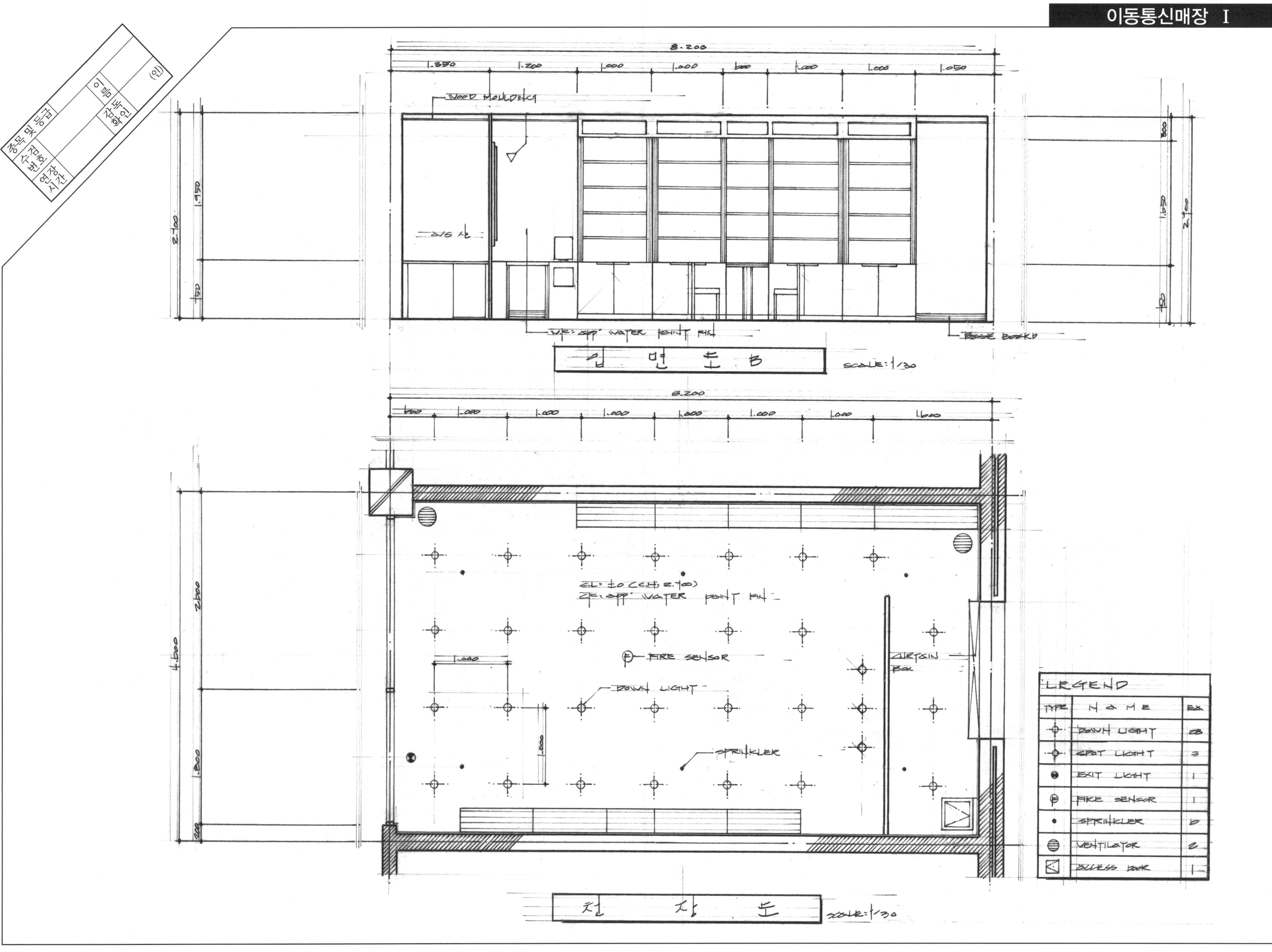

종목 및 등급
수검번호
이름
연장시간
감독확인
(인)
8.200
1.350
1.200
1.000
1.050
WOOD MOULDING
2.700
1.950
ZF: APP' WATER POINT FIN
BASE BOARD
입 면 도 B
SCALE: 1/30
1.600
ZL: ±0 (C.H: 2.700)
FIRE SENSOR
DOWN LIGHT
SPRINKLER
CURTAIN BOX
4.500
2.600
1.800
LEGEND
TYPE
NAME
EA
DOWN LIGHT
SPOT LIGHT
EXIT LIGHT
FIRE SENSOR
SPRINKLER
VENTILATOR
ACCESS DOOR
천 장 도
SCALE: 1/30

종목 및 등급		이름	
수검번호		감독확인	(인)
연장시간			

SM telecom

투 시 도

SCALE: N.S

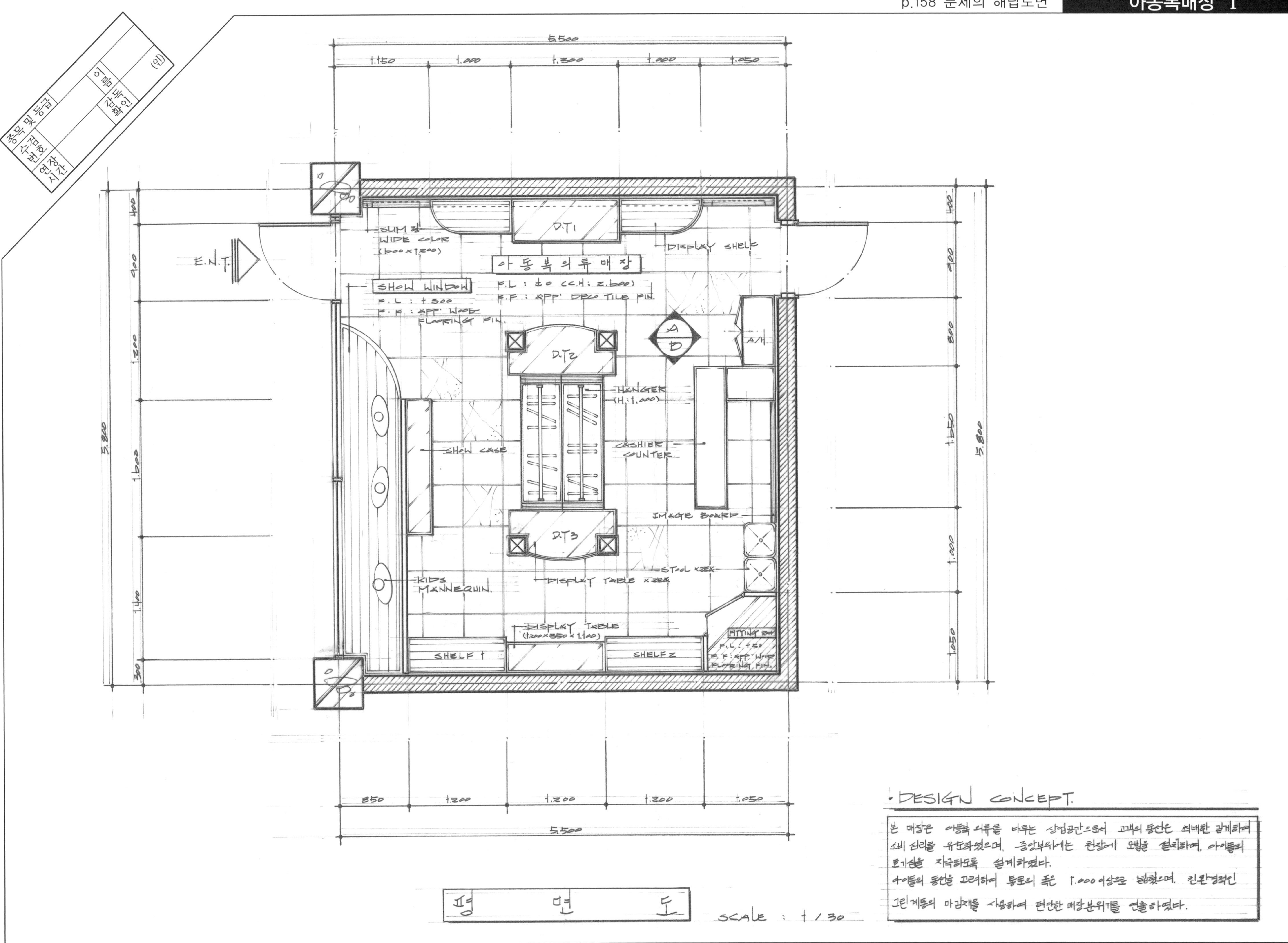
종목 및 등급
수검 번호
연장 시간
이름
감독 확인
(인)
5.500
1.150
1.000
1.300
1.000
1.050
E.N.T.
SUM 창
WIDE COLOR
(600×1,200)
D.T1
DISPLAY SHELF
아 동 복 의 류 매 장
SHOW WINDOW
F.L : +300
F.F : APP' WOOD FLOORING FIN.
F.L : ±0 (C.H : 2,600)
F.F : APP' DECO TILE FIN.
D.T2
A/H
HANGER (H : 1,000)
SHOW CASE
CASHIER COUNTER
IMAGE BOARD
D.T3
STOOL ×2EA
KIDS MANNEQUIN.
DISPLAY TABLE ×2EA
DISPLAY TABLE (1,200×350×1,100)
FITTING ROOM
F.L : +50
F.F : APP' WOOD FLOORING FIN.
SHELF 1
SHELF 2
400
900
1.200
1.600
1.400
300
5.800
800
1.650
1.000
1.050
850
1.200
1.200
1.200
1.050
5.500
평 면 도
SCALE : 1 / 30
• DESIGN CONCEPT.
본 매장은 아동복 의류를 다루는 상업공간으로서 고객의 동선은 최대한 길게하여 소비 심리를 유도하였으며, 중앙부위에는 천장에 모빌을 설치하여, 아이들의 호기심을 자극하도록 설계하였다.
아이들의 동선을 고려하여 통로의 폭은 1,000 이상으로 넓혔으며, 친환경적인 그린계통의 마감재를 사용하여 편안한 매장분위기를 연출하였다.

아동복매장 I

종목 및 등급		이 름	
수험번호		감독확인	(인)
연장시간			

5.500
1.150 1.600 1.100 1.050

5.800
400 900 1.200 2.300

400 900 1.300 650 1.500 1.050

LIGHTING BOX THK3 MILKY ACRYL F.L 40W × 8EA
SPOT LIGHT.
1.450
1.000
DOWN: TOY MOBILE
APP' FABRIC FIN.
C.L: ±0 (C.H: 2.600)
C.F: APP' SOLATON SPRAY FIN.

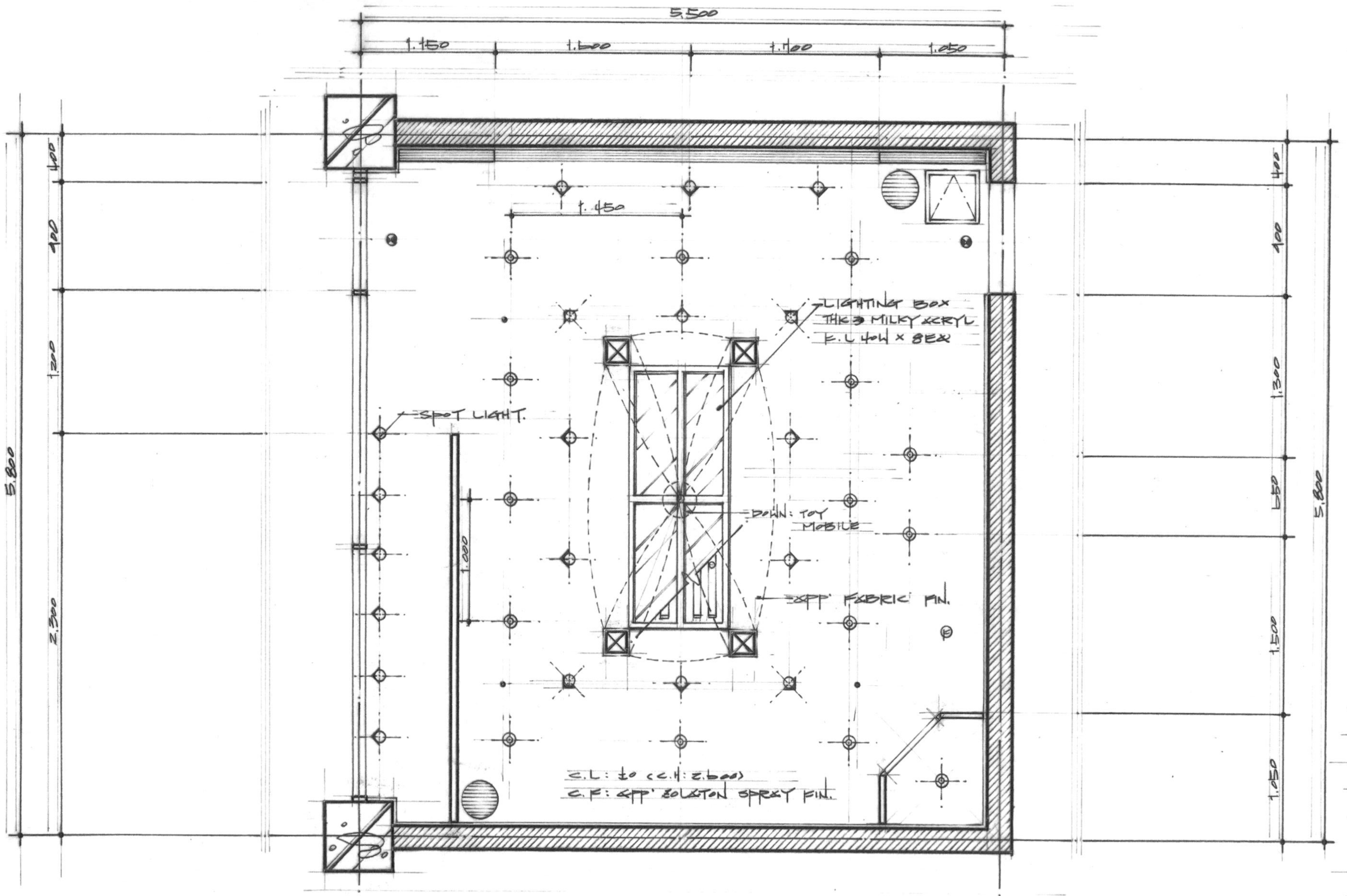

천 장 도

SCALE : 1/30

LEGEND		
TYPE	NAME	EA
	DOWN LIGHT	15
	SPOT LIGHT	14
	F.L : 40W	8
	EXIT LIGHT	2
	FIRE SENSOR	1
	SPRINKLER	4
	VENTILATOR	2
	ACCESS DOOR	1

5.500
1.150 1.000 1.300 1.000 1.050
WOOD MOULDING — APP' COLOR LACQ' FIN.
APP' SOLATON SPRAY FIN.
THK5 BLACK ACRYL 6mm LOGO.
KIDS HOUSE.
WIDE COLOR (600×1200) FLUSH×3 INSERT
KIDS HOUSE
600 1.500 1.100
2.600 2.000
BASE BOARD : THK5 M.D.F ON APP' COLOR LACQ' FIN.

입 면 도 A

SCALE : 1/30

5.500
1.050 1.200 1.200 1.200 850
WOOD MOULDING : THK5 M.D.F ON APP' COLOR LACQ' FIN.
W.F : APP' SOLATON SPRAY FIN.
KIDS HOUSE
600 2.600 2.000
300 2.300 2.600
BASE BOARD : THK5 M.D.F ON APP' COLOR LACQ' FIN.

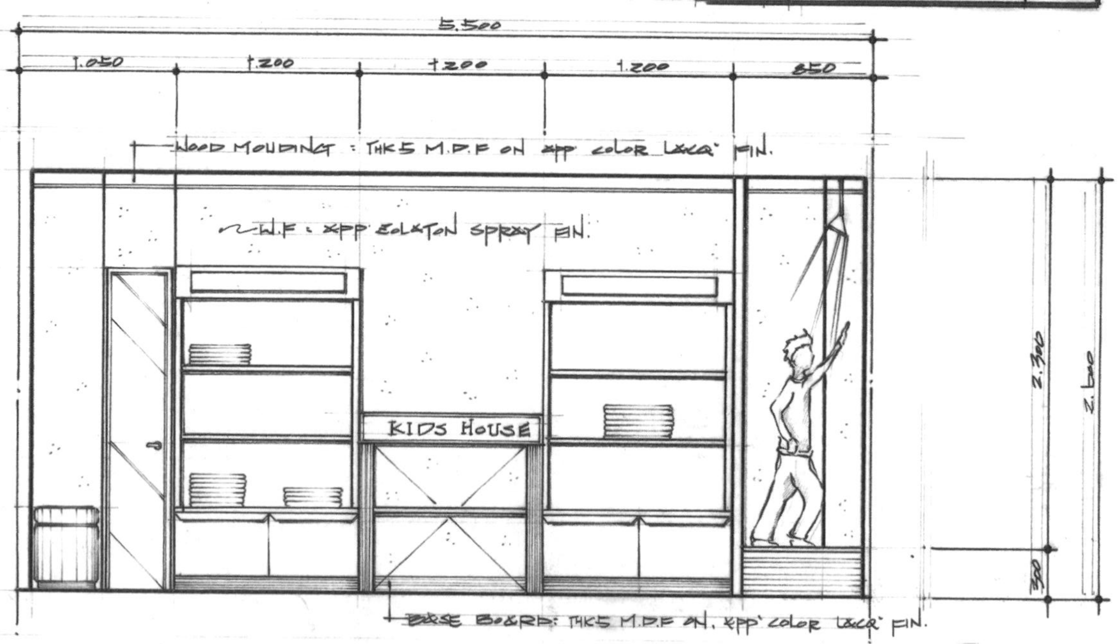

입 면 도 B

SCALE : 1/30

종목 및 등급		이름	
수검번호		감독확인	(인)
연장시간			

KIDS HOUSE

KIDS HOUSE

KIDS HOUSE

KIDS HOUSE

KIDS HOUSE

투 시 도

NONE SCALE

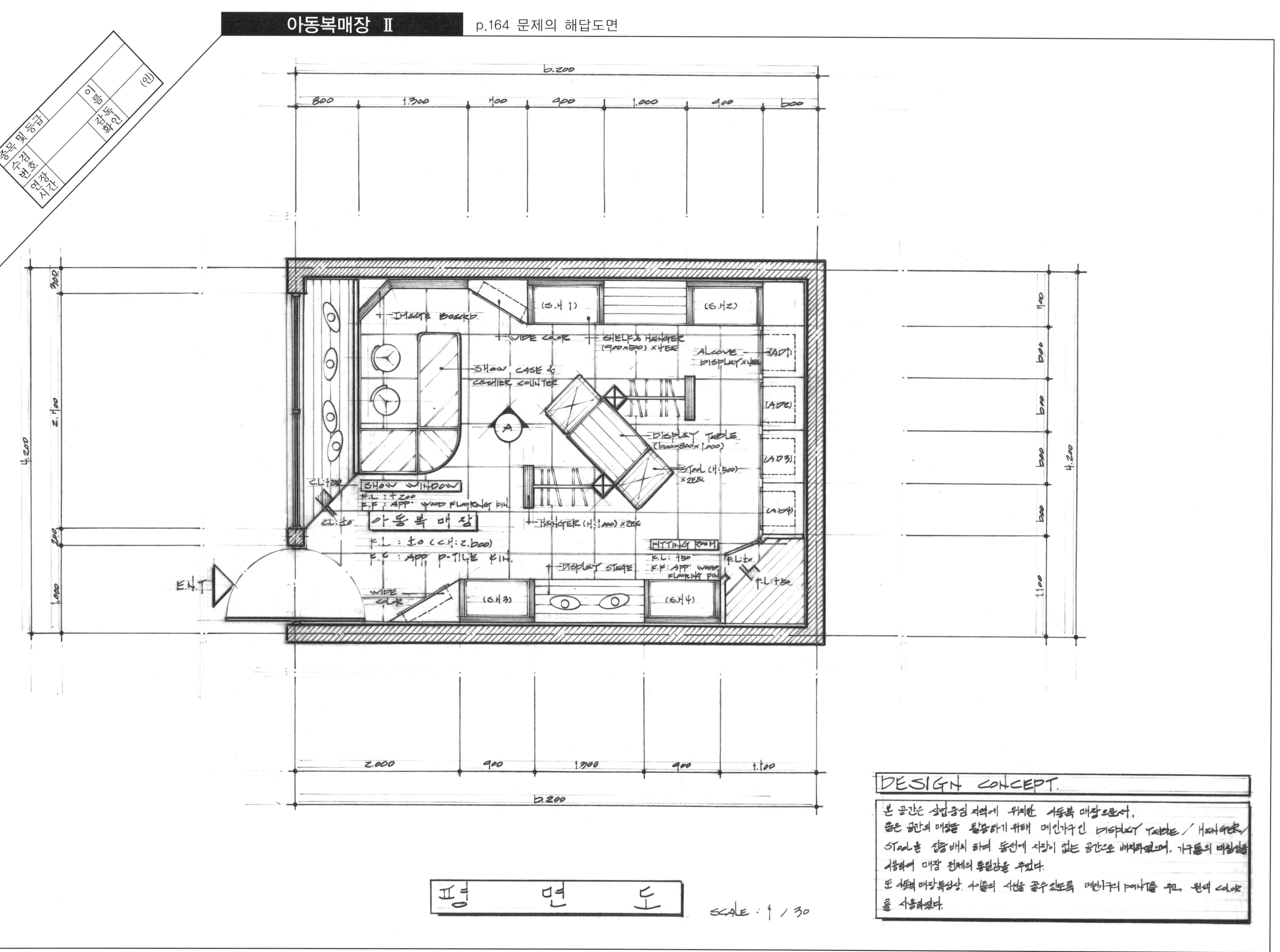

DESIGN CONCEPT.

본 공간은 상업중심 지역에 위치한 아동복 매장으로서,
좁은 공간의 매장을 활용하기 위해 메인가구인 DISPLAY TABLE / HANGER / STOOL을 집중배치 하여 동선에 지장이 없는 공간으로 배치하였으며, 가구들의 대칭성을 사용하여 매장 전체의 통일감을 주었다.
또 아동복 매장특성상 아이들의 시선을 끌수 있도록 메인가구의 POINT를 주고, 원색 COLOR를 사용하였다.

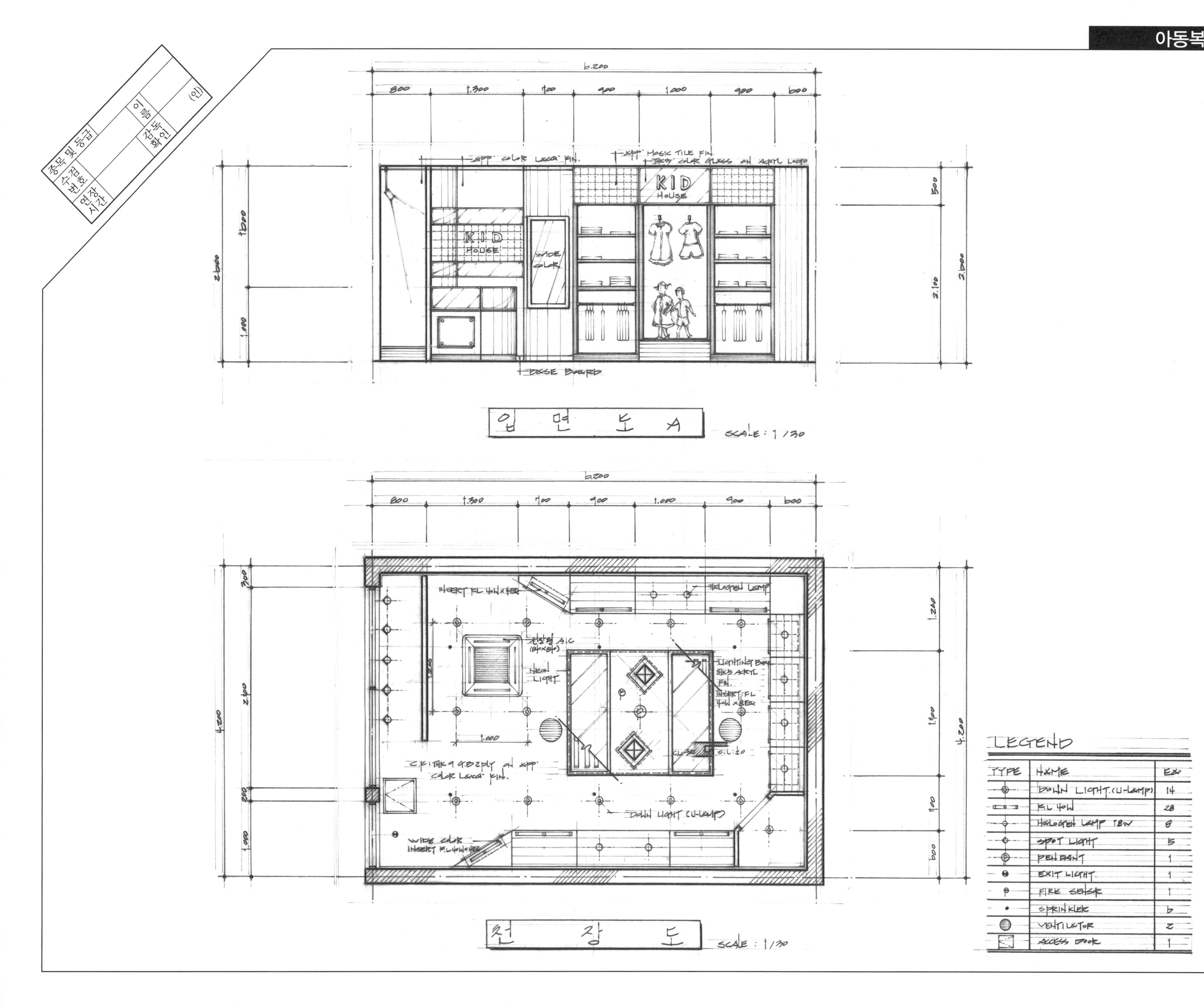

종목 및 등급
수검번호
연장시간
이름
감독확인
(인)
입면도 A
SCALE : 1/30
KID HOUSE
천장도
SCALE : 1/30
LEGEND
TYPE
NAME
EA
DOWN LIGHT (U-LAMP)
14
FL 40W
28
HALOGEN LAMP 12V
8
SPOT LIGHT
5
PENDANT
1
EXIT LIGHT
1
FIRE SENSOR
1
SPRINKLER
6
VENTILATOR
2
ACCESS DOOR
1

종목 및 등급
수검번호
연장시간
이름
감독확인
(인)
KID HOUSE
KID HOUSE
투 시 도
NONE SCALE

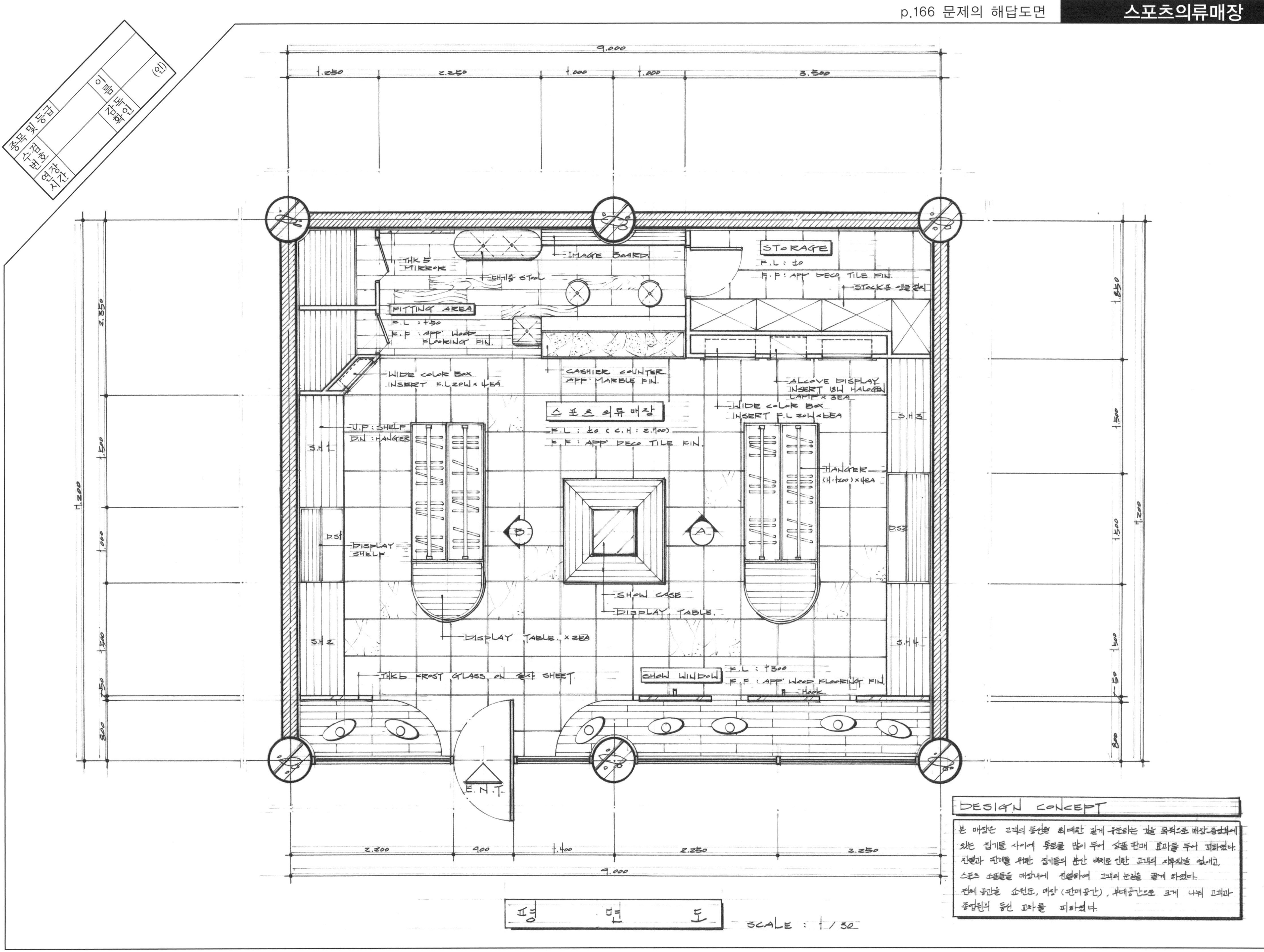
종목 및 등급
수검번호
연장시간
이름
감독확인
(인)
9.000
1.250
2.250
1.000
1.000
3.500
7.200
2.350
1.500
1.000
1.500
150
50
800
850
STORAGE
F.L : ±0
F.F : APP' DECO TILE FIN.
STOCK을 이용 진열
THK 5 MIRROR
IMAGE BOARD
대기용 STOOL
FITTING AREA
F.L : +50
F.F : APP' WOOD FLOORING FIN.
WIDE COLOR BOX INSERT F.L 20W x 4EA
CASHIER COUNTER APP' MARBLE FIN.
ALCOVE DISPLAY INSERT 18W HALOGEN LAMP x 3EA
WIDE COLOR BOX INSERT F.L 20W x 6EA
스포츠 의류 매장
F.L : ±0 (C.H : 2.700)
F.F : APP' DECO TILE FIN.
U.P : SHELF
D.N : HANGER
S.H 1
S.H 2
S.H 3
S.H 4
HANGER (H:1200) x 4EA
D.S1
D.S2
DISPLAY SHELF
SHOW CASE
DISPLAY TABLE.
DISPLAY TABLE x 2EA
THK 6 FROST GLASS ON 필름 SHEET
SHOW WINDOW
F.L : +300
F.F : APP' WOOD FLOORING FIN.
Hook
E.N.T.
2.200
900
1.400
2.250
2.250
9.000
평 면 도
SCALE : 1 / 30
DESIGN CONCEPT
본 매장은 고객의 동선을 최대한 길게 유도하는 것을 목적으로 매장 중심부에
있는 집기들 사이에 통로를 많이 두어 상품 판매 효과를 두어 꾀하였다.
진열과 판매를 위한 집기들의 분산 배치로 인한 고객의 지루함을 없애고,
스포츠 소품들을 매장내에 진열하여 고객의 눈길을 끌게 하였다.
전체 공간을 쇼윈도, 매장 (판매공간), 부대공간으로 크게 나눠 고객과
종업원의 동선 교차를 피하였다.

스포츠의류매장

종목 및 등급		이름		(인)
수험번호		감독확인		
연장시간				

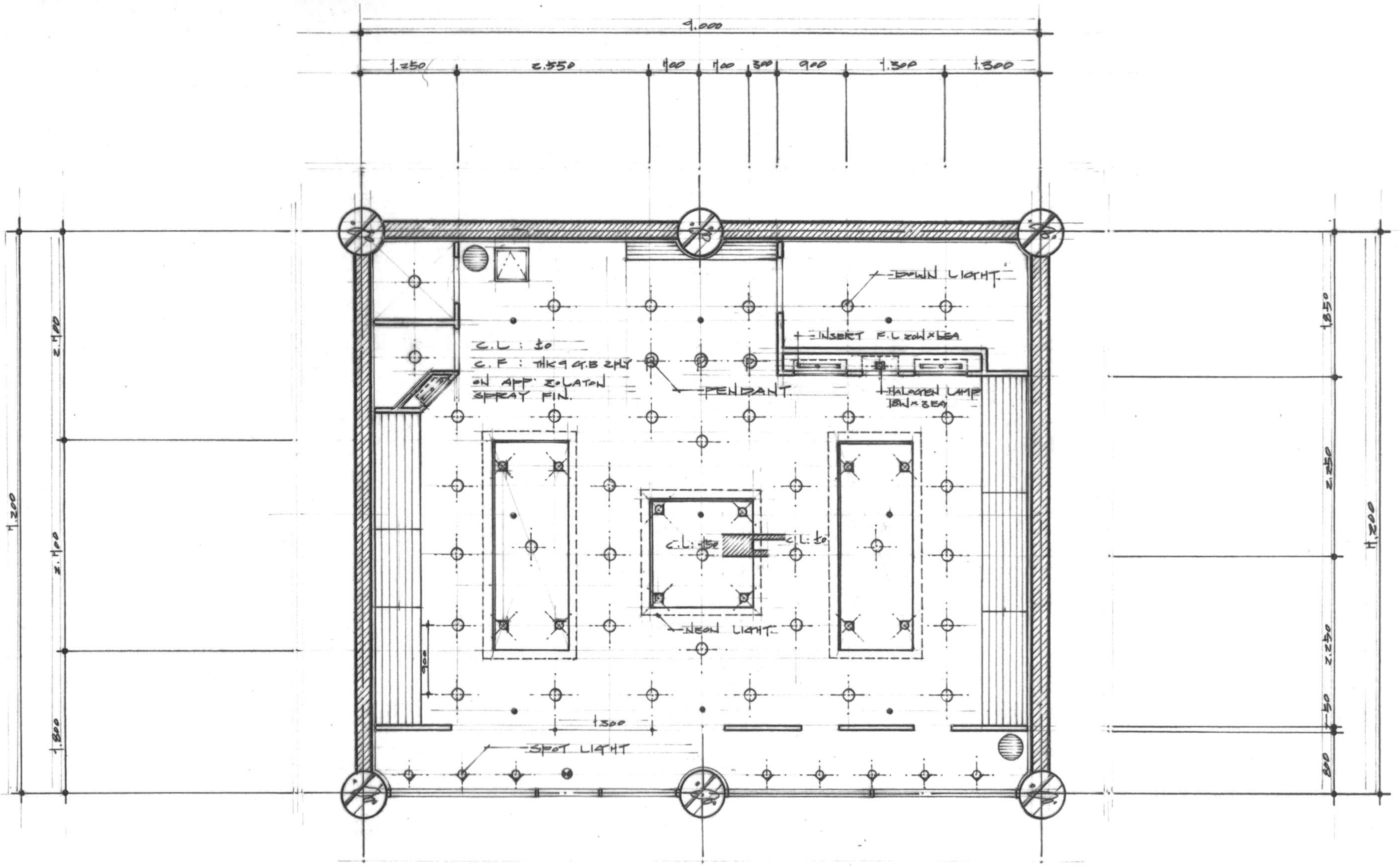

천 장 도

SCALE : 1 / 50

LEGEND.

TYPE	NAME	EA
	DOWN LIGHT	36
	SPOT LIGHT	20
	NEON LIGHT	22.8M
	F.L 20W	16
	HALOGEN LAMP	8
	EXIT LIGHT	1
	FIRE SENSOR	2
	SPRINKLER	4
	VENTILATER	2
	ACCESS DOOR	1

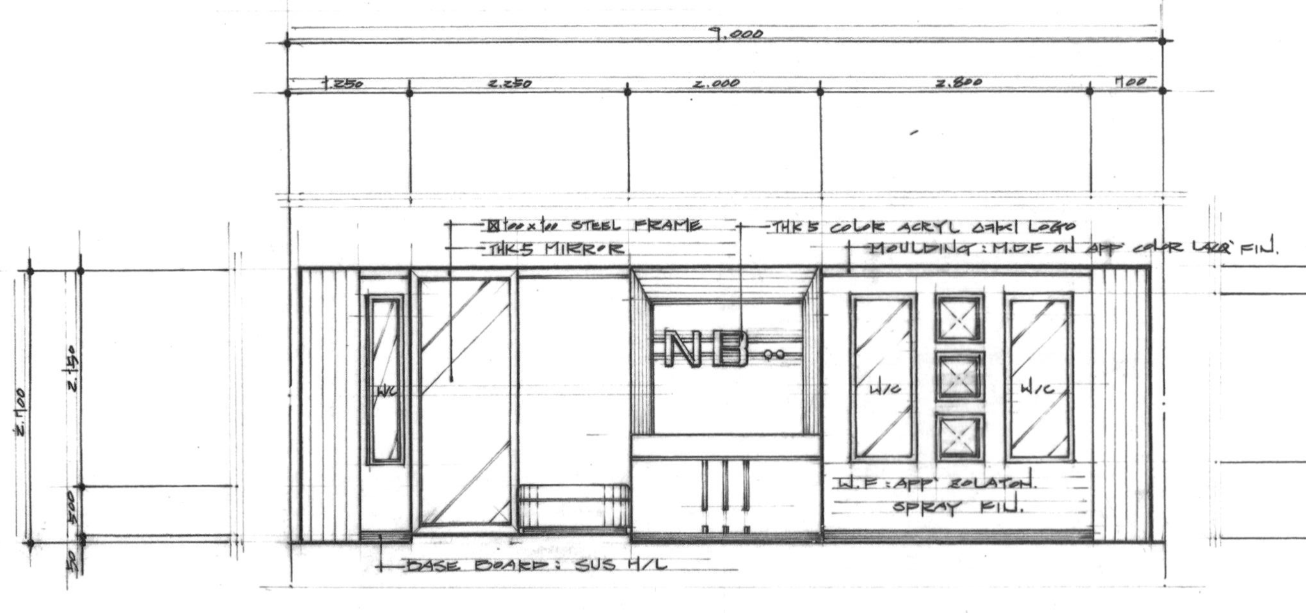

입 면 도 A

SCALE : 1 / 50

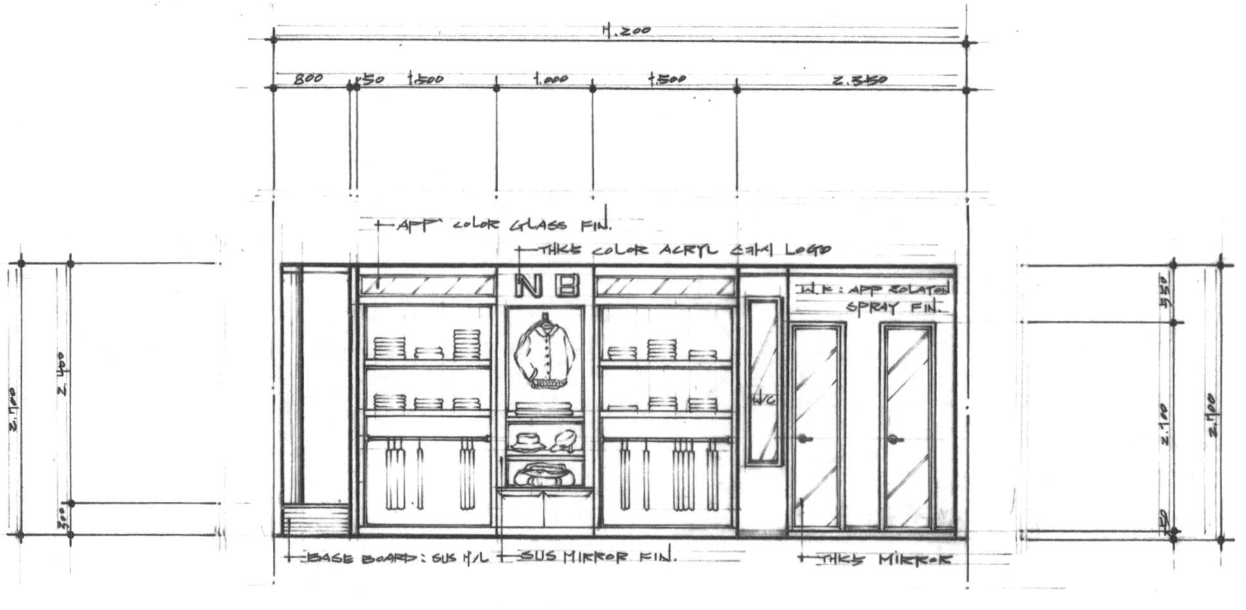

입 면 도 B

SCALE : 1 / 50

종목 및 등급		이름	
수검번호		감독확인	(인)
연장시간			

투 시 도

NONE SCALE

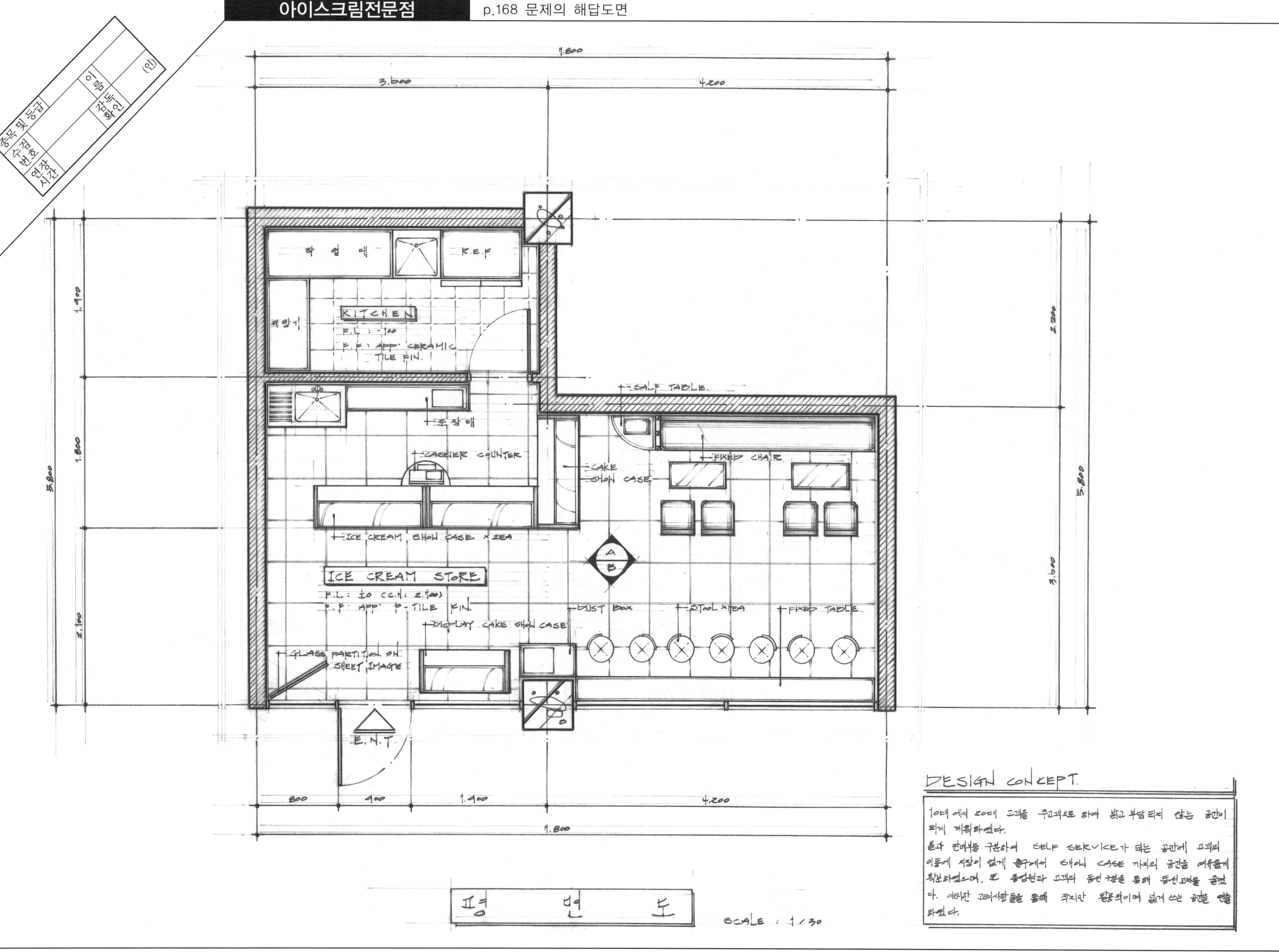
종목 및 등급
수검번호
연장시간
이름
감독확인
(인)
5.800
3.600
4.200
1.900
1.800
2.100
작업대
K.E.F
세탁기
KITCHEN
F.L : -100
F.F : APP' CERAMIC TILE FIN.
포장대
CASHIER COUNTER
CAKE SHOW CASE
ICE CREAM SHOW CASE ×2EA
SELF TABLE.
FIXED CHAIR
ICE CREAM STORE
F.L : ±0 (C.H : 2.400)
F.F : APP' P-TILE FIN.
DISPLAY CAKE SHOW CASE
DUST BOX
STOOL ×7EA
FIXED TABLE
GLASS PARTITION ON SHEET IMAGE
E.N.T
800
900
1.900
2.200
평면도
SCALE : 1/30
DESIGN CONCEPT.
10대에서 20대 고객을 주고객으로 하여 밝고 부담되지 않는 공간이 되게 계획하였다.
홀과 판매부를 구분하여 SELF SERVICE가 되는 공간에 고객의 이동에 지장이 없게 출구에서 SHOW CASE 까지의 공간을 여유롭게 확보하였으며, 또 종업원과 고객의 동선 구분을 통해 동선교차를 줄였다. 이러한 고려사항들을 통해 작지만 활용적이며 넓게 쓰는 공간을 연출하였다.

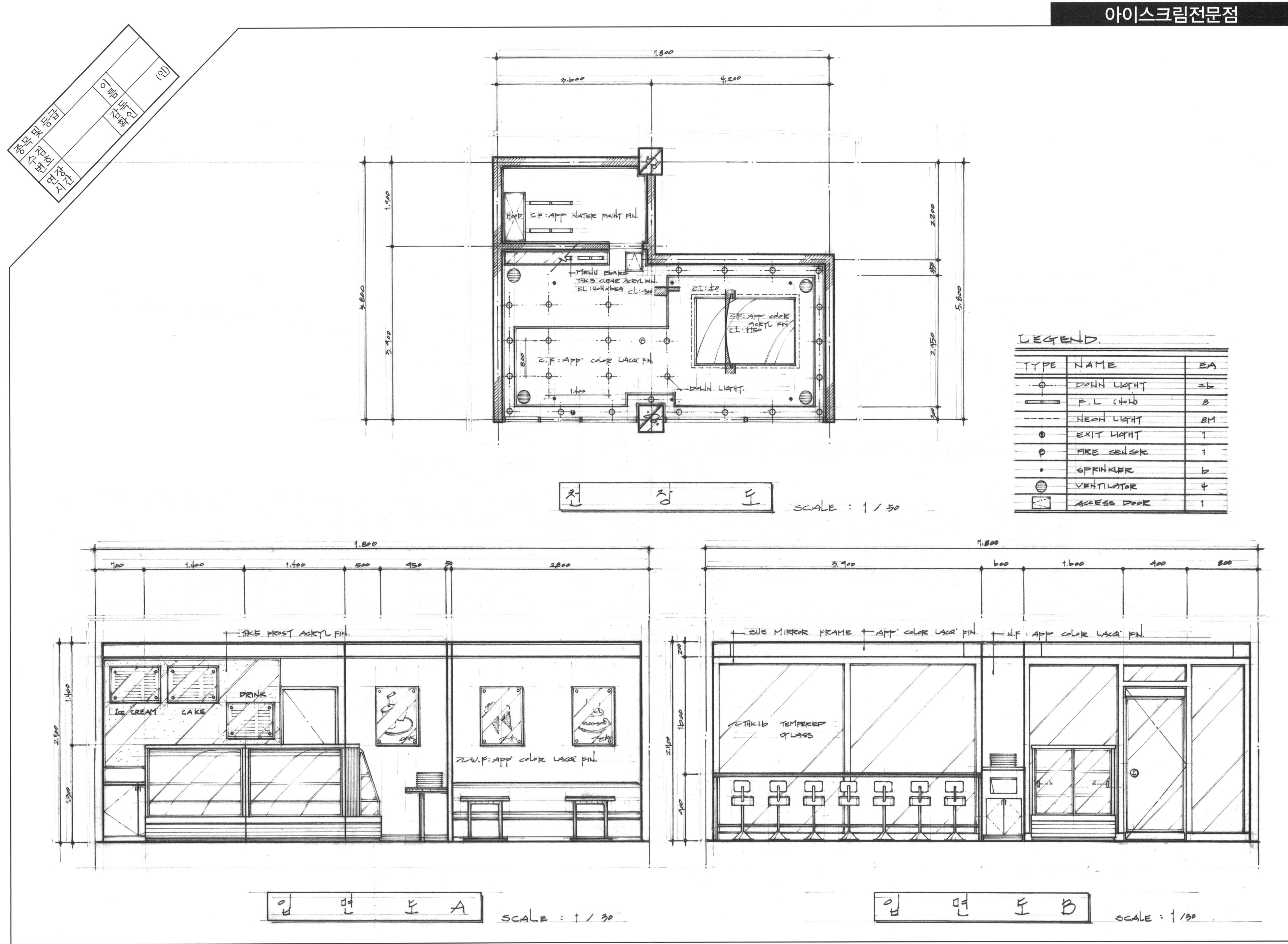
종목 및 등급
수검번호
연장시간
이름
감독확인
(인)
C.F : APP WATER PAINT FIN.
MENU BOARD
THK3 CLEAR ACRYL FIN.
C.F : APP COLOR ACRYL FIN
C.F : APP' COLOR LACQ' FIN.
DOWN LIGHT.
천 장 도
SCALE : 1 / 50
LEGEND.
TYPE
NAME
EA
DOWN LIGHT
F.L (40W)
NEON LIGHT
EXIT LIGHT
FIRE SENSOR
SPRINKLER
VENTILATOR
ACCESS DOOR
THK5 FROST ACRYL FIN.
ICE CREAM
CAKE
DRINK
Z.W.F : APP' COLOR LACQ' FIN.
입 면 도 A
SCALE : 1 / 30
SUS MIRROR FRAME
APP' COLOR LACQ' FIN.
W.F : APP' COLOR LACQ' FIN.
THK16 TEMPERED GLASS
입 면 도 B
SCALE : 1 / 30

아이스크림전문점

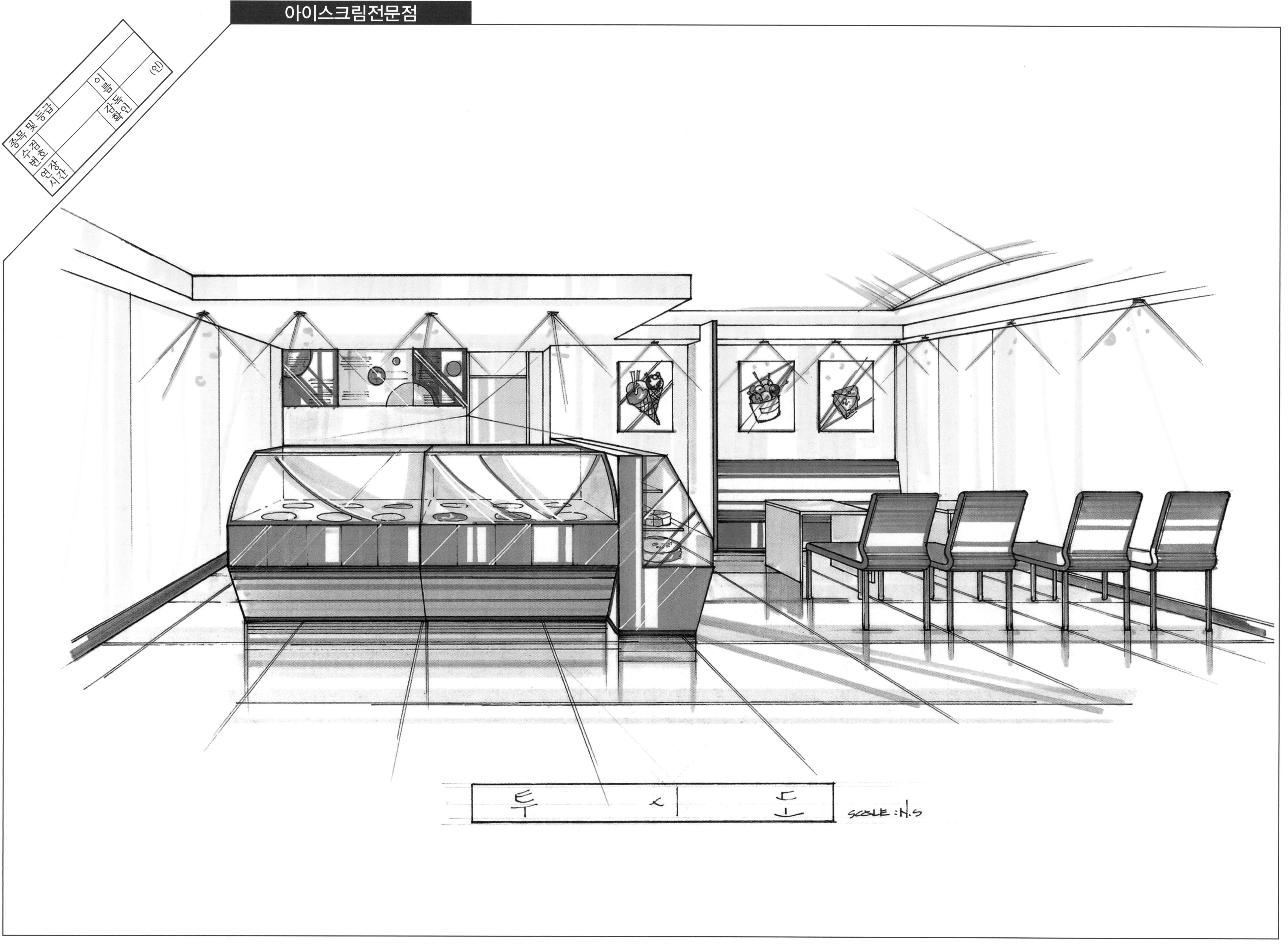

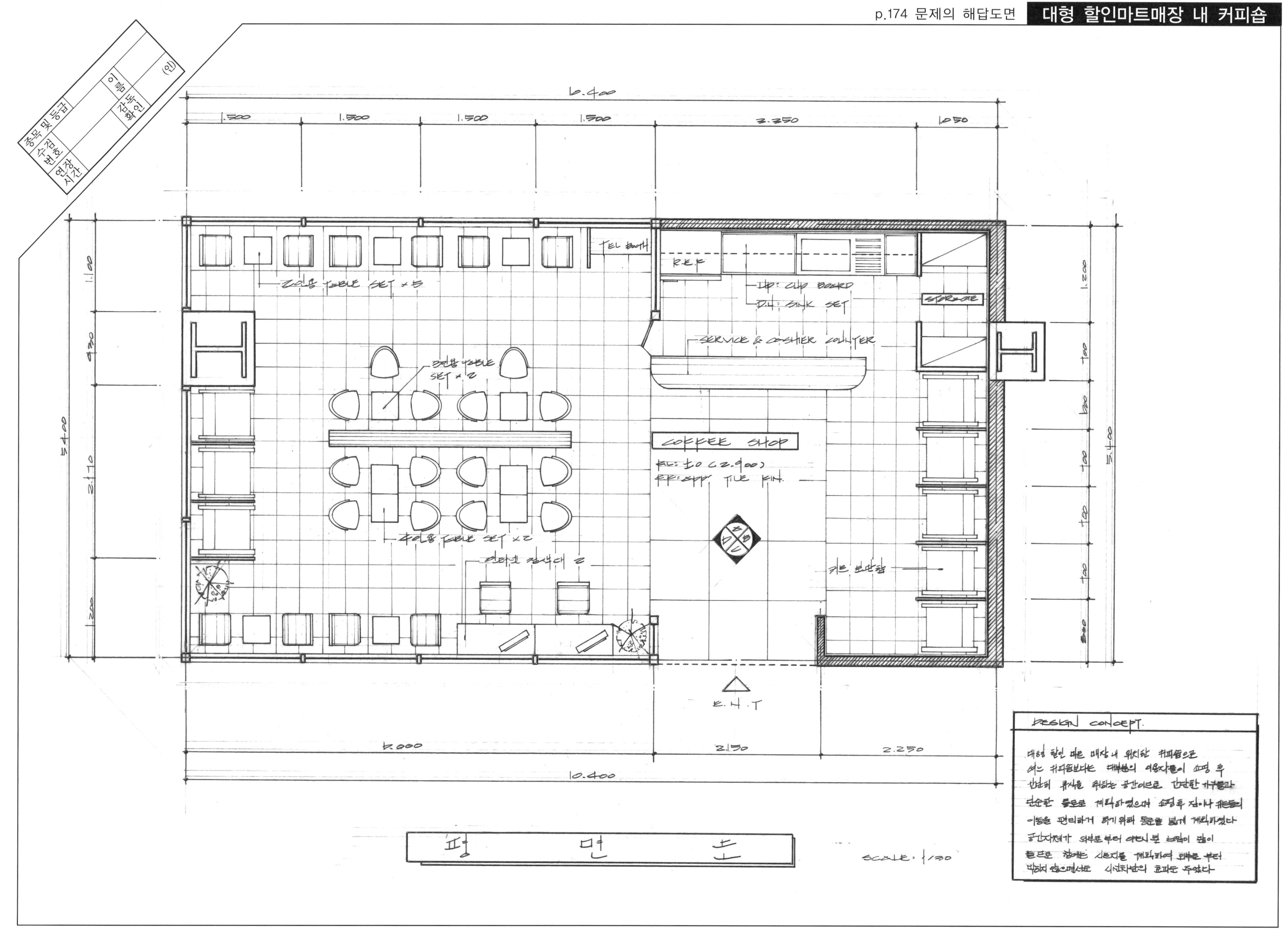
종목 및 등급
수험번호
연장시간
이름
감독확인
(인)
10.400
1.500
1.500
1.500
1.500
2.350
1.050
1.100
930
2.170
5.400
1.200
1.200
700
700
700
700
700
800
TEL BOOTH
R.E.F
UP: CUP BOARD
DN: SINK SET
STORAGE
SERVICE & CASHIER COUNTER
2인용 TABLE SET × 5
3인용 TABLE SET × 2
4인용 TABLE SET × 2
COFFEE SHOP
카트 보관함
E.H.T
6.000
2.150
2.250
10.400
평 면 도
SCALE: 1/30
DESIGN CONCEPT.
대형 할인 마트 매장 내 위치한 커피숍으로
여느 커피숍보다는 대부분의 이용자들이 쇼핑 후
간단히 휴식을 취하는 공간이므로 간단한 가구들과
단순한 틀로로 계획하였으며 쇼핑 후 짐이나 카트들의
이동은 편리하게 하기 위해 통로를 넓게 계획하였다
공간자체가 외부로부터 OPEN된 느낌이 많이
들므로 창에는 시트지를 계획하여 외부로 부터
막히지 않으면서도 시선차단의 효과도 주었다

대형 할인마트매장 내 커피숍

종목 및 등급		이름	(인)
수검번호		감독확인	
연장시간			

2THK'O TEMPERED GLASS

입면도

SCALE: 1/30

DOWN LIGHT

CL: ±0 (CH: 2,900)

C.F: APP WATER PAINT FIN

천장도

SCALE: 1/30

LEGEND

TYPE	NAME	EA
	DOWN LIGHT	32
	PENDANT	5
-------	NEON LIGHT	8.2M
	EXIT LIGHT	1
	FIRE SENSOR	1
	SPRINKLER	6
	VENTILATOR	8
	ACCESS DOOR	1

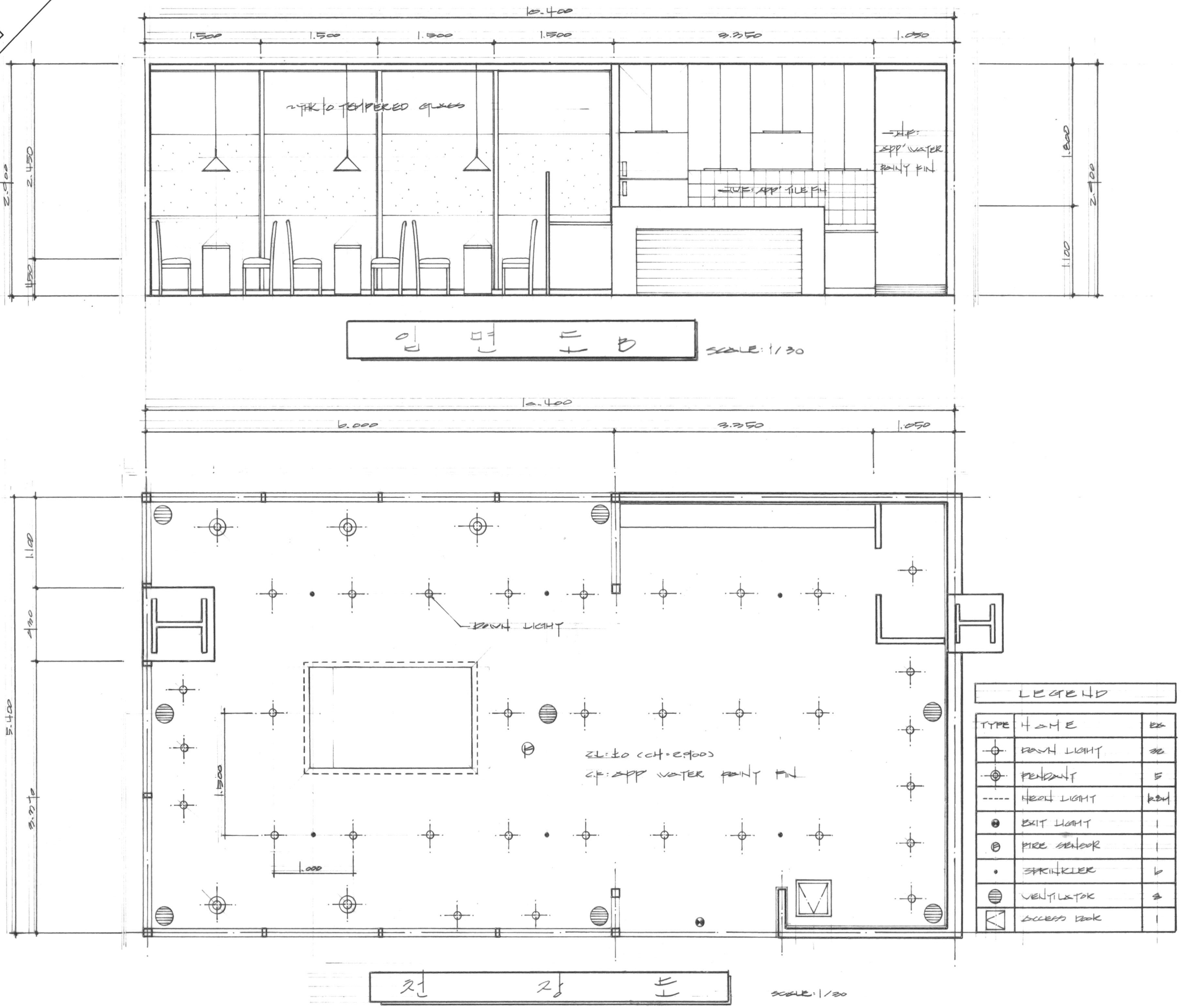

종목 및 등급		이름	
수검번호		감독 확인	(인)
연장 시간			

투 시 도 SCALE : N.S.

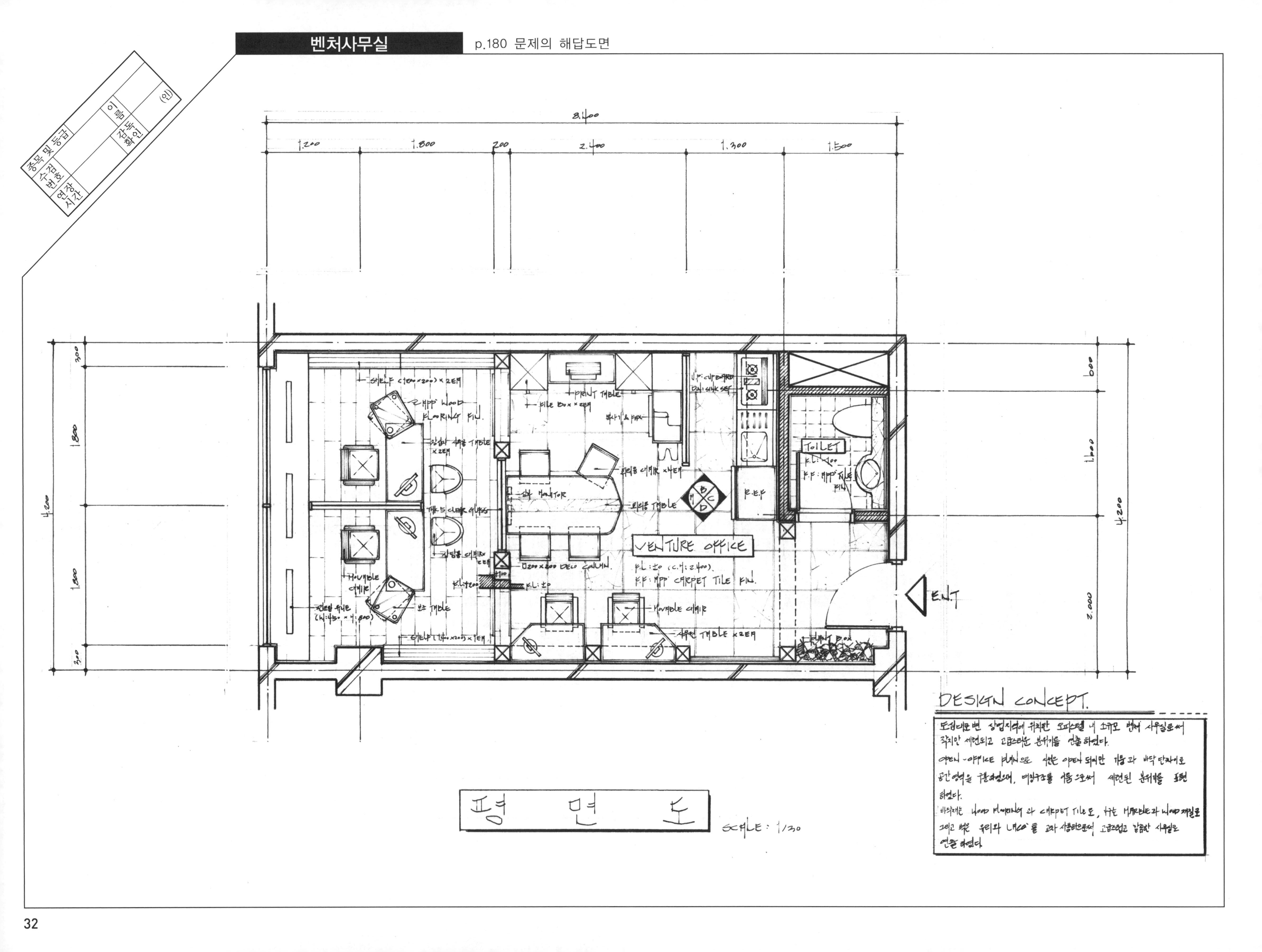
종목 및 등급
수검번호
연장시간
이름
감독확인
(인)
8,400
1,200
1,800
200
2,400
1,300
1,500
4,200
300
600
1,600
2,000
VENTURE OFFICE
TOILET
E.N.T
DESIGN CONCEPT.
도심대로변 상업지역에 위치한 오피스텔 내 소규모 벤처 사무실로써
작지만 세련되고 고급스러운 분위기를 연출하였다.
OPEN-OFFICE PLAN으로 시선은 OPEN 되지만 기둥과 바닥 단차이로
공간 영역을 구분하였으며, 대칭구조를 이룸으로써 세련된 분위기를 표현
하였다.
바닥재는 WOOD FLOORING과 CARPET TILE로, 가구는 MARBLE과 WOOD 재질로
그리고 벽은 유리와 LACQ를 교차 사용함으로써 고급스럽고 깔끔한 사무실로
연출하였다.
평 면 도
SCALE: 1/30

종목 및 등급		이름	
수검번호		감독확인	(인)
연장시간			

8,400

3,000 200 2,450 1,300 1,550

WOOD MOULDING

W.P: APP' COLOR LACQ' FIN.

BASE BOARD.

2,400 1,600 800

400 2,000 2,400

입 면 도 B

SCALE: 1/30

LEGEND.

TYPE	NAME	EA
	DOWN LIGHT	20
	F.L 40W	12
	SPOT LIGHT	5
	FIRE SENSOR	2
	SPRINKLER	6
	VENTILATOR	4
	ACCESS DOOR	2

8,400

1,200 1,800 200 2,400 1,300 1,500

1,500

400D

LIGHTING BOX
THK 3 ACRYL FIN.
INSERT FL 40W × 5EA

C.F: APP' COLOR LACQ' FIN.

CURTAIN BOX

INSERT FL 40W × 5EA

C.F: THK 9 GB 2PLY ON APP' COLOR LACQ' FIN.

APP' SKIN WOOD FIN.

300 1,800 4,200 1,800 300

600 1,600 4,200 2,000

천 장 도

SCALE: 1/30

벤처사무실

종목 및 등급		이 름	
수검번호		감독확인	(인)
연장시간			

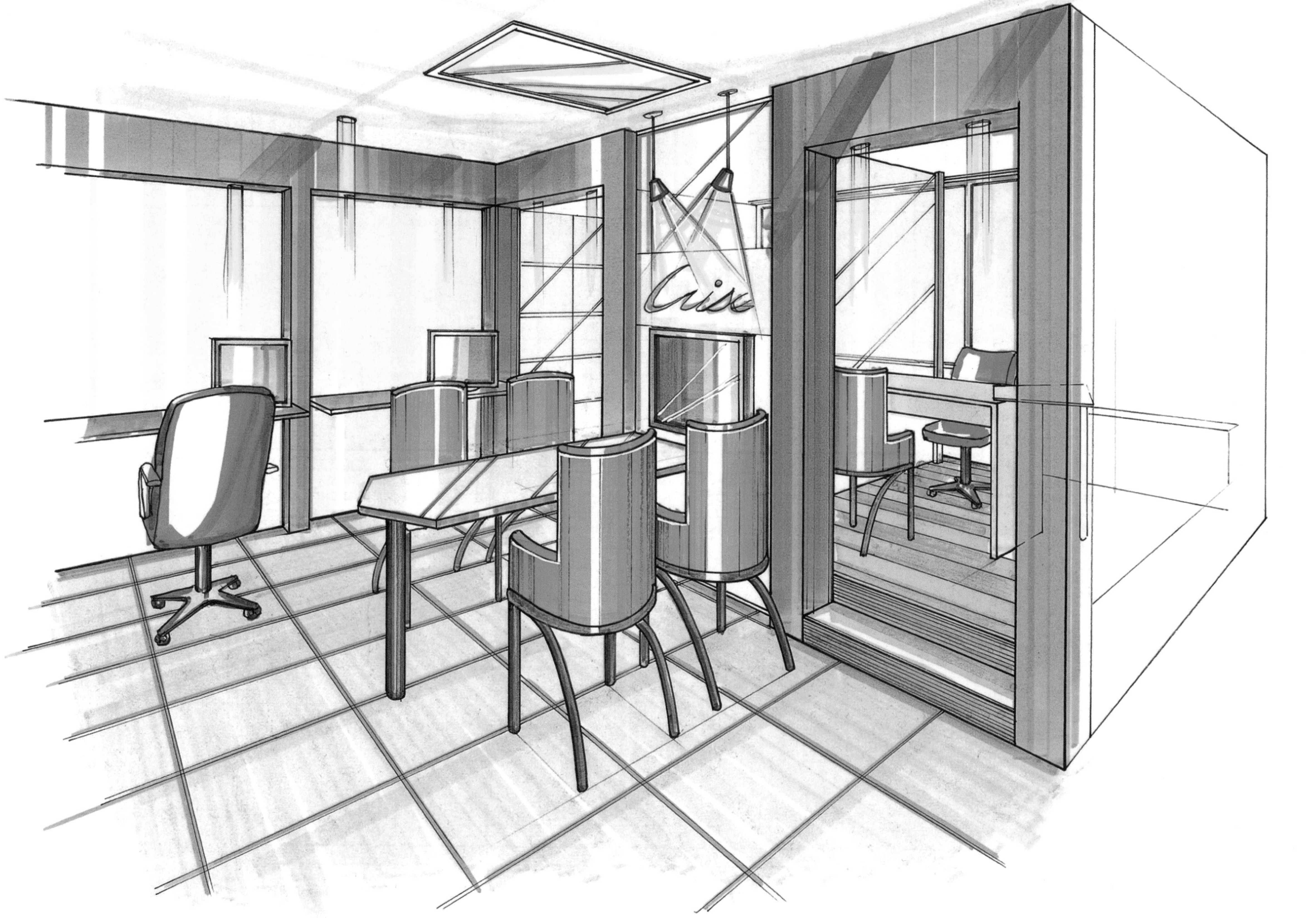

투 시 도

SCALE : NONE SCALE.

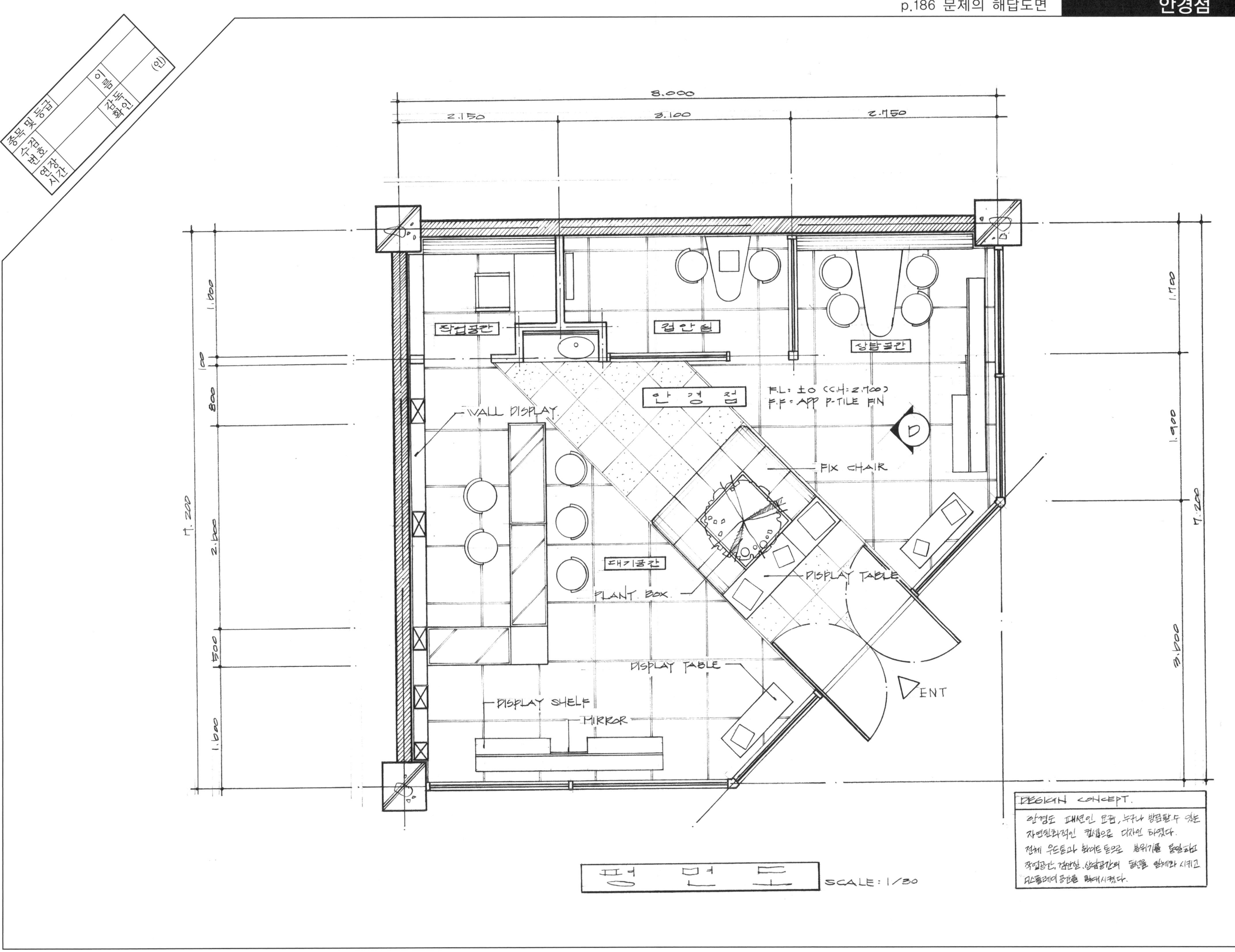
종목 및 등급
수검번호
연장시간
이름
감독확인
(인)
8.000
2.150
3.100
2.750
7.200
1.800
100
800
2.600
500
1.600
1.700
1.900
3.600
작업공간
검안실
상담공간
안 경 점
F.L: ±0 (C.H: 2.700)
F.F: APP P-TILE FIN
WALL DISPLAY
FIX CHAIR
대기공간
PLANT BOX
DISPLAY TABLE
DISPLAY TABLE
DISPLAY SHELF
MIRROR
ENT
DESIGN CONCEPT.
안경도 패션인 요즘, 누구나 방문할 수 있는
자연친화적인 컨셉으로 디자인 하였다.
전체 우드톤과 화이트톤으로 분위기를 통일하고
작업공간, 검안실, 상담공간의 동선을 일체화 시키고
디스플레이 공간을 확대시켰다.
평면도
SCALE: 1/30

종목 및 등급		이름	
수험번호		감독확인	(인)
연장시간			

CL:±0 (CH:2,700)
CF: APP COLOR LACQ' FIN.

APP WOOD FIN.

CL:+200

CL:±0

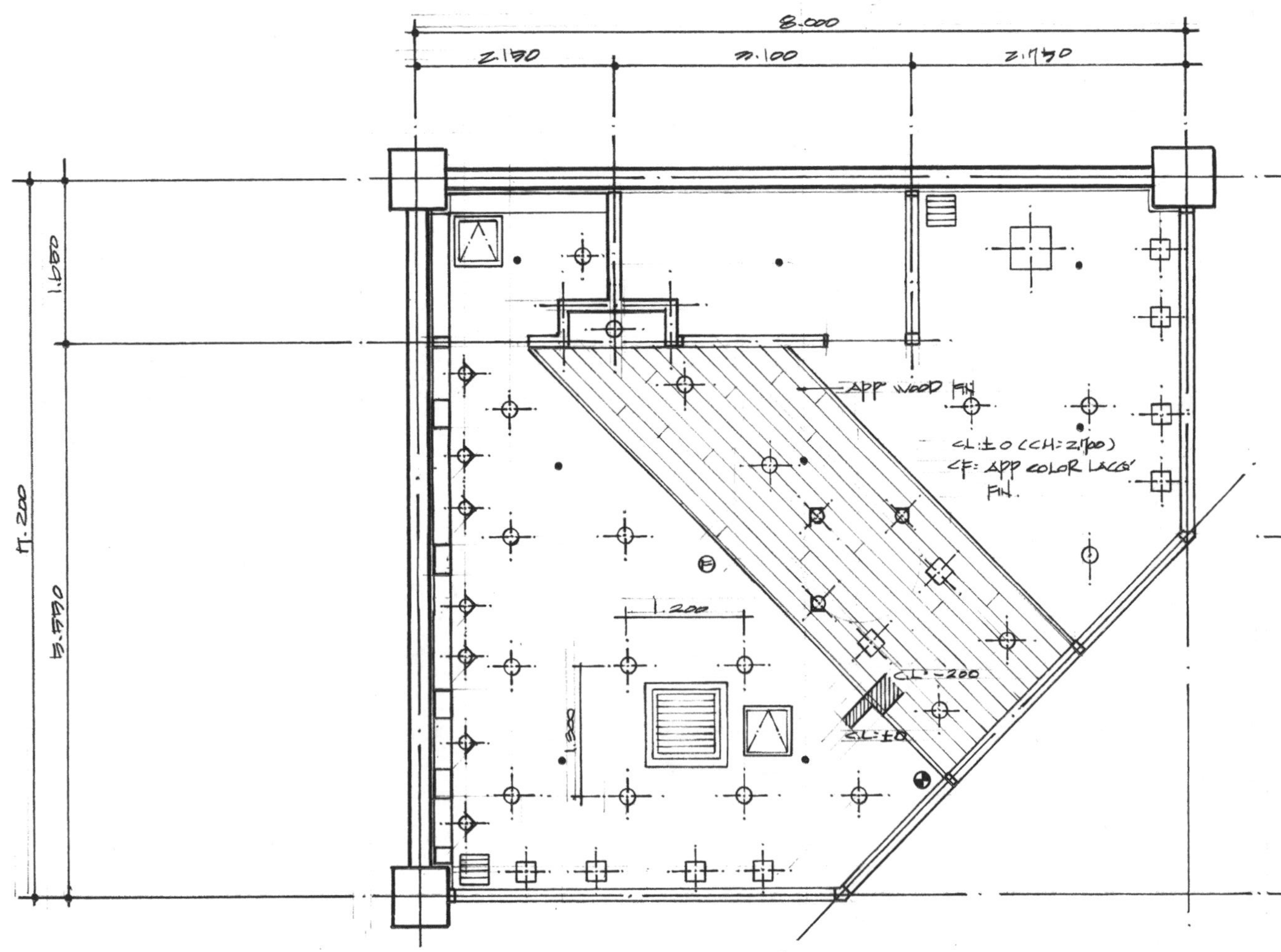

천 장 도

SCALE : 1/50

LEGEND		
TYPE	NAME	EA
	DOWN LIGHT	21
	SPOT LIGHT	10
	PENDANT	11
	EXIT LIGHT	1
	FIRE SENSOR	1
	SPRINKLER	8
	VENTILATOR	2
	ACCESS DOOR	2

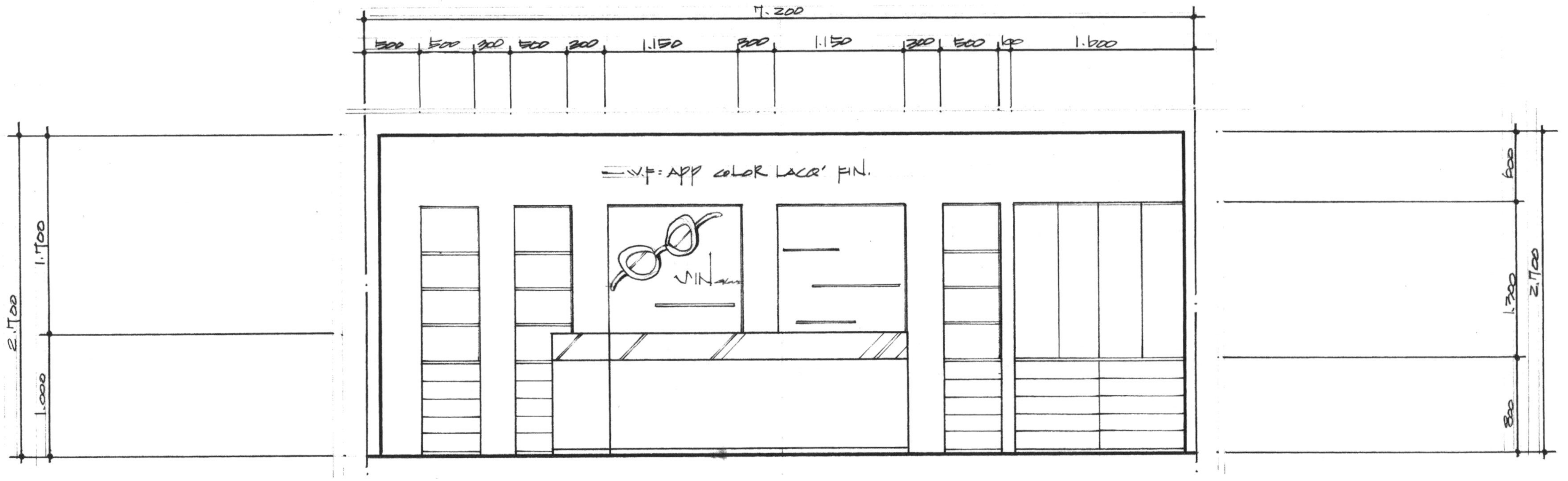

W.F: APP COLOR LACQ' FIN.

입 면 도 D

SCALE : 1/30

종목 및 등급		이름	
수검번호		감독확인	(인)
연장시간			

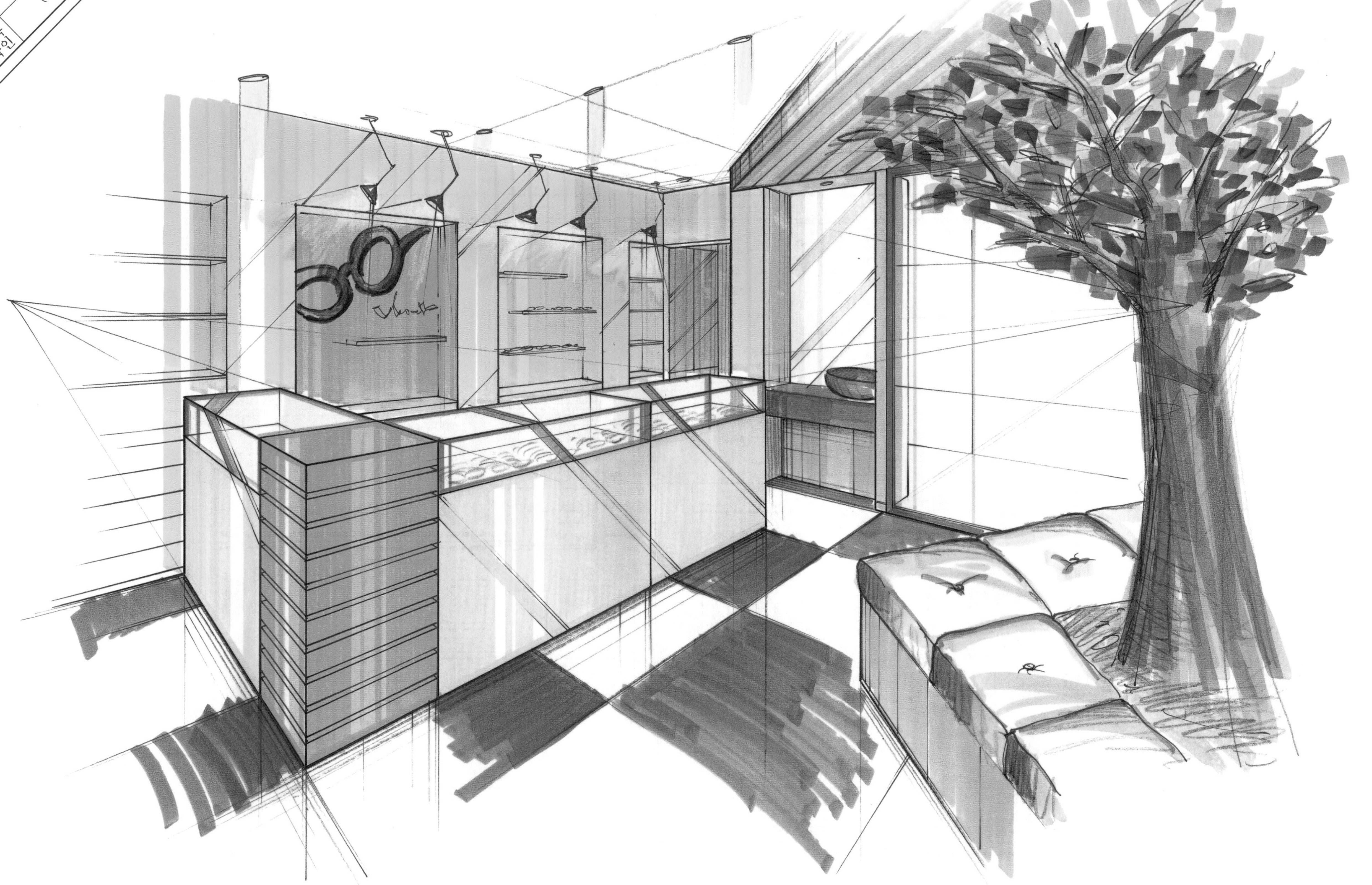

투 시 도

SCALE : N.S

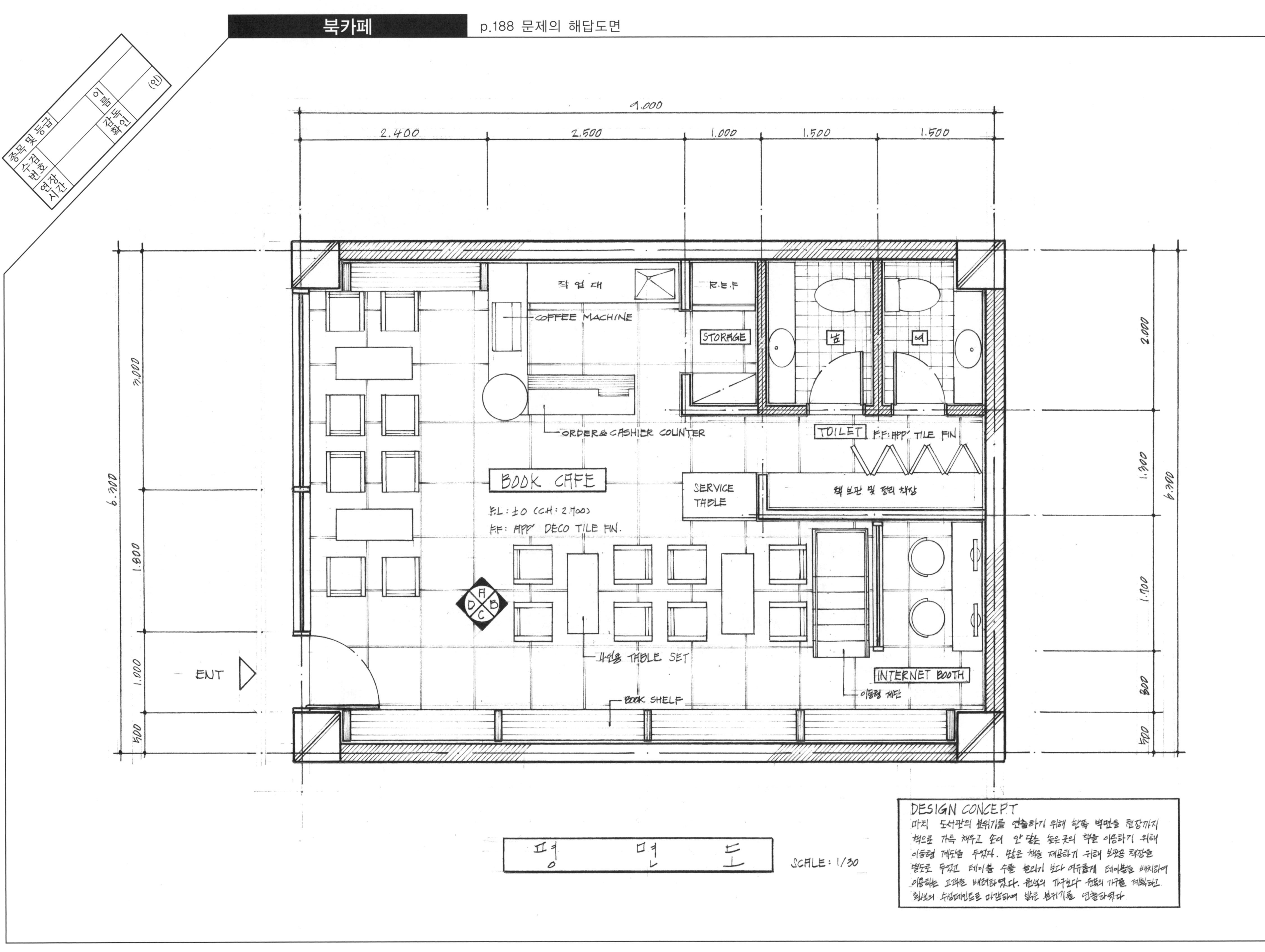
종목 및 등급
수험번호
연장시간
이름
감독확인
(인)
작업대
R.E.F
COFFEE MACHINE
STORAGE
남
여
ORDER & CASHIER COUNTER
TOILET
F.F: APP' TILE FIN
BOOK CAFE
F.L: ±0 (CH: 2.700)
F.F: APP' DECO TILE FIN.
SERVICE TABLE
책 보관 및 정리 책장
ENT
4인용 TABLE SET
INTERNET BOOTH
BOOK SHELF
이동형 계단
평 면 도
SCALE: 1/30
DESIGN CONCEPT
마치 도서관의 분위기를 연출하기 위해 한쪽 벽면을 천장까지 책으로 가득 채우고 손이 안 닿는 높은 곳의 책을 이용하기 위해 이동형 계단을 두었다. 많은 책을 제공하기 위해 보관용 책장을 별도로 두었고 테이블 수를 늘리기 보다 여유롭게 테이블을 배치하여 이용하는 고객을 배려하였다. 원색의 가구보다 원목의 가구를 계획하고 흰색의 수성페인트로 마감하여 밝은 분위기를 연출하였다

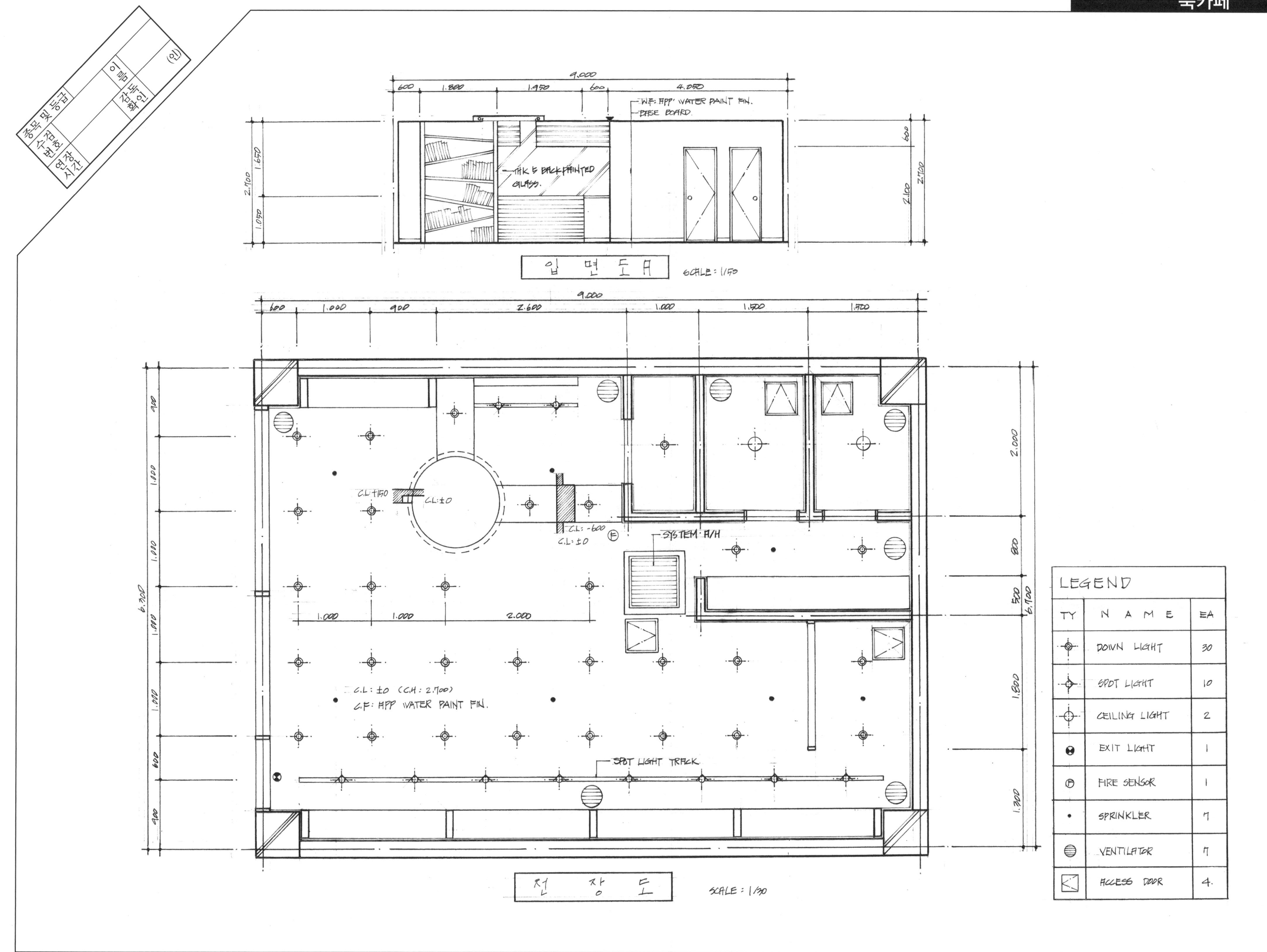

종목 및 등급
수검번호
연장시간
이름
감독확인
(인)
W.F: APP WATER PAINT FIN.
BASE BOARD.
THK 5 BACKPAINTED GLASS.
입면도 A
SCALE: 1/50
SYSTEM A/H
C.L: ±0 (C.H: 2.700)
C.F: APP WATER PAINT FIN.
SPOT LIGHT TRACK
천장도
SCALE: 1/30
LEGEND
TY
NAME
EA
DOWN LIGHT 30
SPOT LIGHT 10
CEILING LIGHT 2
EXIT LIGHT 1
FIRE SENSOR 1
SPRINKLER 7
VENTILATOR 7
ACCESS DOOR 4.

북카페

종목 및 등급		이름	(인)
수검번호		감독확인	
연장시간			

투 시 도

SCALE:N.S

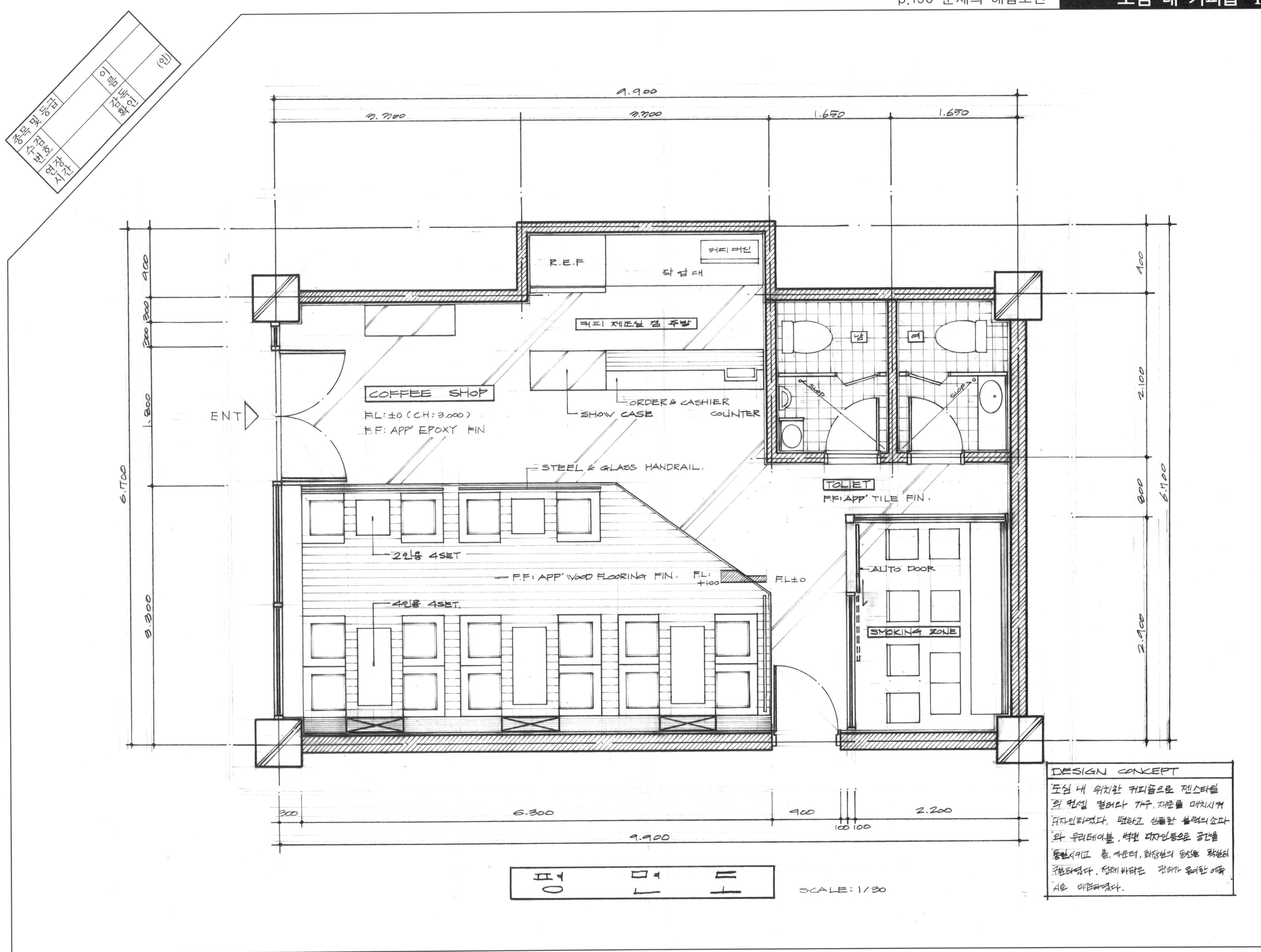
종목 및 등급
수검번호
연장시간
이름
감독확인
(인)
9.900
3.700
3.700
1.650
1.650
900
300
300
1.800
6.700
3.300
R.E.F
커피 머신
작업대
커피 제조실 겸 주방
COFFEE SHOP
FL:±0 (C.H:3.000)
F.F: APP' EPOXY FIN
ENT
SHOW CASE
ORDER & CASHIER COUNTER
STEEL & GLASS HANDRAIL.
2인용 4SET
F.F: APP' WOOD FLOORING FIN.
FL: +100
FL±0
4인용 4SET.
남
여
TOLIET
F.F: APP' TILE FIN.
AUTO DOOR
SMOKING ZONE
2.100
800
2.900
6.700
6.300
2.200
100 100
평면도
SCALE: 1/30
DESIGN CONCEPT
도심 내 위치한 커피숍으로 젠스타일의 컨셉 컬러와 가구, 재료를 매치시켜 디자인하였다. 편하고 심플한 블랙의 쇼파와 유리테이블, 벽면 디자인 등으로 공간을 통일시키고 홀, 카운터, 화장실의 동선을 확실히 구분하였다. 전체 바닥은 관리가 용이한 에폭시로 마감하였다.

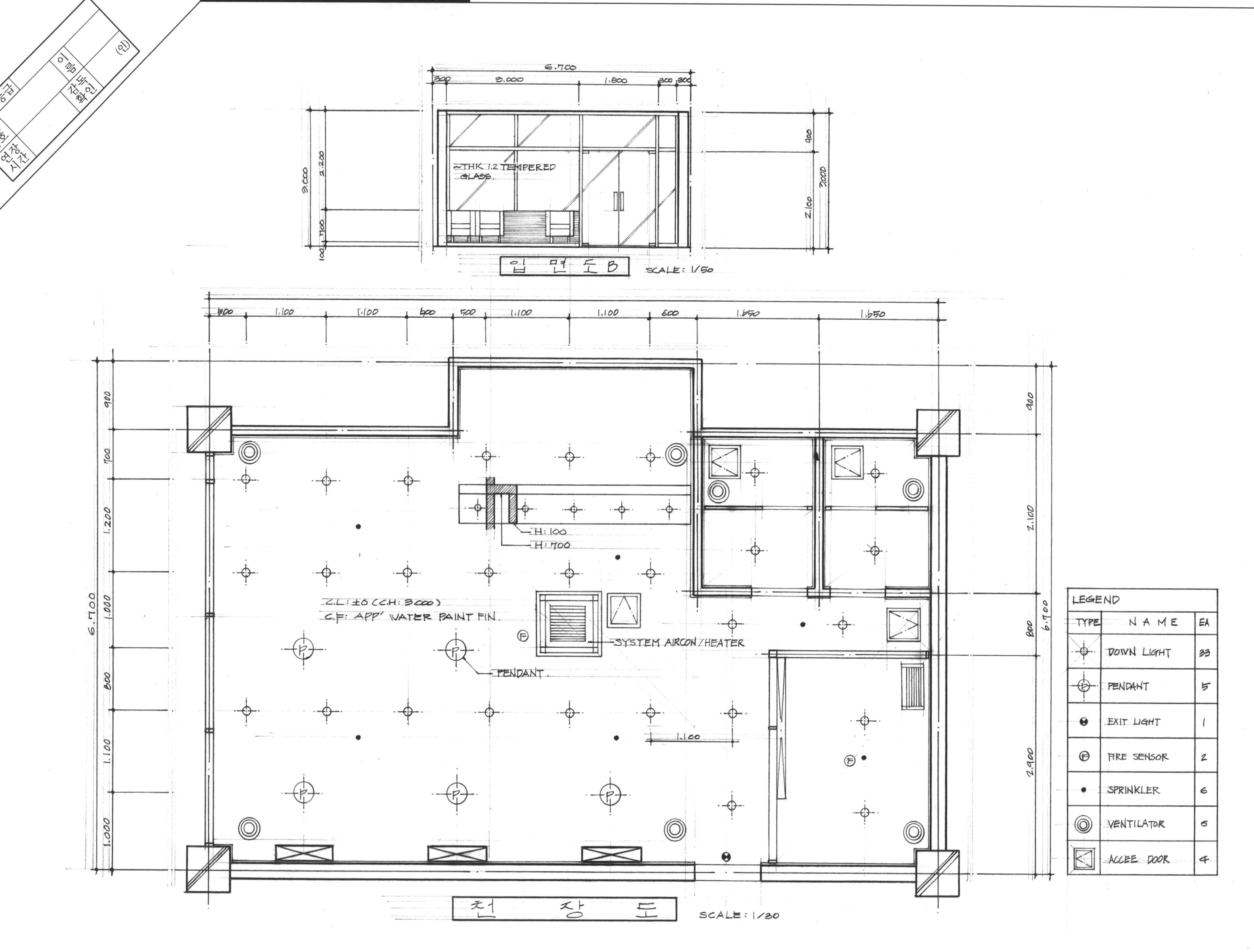

LEGEND

TYPE	NAME	EA
	DOWN LIGHT	33
	PENDANT	5
	EXIT LIGHT	1
	FIRE SENSOR	2
	SPRINKLER	6
	VENTILATOR	6
	ACCEE DOOR	4

종목 및 등급		이름	
수검번호		감독확인	(인)
연장시간			

투 시 도

SCALE:N.S.

종목 및 등급		이름	
수검번호		감독확인	(인)
연장시간			

6.850
2.100 2.300 1.500 950

천장 SCREEN 설치
작업 및 촬영공간
작업 TABLE
OFFICETEL
F.L: ±0 (C.H: 2.700)
F.F: APP' VINYL SHEET FIN
B
T.V
DRAWER
SINGLE BED
DRESSING TABLE
DECORATION FURNITURE
DINING TABLE
SINK SET
REF
SHOES BOX
BATH ROOM
F.L: -50
F.F: APP' TILE FIN
ENTRY
F.L: -50
F.F: APP' TILE FIN

5.700
1.600 2.500 1.600

1.600 1.000 30 1.000 650 2.200
6.500

100 300 600 1.000 400 1.000 1.300 2.150 100
6.850

평 면 도

SCALE: 1/30

DESIGN CONCEPT

재택 쇼핑몰을 운영하는 20대 부부가 거주하는 오피스텔로 침실, 재택 작업, 주방으로 공간을 분리 계획하였다. 출입구에 붙박이 장을 설치하여 침실을 시선차단시키면서 전체적으로 개방형 공간으로 계획하였다. 작업공간을 독립시켜 작업의 효율을 높이고 바닥재에 변화를 주었다.

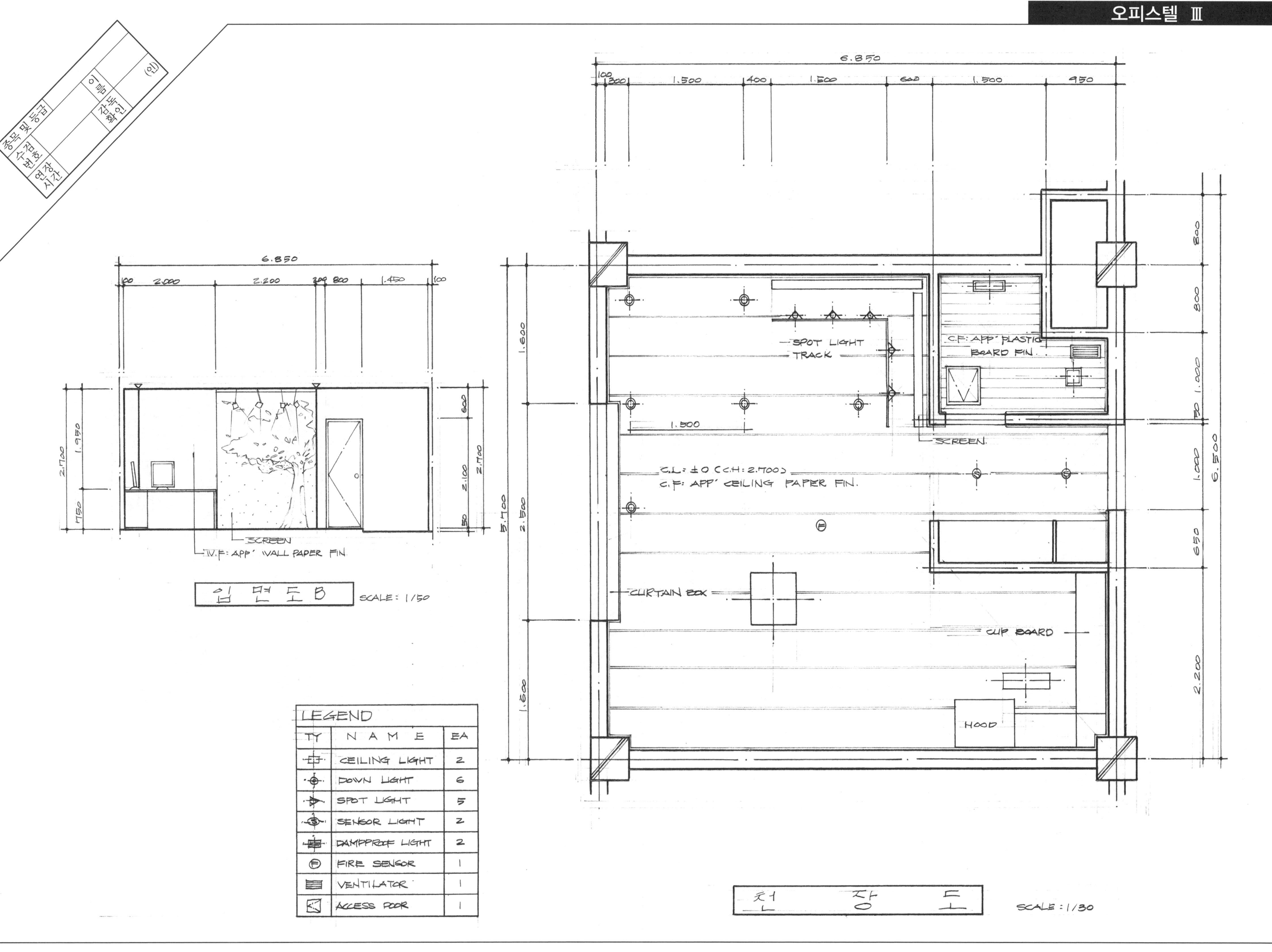
종목 및 등급
수험번호
연장시간
이름
감독확인
(인)
입면도 B
SCALE : 1/50
W.F : APP' WALL PAPER FIN
SCREEN
LEGEND
TY
NAME
EA
CEILING LIGHT
2
DOWN LIGHT
6
SPOT LIGHT
5
SENSOR LIGHT
2
DAMPPROOF LIGHT
2
FIRE SENSOR
1
VENTILATOR
1
ACCESS DOOR
1
SPOT LIGHT TRACK
C.F : APP' PLASTIC BOARD FIN
C.L : ±0 (C.H : 2,700)
C.F : APP' CEILING PAPER FIN.
CURTAIN BOX
CLIP BOARD
HOOD
천장도
SCALE : 1/30

종목 및 등급		이름	
수검번호		감독 확인	(인)
연장시간			

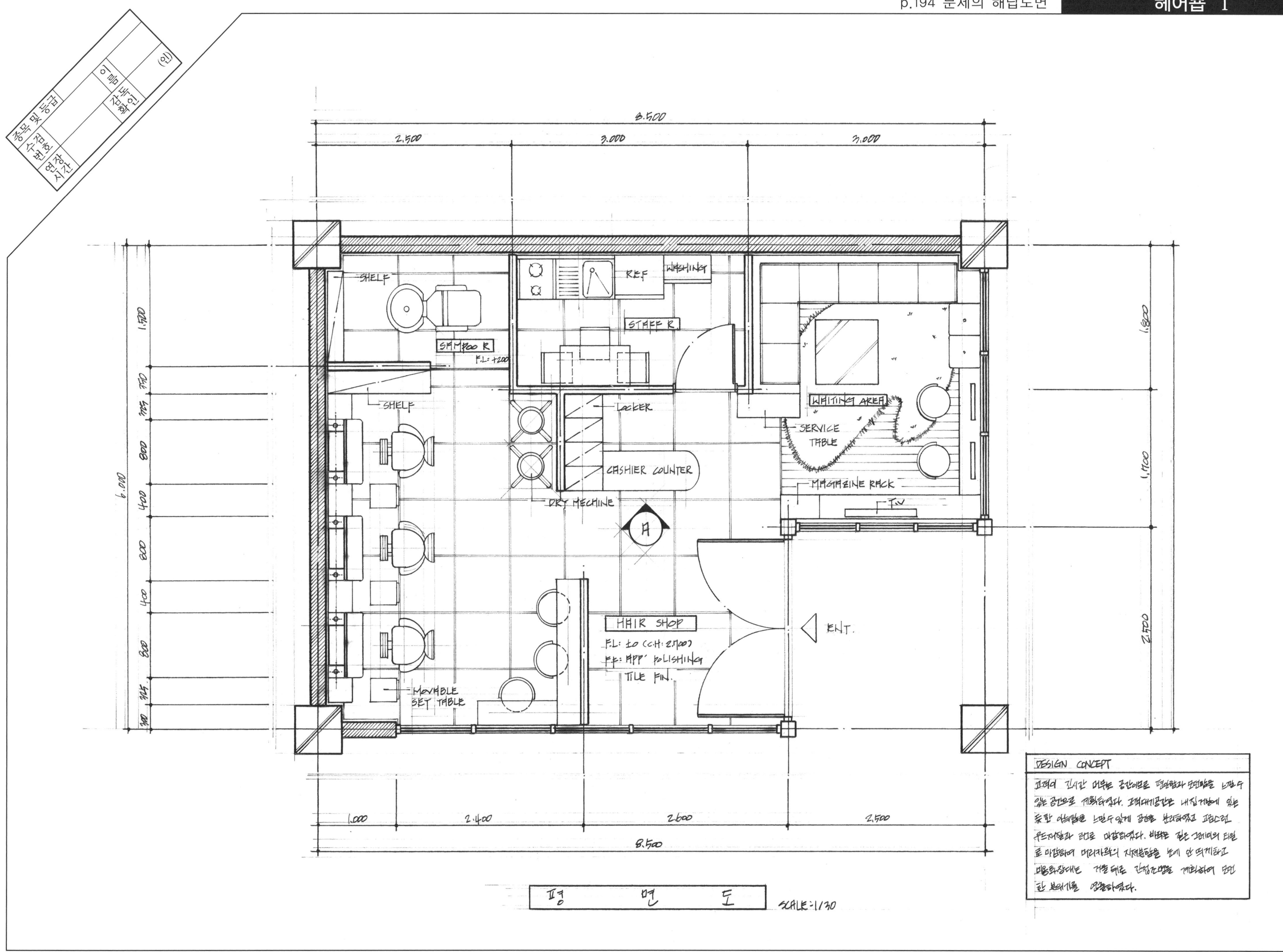
종목 및 등급
수험번호
연장시간
이름
감독확인
(인)
8.500
2.500
3.000
3.000
SHELF
SHAMPOO R
F.L: +200
SHELF
REF
WASHING
STAFF R
LOCKER
CASHIER COUNTER
DRY MECHINE
WAITING AREA
SERVICE TABLE
MAGAZINE RACK
T.V
HAIR SHOP
F.L: ±0 (C.H: 2,700)
FF: APP' POLISHING TILE FIN.
ENT.
MOVABLE SET TABLE
6.000
1.500
1.800
1.400
2.500
1.000
2.400
2.600
2.500
8.500
DESIGN CONCEPT
고객이 긴시간 머무는 공간이므로 편안함과 모던함을 느낄수 있는 공간으로 계획하였다. 고객대기공간은 내집거실에 있는 듯한 아늑함을 느낄수 있게 공간을 분리하였고 고급스런 우드재질과 러그로 마감하였다. 바닥은 짙은 그레이의 타일로 마감하여 머리카락의 지저분함을 눈에 안 띄게하고 미용화장대는 거울뒤로 간접조명을 계획하여 모던한 분위기를 연출하였다.
평 면 도
SCALE: 1/30

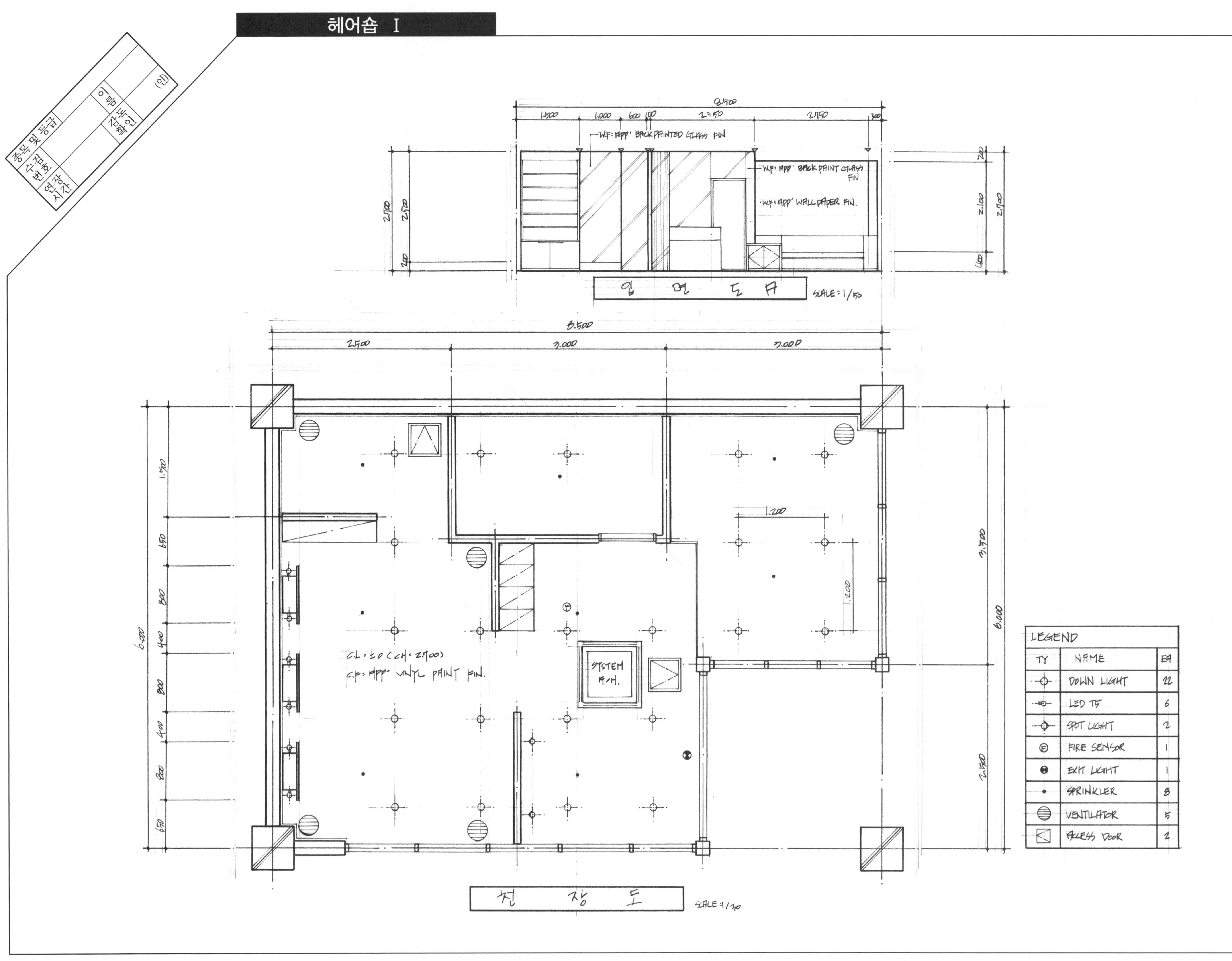
종목 및 등급
수검번호
연장시간
이름
감독확인
(인)
8,500
1,500
1,000
600
100
2,350
2,150
300
W.F: APP' BACK PAINTED GLASS FIN
W.F: APP' BACK PAINT GLASS FIN
W.F: APP' WALL PAPER FIN.
2,700
2,500
200
2,100
400
입 면 도 A
SCALE: 1/50
2,500
3,000
3,000
1,500
650
800
400
6,000
3,500
1,200
CL: ±0 (CH: 2,700)
C.F: APP' VINYL PAINT FIN.
SYSTEM A/H.
천 장 도
SCALE: 1/30
LEGEND
TY
NAME
EA
DOWN LIGHT
22
LED T5
6
SPOT LIGHT
2
FIRE SENSOR
1
EXIT LIGHT
1
SPRINKLER
8
VENTILATOR
5
ACCESS DOOR
2

종목 및 등급		이름	
수검번호		감독 확인	(인)
연장 시간			

투 시 도 SCALE:N.S

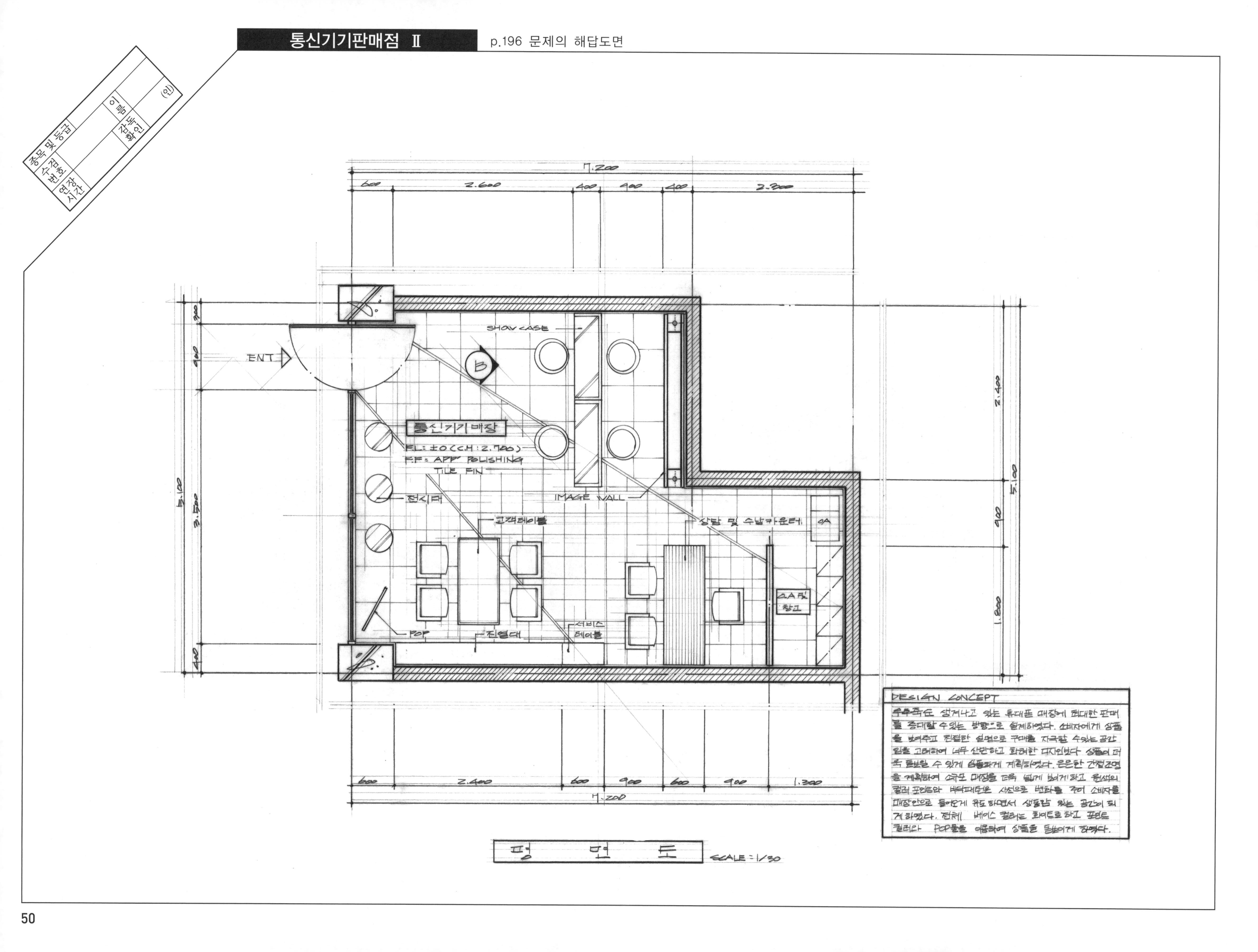
종목 및 등급
수험번호
연장시간
이름
감독확인
(인)
7.200
600
2.600
400
900
400
2.300
5.100
3.500
ENT
SHOW CASE
B
통신기기매장
FL: ±0 (C.H: 2.700)
F.F: APP' POLISHING TILE FIN
IMAGE WALL
전시대
고객테이블
상담 및 수납카운터
OA
OA 및 창고
POP
진열대
서비스 테이블
2.400
900
1.800
600
1.300
DESIGN CONCEPT
우후죽순 생겨나고 있는 휴대폰 매장에 최대한 판매를 증대할 수 있는 방향으로 설계하였다. 소비자에게 상품을 보여주고 친절한 설명으로 구매를 자극할 수 있는 공간임을 고려하여 너무 산만하고 화려한 디자인보다 상품이 더욱 돋보일 수 있게 심플하게 계획하였다. 은은한 간접조명을 계획하여 소규모 매장을 더욱 넓게 보이게 하고 원색의 컬러 포인트와 바닥패턴은 사선으로 변화를 주어 소비자를 매장안으로 들어오게 유도하면서 생동감 있는 공간이 되게 하였다. 전체 베이스 컬러는 화이트로 하고 포인트 컬러와 POP물을 이용하여 상품을 돋보이게 하였다.
평 면 도
SCALE: 1/30

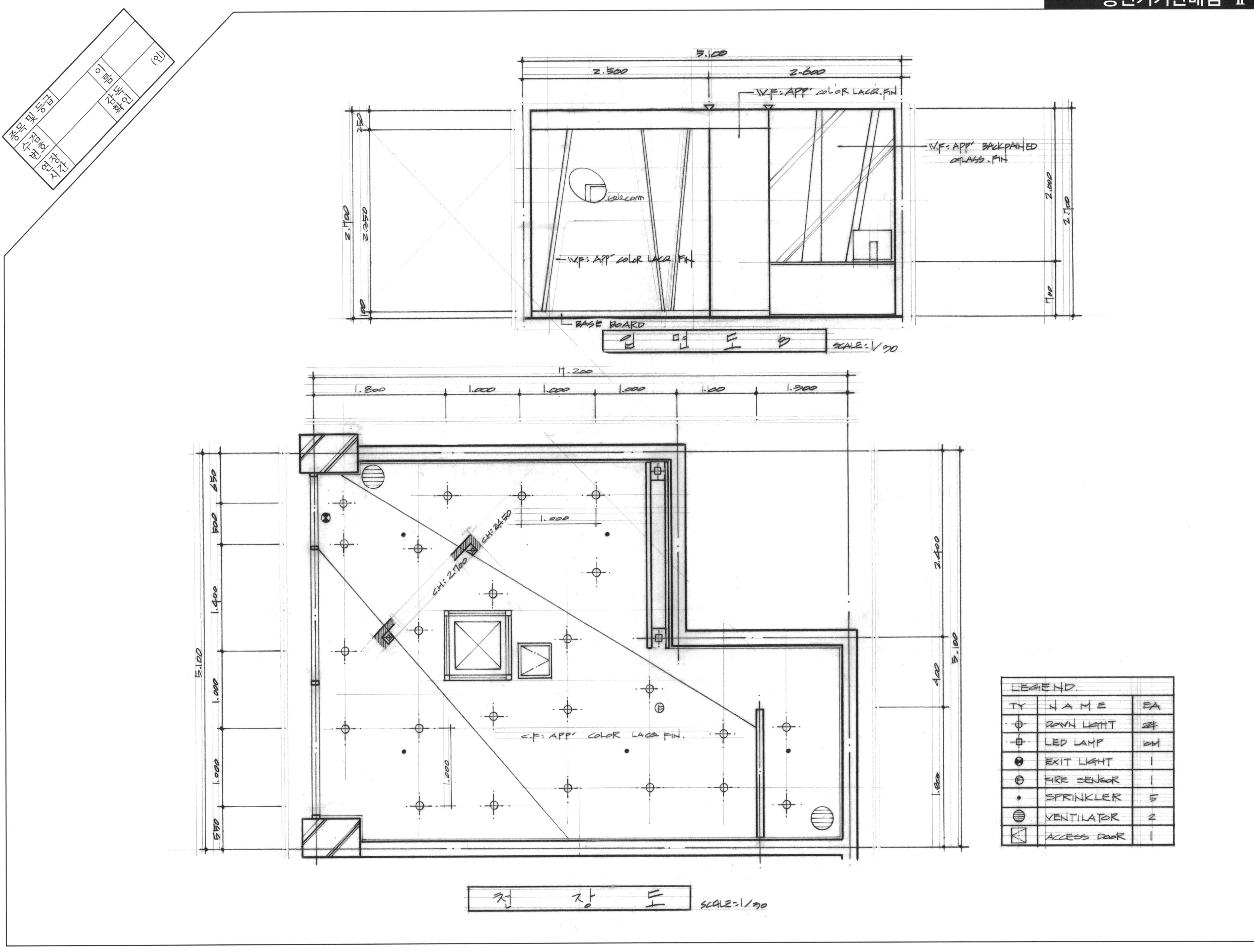
종목 및 등급
수검번호
연장시간
이름
감독확인
(인)
5.100
2.500
2.600
V.F: APP' COLOR LACQ. FIN
V.F: APP' BACKPAINTED GLASS. FIN
V.F: APP' COLOR LACQ. FIN
BASE BOARD
2.700
2.350
2.000
2.700
700
입 면 도
SCALE: 1/30
7.200
1.800
1.000
1.000
1.000
1.100
1.300
CH: 2700
CH: 2450
C.F: APP' COLOR LACQ. FIN.
5.100
650
500
1.400
1.000
1.000
550
2.400
400
1.800
천 장 도
SCALE: 1/30
LEGEND.
TY
NAME
EA
DOWN LIGHT
24
LED LAMP
6M
EXIT LIGHT
1
FIRE SENSOR
1
SPRINKLER
5
VENTILATOR
2
ACCESS DOOR
1

종목 및 등급		이름	
수험번호		감독확인	(인)
연장시간			

투시도

SCALE: N.S.

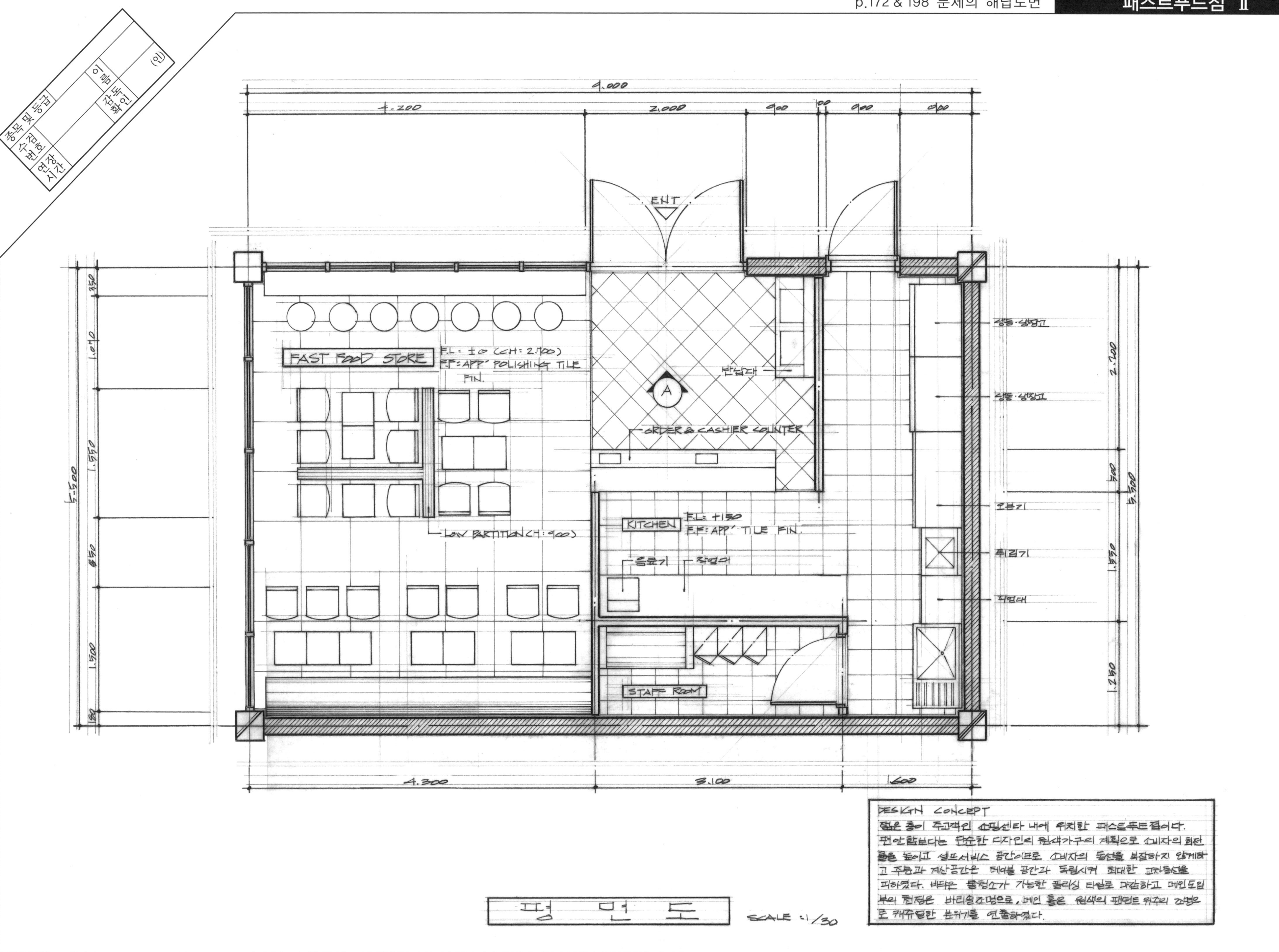
종목 및 등급
수험번호
이름
감독확인
(인)
현장시간
9,000
4,200
2,000
900
100
900
900
ENT
FAST FOOD STORE
F.L: ±0 (CH: 2,700)
F.F: APP' POLISHING TILE FIN.
LOW PARTITION (H: 900)
ORDER & CASHIER COUNTER
반납대
KITCHEN
F.L: +150
F.F: APP' TILE FIN.
음료기
작업대
STAFF ROOM
생동·냉장고
냉동·냉장고
오븐기
튀김기
작업대
5,500
2,700
1,550
1,250
350
1,070
1,550
850
1,500
180
4,300
3,100
1,600
평면도
SCALE : 1/30
DESIGN CONCEPT
젊은 층이 주고객인 쇼핑센타 내에 위치한 패스트푸드점이다.
편안함보다는 단순한 디자인의 원색가구의 계획으로 소비자의 회전
률을 높이고 셀프서비스 공간이므로 소비자의 동선을 복잡하지 않게하
고 주문과 계산공간은 테이블 공간과 독립시켜 최대한 교차동선을
피하였다. 바닥은 물청소가 가능한 폴리싱 타일로 마감하고 메인도입
부의 천정은 바리솔조명으로, 메인 홀은 원색의 팬던트 위주의 조명으
로 캐쥬얼한 분위기를 연출하였다.

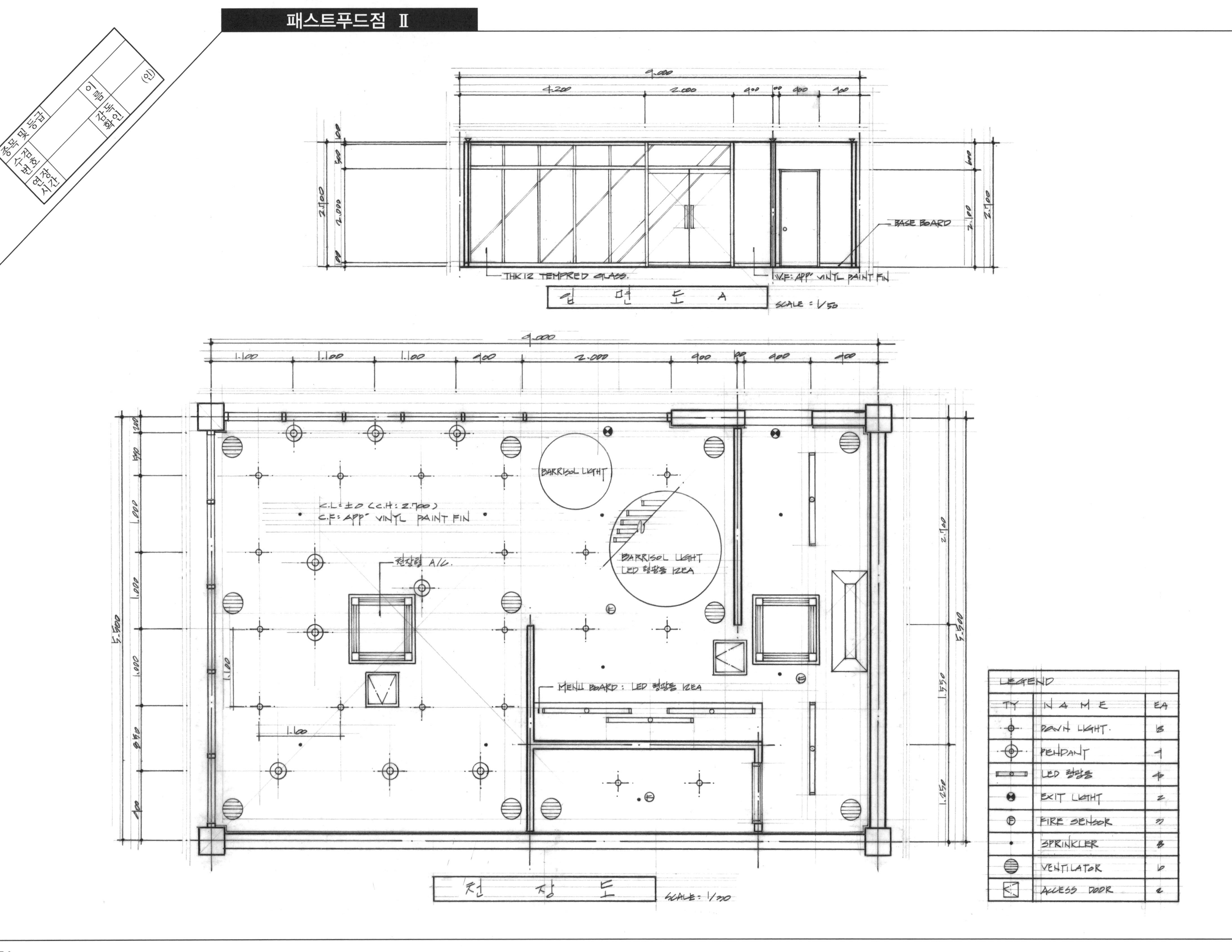
종목 및 등급
수검번호
연장시간
이름
감독확인
(인)
THK12 TEMPRED GLASS.
W.F: APP' VINYL PAINT FIN
BASE BOARD
입 면 도 A
SCALE : 1/50
C.L=±0 (C.H: 2.700)
C.F: APP' VINYL PAINT FIN
천장형 A/C.
BARRISOL LIGHT
BARRISOL LIGHT
LED 형광등 12EA
MENU BOARD : LED 형광등 12EA
천 장 도
SCALE : 1/30
LEGEND
TY
N A M E
EA
DOWN LIGHT.
PENDANT
LED 형광등
EXIT LIGHT
FIRE SENSOR
SPRINKLER
VENTILATOR
ACCESS DOOR

종목 및 등급		이름	
수검번호		감독확인	(인)
연장시간			

WOW

투 시 도

SCALE : N.S

도심지 사거리에 위치한 커피숍 p.204 문제의 해답도면

종목 및 등급		이름	
수검번호		감독확인	(인)
연장시간			

DESIGN CONCEPT

도심지에 위치한 커피숍으로 다각형 형태의 건물에 데드 스페이스가 생기지 않게 하기 위해 경사진면에 흡연실 및 붙박이 의자를 계획하여 데드스페이스를 최대한 없애고자 하였다. 중앙에 각파이프는 주방과 고객테이블 공간을 시각적으로 차단시키고 커피외에 케익이나 도넛 등을 판매할 수 있게 쇼케이스를 계획하였다. 바닥재에 변화를 주어 단조로운 공간이 되지 않게하고 천정조명은 바닥재 변화 패턴에 맞추어 간접조명과 매입등으로 계획하여 밝은 분위기를 연출하였다.

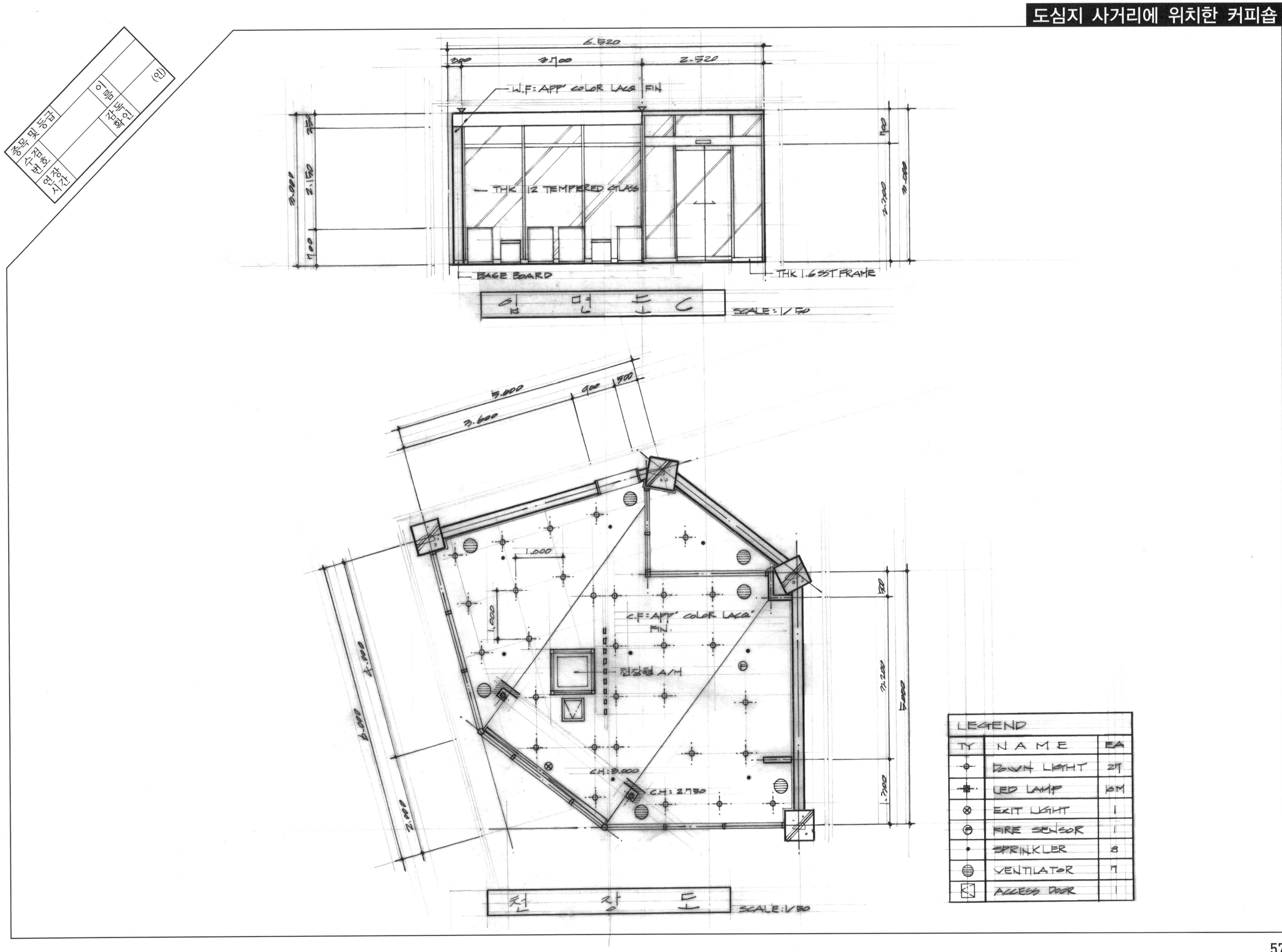

종목 및 등급
수검번호
연장시간
이름
감독확인
(인)
W.F: APP' COLOR LACQ FIN
THK 12 TEMPERED GLASS
BASE BOARD
THK 1.6 SST FRAME
입 면 도 C
SCALE: 1/50
C.F: APP' COLOR LACQ' FIN
천장형 A/H
C.H: 3.000
C.H: 2.750
천 장 도
SCALE: 1/30
LEGEND
TY
NAME
EA
DOWN LIGHT
27
LED LAMP
6M
EXIT LIGHT
1
FIRE SENSOR
1
SPRINKLER
8
VENTILATOR
7
ACCESS DOOR
1

도심지 사거리에 위치한 커피숍

종목 및 등급		이름	
수검번호		감독확인	(인)
연장시간			

투 시 도

SCALE : N.S

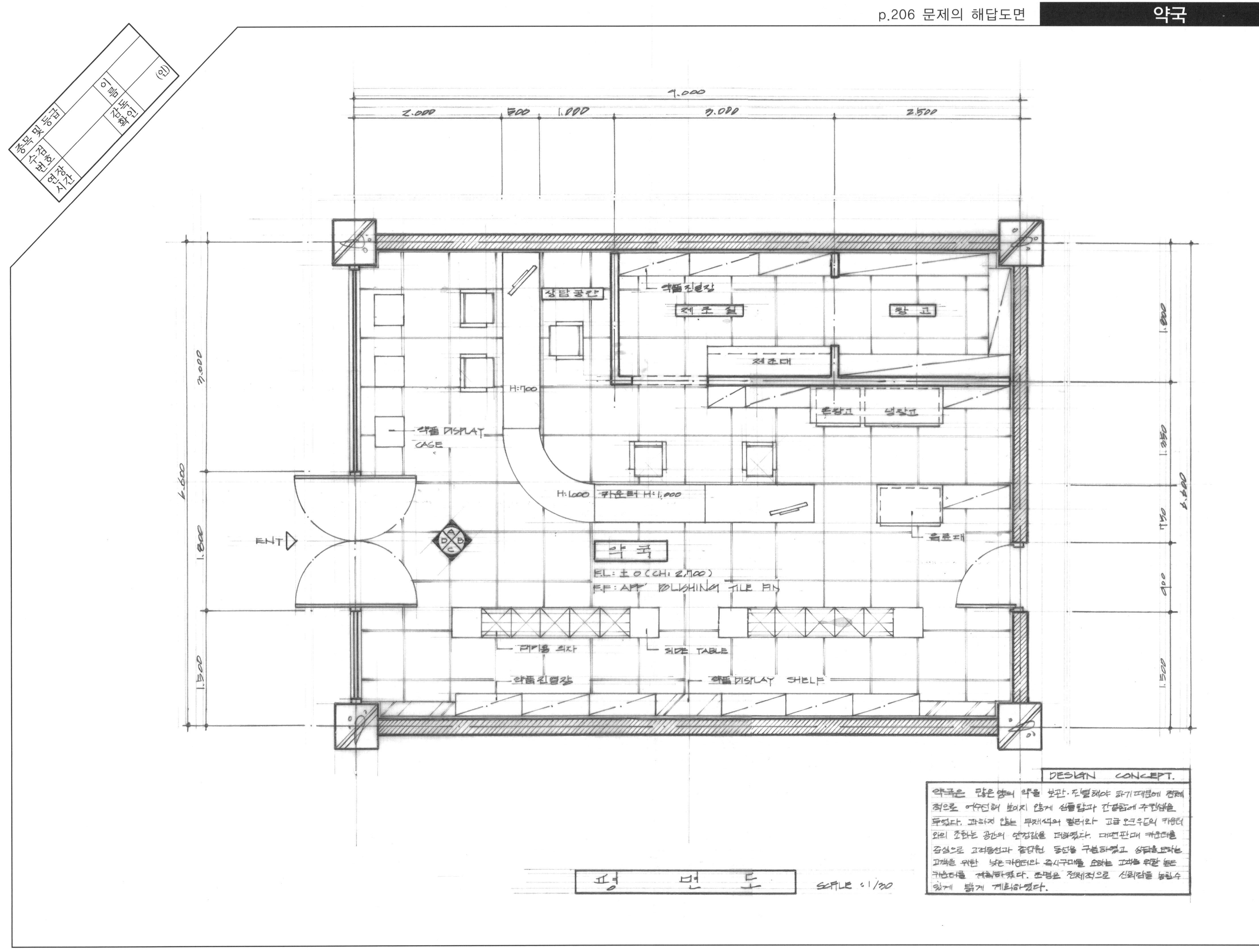

종목 및 등급
수험번호
이름
감독확인
(인)
연장시간
9,000
2,000
500
1,000
3,000
2,500
6,600
3,000
1,800
1,500
1,800
1,350
750
900
상담공간
약품진열장
제조실
창고
제조대
온장고
냉장고
H:700
약품 DISPLAY CASE
H:1,000
카운터 H:1,000
휴지대
ENT
A
B
C
D
약국
EL: ±0 (CH: 2,700)
F.F: APP' POLISHING TILE FIN
대기용 의자
SIDE TABLE
약품진열장
약품 DISPLAY SHELF
DESIGN CONCEPT.
약국은 많은 양의 약을 보관·진열해야 하기때문에 전체적으로 어수선해 보이지 않게 심플함과 간결함에 주안점을 두었다. 과하지 않는 무채색의 컬러와 고급 오크우드의 카운터와의 조화는 공간의 안정감을 더하였다. 대면판매 카운터를 중심으로 고객동선과 종업원 동선을 구분하였고 상담을 요하는 고객을 위한 낮은 카운터와 즉시구매를 요하는 고객을 위한 높은 카운터를 계획하였다. 조명은 전체적으로 신뢰감을 높일수 있게 밝게 계획하였다.
평면도
SCALE : 1/30

약국

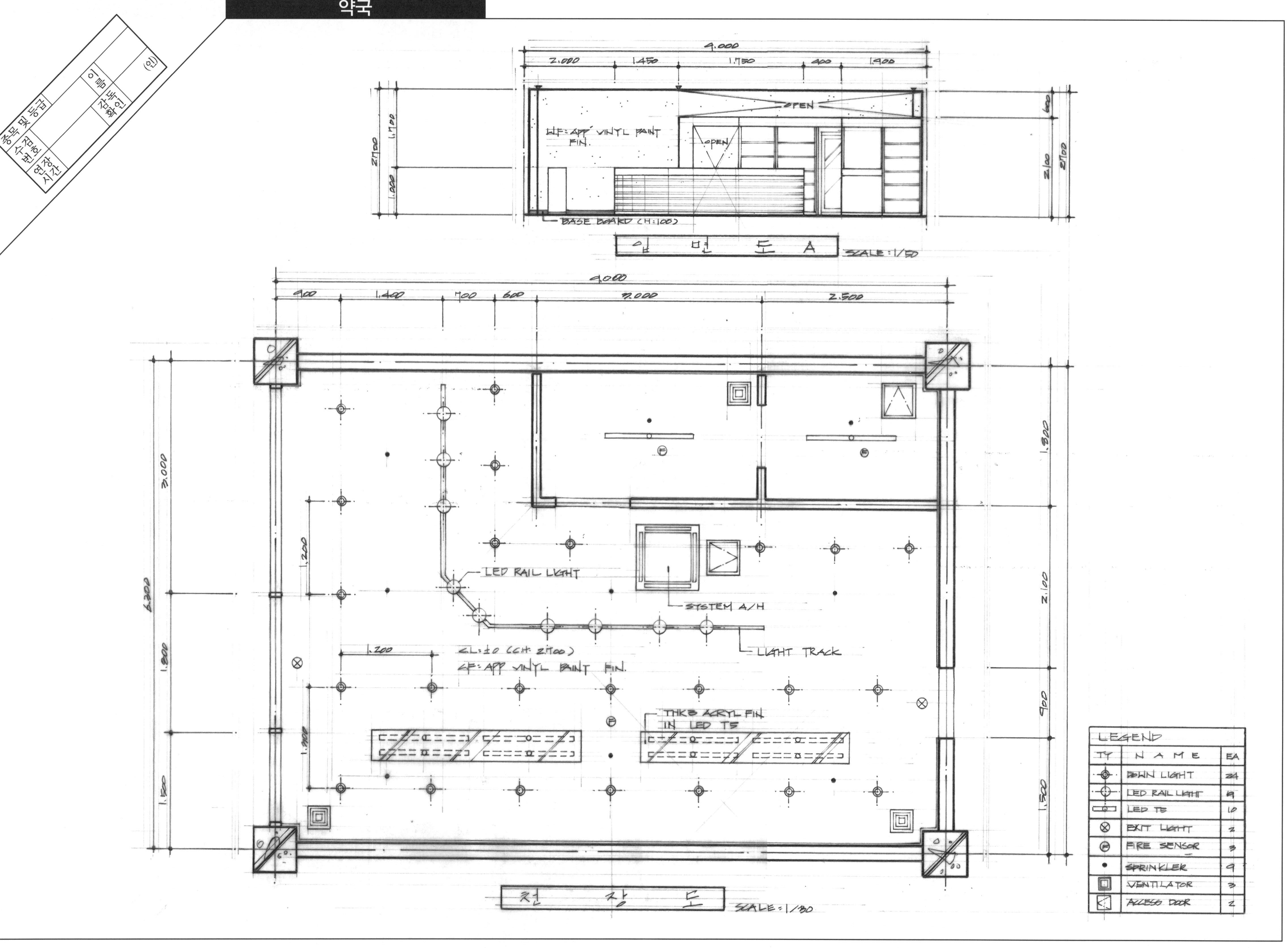

LEGEND		
TY	NAME	EA
	DOWN LIGHT	24
	LED RAIL LIGHT	9
	LED T5	10
	EXIT LIGHT	2
	FIRE SENSOR	3
	SPRINKLER	9
	VENTILATOR	3
	ACCESS DOOR	2

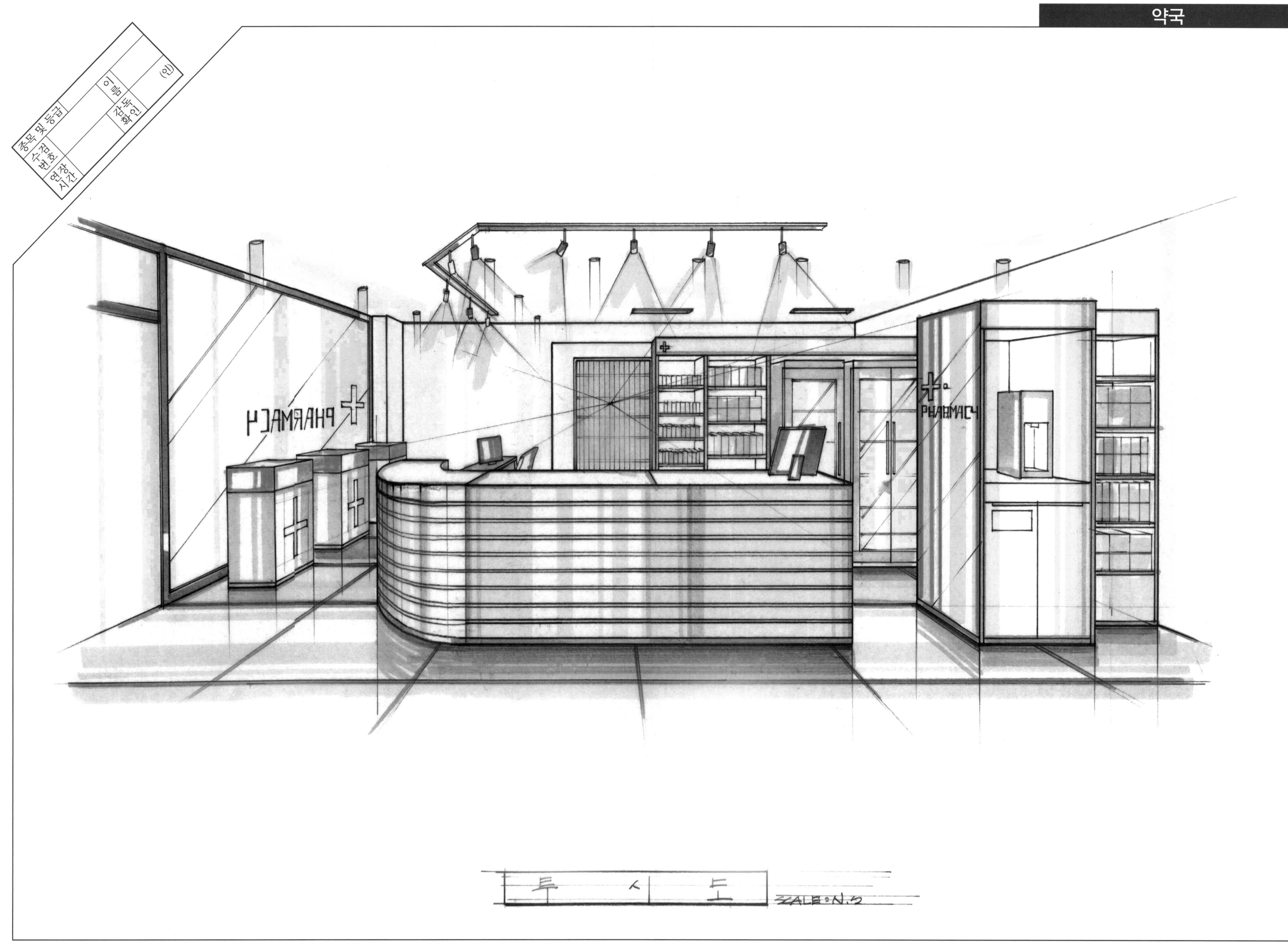
종목 및 등급
수검번호
연장시간
이름
감독확인
(인)
PHARMACY
PHARMACY
투 시 도
SCALE : N.S

종목 및 등급		이름	
수험번호		감독 확인	(인)
연장시간			

8.100
1.350 800 600 800 600 800 550 2.600
MOVABLE SET TABLE
SHAMPOO R
F.L: ±0 F.L: +200
SHELF
STORAGE
HAIR SHOP
F.L: ±0(CH: 2.700)
F.F: APP POLISHING TILE FIN.
미용기구
ENT
5.400 2.250 900 2.250
1.500 1.200 300 2.400 5.400
R.E.F
CASHIER COUNTER
STAFF ROOM
대기공간
음료 및 SERVICE TABLE
LOCKER
1.750 1.850 1.800 1.050 1.650

DESIGN CONCEPT
공간의 특성상 바닥의 마감은 짙은 그레이의 타일로 마감하고 자칫 딱딱해 보일수 있기에 벽면은 파벽돌로 마감하여 내추럴함을 연출하였다. 고객의 헤어 색상표현과 느낌을 그대로 전달하기위해 화이트톤의 LED 레일 조명을 계획하고 벽면의 벽등은 과하지 않은 포인트를 주었다. 편안함 혹은 불편함을 좌우하는 샴푸실은 밝은 조명보다 은은한 조명을 계획하고 쾌적하고 편안한 공간이 되게하였다.

평 면 도 SCALE: 1/30

종목 및 등급		이름	
수검번호		감독 확인	(인)
연장 시간			

8.100

1.350 800 600 800 600 800 550 2.200 400

~W.F: APP' V.P FIN

~W.F: APP' 파벽돌 FIN.

BASE BOARD

THK5 BACKPAINTED GLASS.

2.700 150 1.350 600 / 2.700 1.900 200 600

입 면 도 D SCALE : 1/50

8.100

5.400 2.700

SYSTEM A/H

LED BAR LIGHT PENDANT형

C.L: ±0 (C.C.H: 2.700)

C.F: APP' V.P FIN.

5.400 2.250 400 2.250

1.500 1.200 300 2.400 5.400

천 장 도 SCALE: 1/30

LEGEND		
TY	NAME	EA
▭	LED BAR LIGHT	15
⊕	BRACKET	2
⊗	EXIT LIGHT	1
Ⓕ	FIRE SENSOR	2
•	SPRINKLER	7
▣	VENTILATOR	5
◺	ACCESS DOOR	2

종목 및 등급		이름	
수검번호		감독확인	(인)
연장시간			

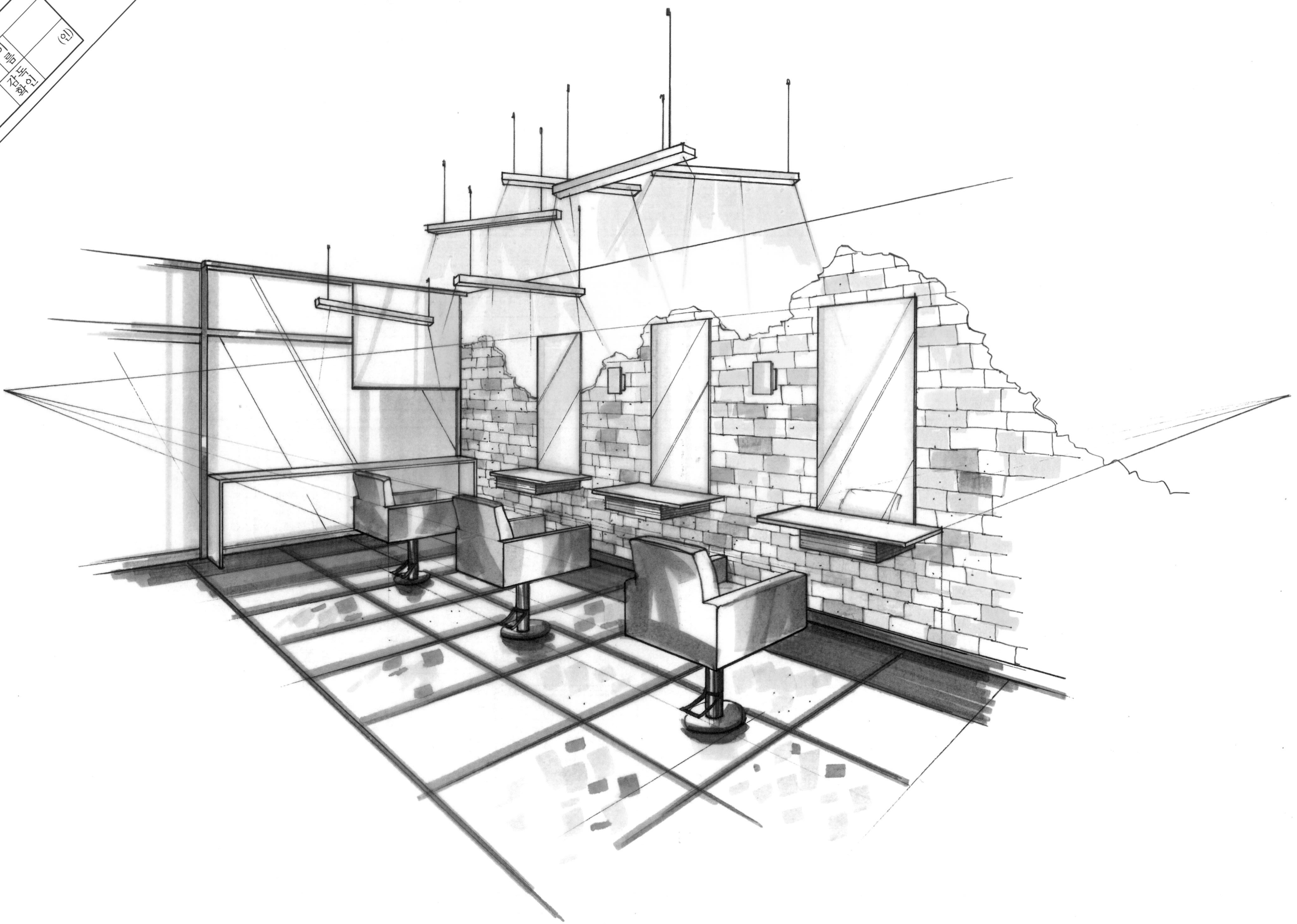

투 시 도

SCALE=N.S.

종목 및 등급		이름	
수검번호		감독확인	(인)
연장시간			

8.100

650 100 1.500 500 500 800 1.500 1.100 1.450

5.400

2.000 700 1.000 1.500

1.550 1.550 750 1.550

FITTING ROOM

STORAGE

FASHION SHOP

F.L: ±0 (C.H: 2.400)

F.F: APP' PORCELAIN TILE FIN.

THK3 MIRROR

CASHIER COUNTER

IMAGE BOARD

H:500

H:1000

H:700

DISPLAY TABLE

ENT

STAGE

SHOW WINDOW

SHELF

ACCESSORY SHOW CASE

TOILET

F.F: APP' TILE FIN.

5.100 2.000

DESIGN CONCEPT

소비자의 충동구매를 유도하기 위해 카운터 및 부대공간을 매장 후면에 배치하고 매장도입부는 디스플레이 테이블을 배치하여 고객을 매장 내로 유도하였다. 바닥은 짙은 그레이의 포세린 타일로 마감하여 고급스런 분위기를 연출하고 벽면의 가구는 일체화시켜 통일성 있는 공간이 되게 하였다.

평면도 SCALE: 1/30

종목 및 등급		이름	(인)
수검번호		감독확인	
연장시간			

K.F: APP' V.P FIN

입면도 D SCALE : 1/50

C.L : ±(CH : 2.400)
C.F : APP' V.P FIN.

SYSTEM A/H

LED RAIL LIGHT

C.F : APP' V.P FIN.

천장도 SCALE : 1/30

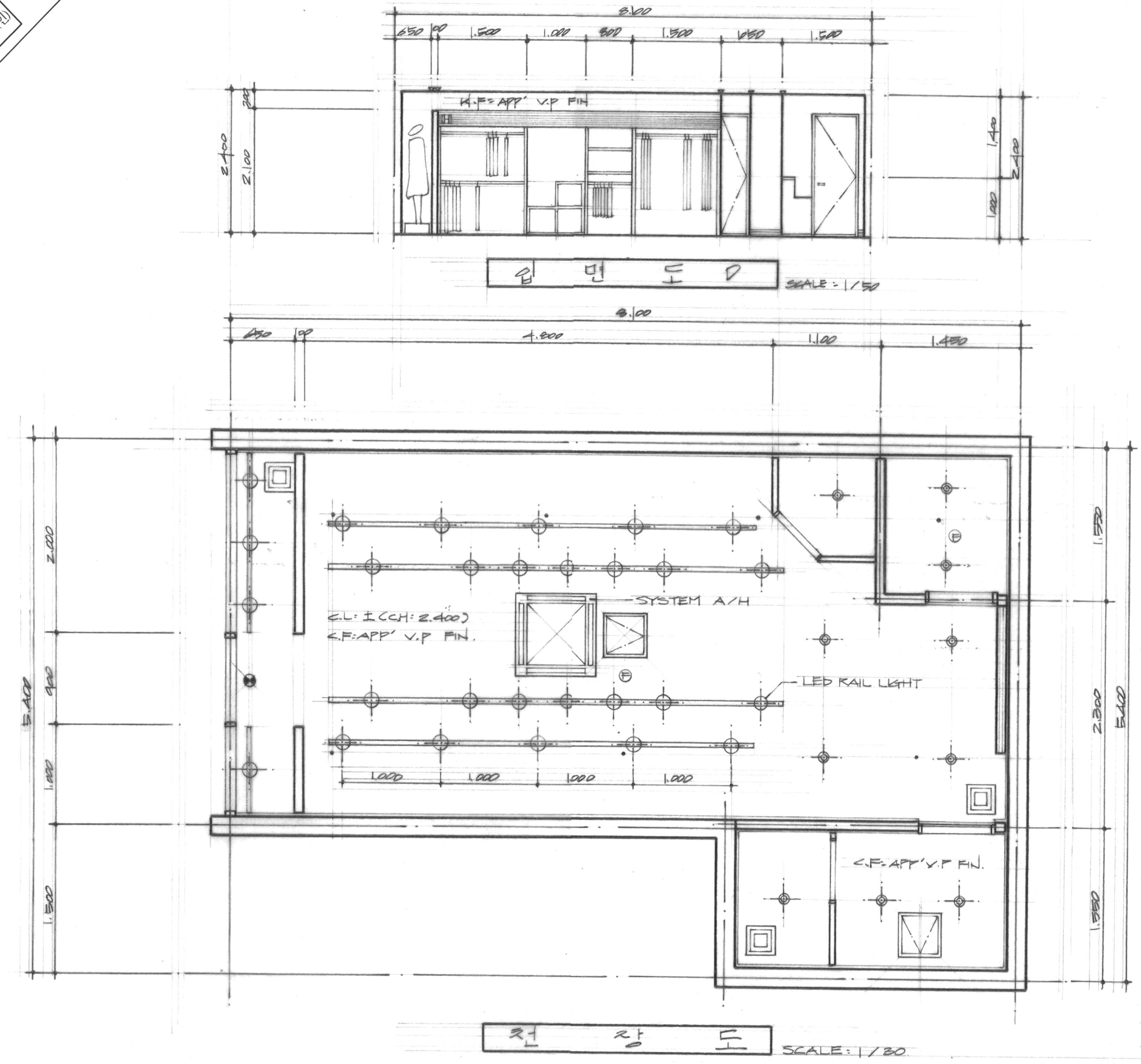

LEGEND

TY	NAME	EA
⊕	LED RAIL LIGHT	27
⊕	DOWN LIGHT	10
⊗	EXIT LIGHT	1
Ⓕ	FIRE SENSOR	2
•	SPRINKLER	7
▣	VENTILATOR	3
◫	ACCESS DOOR	2

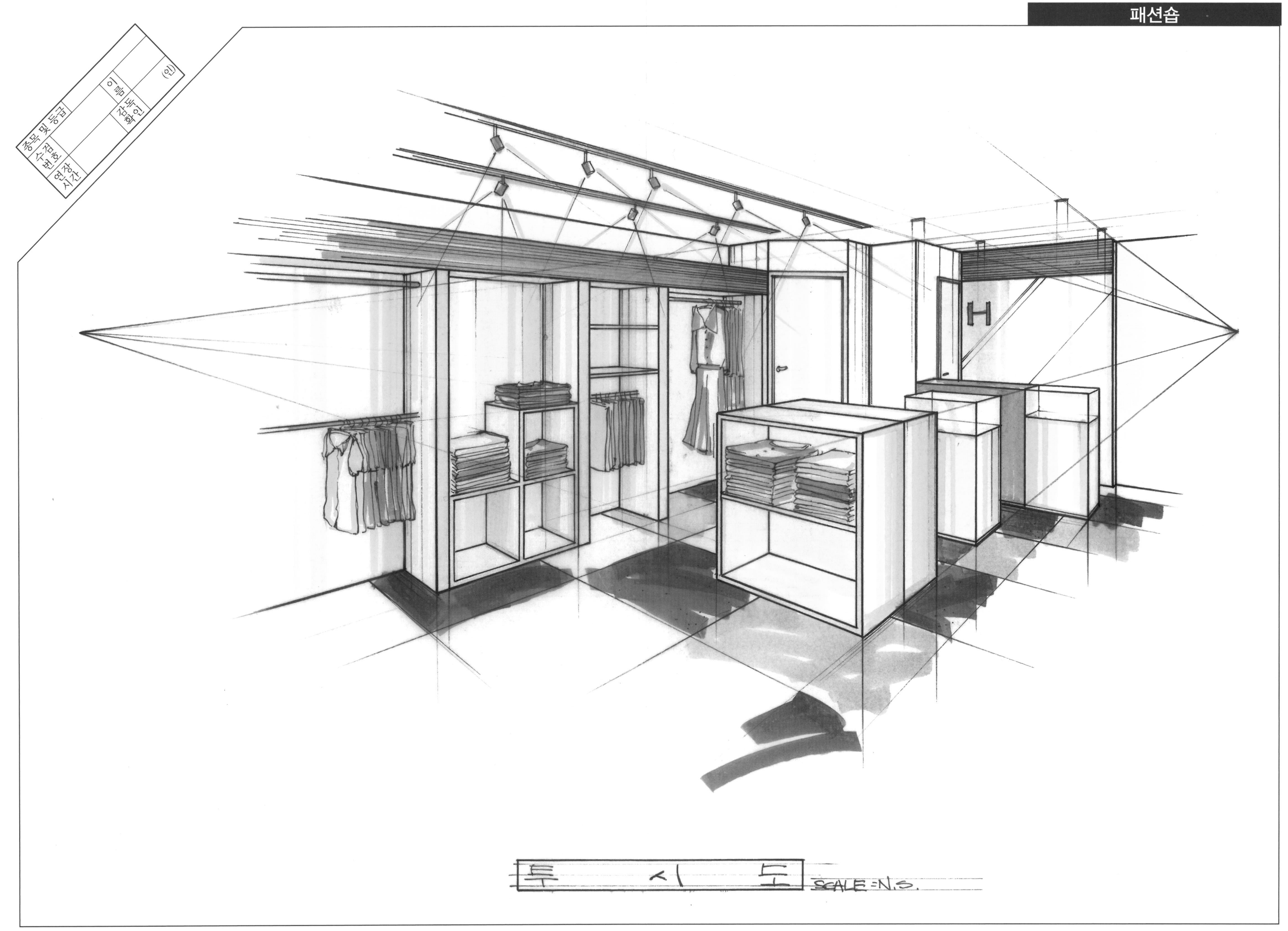
종목 및 등급
수검번호
연장시간
이름
감독확인
(인)
투 시 도
SCALE : N.S.

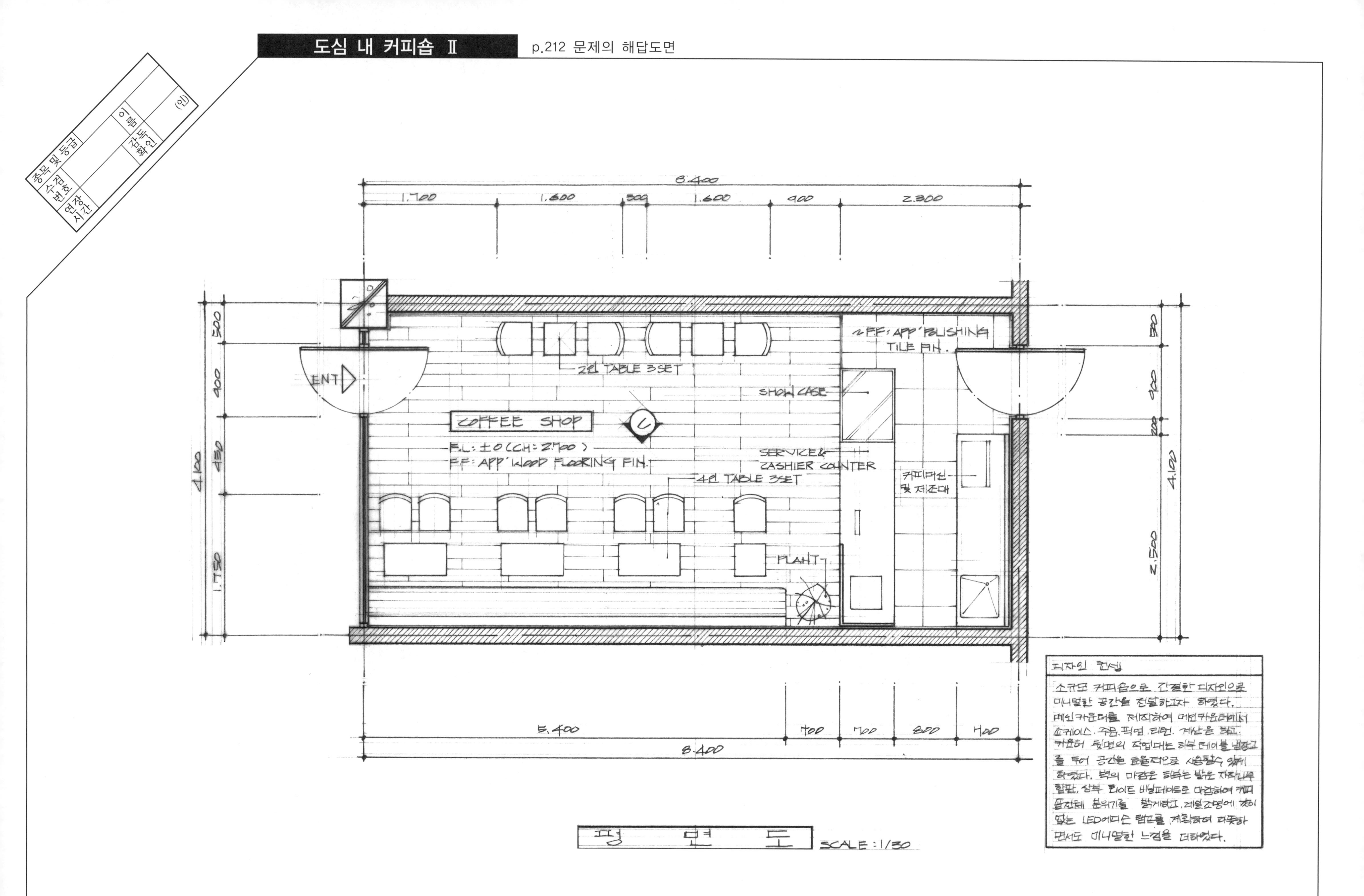
종목 및 등급
수검번호
연장시간
이름
감독확인
(인)
8.400
1.700
1.600
300
1.600
900
2.300
500
900
450
4.100
1.750
ENT
2인 TABLE 3SET
SHOW CASE
COFFEE SHOP
F.L : ±0 (CH : 2.700)
F.F : APP' WOOD FLOORING FIN.
SERVICE&
CASHIER COUNTER
4인 TABLE 3SET
2.F.F : APP' BLUSHING
TILE FIN.
커피머신
및 제조대
PLANT
200
2.500
5.400
700
700
800
700
디자인 컨셉
소규모 커피숍으로 간결한 디자인으로
미니멀한 공간을 전달하고자 하였다.
메인카운터를 제작하여 메인카운터에서
쇼케이스, 주문, 픽업, 리턴, 계산을 하고,
카운터 뒷면의 작업대는 하부 테이블 냉장고
를 두어 공간을 효율적으로 사용할수 있게
하였다. 벽의 마감은 하부는 밝은 자작나무
합판, 상부 화이트 비닐페인트로 마감하여 커피
숍전체 분위기를 밝게하고, 레일조명에 갓이
없는 LED에디슨 램프를 계획하여 따뜻하
면서도 미니멀한 느낌을 더하였다.
평 면 도
SCALE : 1/30

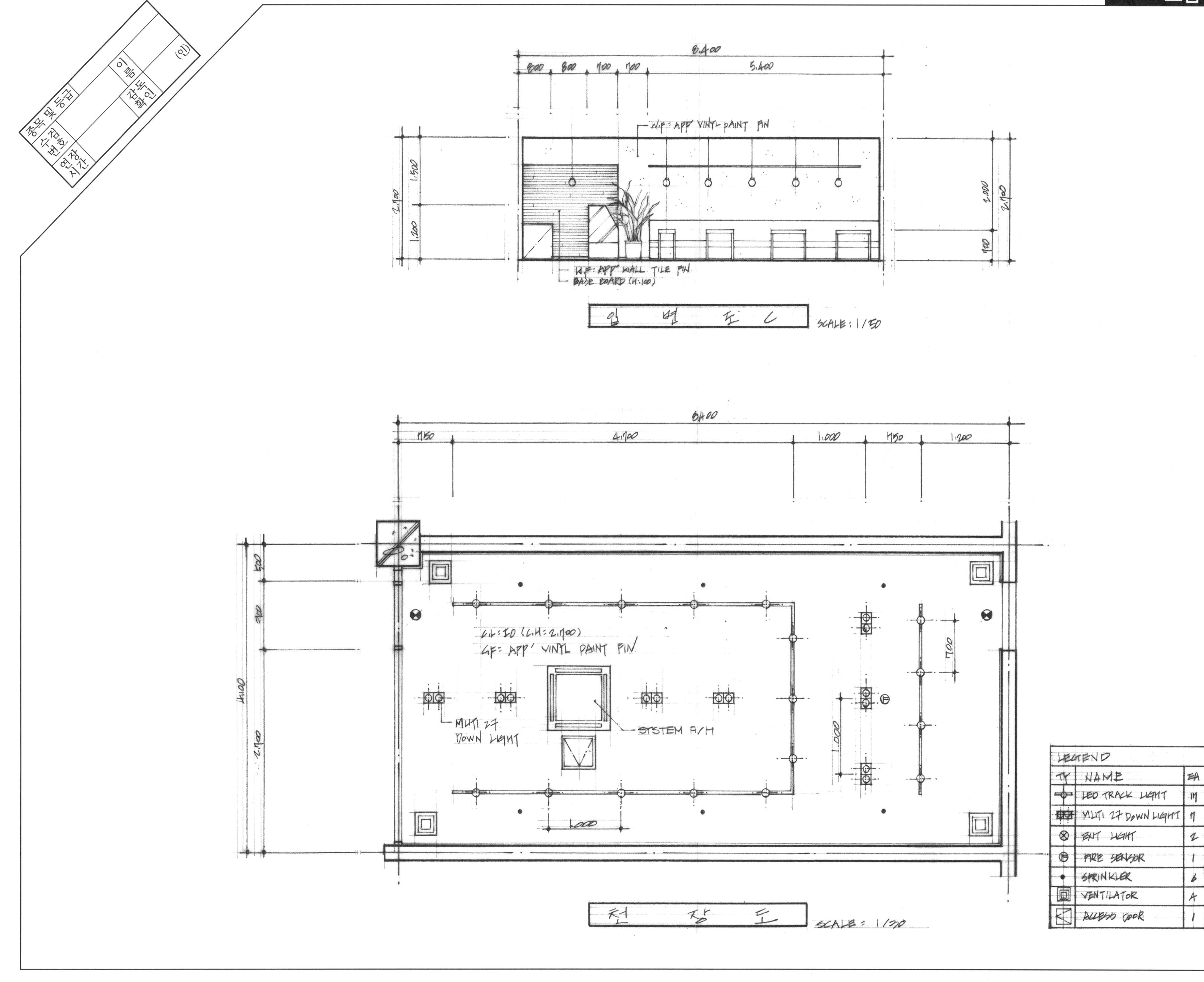

종목 및 등급
수검번호
연장시간
이름
감독확인
(인)
W.F: APP' VINYL PAINT FIN
W.F: APP' WALL TILE FIN
BASE BOARD (H:100)
입 면 도 C
SCALE : 1/50
C.L: ±0 (C.H: 2,700)
CF: APP' VINYL PAINT FIN
MUTI 27 DOWN LIGHT
SYSTEM A/H
천 장 도
SCALE : 1/30
LEGEND
TY NAME EA
LED TRACK LIGHT 17
MUTI 27 DOWN LIGHT 17
EXIT LIGHT 2
FIRE SENSOR 1
SPRINKLER 6
VENTILATOR 4
ACCESS DOOR 1

도심 내 커피숍 Ⅱ

종목 및 등급		이름	
수검 번호		감독 확인	(인)
연장 시간			

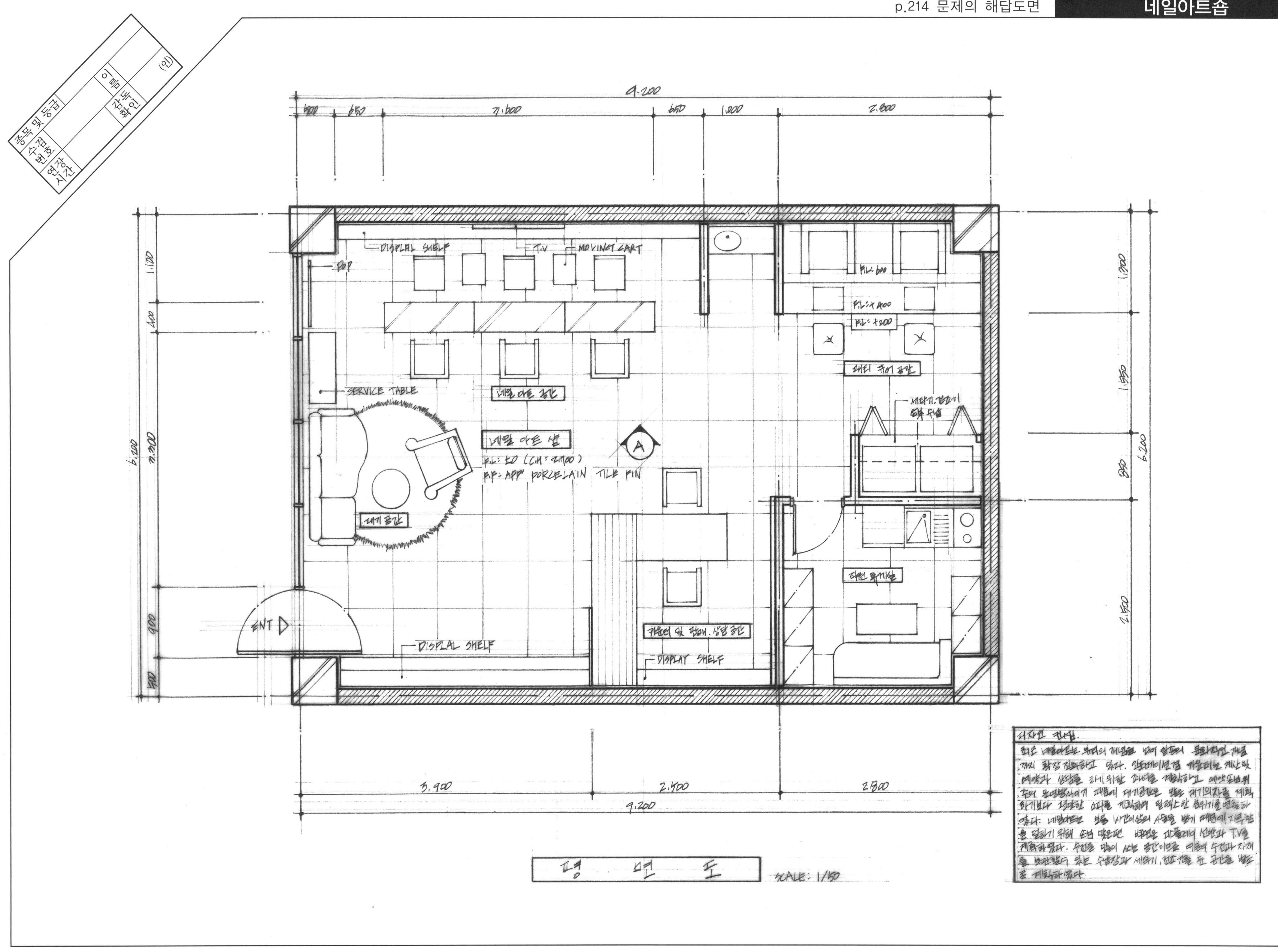
종목 및 등급
수검번호
연장시간
이름
감독확인
(인)
9.200
500
650
7.600
650
1.000
2.800
1.100
400
6.200
900
1.300
1.950
850
2.100
DISPLAL SHELF
T.V
MOVING CART
POP
SERVICE TABLE
네일 아트 공간
네일 아트 샵
FL: EO (CH: 2400)
RP: APP PORCELAIN TILE PIN
A
대기 공간
ENT
DISPLAL SHELF
DISPLAY SHELF
FL: 600
FL: +400
FL: +200
패티 큐어 공간
세탁기, 건조기
상부 수납
직원 휴게실
3.900
2.400
2.800
9.200
평 면 도
SCALE: 1/50
디자인 컨셉.

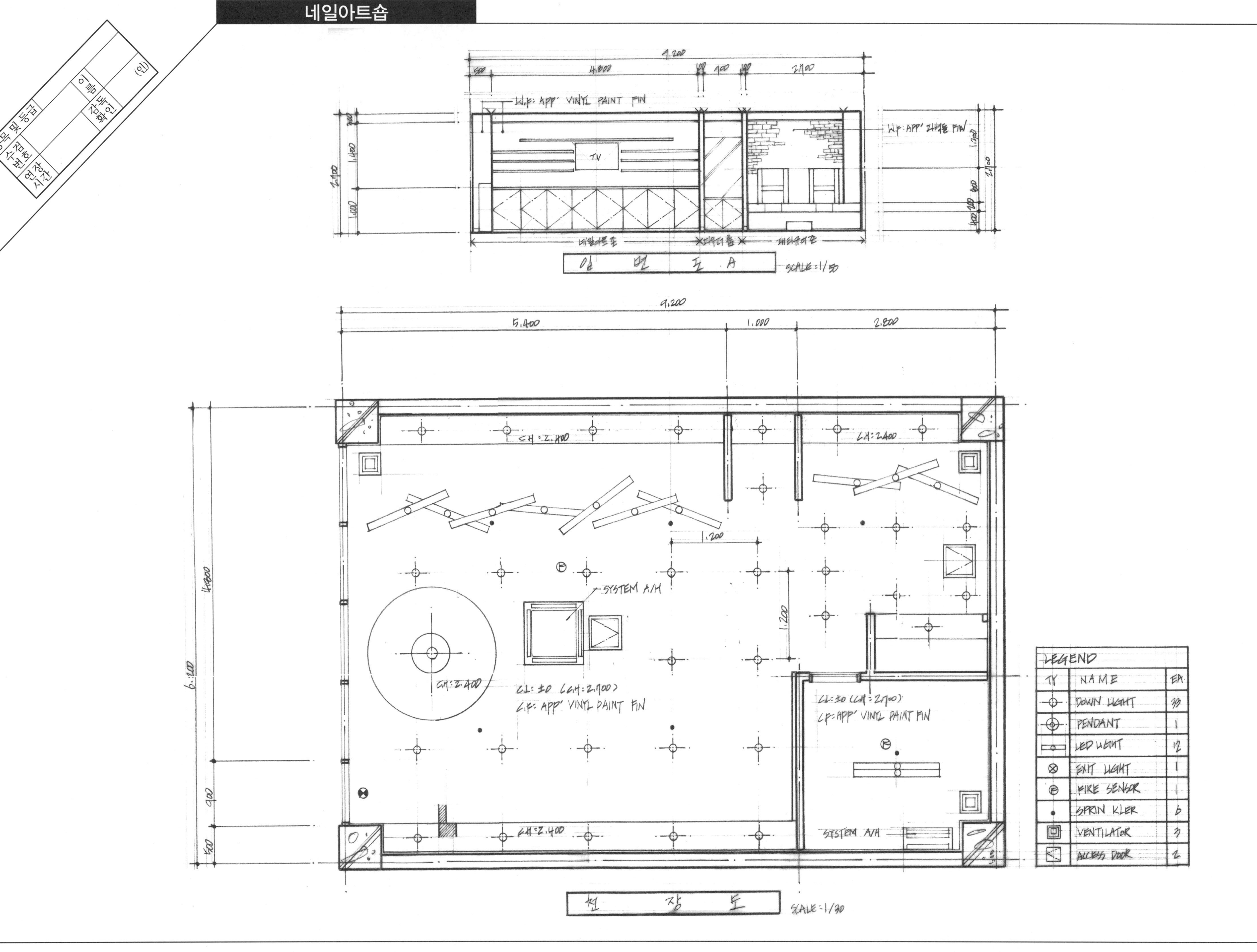
종목 및 등급
수검번호
연장시간
이름
감독확인
(인)
9,200
500
4,800
100
700
2,700
W.F: APP' VINYL PAINT FIN
W.F: APP' 파벽돌 FIN
T.V
2,100
1,400
1,000
200
1,700
800
네일아트존
파우더룸
패디큐어존
입 면 도 A
SCALE:1/50
5,400
1,000
2,800
6,200
4,800
900
C.H:2,400
1,200
SYSTEM A/H
C.L:±0 (C.H:2,700)
C.F: APP' VINYL PAINT FIN
LEGEND
TY
NAME
EA
DOWN LIGHT
33
PENDANT
1
LED LIGHT
12
EXIT LIGHT
1
FIRE SENSOR
1
SPRIN KLER
6
VENTILATOR
3
ACCESS DOOR
2
천 장 도
SCALE:1/30

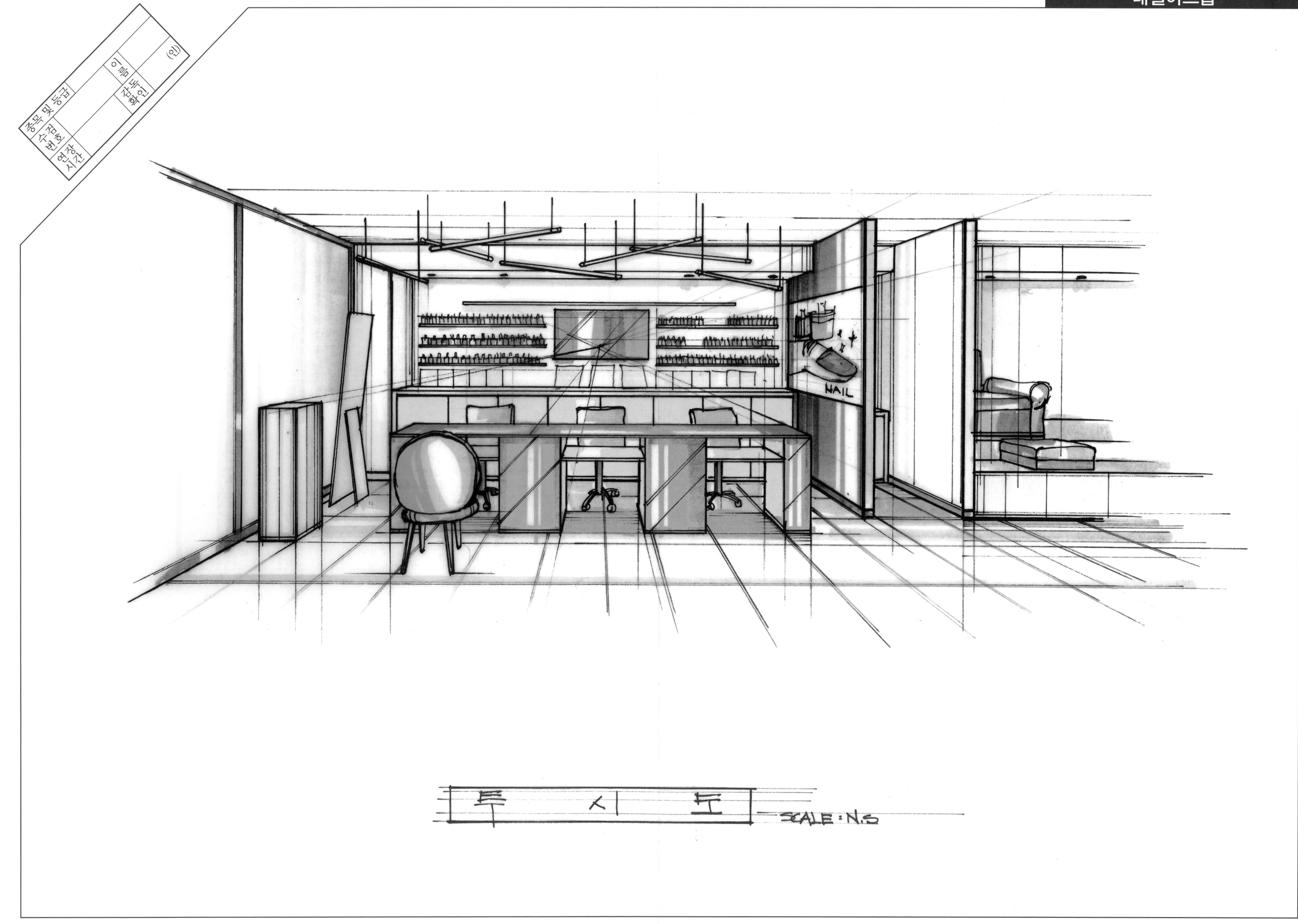
종목 및 등급
수검번호
이름
연장시간
감독확인
(인)
NAIL
투 시 도
SCALE : N.S

종목 및 등급		이 름	
수검번호		감독 확인	(인)
연장시간			

8.200
1.000 2.750 4.450

7.000
1.650 600 550 2.600 1.600

2.200 4.800
7.000

커피머신
냉장 냉동고
창고
주방 및 제빵실
F.L: +150
F.F: APP' TILE FIN
ORDER & CASHIER COUNTER
반죽기 발효기 작업대 오븐기
ICE CRAME REF
음료 REF
SHOW CASE
BAKERY CAFE
F.L: ±0 (C.H: 2,900)
F.F: APP' POLISHING TILE FIN
진열장
진열대
진열대
W.F.L: APP' WOOD FLOORING FIN
FIXED CHAIR
SERVICE & RETURN TABLE
SERVICE TABLE
ENT

평 면 도 SCALE: 1/30

DESIGN CONCEPT

베이커리와 카페가 합쳐진 공간으로 두공간의 조화가 잘 이루어지도록 계획하였다. 전체톤은 아이보리와 우드톤의 조합으로 베이커리가 더욱 맛있어 보이도록 하고 이 두톤의 조합은 매장을 방문하는 소비자들이 편안한 분위기를 느낄수 있도록 하였다. 베이커리 진열대의 펜던트 조명은 진열된 베이커리를 돋보이게 하고 티테이블 공간은 간접조명으로 은은하고 따뜻한 분위기를 연출하였다.

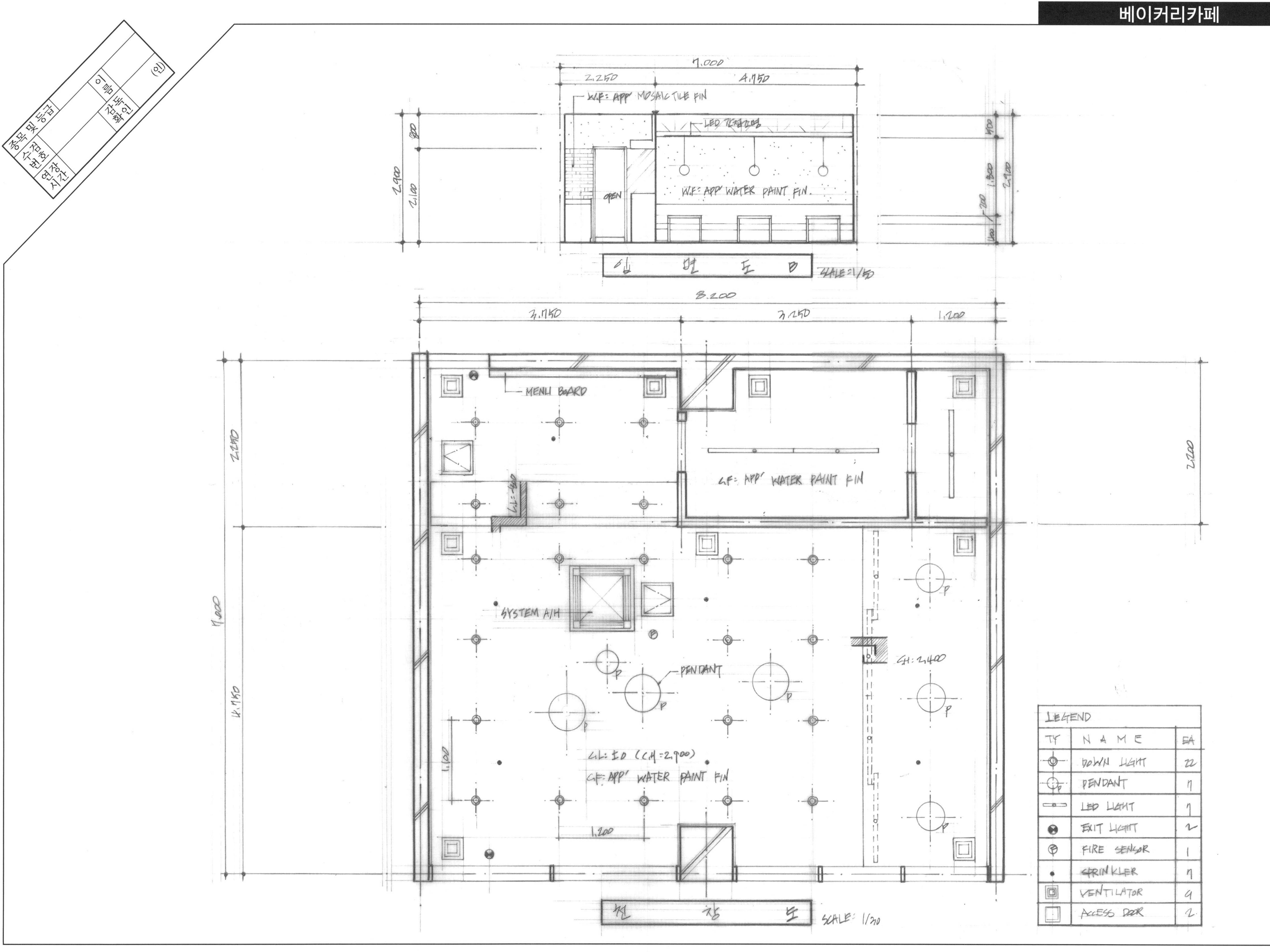

종목 및 등급
수험번호
이름
감독확인
(인)
현장 시간
7,000
2,250
4,750
W.F: APP' MOSAIC TILE FIN
LED 간접조명
W.F: APP' WATER PAINT FIN.
OPEN
2,900
2,100
1,800
입 면 도 B
SCALE: 1/50
8,200
3,750
3,250
1,200
MENU BOARD
C.F: APP' WATER PAINT FIN
SYSTEM A/H
PENDANT
CH: 2,400
C.L: ±0 (C.H=2,900)
C.F: APP' WATER PAINT FIN
1,200
2,250
4,750
천 장 도
SCALE: 1/30
LEGEND
TY
N A M E
EA
DOWN LIGHT
22
PENDANT
7
LED LIGHT
7
EXIT LIGHT
2
FIRE SENSOR
1
SPRINKLER
7
VENTILATOR
9
ACCESS DOOR
2

베이커리카페

종목 및 등급		이 름	
수검 번호		감독 확인	(인)
연장 시간			

ICE CRAME
DRINK

투 시 도 SCALE : N.S